会展场馆建筑施工技术与管理创新

南通四建集团有限公司　编著

中国建筑工业出版社

图书在版编目（CIP）数据

会展场馆建筑施工技术与管理创新/南通四建集团有限公司编著. —北京：中国建筑工业出版社，2021.3
ISBN 978-7-112-25989-2

Ⅰ. ①会… Ⅱ. ①南… Ⅲ. ①展览馆-建筑施工 Ⅳ. ①TU242.5

中国版本图书馆 CIP 数据核字（2021）第 046888 号

南通国际会展中心工程是当代中国会展场馆建筑的杰出代表，该会展场馆建筑结构复杂、功能齐全、建筑面积大，在质量标准要求高和工期相对紧张的前提下，通过精细化的质量控制和创新管理实现高质量建造目标。全书系统阐述了会展场馆建筑的建造过程和关键工艺做法，共分为 13 章，第 1 章为工程概况，第 2 章汇总了会展场馆建筑智能建造新技术，第 3 章讲述了地基及基础工程施工技术，第 4 章介绍了地下室及地下空间结构施工技术，第 5 章介绍了异形钢结构滑移法施工技术，第 6 章分析了高大空间钢结构提升与拼装施工技术，第 7 章陈述了流线型金属屋面及登录厅屋面施工技术，第 8 章主要讲述了机电工程集成安装及智能调试施工技术，第 9 章论述了室内大空间精装修施工技术，第 10 章讲述了混合幕墙及高大复杂空间吊顶施工技术，第 11 章描述了 BIM 技术在会展场馆建筑中的落地式应用，第 12 章全面论述了绿色施工技术在会展场馆建筑中的落地式应用，第 13 章重点介绍了会展场馆建筑精细化管理和创新实践。

本书可作为施工现场技术管理人员的指导用书，也可供土木工程专业或工程管理专业的本科生、研究生等学习参考。

责任编辑：李笑然　毕凤鸣
责任校对：李美娜

会展场馆建筑施工技术与管理创新
南通四建集团有限公司　编著

*

中国建筑工业出版社出版、发行（北京海淀三里河路 9 号）
各地新华书店、建筑书店经销
霸州市顺浩图文科技发展有限公司制版
北京建筑工业印刷厂印刷

*

开本：787 毫米×1092 毫米　1/16　印张：19½　字数：485 千字
2021 年 4 月第一版　　2021 年 4 月第一次印刷
定价：**79.00** 元
ISBN 978-7-112-25989-2
（37087）

本书审定委员会

主　　任：丁志成

副 主 任：丁晓星　刘荣春

委　　员：李　莉　王　鹏　刘海峰　郭　琨　左　忱　卜龙瑰
贺　阳　朱　亮　陆开锋　吉敏根

本书编写委员会

主编单位：南通四建集团有限公司

参编单位：南通承悦装饰集团有限公司
江苏达海智能系统股份有限公司

主　　编：耿裕华

副 主 编：张　昕　曹立忠　俞国兵　张华君　季　豪

参编人员：张卫国　张赤宇　季方才　李方旭　李建忠　庄建栋
明志均　顾卫东　王秀彬　顾东锋　穆小香　朱学佳
陈春梅　高洪梅　吕建锋　邵伟伟　倪祥强　曹胜华
吴水芳　张春荣

前 言

会展场馆建筑多是地方性代表建筑物，其独特的艺术造型设计往往具有特殊的设计理念，深刻体现着当地经济文化的内涵。随着建筑智能建造技术的深入发展，中国的会展场馆建筑更多地体现着建筑产品与自然环境的融合，更加追求建筑内涵与当地人文的统一、施工过程的绿色建造，以及智能建筑与智慧城市的完美结合。南通国际会展中心工程是当代中国会展场馆建筑的杰出代表，该会展建筑场馆结构复杂、功能齐全、建筑面积大、单层高度高，特别是在质量标准要求高、工期相对紧张的前提下，施工总承包单位南通四建集团有限公司精心组织、精细施工、精准控制，使会展场馆建筑施工的质量、安全、进度控制实现高度融合，使其所掌握的建筑智能建造技术得到充分展现，让“南通铁军”的新内涵得到完美无缺的诠释。

南通国际会展中心工程项目位于江苏省南通市中央创新区核心地带，项目体量大、专业功能多、科技含量高、工期要求紧。南通四建集团有限公司现场指挥部以创建“鲁班奖”为工程质量目标，以遵守并高于规范和标准的要求为己任，统筹规划、精准施策，确定追求主流技术先进性、创新技术可靠性的技术工作思路，先后发展了近二十项创新技术，包括 3 万 m^2 无沉降缝底板施工技术、鱼腹式折板形大型钢结构屋盖施工技术、中庭大跨度重型钢桁架吊装技术、超大成品风管高空拼装技术、智能安防技术、机电信息及能耗采样集成和传输技术、圆锥和梯形结合的铝镁锰板金属屋面施工技术等。在综合管理创新方面，从施工工艺选择、工序编排、劳动力组织、施工段（层）划分、平面布置、材料设备进退场安排、关键节点的确认和保证措施等环节着手，研究了现场施工管理的方法和手段。运用无人机扫描、智慧 BIM 等新技术，协调施工现场的平面管理，成功按时间节点要求，实施精细化管理，最终圆满完成了各项施工任务。

科技创新和管理集成是南通国际会展中心项目取得成功的经验。作为参建单位南通承悦装饰集团有限公司、江苏达海智能系统股份有限公司付出了大量的心血和智慧，在此特别表示感谢。南通四建集团有限公司多位研究员级高工组成的专家团队为项目实施和创新提供了宝贵的智力支持，特别表示感谢。

由于作者水平有限，本书难免存在不足之处，恳请广大读者和同行、专家批评指正。

目　录

第1章　工程概况

1.1　工程基本情况

南通国际会展中心项目基本情况及整体效果图如表 1-1、图 1-1 所示。

南通国际会展中心项目基本概况　　表 1-1

工程名称	南通国际会展中心
工程地址	南通市中央创新区崇州大道以东、通沪大道以南、紫琅湖以西
建筑面积及规模	南通国际会展中心项目含会议中心、展览中心及相关附属设施。总建筑面积约 12.3 万 m^2(地上总建筑面积约 8.3 万 m^2,地下总建筑面积约 4 万 m^2)。其中,展览区地上建筑面积约 3.3 万 m^2,地下建筑面积约 0.9 万 m^2;会议区地上建筑面积约 5 万 m^2,地下建筑面积约 3.1 万 m^2
建设单位	南通市中央创新区科创产业发展有限公司(曾用名南通市中央创新区科创置业有限公司)
监理单位	江苏建科工程咨询有限公司
设计单位	北京市建筑设计研究院有限公司 南通市规划设计院有限公司(地下人防部分)
建筑性质	公共建筑
招标代理	江苏中房建设投资管理咨询有限公司
建筑结构形式	地下:框架(部分型钢柱)-剪力墙结构体系 地上:钢结构
招标质量要求	合格,项目质量确保"扬子杯",争创"鲁班奖"优质工程奖
安全文明要求	确保达到江苏省建筑施工标准化星级工地的要求
招标工期要求	总工期为 330 日历天,具体以发包人签发的开工令为准
主要招标范围简述	包括但不仅限于土建、水电安装、消防、通风、装饰、幕墙、钢结构、人防、智能化等,详见施工图及工程量清单

图 1-1　南通国际会展中心整体效果图和南通国际会展中心(会议中心)正立面效果图

1.2 建筑设计概况

南通国际会展中心项目建筑设计概况见表 1-2。

南通国际会展中心项目建筑设计概况 表 1-2

	名称	建筑高度(m)	建筑层数	层高(m)	建筑面积(m^2)
建筑概况	南通国际会展中心项目——会议中心	24	3F	19.5/9/6/4.5	50000
	南通国际会展中心项目——会议中心地下车库	6.40	−1F	6.4	31000
	南通国际会展中心项目——展览中心	23.45	1F(局部夹层 2F)	15.5/6.5/7	33000
	南通国际会展中心项目——展览中心地下管廊	30.026	−1F	5.25	9000
	总面积				123000
建筑功能	大型会议中心及产品展览				
建筑分类	多层民用公共建筑				
设计使用年限	50 年				
屋面防水等级	一级				
建筑耐火等级	一级				
抗渗等级	P6				
±0.00	6.00m(1985 国家高程基准)				

1.3 结构设计概况

南通国际会展中心项目结构设计概况见表 1-3。

南通国际会展中心项目结构设计概况 表 1-3

结构类型	地下:框架(部分型钢柱)-剪力墙结构体系 地上:钢结构
基础类型	预应力管桩+抗水筏板
结构安全等级	一级
桩基设计等级	乙级
地基基础设计等级	乙级
抗震设防类别	重点设防类
抗震设防烈度	7 度
设计基本地震加速度	0.10g
设计地震分组	第二组

续表

<table>
<tr><td rowspan="4">抗震等级</td><td colspan="3">钢框架(1～顶层)抗震等级</td><td>三级</td></tr>
<tr><td colspan="3">钢支撑(1～顶层)抗震等级</td><td>三级</td></tr>
<tr><td colspan="3">混凝土框架(地下室)</td><td>三级</td></tr>
<tr><td colspan="3">混凝土剪力墙(地下室)抗震等级</td><td>三级</td></tr>
<tr><td rowspan="12">主要结构材料</td><td rowspan="6">混凝土</td><td rowspan="6">部位</td><td>基础垫层</td><td>C20</td></tr>
<tr><td>基础</td><td>C35</td></tr>
<tr><td>地下车库承台、底板</td><td>C35 P6</td></tr>
<tr><td>地下室柱、墙、梁、板等</td><td>C30</td></tr>
<tr><td>地上柱、墙、板等</td><td>C30</td></tr>
<tr><td>砌体中圈梁、构造柱、现浇过梁</td><td>C25</td></tr>
<tr><td rowspan="2">钢筋</td><td colspan="3">钢筋的强度标准值应具有不小于95%的保证率</td></tr>
<tr><td colspan="3">抗震等级为一、二、三级的框架和斜撑构件(含梯段),其纵向受力钢筋:
(1)钢筋的抗拉强度实测值与屈服强度实测值的比值不应小于1.25;
(2)钢筋的屈服强度实测值与屈服强度标准值的比值不应大于1.3;
(3)钢筋在最大拉力下的总伸长率实测值不应小于9%</td></tr>
<tr><td>钢板</td><td colspan="3">结构用钢:
(1)本工程钢材按钢结构图中注明采用。板厚不大于40mm,未特别指明均采用Q345B;板厚大于40mm,未特别指明均采用Q345GJC。
(2)除注明外圆钢管采用无缝热轧钢管。
(3)钢材化学成分、力学性能要求应符合《钢结构设计制图深度和表示方法》03G102中第214～217页规定。
(4)采用钢材的屈服强度实测值与抗拉强度实测值的比值不应大于0.85。
(5)钢材应有明显的屈服台阶,且伸长率不应小于20%。
(6)钢材应有良好的焊接性和合格的冲击韧性。
(7)当钢材厚度等于和大于40mm时,应附加板厚方向的断面收缩率,保证其小于《钢结构设计制图深度和表示方法》03G102中第215页表A-9中Z15级规定的允许值,当钢材厚度等于和大于60mm时,附加板厚方向的断面收缩率保证其小于《钢结构设计制图深度和表示方法》03G102中第215页表A-9中Z25级规定的允许值,均应逐张检验</td></tr>
<tr><td rowspan="2">砌体</td><td colspan="3">±0.000m以下墙体:采用240mm厚混凝土实心砖,强度等级MU20,砂浆采用预拌水泥,强度等级为DM10</td></tr>
<tr><td colspan="3">±0.000m以上墙体:
(1)蒸压加气混凝土砌块(重度小于8kN/m^3,MU3.5);
(2)墙体类型:内墙100/200mm厚;
(3)砂浆强度等级:砂浆采用预拌混合,砂浆强度等级为DM5</td></tr>
</table>

1.4 机电设计概况

南通国际会展中心项目机电设计概况见表1-4。

南通国际会展中心项目机电设计概况 **表 1-4**

系统		概况
给水排水	给水系统	本工程生活给水水源由两路市政给水提供，管径为 *DN*250，市政给水压力为 0.20MPa。生活给水泵房设于地下 1 层，采用生活调贮水池加变频调速组联合供水的方式
	污水系统	室内污、废水管设专用通气立管，首层单独排除。室外采用污水、废水合流排水系统，厨房污水经隔油处理后排向室外合流排水系统，合流污水经化粪池排入市政污水管道
	雨水系统	屋面雨水采用重力流和虹吸压力流排水，室外雨水设计重现期按 3 年设计，屋面雨水及地面雨水经收集后，排入雨水调蓄池，溢出水流排入市政雨水管道
电气	电力、照明、空调配电系统	低压配电系统采用放射式与树干式相结合的方式，对于单台容量较大的负荷或重要负荷采用放射式供电，就地设配电柜。对于照明及一般负荷采用树干式与放射式相结合的供电方式
	防雷及接地	本工程利用结构基础做联合接地，进线接地形式采用 TN-S 系统。本工程采用总等电位联结。建筑物内 PE 干线、接地干线、各类设备管道及金属件、电梯导轨、结构钢筋网及外露金属门窗等做等电位联结。总等电位联结在变配电所设置总等电位端子板与室外防雷接地装置联结
消防喷淋	消火栓系统	本工程设消防水池-消火栓泵-室外消火栓环网-高位消防水箱。计划与附属酒店共用消防水池及消防泵房，地下一层设置一座有效容积为 540m^3 的消防水池
	喷淋系统	本工程办公区、会议区采用湿式自动喷水灭火系统，地下车库采用泡沫-湿式自动喷水灭火系统。系统共设置 10 套湿式报警阀，设于地下一层的消防泵房中，每层每个防火分区内设水流指示器和电信号阀。设吊顶的场所采用下垂型喷头，无吊顶、地下车库场所采用直立性喷头上喷
火灾报警	火灾报警系统	报警及联动控制主机设在地面消控值班室内，该火灾自动报警系统与市火灾自动报警信息系统联网。系统总线上设置总线短路隔离器，每个总线短路隔离器保护的火灾探测器、手动火灾报警按钮和模块等消防设备的总数不超过 32 点
防排烟系统	防排烟系统	设置机械排烟系统的主要场所有：精品展厅（国际厅）、会议厅、宴会厅、媒体工作区、新闻发布厅等。采用就地手动开启和自动开启（火灾探测报警系统和消防控制室控制开启）两种开启方式，并与排烟风机联锁。地下汽车库设机械排风（烟），按防烟分区设置，每个防烟分区排烟量为 4080m^3/h，补风量为 36000m^3/h，消防风机按照 1.2 倍风量选型

1.5 主要建筑做法

南通国际会展中心项目地下室防水主要做法见表 1-5。

南通国际会展中心项目地下室防水主要做法 **表 1-5**

地下室	底板防水	(1)钢筋混凝土底板(防水混凝土，抗渗等级 P6)； (2)双层 3mm 厚自粘聚合物改性沥青防水卷材(聚酯胎)，防水层向室内地面卷进 600mm 宽，实体墙位置延伸地面以上高度≥250mm； (3)基层处理剂； (4)20mm 厚 DS 砂浆找平层； (5)100mm 厚 C15 混凝土垫层，随捣随抹平； (6)现状土

续表

地下室	外墙防水	(1)2∶8灰土夯实； (2)50mm厚挤塑聚苯板(B1级)保护层； (3)双层3mm厚自粘聚合物改性沥青防水卷材(聚酯胎)，防水层向室内地面卷进600mm宽，实体墙位置延伸地面以上高度≥250mm； (4)20mm厚DS砂浆找平层； (5)自防水钢筋混凝土墙体
	顶板防水	(1)室外地面做法参考相关园林设计规范； (2)100mm厚C20混凝土垫层； (3)50mm厚挤塑聚苯板； (4)3.0mm+3.0mm厚自粘聚合物改性沥青防水卷材(聚酯胎)； (5)最低点30mm厚C15细石混凝土向外找1%的坡； (6)钢筋防水混凝土底板

南通国际会展中心项目装饰、装修及屋面主要做法见表1-6。

南通国际会展中心项目装饰、装修及屋面主要做法　　表1-6

楼地面	地下室地面 金刚砂耐磨地面	地下汽车库及人防： (1)浅灰色金刚砂耐磨地面，用量不少于5kg/m^2； (2)50mm厚C25细石混凝土随捣随抹平，表面配筋ϕ6@200； (3)C20混凝土找坡兼找平层，坡向集水坑，平均厚度50mm； (4)防水抗渗混凝土底板
	地下室地面 细石混凝土地面	(1)找平层：C20细石混凝土； (2)随打随抹； (3)规格：厚60mm以内； (4)防水抗渗混凝土底板
	水泥砂浆楼地面	找平层20mm厚，砂浆配合比1∶2.5，水泥砂浆压实赶光
	自流坪楼地面	(1)水泥自流平面层； (2)新铺混凝土初凝后，将材料均匀撒布在混凝土表面
内墙面	墙面一般抹灰	地下室墙； (1)喷涂水性耐擦洗涂料饰面； (2)满刮2mm厚耐水腻子找平； (3)20mm厚1∶2.5水泥砂浆找平层
	墙面一般抹灰	(1)喷涂水性耐擦洗涂料饰面； (2)满刮2mm厚耐水腻子找平； (3)2mm厚水泥砂浆罩面； (4)8mm厚水泥砂浆打底； (5)适用于各类墙面基层
	墙面一般抹灰	(1)3mm厚精品(面层专用)粉刷石膏罩面； (2)满刷偏乳液(或乳化光油)防潮涂料二道(防水石膏板无此工序)，横纵方向各刷一道； (3)适用于石膏板等轻质隔墙基层，界面措施自行考虑，包含在报价中，并符合设计及规范的要求

续表

内墙面	墙面装饰板	(1)5mm 厚 FC 水泥穿孔板(用自攻螺丝固定在钢龙骨上); (2)安装固定钢龙骨架,间距 300mm,厚度 50mm,内填 40mm 厚玻璃棉毡; (3)玻璃丝布一层绷紧钉牢于轻钢龙骨表面涂黑; (4)50mm 厚玻璃棉毡,建筑胶粘剂粘贴于轻钢龙骨档内; (5)将轻钢龙骨固定于墙体基面,中距不大于 1000mm; (6)1.5mm 厚聚合物水泥基防水涂料; (7)聚合物水泥砂浆修补墙面; (8)适用于各类墙面基层,界面措施自行考虑,包含在报价中,并符合设计及规范的要求
	墙面一般抹灰	(1)陶瓷硅嵌缝剂(不计,列入精装修); (2)粘贴 10mm 厚通体砖(粘贴前先将通体砖浸水 2h 以上)(不计,列入精装修); (3)5mm 厚陶瓷硅胶粘剂(不计,列入精装修); (4)9mm 厚 1∶3 水泥砂浆打底压实抹平; (5)适用于各类墙面基层,界面措施自行考虑,包含在报价中,并符合设计及规范的要求
	墙面一般抹灰	(1)2mm 厚水泥砂浆罩面; (2)8mm 厚水泥砂浆打底; (3)用于管井、设备井、电梯井、风井; (4)适用于各类墙面基层,界面措施自行考虑,包含在报价中,并符合设计及规范的要求
	保温隔热墙面	(1)5mm 厚 DP-HR 干拌砂浆(压入玻纤网格布); (2)30mm 厚复合岩棉板保温; (3)胶粘剂和锚栓与基层外墙固定; (4)具体节点做法:外墙外保温系统的岩棉板保温节点详见 10J121-附录 3
外墙装饰	抹灰面油漆	(1)仿石涂料; (2)包含基层腻子; (3)部位:外墙
	石材墙面(开缝)	(1)30mm 厚石材蜂窝板(900mm×1500mm 左右),干挂,不锈钢背栓; (2)3mm 厚氟碳喷涂铝单板横向分隔装饰线条,3mm 厚氟碳喷涂铝板封顶及与其他材料间收口; (3)1.5mm 厚阳极氧化防水铝板; (4)30mm 厚岩棉保温; (5)200mm×150mm×8mm 镀锌钢方通,9m 跨度,∟50×5 热浸锌角钢,必须符合甲方提供的幕墙技术要求,全部钢构件必须采用热浸镀锌处理,镀锌层厚度不小于 60μm; (6)层间大于 100mm 厚防火岩棉外包 1.5mm 厚镀锌钢板防火封堵,缝隙用防火密封胶密封; (7)防雷接地,含埋件等; (8)沿街立面; (9)外墙 02

续表

外墙装饰	横明竖隐构件式玻璃幕墙系统	(1)8+1.52PVB+8(LOW-E)+12A+8半钢化中空夹胶玻璃幕墙(超白玻璃); (2)幕墙立柱及横梁均应为钢方管龙骨,表面除锈、氟碳喷涂处理,外加铝合金转接头、玻璃附框、立柱压板、盖板(外露氟碳喷涂、隐蔽阳极氧化); (3)90mm厚岩棉外包1.5mm厚镀锌钢板,层间大于100mm厚防火岩棉外包1.5mm厚镀锌钢板防火封堵,缝隙用防火密封胶密封; (4)顶部镀锌钢结构3mm铝单板收口; (5)采用国产优质的6063-T5或T6高精级铝合金型材; (6)型材室内外外露部分氟碳喷涂处理,穿孔板位置使用的铝合金型材为氟碳喷涂处理,三涂两烤,涂膜厚度不小于40μm; (7)含电动排烟窗及窗五金件,防雷接地; (8)南立面沿湖及北侧造型; (9)外墙03、04; (10)清单工程量为正立面投影面积
	竖明横隐构件式玻璃幕墙系统+竖向铝合金装饰线条	(1)8+1.52PVB+8(LOW-E)+12A+8钢化中空玻璃幕墙(超白玻璃)+60mm×450mm竖向装饰线挂板; (2)室内外铝合金型材(国产优质的6063-T5或T6高精级铝合金型材)氟碳喷涂,钢材采用热镀锌钢材; (3)层间大于100mm厚防火岩棉外包1.5mm厚镀锌钢板防火封堵,缝隙用防火密封胶密封,3mm氟碳铝板封上方; (4)90mm厚岩棉外包3mm氟碳喷涂铝板包柱; (5)含悬窗五金及排烟装置,防雷接地
	铝板装饰+竖向铝合金装饰线条	(1)氟碳喷涂铝合金装饰挂板; (2)镀锌钢结构3mm厚氟碳铝单板封钢结构柱、上下梁等; (3)国产优质的6063-T5或T6高精级铝合金型材; (4)型材室内外外露部分氟碳喷涂处理,穿孔板位置使用的铝合金型材为氟碳喷涂处理,三涂两烤,涂膜厚度不小于40μm; (5)二次设计必须满足甲方提供的幕墙工程技术说明书的要求,按建设方和建筑师的要求提供颜色和型号,并由建筑师审阅样板后予以确认; (6)清单工程量为正立面投影面积
	带骨架幕墙	(1)3mm厚氟碳喷涂铝板+2mm厚防水背板+150mm厚装饰线条+镀锌方通; (2)成品龙骨; (3)热浸镀锌钢龙骨,不可视铝合金型材采用阳极氧化; (4)80mm厚保温岩棉; (5)防雷接地; (6)外墙06
	檐口及吊顶幕墙系统	(1)开缝式3mm厚铝单板(氟碳喷涂)+2mm厚防水铝板; (2)专业配套骨架; (3)深化设计必须满足甲方提供的技术要求
	带骨架幕墙	(1)3mm厚氟碳喷涂铝板; (2)50mm厚保温岩棉; (3)热浸镀锌钢龙骨; (4)防雷接地; (5)屋面檐口内侧; (6)深化设计必须满足甲方提供的技术要求

续表

外墙装饰	带骨架聚碳酸酯板幕墙	(1)聚碳酸酯板(22mm 厚登普 3D 板); (2)专业配套龙骨; (3)90mm 厚岩棉前衬 2mm 厚铝背板,后衬 1.5mm 厚镀锌钢板; (4)镀锌钢结构龙骨,全部钢构件必须采用热浸镀锌处理,镀锌层厚度不小于 60μm; (5)防雷接地
天棚	天棚抹灰	(1)玻璃钢内衬(五布七涂); (2)20mm 厚 1∶2.5 水泥砂浆找平层; (3)消防水池天棚面(含梁面); (4)适用于各类基层,界面措施自行考虑,并符合设计及规范的要求
	吊顶天棚 1	(1)15mm 厚中开槽矿棉吸声板面层,规格 600mm×300mm、600mm×600mm 等,横向槽 HB22×0.5 插片插接; (2)H 型轻钢次龙骨 HB20×20,中距 300mm、600mm 等; (3)U 形轻钢主龙骨 CB38×12,中距≤1200mm,找平后与钢筋吊杆固定; (4)10 号镀锌低碳钢丝(或 ϕ6 钢筋),吊杆双向中距≤1200mm; (5)现浇钢筋混凝土板底预留 ϕ8 钢筋吊环(勾),双向中距≤1200mm(预制混凝土板可在板缝内预留吊环)
	吊顶天棚 2	(1)表面喷塑铝格片; (2)U 形轻钢龙骨 CB38×12,中距≤1500mm,找平后与钢筋吊杆固定; (3)ϕ6 钢筋吊杆,双向中距≤1500mm,吊杆上部与板底预留角钢固定; (4)现浇钢筋混凝土板底预留钢筋吊钩,双向中距≤1500mm
	采光天棚	(1)6+1.52PVB+6(LOW-E)+12A+6 钢化中空夹胶玻璃; (2)铝合金型材框+氟碳喷涂钢方通; (3)含电动排烟天窗; (4)钢龙骨及钢板连接件,可视部分氟碳喷涂处理,不可视部分热浸镀锌处理; (5)登录大厅上方
屋面	屋面刚性层	(1)40mm 厚,C30 细石混凝土,双向 ϕ4@150(钢筋另列); (2)10mm 厚低强度等级砂浆隔离层; (3)80mm 厚挤塑聚苯板; (4)双层 3mm 厚自粘聚合物改性沥青防水卷材(聚酯胎); (5)20mm 厚 1∶3 水泥砂浆找平层; (6)最薄 30mm 厚轻集料混凝土垫层,2%找坡层; (7)钢筋混凝土屋面板
	型材屋面	(1)1.0mm 厚,65/400 直立锁边铝镁锰合金屋面板(外披防水卷); (2)0.3mm 厚防水透气膜; (3)50mm 厚玻璃吸音棉(密度 4kg/m^3); (4)1.5mm 厚液体橡胶,下设 1.5mmTPO 防水卷材; (5)8mm 厚中密度水泥纤维板; (6)100mm 厚保温岩棉; (7)100mm×60mm×2.5mm C 形镀锌钢龙骨(次龙骨@800mm); (8)无纺布(防尘); (9)0.8mm 厚彩钢底板,穿孔率 20%; (10)120mm×80mm×6mm 镀锌方通(主龙骨跨度 8m 之内@2000mm)

1.6 现场施工条件

1.6.1 气象条件及对施工影响的特殊季节施工条件

(1) 气候特征

属北亚热带季风气候区，四季分明，雨水充沛，光照较足，无霜期长。

气温：南通市年平均气温 15.6℃，1 月为全年最冷月，极端最冷月为 1963 年 1 月，月平均气温 0℃；7 月为全年最热月，极端最热年为 1971 年 7 月，月平均气温 29.9℃。

(2) 降水

南通市年平均降水量 1040.4mm，年最大降水量 1500.7mm（1975 年），年最小降水量 654.6mm（1978 年），年降水量小于 700mm 和大于 1300mm 的频率分别为 2.2%、15.2%，年降水量在 850mm 以上的年份占 78%。

(3) 日照

南通市太阳辐射年均总量为 4941.76MJ/m^2，其中冬季太阳高度最低且白昼时间短，太阳辐射总量小，夏季太阳高度为一年中最高，白昼时间最长，辐射总量大。

(4) 雨季

1）春季出现连阴雨时段在 4 月中旬至 5 月中上旬，平均每年有 1～1.5 次，其中有一半次数为 5～7d，降水 50mm 以下，连续 10d 以上降水 50～100mm 的不足三分之一，但也有更长的时间，如 1963 年 4 月 17 日至 5 月 16 日整一个月。

2）初夏连阴雨指梅雨，常年 6 月中下旬“入梅”，7 月上旬末“出梅”，梅期 20 天左右。

3）秋季连阴雨常出现在 8 月底至 10 月份，其中 9 月上、中旬机会最多，约为 10 年 7 遇，大多年份 1～2 次，一般持续 5～10d，降水量 50～150mm。

(5) 冬季

从 11 月中旬到次年 4 月上旬前后，长达 4 个半月，在此期间蒙古冷高压气流活动频繁，每隔 7～10d 就有一次，每次冷气流南下，大都会出现一次明显降温、大风和雨雪过程，之后天气转晴变暖，形成有规律的“三寒四暖”的天气变化过程。冬季是气温、降水、日照和太阳辐射量全年最低的季节。

1.6.2 施工现场水文地质条件

该工程自然地面标高为 3.7m（1985 国家高程基准，下同），会议中心开挖深度约 4.6～5.7m；展览中心开挖深度约 5.75～6.70m。本工程周边环境一般，拟建南通国际会展中心项目位于南通市中央创新区崇州大道以东、通沪大道以南、紫琅湖以西。拟建场地为空地，地势较平坦，地貌属长江下游冲积平原区新三角洲平原，以粉土、粉砂、粉质黏土为主，地基土为第四纪全新世海陆相交错沉积物（表 1-7）。

1.6.3 施工区域地下设施情况

施工区域会议中心地块有 4 组落地总箱变供电；展览中心地块有 2 组落地总箱变供电。

周边空间无障碍物，基坑距离市政主干道距离较远，地下无重大地下管网及地下管线。

基坑开挖及支护参数一览表 **表 1-7**

土层序号	土层名称	一般层厚(m)	重度 γ (kN/m^3)	抗剪强度(c_q)		渗透系数 k(cm/s)	
				黏聚力 c_k(kPa)	内摩擦角 φ_k(°)	水平渗透系数 k_h(cm/s)	垂直渗透系数 k_v(cm/s)
①	杂填土	3.0	(18.0)	(6.0)	(8.0)	5.0×10^{-3}	(3.0×10^{-3})
②	粉土	1.8	18.4	7.3	21.3	5.71×10^{-5}	3.11×10^{-5}
③	粉土夹粉砂	7.2	18.4	3.6	25.3	2.17×10^{-3}	9.26×10^{-4}
④	粉砂夹粉土	6.6	18.5	4.5	27.5	2.69×10^{-3}	9.53×10^{-4}
⑤	粉砂	5.7	18.6	3.9	34.4	4.22×10^{-3}	2.77×10^{-3}
⑥	粉质黏土	2.4	18.0	11.3	17.9	6.41×10^{-6}	3.91×10^{-6}
⑦-1	粉砂夹粉土	6.2	18.5	3.5	28.6	3.60×10^{-3}	9.19×10^{-4}
⑦-2	粉土夹粉质黏土	5.9	18.1	8.2	21.2	6.00×10^{-5}	1.47×10^{-5}

1.6.4 施工现场道路及周边情况

红线范围西侧为已建崇州大道，崇州大道距西侧红线约为 7.5m，道路边线下分布有雨污水管线；场地四周较为空旷，无较近建（构）筑物；场地中央为东西向现状河道。该工程会议中心基坑开挖平面整体大致呈矩形，基坑北侧开挖坡脚线距北侧现状河道约 14.5m，东侧、西侧、南侧较为空旷，场地整平待建；施工场地西侧的崇州大道，作为施工区主入口，能满足施工区、办公区的交通需求。

1.6.5 施工现场供电、供水和通信情况

现场临时供水：供水管网接口已送至施工区域西侧，在现场布置食堂、施工生产用水管，能满足施工要求。

现场临时供电：施工区域会议中心地块有 4 组落地总箱变供电，展览中心地块有 2 组落地总箱变供电，基本能满足施工要求。临时通信：现场西侧有通信线路，计划现场安装 4 组 100M 宽带接入，用于项目网络通信及日常办公。

第2章　会展场馆建筑智能建造新技术

2.1　钢结构深化设计与物联网应用技术

2.1.1　工程概况

该工程BIM系统应用将以制作精细、信息完整、数据详实的信息模型为基础（图2-1），以贯穿深化设计、材料采购、加工制作、现场管理全生命周期的4D管理系统为平台，为专业配合提供串联协同，为组织管理提供分析优化，为决策制定提供“大数据”支撑，使得钢结构施工管理便捷和可视化，提高现场管理效率。

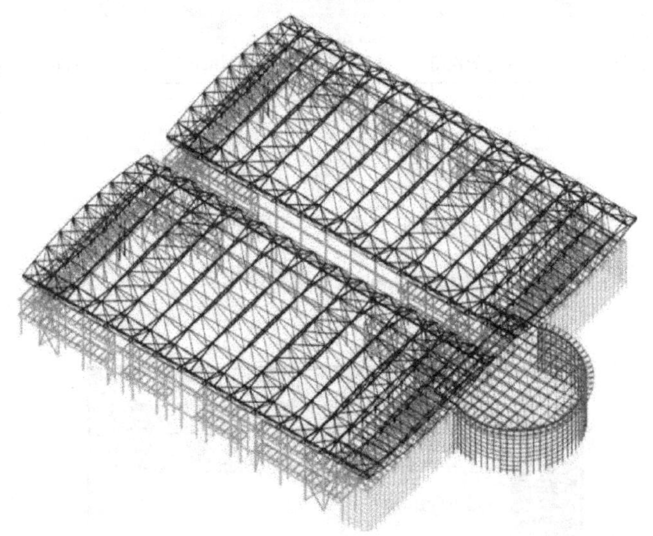

图2-1　钢结构BIM模型图

2.1.2　深化设计技术

深化设计是在钢结构工程原设计图的基础上，结合工程情况、钢结构加工、运输及安装等施工工艺、和其他专业配合的要求等进行的二次设计。主要技术内容有：使用详图软件建立结构空间实体模型或使用计算机放样制图，提供制造加工和安装的施工用详图、构件清单及设计说明。除提供加工详图外，还配合制定合理的施工方案、临时施工支撑设计、施工安全性分析、结构变形分析与控制、结构安装仿真等工作。该技术的应用对于提高设计和施工速度、提高施工质量、降低工程成本、保证施工安全具有积极意义。

2.1.3 建立 BIM 管理整体框架

本工程项目 BIM 管理整体框架如图 2-2 所示，BIM 模型施工管理软件界面如图 2-3 所示。

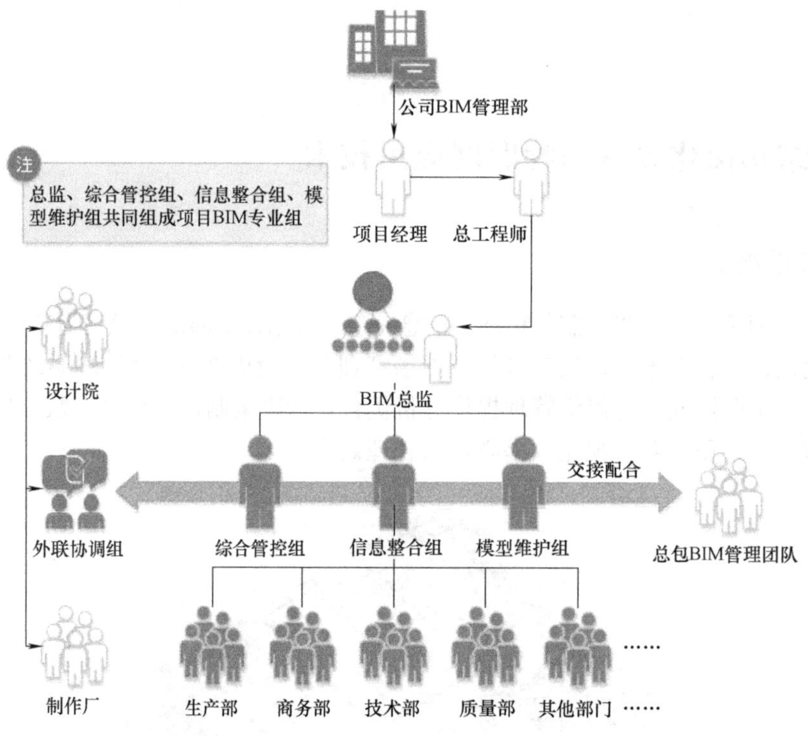

图 2-2　BIM 管理整体框架

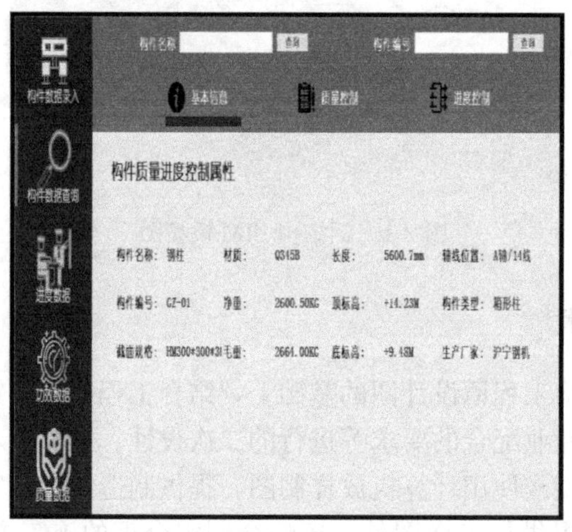

图 2-3　BIM 模型施工管理软件界面

2.1.4　建立 BIM 硬件架构图

本工程项目 BIM 硬件架构如图 2-4 所示。

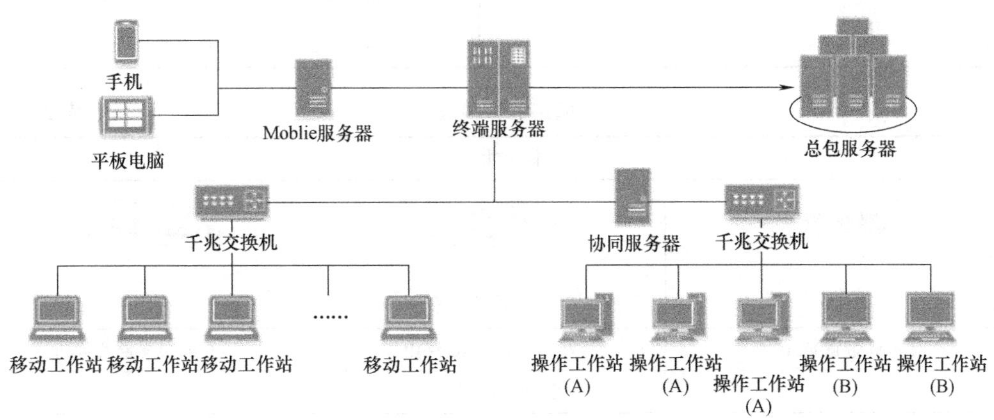

图 2-4　BIM 硬件架构图

2.1.5　软件配置

本工程项目软件配置情况见表 2-1。

软件配置情况　　　　**表 2-1**

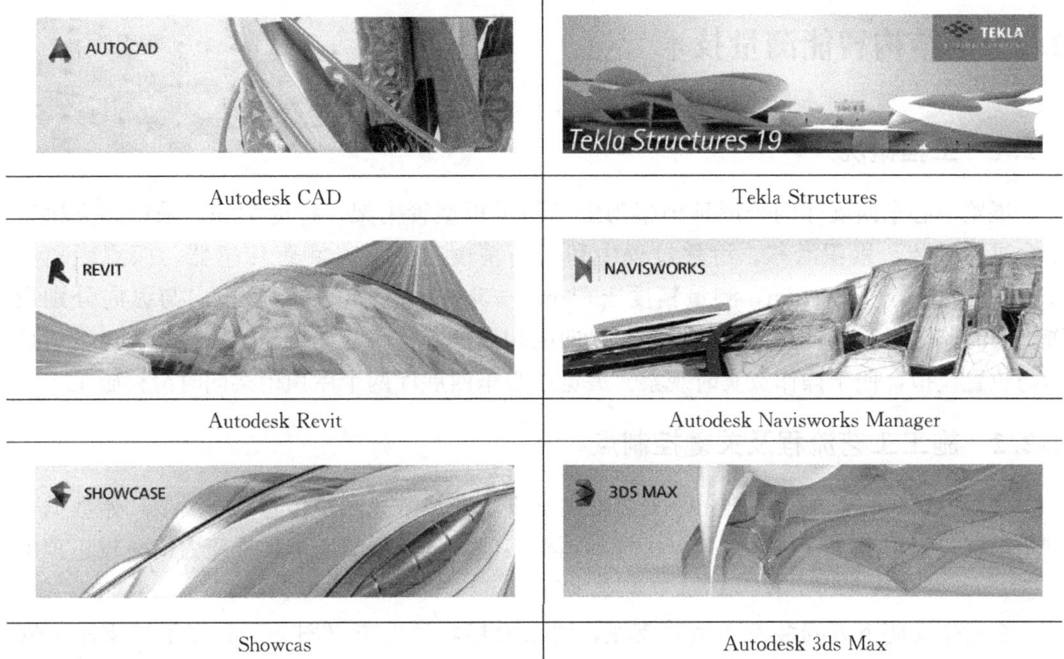

AUTOCAD	TEKLA Tekla Structures 19
Autodesk CAD	Tekla Structures
REVIT	NAVISWORKS
Autodesk Revit	Autodesk Navisworks Manager
SHOWCASE	3DS MAX
Showcas	Autodesk 3ds Max

2.1.6　网络配置

本工程项目网卡及网络配置情况见表 2-2、表 2-3。

网卡配置情况　　表 2-2

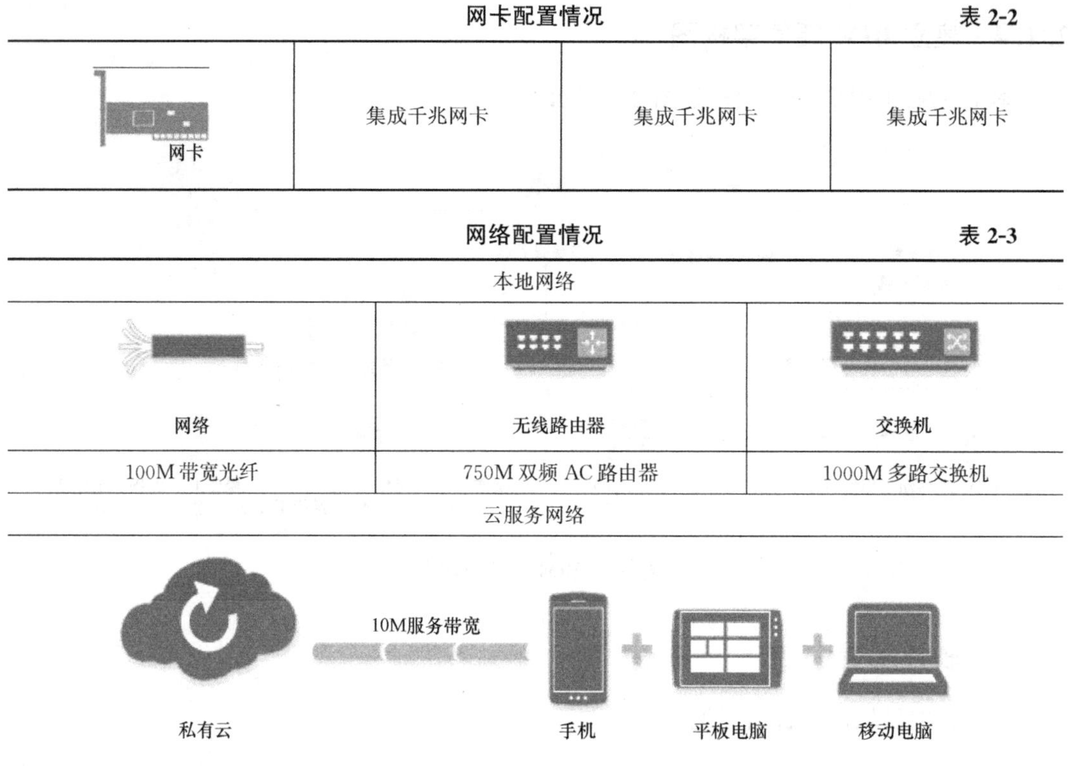

网卡	集成千兆网卡	集成千兆网卡	集成千兆网卡

网络配置情况　　表 2-3

本地网络		
网络	无线路由器	交换机
100M 带宽光纤	750M 双频 AC 路由器	1000M 多路交换机
云服务网络		
私有云　10M服务带宽	手机　平板电脑	移动电脑

2.2　钢结构智能测量技术

2.2.1　工程概况

展览中心东西展厅两个屋顶桁架为倒三角折板型管桁架，跨度 72m。采用高空拼装平台进行拼装，累积滑移。滑移过程中利用高精度工业激光测距传感器，探测距离为 0.05～40m，分辨率 1mm，测量精度 $\pm(1\text{mm}+5d\times10^{-4})$，在钢轨横向与纵向分别设置，实时监测滑移构件与钢轨的横向与纵向的相对位置，将数据传输给终端，通过数值显示与位置模拟，便于操作员实时观察。展览中心东西展厅两个屋顶桁架同时滑移施工。

2.2.2　施工工艺流程及关键控制点

施工工艺流程：施工前准备→安装滑移支座→安装激光测距传感器→读取初始数据→测量滑移过程中数据→数据比较分析→判别滑移偏移量→调整液压顶推压力值→校正顶推位置。

在桁架支座下方安装专用滑移支座，置于滑移轨道上方（图 2-5）；在滑移支座上安装横向与纵向两个激光测距传感器。各配备一张测量反射片；利用计算机控制激光测距传感器，读取初始测量数据，作为比较依据；在桁架滑移过程中，实时读取测量数据，通过与初始数据的比较，判断桁架滑移偏位情况；及时纠偏。采用高精度工业激光测距传感器以及摩天激光测距仪，型号采用 L3 型（图 2-6）。摩天激光测距仪参数见表 2-4。

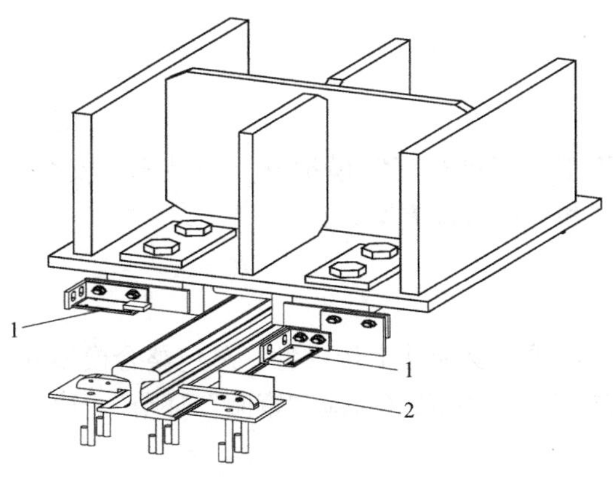

图 2-5 滑移支座结构安装示意图

1—纵向与横向测距传感器；2—反射片

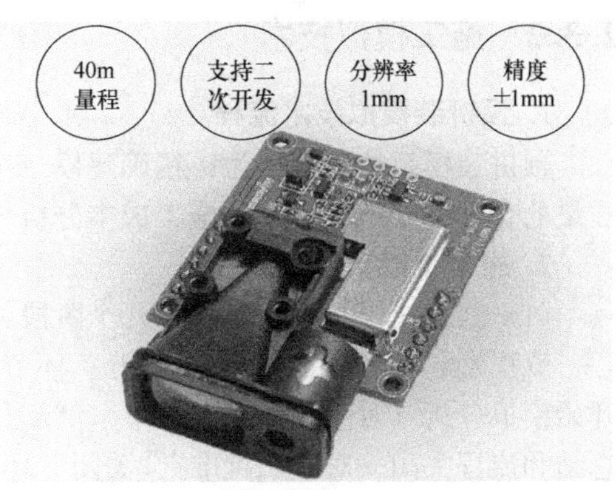

图 2-6 摩天激光测距仪

摩天激光测距仪参数表 表 2-4

分辨率	1mm
测量精度	±(1mm+5d×10^{-4})
数据输出率	正常模式:1～10Hz(通常 5Hz) 快速模式:约 10Hz、20Hz、30Hz
激光类型	630～670nm,Class Ⅱ,<1mW
指示光	红色激光
操作模式	单次数据/持续数据/外部触发
连接器	6PIN2.54mm 双列排针/孔;4PIN2.54mm 单列排针/孔
数据接口	UART(3.3V TTL)
通信协议	Modbus RTU;ASCII;CUSTOM HEX
波特率	9600/19200/38400/115200,默认 38400
供电电源	+5V
功耗	<1W
储存温度范围	−20°～60°
工作温度范围	−15°～50
存储湿度	RH85%

2.3 钢结构虚拟预拼装技术

2.3.1 工程概况

采用图形学原理的几何三维软件，通过计算机模拟大型复杂的拼装和吊装，对施工方案在施工过程中的不利因素进行预判，提前做好保障措施。通过多方案模拟拼装和吊装，以选择最优方案，保证实际施工方法的可执行、合理性及经济性。

2.3.2 施工模拟技术

1. 预拼装模拟技术流程

预拼装模拟技术流程为：精确建模→按照施工方案进行三维模拟→分析技术、安全、质量的合理性→工况技术→施工成本分析→判别和选择最优方案。

2. 施工模拟流程

（1）施工模拟流程包含以下几个阶段：

流程发起（对应“创建”“打开”环节），分包通知反馈并上传模型，总包整合模型并开始模拟分析（对应“执行”环节），线下发布施工模拟成果（对应“审阅”环节），成果总结和流程关闭（对应“批准”“关闭”环节）。

（2）施工模拟发起。由总包BIM工作室以变更单形式发出，经“变更单管理员”改变状态至“执行”，并通过电子邮件提醒功能通知所有分包“责任工程师”。变更单“详细描述”中会说明应用所涉及的专业和区域，所有有关分包“责任工程师”必须仔细阅读。

（3）所有有关分包“责任工程师”在收到通知后，必须在三个自然日内以注释形式确认并上传模型，上传的模型必须以注释附件的形式添加链接。

（4）收齐模型后，总包在一个工作日内完成模型整理文件，并开始施工模拟工作（图2-7）。施工模拟需要与相关部门配合工作，工作时间需视实际情况而定。工作完成后，变更单状态提交至“审阅”环节。

（5）变更单进入“审阅”环节后，表明总包已经完成Navisworks动画施工模拟，可以按照总包相关部门要求线下发布（图2-8）。

（6）如果施工方案或计划有修改，则流程将重新进入“执行”环节。

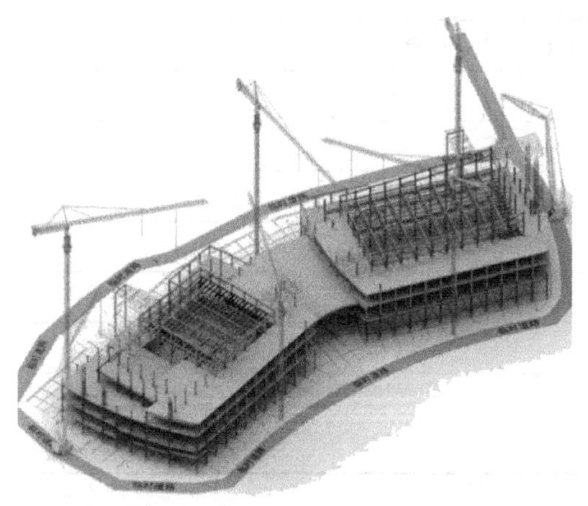

图2-7 BIM模拟施工塔式起重机布置

图2-8 BIM模拟施工动画界面

2.4 钢结构滑移、顶（提）升施工技术

2.4.1 工程概况

本工程对会议中心的中庭桁架和展览中心的登录厅焊接球网架采用拼装和整体提升的施

工技术，对展览中心展厅部分钢屋盖采用累积滑移的施工方法。运用滑移和提升的施工技术可提前进行后道施工工序，并且可以实现各专业同时施工，减少关键线路的工作持续时间，便于缩短总工期，同时可以降低安全控制风险，提高施工效率和施工质量，减低施工成本。

2.4.2 工艺流程

桁架施工先拼装再提升总体工艺流程为：(1) 胎架布置；(2) 安装桁架（需侧向支撑）；(3) 安装钢梁（与桁架形成局部稳定系统）；(4) 安装檩托；(5) 安装檩条；(6) 安装提升牛腿；(7) 补漆（喷防火涂料）；(8) 提升前各项验收检查；(9) 提升后牛腿焊接；(10) 探伤合格后逐级卸载；(11) 安装嵌补构件；(12) 复核高差。

2.4.3 整体提升单元拼装操作要点

2.4.4 桁架拼装控制要点

本工程所有桁架分段都在楼层面上进行拼装，主桁架的拼装精度将直接影响整体桁架区所有构件的安装精度，因此主桁架的拼装精度控制是本工程的重点。整体桁架区可以分小区块加快安装进度，主桁架的拼装步骤为：桁架投影地面测量放样→划地样线→布置胎架（根据桁架的起拱值起拱)→杆件装配→焊接。

根据结构分析，每榀桁架下部设置 3 个胎架，而胎架应设置于楼层的混凝土梁上。胎架采用 ϕ180×6、ϕ245×10 钢管及 PL20×200 钢板制作而成。胎架的起拱值是根据桁架提升时最大的下挠值确定，呈线性关系。下胎架设置完成后，先将主桁架吊装上胎架，用槽钢作为斜支撑撑住主桁架，然后采用吊线锤的方法对桁架进行调节定位。用临时卡码对桁架下弦杆进行点焊固定，待整个桁架全部装配完成并复测合格后安排焊工进行焊接。

2.4.5 提升吊点拼装控制要点

为保证提升吊点上下的垂直线，下提升吊点桁架上弦的提升牛腿考虑现场安装。待整个桁架区全部拼装焊接完毕，从上部提升点（上端牛腿处圆孔）激光引垂线至桁架上端，进行下提升点牛腿的定位安装，要求全熔透焊接。

2.4.6 提升架布置操作要点

1. 提升节点设计

会议室中庭桁架约 380t，提升时布置 10 个提升支架，每个支架顶端布置 1 台 100t 油缸，共计 10 台 100t 提升油缸。精品展厅中庭桁架约 600t，提升时布置 18 个提升支架，每个支架顶端布置 1 台 100t 油缸，共计 18 台 100t 提升油缸。上吊点设计：提升区域的每个钢柱顶部设置钢牛腿，采用双拼 HN700mm×300mm×13mm×24mm 的 H 型钢焊接而成，双拼牛腿中部设置圆管孔，孔径为 170mm，作为钢绞线提升通道。因提升牛腿的顶部为提升油缸的安装位置，故对应牛腿处需要设置加劲板，加劲板的厚度一般比腹板厚 2mm，此处设计为 14mm。上吊点（即为提升牛腿）应设置在高出桁架提升完毕后的标高高出 3m 左右为宜。下吊点设计：位于桁架上弦的吊点采用“目”字形节点，板厚为 20mm。节点通过两侧翼缘板与桁架连接，节点的下部需要设置封板及加劲板，封板板厚为 30mm，开孔大小同上部提升节点，孔径为 160mm。

2. 驱动部件

液压泵站是提升系统的动力驱动部分，它的性能及可靠性对整个提升系统影响最大。在液压系统中，采用比例同步技术，可以有效地提高整个系统的同步调节性能。

3. 承重部件

钢绞线及提升油缸是系统的承重部件，用来承受提升构件的重量。用户可以根据提升重量（提升载荷）的大小来配置提升油缸的数量，每个提升吊点中油缸可以并联使用。钢绞线采用高强度低松弛预应力钢绞线，公称直径为 15.24mm，抗拉强度为 1860N/mm^2，破断拉力为 260.7kN，伸长率在 1%时的最小载荷为 221.5kN，每米重量为 1.1kg。钢绞线符合国际标准 ASTM A416-87a，其抗拉强度、几何尺寸和表面质量都得到严格保证。采用先进的设计方法（数字技术与有限元分析技术）和严格的质量控制措施，来确保提升油缸的绝对安全（图 2-9、图 2-10）。

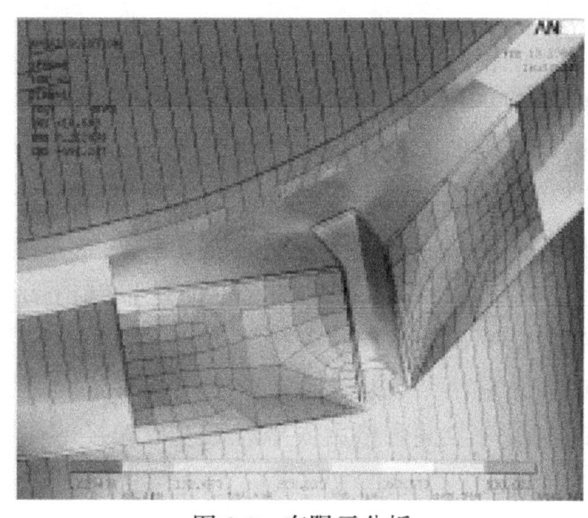

图 2-9　有限元分析

图 2-10　锚具虚拟装配

提升油缸为穿芯式结构，生产过程中严格按照质量标准进行质量控制。每台提升油缸均在厂内进行严格的试验，试验主要包括：功能性试验和耐久性试验。

2.4.7　传感检测及控制部件

传感检测主要用来获得液压油缸的行程信息、载荷信息和整个被提升构件的状态信息，并将这些信息通过现场实时网络传输给主控计算机。主控计算机可以根据当前网络传来的油缸位移信息决定液压油缸的下一步动作，同时，主控计算机也可以根据网络传来的载荷信息和构件姿态信息决定整个提升系统的同步调节量（图 2-11～图 2-14）。

2.4.8　液压同步提升控制

"液压同步提升技术"采用液压提升器作为提升机具，柔性钢绞线作为承重索具。液压提升器为穿芯式结构，以钢绞线作为提升索具，具有安全、可靠、承重件自身重量轻、运输安装方便、中间不必镶接等一系列独特优点。液压提升器两端的楔形锚具具有单向自锁作用，当锚具工作（紧）时，会自动锁紧钢绞线；锚具不工作（松）时，放开钢绞线，钢绞线可上下活动，液压提升过程如图 2-15 所示。当液压提升器周期重复动作时，被提

图 2-11　油缸行程传感器

图 2-12　长距离传感器

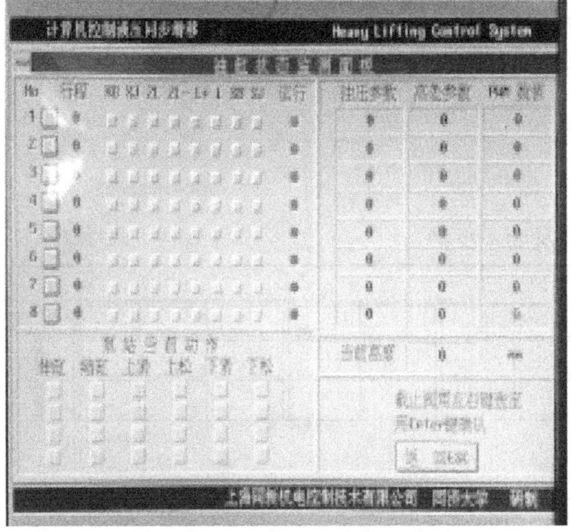

图 2-13　监控界面

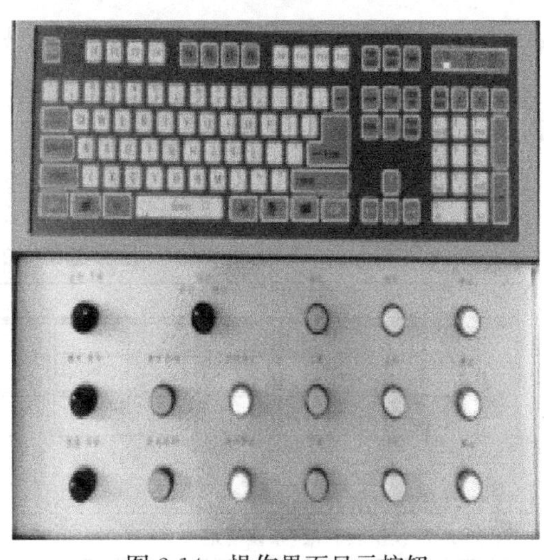

图 2-14　操作界面显示按钮

升重物则一步步向前移动。

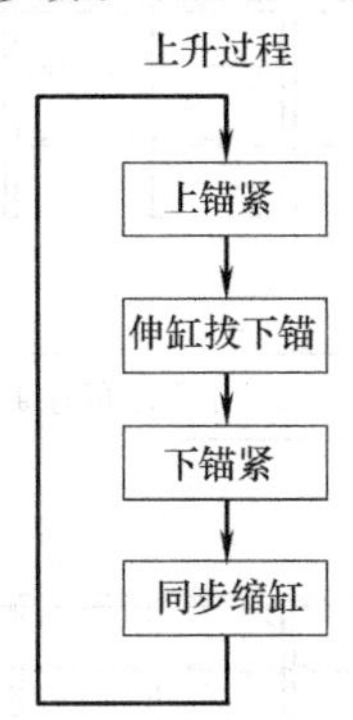

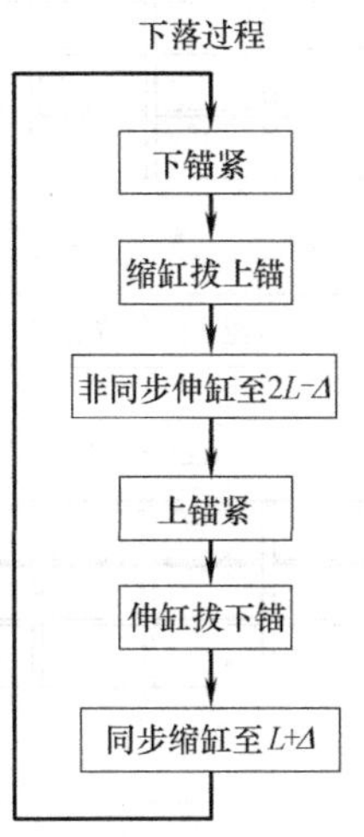

图 2-15　液压提升过程示意图

2.5 滑移施工技术

2.5.1 滑移分区说明

本工程待滑移结构共分为两个独立区域，两个区域独立进行结构滑移施工。两个区域结构形式一致，每个区域划分为 8 个单元，第 1 到第 7 单元在拼装胎架上拼装好，采用累积滑移工艺安装，第 8 单元原位拼装（图 2-16）。

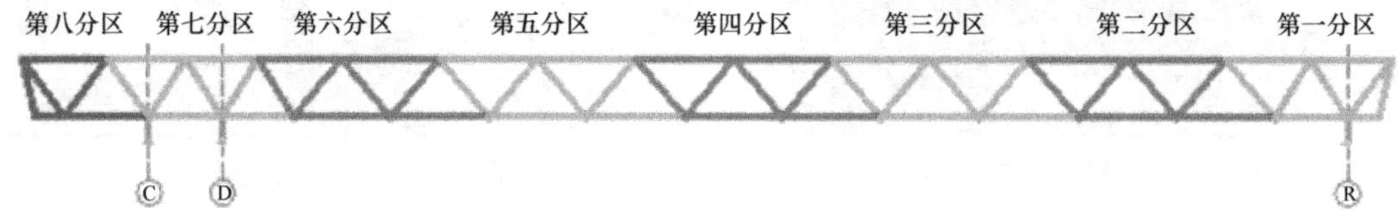

图 2-16 屋盖结构分区图

2.5.2 滑移施工流程

滑移施工段的划分及施工步骤见表 2-5。

滑移施工段的划分及施工步骤 **表 2-5**

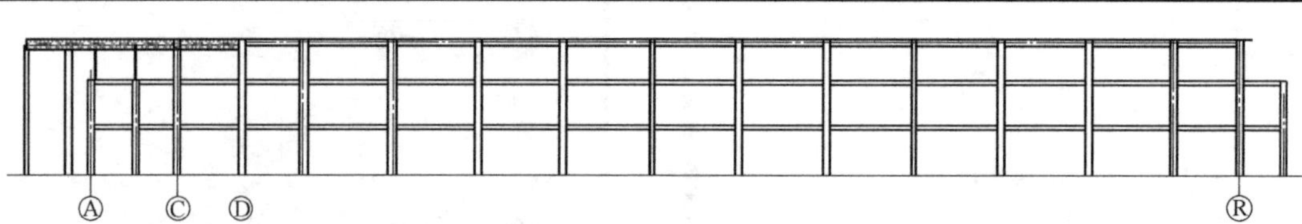

第一步：搭设拼装胎架，布设滑道。

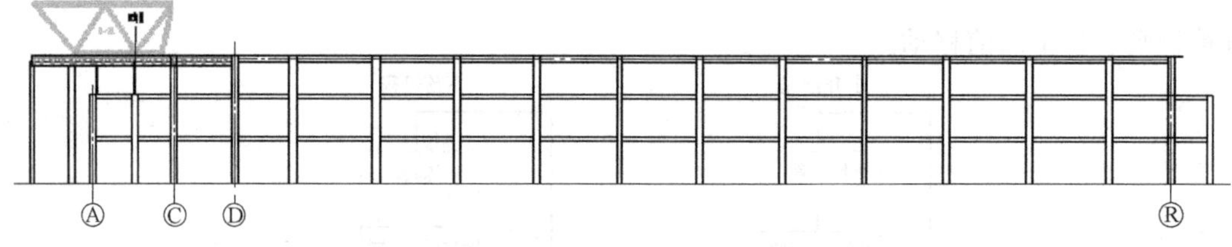

第二步：在拼装区域组装第一分区结构，在位置 A 处布置液压爬行器（两条滑道各布置 1 台）。

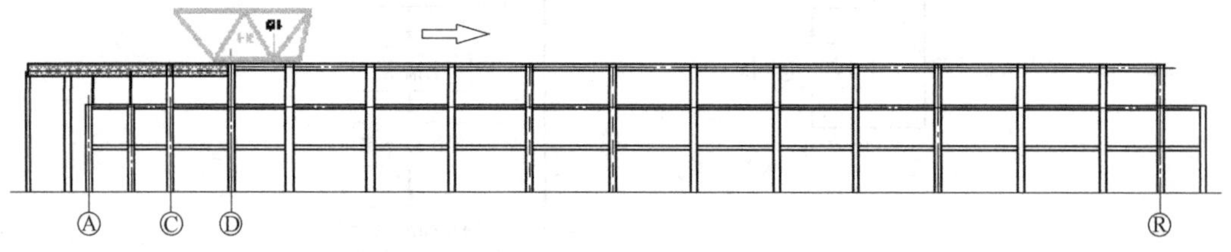

第三步：两台液压爬行器同步工作，顶推分区一结构，向前顶推 24m 后暂停。

续表

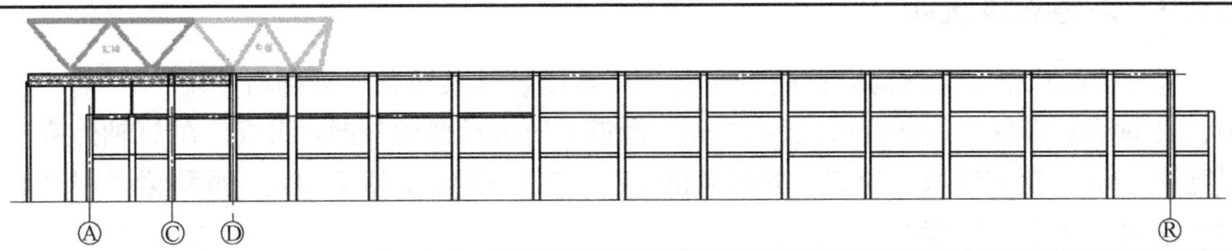

第四步：继续在拼装区域组装分区二结构，并与分区一连为一体。

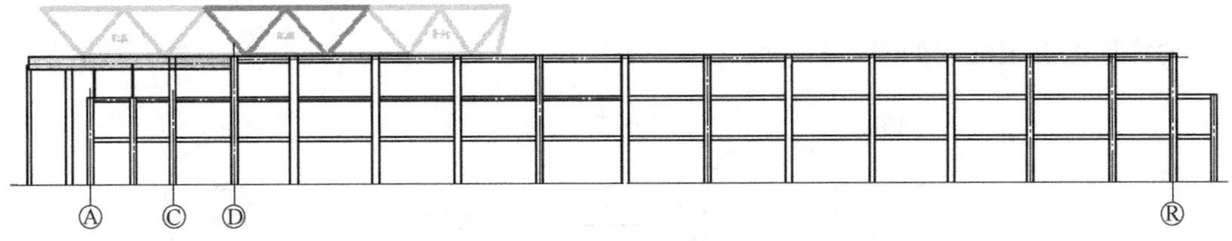

第五步：继续将分区一、分区二结构向前顶推 24m，并在后方拼装分区三结构。

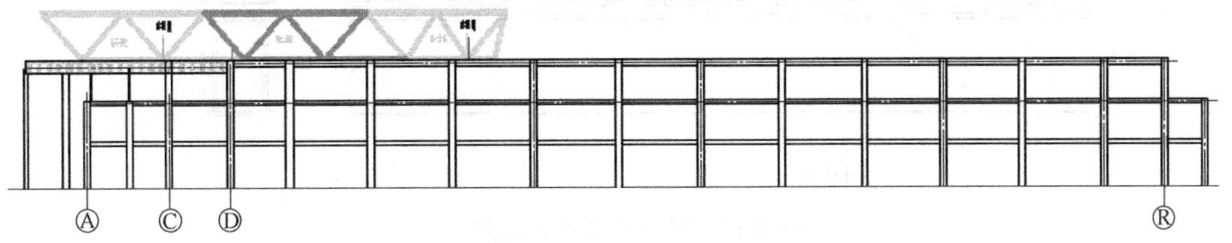

第六步：参照前述滑移方案，继续滑移安装后续结构，至第四分区结构，并在位置 B 处新增设两台液压爬行器。

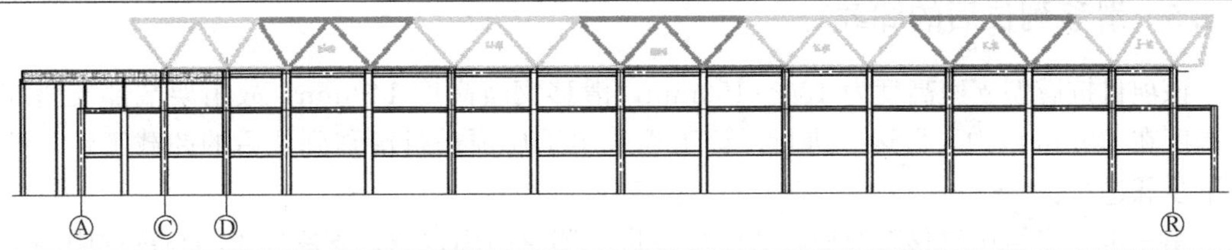

第七步：重复前述滑移过程，累积滑移拼装，至七个滑移单元滑移至设计位置。

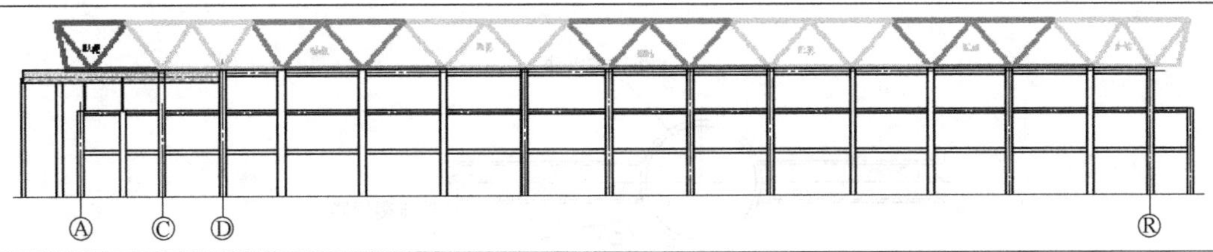

第八步：原位安装第八单元。

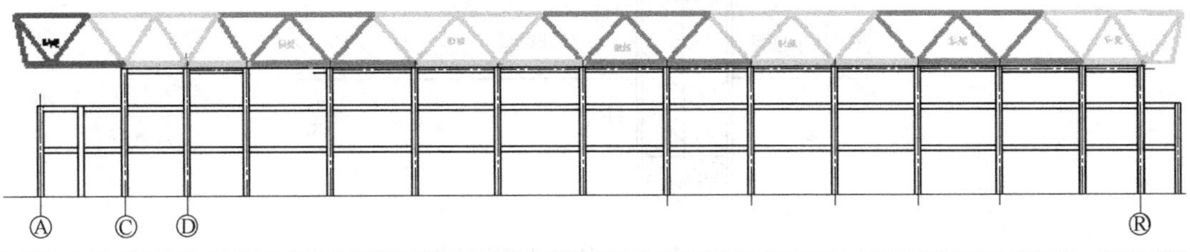

第九步：安装卸载油缸，移除钢轨，并安装抗震支座，焊接固定。

2.5.3 滑道布置说明

为配合两片钢屋盖结构滑移施工安装，共需设置四条滑道，分别沿 1 轴、10 轴、12 轴、21 轴通长布置，每条滑道长约 168m，滑道主要由承载梁和钢轨组成。在 D 轴外侧设置宽约 30m 的拼装区域。滑道有滑移梁和固定在上方的 43kg 轨道构成，滑移梁采用箱形（700×500×16×20）结构。

2.5.4 滑移顶推点设置

滑移顶推点装配图如图 2-17 所示。

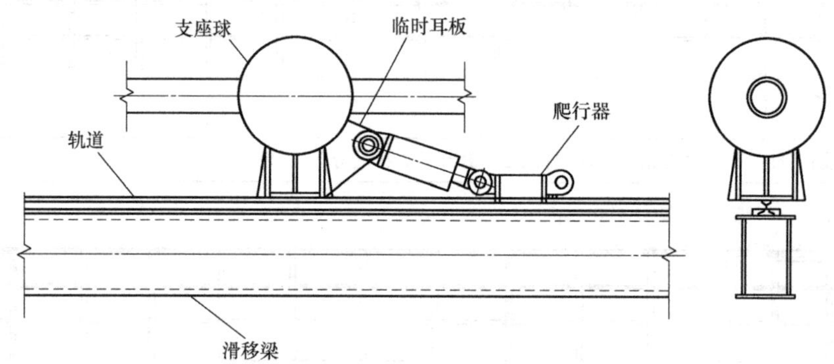

图 2-17 滑移顶推点装配图

2.5.5 滑移到位后的卸载

该项目抗震型支座高度为 130～150mm，滑移钢轨高度 140mm，故桁架端部支座卸载高度在 10mm 以内，可逐一进行。该工程采用千斤顶进行滑移到位后的卸载工作，按如下步骤进行：

第一步：将结构滑移至对应柱头位置，进行测量精确定位，支座球中心与钢柱中心重合（图 2-18）。

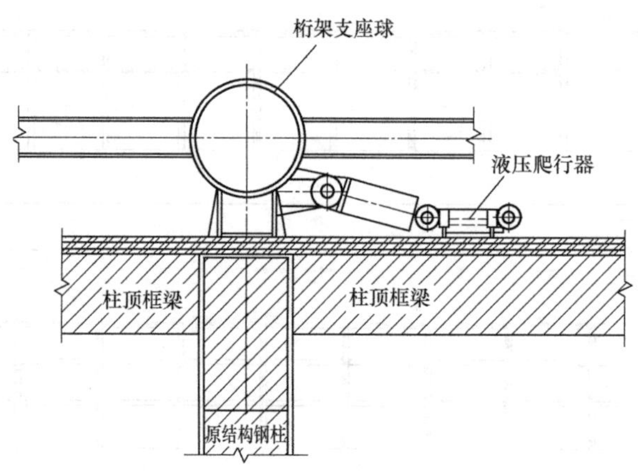

图 2-18 第一步实施过程示意图

第二步：拆除液压爬行器，割除滑移耳板，对称焊接两处 300mm 长牛腿（牛腿选用 H200 型钢），布置两台千斤顶（建议选用 50t 手摇千斤顶）（图 2-19）。

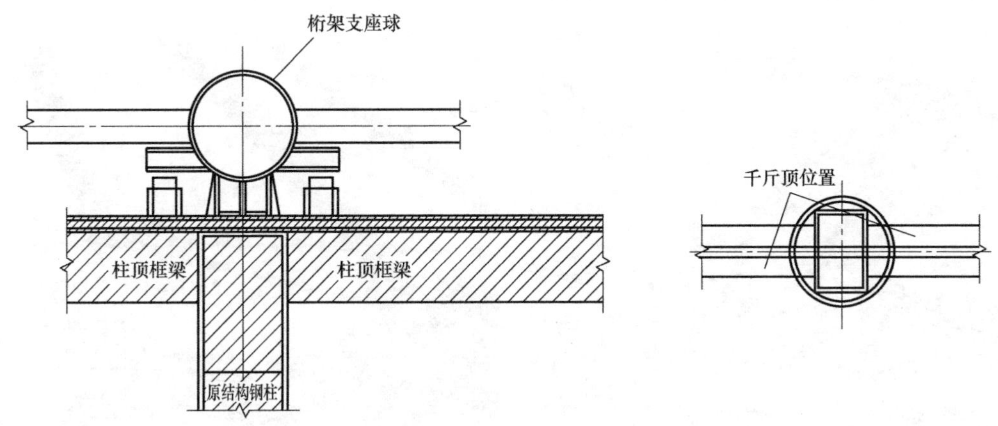

图 2-19 第二步实施过程示意图

第三步：缓缓顶起桁架端部支座，抽出滑移轨道，安装抗震型支座并定位，千斤顶缓缓回落，支座地板着陆至抗震支座上方（图 2-20）。

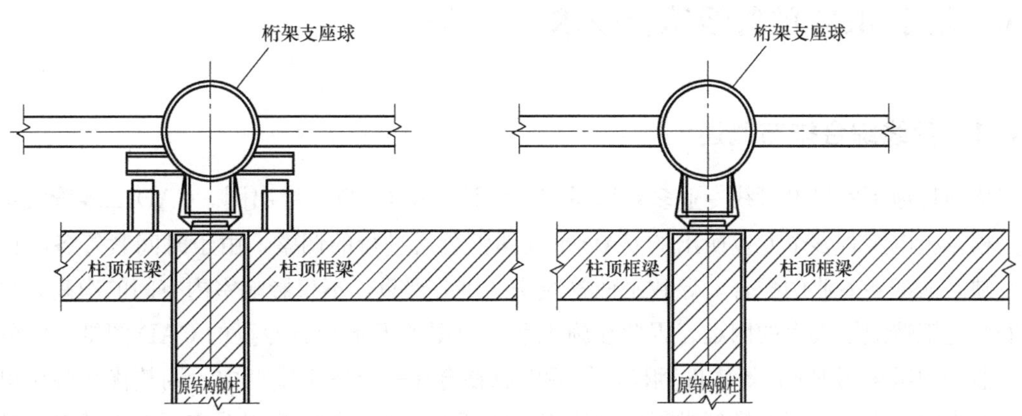

图 2-20 第三步实施过程示意图

2.5.6 滑移设备配置

本工程 A、B 区同时进行滑移，共配置 2 套滑移设备。每个区域滑移部分结构重约 1100t，各配置 4 台 TLPG-1000 型液压爬行器（水平顶推能力 100t），爬行器布置于 R 轴、K 轴桁架端部支座处。每条滑道前方爬行器顶推最大重量约为 225t（单区 2 台爬行器顶推重量最大工况为前三分区，重约 450t），考虑摩擦系数 0.15，则所需水平推力为 225×0.15＝33.75t，小于爬行器顶推能力 100t，满足要求；每条滑道前后爬行器共同顶推最大荷载为550t（单区滑移重量约1100t），则所需顶推力为550×0.15＝82.5t，小于2台爬行器顶推能力200t，满足要求。共配置2台TL-HPS-60型液压泵站，每台泵站驱动一个区域的四台爬行器。依此设备配置，滑移速度约8～10m/h（图2-21、图2-22）。

图2-21　会议中心中庭桁架整体提升

图2-22　展览中心钢屋盖累积拼装滑移

2.6　基于BIM的管线综合技术

2.6.1　管线综合排布概述

该项目地下室机电管线专业多、数量多，设计采用CAD二维出图。CAD二维管线综合是根据机电工程多个专业所出的CAD平面图汇总后进行的调整，由于时间紧等各种因素，缺乏前期各专业的配合，导致平面管线交叉重叠严重，不仅影响室内空间的净高，也对安装施工造成了极大的困难。因此在施工前，根据地下室所有专业的CAD图纸，将各个专业的图纸采用Revit等软件翻模，然后汇总整合在一个三维模型中，调整优化各机电管线的走向、高度，再对模型进行碰撞检查，按照业主要求的净高以及实际施工情况合理排布、清理碰撞点，最后交付成果文件，使问题在施工前得以解决。通过三维翻模，利用BIM模型输出机电综合管线图、剖面图、单专业图、三维轴测图，讲解给施工班组，使班组明确掌握图纸设计意图和管线安装层次规则。以三维模型配合传统CAD二维图纸指导现场施工，可以避免现场施工人员由于图纸误读造成施工错误。

2.6.2　综合管线实施流程

为了推进BIM技术的运用，并立志于研究如何利用BIM模型的信息化来完善、提高机电深化设计及现场施工的质量，成立了有多年深化设计经验的工程师和精通BIM软件操作的BIM团队。BIM软件的选择，BIM应用软件中，Revit软件市场占有率较高，服务及功能相对较为完善，有更强的经济效益，拟采用 Revit 软件。设备的配置，BIM 软件对所使用的硬件设备要求较高，根据相应的要求配置专用的电脑等设备。建立族库，根据常用的设备材料，建立材料设备的三维族库，并根据不同项目的需要，不断充实和完善族库。结合工程进行建筑结构和设备建模，运用 BIM 软件，根据二维建筑结构和机电施工图纸，建立三维的建筑结构和管线模型。现场结构复测，组织人员根据结构图纸进行现场实际复测，根据复测结果修改建筑结构模型。三维碰撞检查，通过 BIM 软件中的碰撞检测功能进行模型的碰撞检测，并出具碰撞检测报告，根据报告逐一检查及排除碰撞点位。指导施工和工厂化预制，根据调整后的模型，进行部分材料的工厂化预制，在施工前进行技术交底。绘制竣工图纸，根据最终的施工现场，局部调整 BIM 模型，完成竣工 BIM 模型。

2.6.3 综合管线具体实施

组成深化设计小组，会同项目技术负责人、施工经理共同制定深化设计、施工工作计划，确保设计、施工的连续性。设备管线的综合排布将所有管线全部合成在一个图上，找出复杂的交叉位置，发现各项专业在设计上存在的矛盾，对单项工程原来布置的走向、位置有不合理或与其他工程发生冲突的现象，提出调整位置和相互协调的意见，会同各部门、各施工单位商讨解决。使各项管线在建筑空间上占有合理的位置，然后再画详细的大样图，出图后再到现场认真核对，再进一步修改，最终完成管线综合图（图 2-23）。管线综合深化设计时所应用的软件为 Revit，对有特殊要求的部位应采用 MagiCAD 软件对管线进行校核，利用 Navisworks 软件进行碰撞检测（图 2-24）。

分析该项目 BIM 综合布线技术实际使用效果后发现，较传统管线排布的方法，其保证了施工质量，将管线排布发生错误的概率降到最低，材料采购数量、规格的准确率、及时率都极大地满足了成本和进度管控要求，减少了施工现场的返工量，促进了机电设备安装的绿色施工，推动了建筑施工的节能。

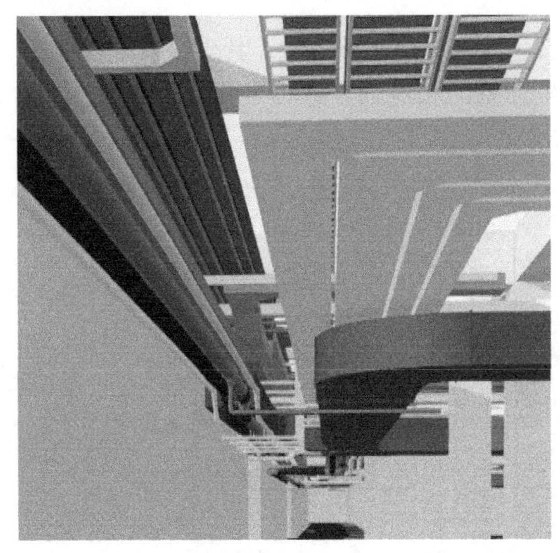

图 2-23 基于 BIM 技术的综合布线系统

图 2-24 管线布置后的优化及调整

2.7 无人机测量技术

2.7.1 工程概况

南通国际会展中心体量大，结构类型属于钢结构，施工人员高空作业危险性较大。本项目采用无人机测量技术，通过现场拍摄实景照片，通过相关软件转换成三维立体模型，并与 BIM 模型作为对照，得出现场临时设施以及金属屋面完成情况，该技术主要应用于临边防护及金属屋面。

2.7.2 倾斜摄影测量

倾斜摄影测量技术通过在同一飞行平台上搭载 5 台传感器，同时从一个垂直、四个倾斜五个不同的角度采集影像，拍摄相片时，同时记录航高、航速、航向、旁向重叠、坐标等参数，然后对倾斜影像进行分析和整理。在一个时段，飞机连续拍摄几组影像重叠的照片，同一地物最多能够在 3 张相片上被找到，这样内业人员可以比较轻松地进行建筑物结构分析，并且能选择最为清晰的一张照片进行纹理制作，向用户提供真实直观的实景信息。影像数据不仅能够真实地反映地物情况，而且可通过先进的定位技术，嵌入地理信息、影像信息，获得更高的用户体验，极大地拓展了遥感影像的应用范围。

数据处理流程如下：施工前准备→数据的优化处理及建模→拍摄的多视影像→几何纠正→区域联合平差→影像匹配→生成 DSM→真正射纠正→3D 数据→三维模型。

2.7.3 坐标系统

1. 像平面坐标系 *o-xy*

像平面坐标系是定义在像平面内的右手直角坐标系，用来表示像点在像平面内的位置。其坐标原点定义为像主点 o，一般以航线方向的一对框标连线为 x、y 轴，记为 $o\text{-}xy$（图 2-25）。

2. 像空间坐标系 *S-xyz*

像空间坐标系是表示点在像空间的位置的右手空间直角坐标系统。其坐标系原点定义在投影中心 S，其 x、y 轴分别平行于像平面坐标系的相应轴，z 轴与摄影方向线 So 重合，正方向按右手规则确定，向上为正（图 2-26）。

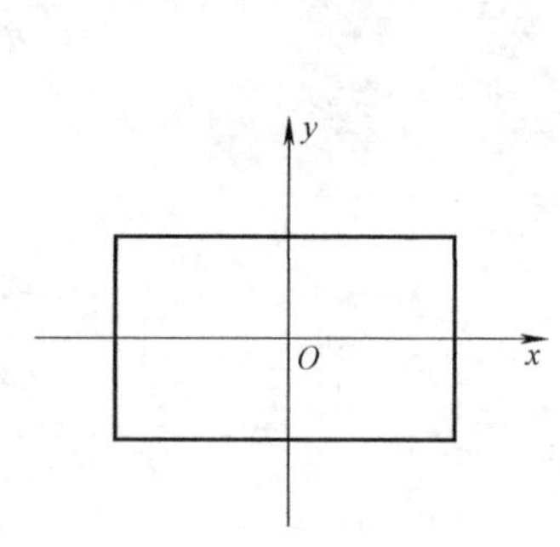

图 2-25 像平面坐标系 $o\text{-}xy$

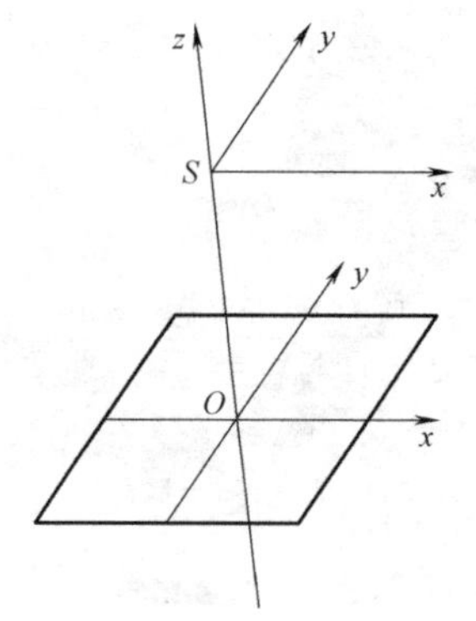

图 2-26 像空间坐标系 $S\text{-}xyz$

3. 像空间辅助坐标系 *S-XYZ*

像空间辅助坐标系用来表示像点在像空间上的位置。该坐标系的原点在摄影中心 S 上，其主光轴 So 为 Z 轴，向上为正；X、Y 轴分别平行于像平面坐标系（$o\text{-}xy$）的 x、y 轴且方向一致（图 2-27）。

4. 摄影测量坐标系 $A\text{-}X_pY_pZ_p$

该坐标系的原点和坐标轴方向的选择根据实际讨论问题的不同而不同，但在一般情况下，原点选在某一摄影站或某一已知点上，坐标系横轴（X 轴）大体与航线方向一致，竖坐标轴（Z 轴）向上为正（图 2-28）。

5. 物空间坐标系 $O\text{-}X_tY_tZ_t$

之前叙述的 4 种坐标系都是满足右手定则的，然而物空间坐标系是满足左手定则的，它的 X_t 轴的指向为正北，Z_t 轴是以国家黄海高程基准为标准系统测量出的高程值（图 2-28）。

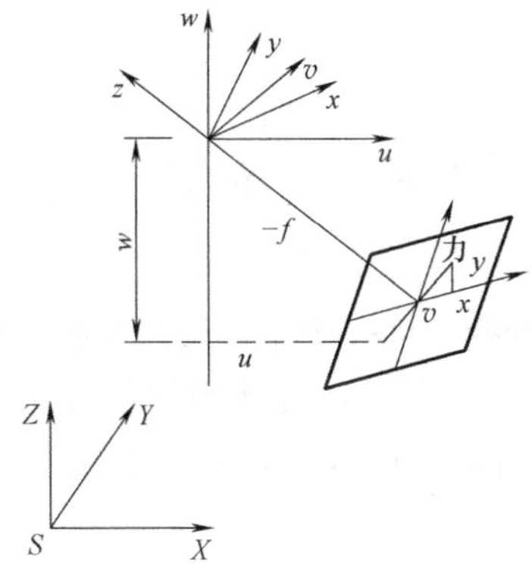

图 2-27　像空间辅助坐标系 *S-XYZ*

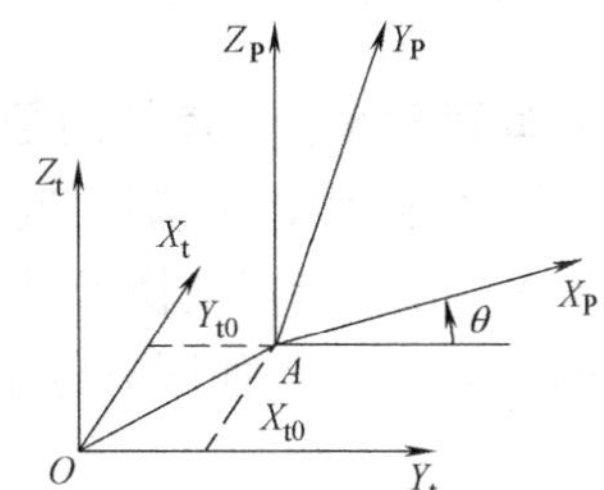

图 2-28　物空间坐标系和摄影测量坐标系

2.7.4　航摄像片的方位元素

航摄像片的内、外方位元素是建立物与像之间数学关系的重要基础。在航测中，将摄影瞬间摄影中心 S、像片 P 与地面（物面）E 的相关位置数据称为航摄像片的方位元素。依据作用不同，航摄像片的方位元素又分为内方位元素和外方位元素。

1. 内方位元素

投影中心对像片的相对位置叫作像片的内方位，内方位元素包括：像片的主距 f，像主点在像片标框坐标系中的坐标 x_0、y_0（图 2-29）。

2. 外方位元素

确定摄影光束在地面辅助坐标系中的位置时需要的元素称为外方位元素，共有三个线元素和三个角元素（图 2-30）。其中，线元素是摄站在地面辅助坐标系中的坐标，用以确定摄影光束在地面辅助坐标系中的顶点位置；三个角元素用来确定摄影光束在地面辅助坐标系中的姿态。角元素有三种不同的表达形式：（1）以 Y 轴为主轴的系统；（2）以 X 轴为主轴的系统；（3）以 Z 轴为主轴的系统。

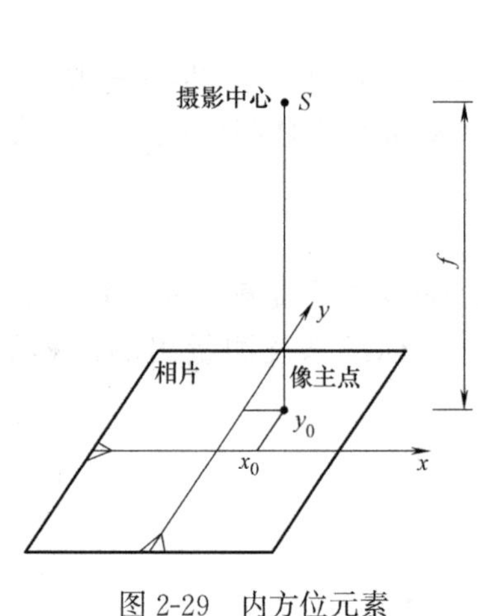

图 2-29　内方位元素

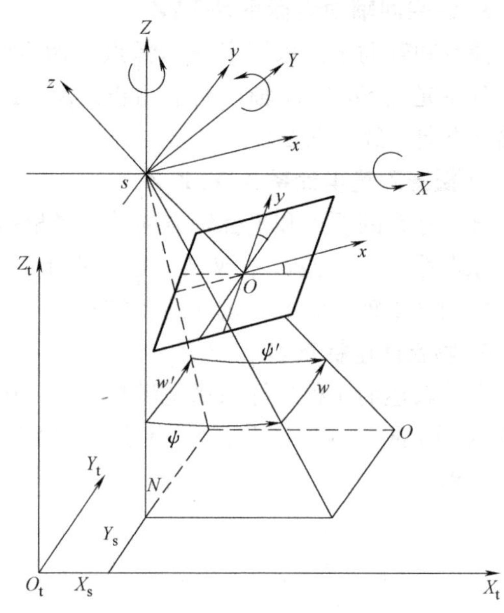

图 2-30　外方位元素

3. 空间直角坐标系旋转的基本关系

像空间坐标与像空间辅助坐标之间的变换是正交变换，即一个坐标按照某种次序有规律地旋转三个角度即可变换为另一个原点的坐标系。假设像点 a 在像空间坐标系中的坐标为（x，y，$-f$），而同时像空间辅助坐标系中的坐标为（X，Y，Z），两者的正交关系为：

$$\begin{bmatrix} X \\ Y \\ Z \end{bmatrix} = R\begin{bmatrix} x \\ y \\ z \end{bmatrix} = \begin{pmatrix} a_1 & a_2 & a_3 \\ b_1 & b_2 & b_3 \\ c_1 & c_2 & c_3 \end{pmatrix}\begin{bmatrix} x \\ y \\ -f \end{bmatrix} \tag{2-1}$$

式中，R 是一个 3×3 的正交矩阵，得到 9 个方向矩阵的元素为：

$$\left.\begin{aligned} a_1 &= \cos\varphi\cos\kappa - \sin\varphi\sin\omega\sin\kappa \\ a_2 &= -\cos\varphi\sin\kappa - \sin\varphi\sin\omega\cos\kappa \\ a_3 &= -\sin\omega\cos\omega \\ b_1 &= \cos\omega\sin\kappa \\ b_2 &= \cos\omega\cos\kappa \\ b_3 &= -\sin\omega \\ c_1 &= \sin\varphi\cos\kappa + \cos\varphi\sin\omega\sin\kappa \\ c_2 &= -\sin\varphi\sin\kappa + \cos\varphi\sin\omega\cos\kappa \\ c_3 &= \cos\varphi\cos\omega \end{aligned}\right\} \tag{2-2}$$

2.7.5　共线方程

共线方程是描述像点 a、投影中心 S 和对应地面点 A 三点共线的方程。

假定 S 为摄影中心点，主距为 f，在地面摄影测量坐标系中，它的坐标为（X_s，Y_s，Z_s）。物点 A 是坐标为（X_A，Y_A，Z_A）在地面摄影测量坐标系中的空间点，a 是 A 在影像上的构像，它对应的像空间坐标系中的坐标为（x，y，$-f$），像空间辅助坐标系的坐标为（X，Y，Z）（图 2-31）。

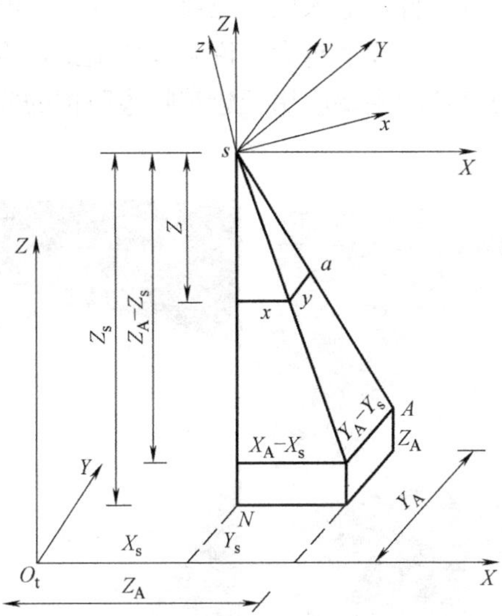

图 2-31　图像点与相应地面上坐标关系

此时 a、A、S 三点位于一条直线上，像点的像空间辅助坐标（X，Y，Z）与地面摄影测量坐标（X_A，Y_A，Z_A）之间的关系如下：

$$\frac{X}{X_A-X_S}=\frac{Y}{Y_A-Y_S}=\frac{Z}{Z_A-Z_S}=\lambda \tag{2-3}$$

式中：λ 为比例因子。进一步得到：

$$X=\lambda(X_A-X_S),Y=\lambda(Y_A-Y_S),Z=\lambda(Z_A-Z_S) \tag{2-4}$$

由像点的像空间坐标与像空间辅助坐标的关系可知：

$$\frac{x}{-f}=\frac{a_1X+b_1Y+c_1Z}{a_3X+b_3Y+c_3Z} \tag{2-5}$$

$$\frac{y}{-f}=\frac{a_2X+b_2Y+c_2Z}{a_3X+b_3Y+c_3Z} \tag{2-6}$$

其中：a_i，b_i，c_i（$i=1$，2，3）为方向余弦，分别是像空间辅助坐标系各轴与相应的像空间坐标系各轴夹角的余弦。

像主点坐标为（x_0，y_0），带入式（2-4）得：

$$\left.\begin{aligned}x-x_0=-f\frac{a_1(X_A-X_S)+b_1(Y_A-Y_S)+c_1(Z_A-Z_S)}{a_3(X_A-X_S)+b_3(Y_A-Y_S)+c_3(Z_A-Z_S)}\\ y-y_0=-f\frac{a_2(X_A-X_S)+b_2(Y_A-Y_S)+c_2(Z_A-Z_S)}{a_3(X_A-X_S)+b_3(Y_A-Y_S)+c_3(Z_A-Z_S)}\end{aligned}\right\} \tag{2-7}$$

式（2-7）为常见的共线条件方程式，式中，x、y 为像点的平面坐标，（x_0，y_0，f）为影像内方位元素，（X_S，Y_S，Z_S）为摄站点的地面摄影测量坐标，（X_A，Y_A，Z_A）为物方点的地面摄影测量坐标。

2.7.6 成像及对比

将实际拍摄图片（图 2-32）通过坐标转换后的三维成像模型与 BIM 模型（图 2-33）进行对比，对比技术采用莱卡软件，输入成像三维模型以及 BIM 模型后，莱卡软件会根据某一施工面提供两者差异值，差异值越大，说明该项施工进度越慢。考虑到实际拍摄镜头的精度不高，本项目利用该技术主要应用于建筑临边防护的安全控制和金属屋面施工进度控制。

图 2-32　实测图

图 2-33　成像图

第3章　地基及基础工程施工技术

3.1　分部分项工程概况

3.1.1　基本概况

该工程会议中心及展览中心桩基采用静压预制桩，地基基础设计等级为乙级，会议中心±0.000相对于绝对标高6.000m；展览中心±0.000相对于绝对标高4.700m。本工程展览中心展览厅、登录厅及室外地坪采用水泥土搅拌桩进行地基加固。会议中心基坑开挖深度为5.10～6.40m，展览中心基坑开挖深度为5.75～6.70m，根据该工程周边水文地质环境及开挖深度情况，会议中心的基坑北侧局部采用1∶0.75的坡度放坡开挖+止水帷幕，其余东侧、南侧和西侧采用1∶0.75的坡度放坡开挖；展览中心基坑采用1∶0.75的坡度放坡开挖。基坑采用管井降水，地下室采用钢框架结构体系，劲性结构。

3.1.2　桩基工程

该工程会议中心桩基采用预应力高强混凝土管桩，桩型选用图集为《预应力混凝土管桩》苏G03-2012及《先张法预应力混凝土抗拔管桩（抱箍式连接）》321183-R048-2016、Q/321183 JH002-2015，桩型号为PHA-600（110)-AB-42，共计1205根，其中5根为试桩，桩长为45m，抗压承载力特征值为2550kN，抗拔承载力特征值为460kN；桩型号为PHA-600（110)-AB-15，共计942根，其中6根为试桩，桩长为19m，抗压承载力特征值为1100kN，抗拔承载力特征值为450kN；桩型号为PHC-600（110)-AB-15，共计78根。展览中心桩基采用预应力高强混凝土管桩，桩型选用图集为《预应力混凝土管桩》苏G03-2012及《先张法预应力混凝土抗拔管桩（抱箍式连接）》321183-R048-2016、Q/321183 JH002-2015，桩型号为PHA-600（110)-AB-42，共计503根，抗压承载力特征值为2600kN，抗拔承载力特征值为700kN；桩型号为PHC-600（110）AB-42，共计281根，抗压承载力特征值为2600kN；桩型号为PHC-500（100）AB-24，共计126根，抗压承载力特征值为1175kN。

3.1.3　地坪加固工程

该工程展览中心展览厅、登录厅及室外地坪采用水泥土搅拌桩进行地基加固。水泥土搅拌桩入土深度取7.00m，局部放坡回填区域入土深度取8.00m，桩径500mm，水泥土

掺入比 $\alpha=14\%$，正方形布桩，桩间距 0.9m，桩体上部 3.00m 宜复喷，水泥土掺入比 $\alpha=8\%$，全程复搅，使加固土体的 $f_{cu}\geqslant1.5MPa$，预估水泥土桩单桩竖向承载力特征值 R_a 为 65kN，则复合地基承载力特征值为 80kPa。复合地基桩顶应设置 200～300mm 的夯实砂石褥垫层。

3.1.4 基坑支护、土方开挖及降水工程

1. 基坑围护设计概况

本次基坑支护设计主要包括会议中心和展览中心，其中会议中心基坑面积约 38400m^2，展览中心基坑面积约 29750m^2。本工程基坑支护设计单位为南通四建集团建筑设计有限公司。该工程场地红线范围内均为闲置地，地下无重大地下管网及地下管线。红线范围西侧为已建兴富路，兴富路距西侧红线约为 7.5m，道路边线下分布有雨污水管线；其余三侧较为空旷，无较近建（构）筑物；场地中央为东西向现状河道。本工程会议中心基坑开挖平面整体大致呈矩形，基坑北侧开挖坡脚线距北侧现状河道约 14.5m，东侧、西侧、南侧较为空旷，场地整平待建；展览中心基坑开挖平面整体呈矩形，四周较空旷，场地整平待建。会议中心基坑开挖深度为 5.10～6.40m，展览中心基坑开挖深度为 5.75～6.70m，根据本工程周边环境、开挖深度及土层情况，会议中心基坑北侧局部采用 1∶0.75 的坡度放坡开挖＋止水帷幕，其余东侧、南侧和西侧采用 1∶0.75 的坡度放坡开挖；展览中心基坑采用 1∶0.75 的坡度放坡开挖。

本工程平面定位以建筑设计图中确定的轴线为准，如因现场施工条件限制以致部分围护形式不能有效实施，施工单位应根据现场放线情况，及时会同业主、设计、监理、监测等各方统一协调处理。

2. 围护支撑概况

本工程会议中心基坑北侧临河段采用 1∶0.75 的坡度放坡开挖＋止水帷幕，其余东侧、南侧和西侧采用 1∶0.75 的坡度放坡开挖；展览中心基坑采用 1∶0.75 的坡度放坡开挖。止水帷幕采用 ϕ700@500 水泥搅拌桩，具体的水泥土搅拌桩桩长及相关尺寸详见设计图纸。

3.1.5 基础钢筋工程

基础底板（筏板）、承台、地梁及地下室结构墙、柱、梁主筋连接形式为：直径大于等于 ϕ18 的钢筋采用等强滚轧直螺纹连接方式，直径小于 ϕ18 的钢筋采用搭接连接方式。

3.1.6 基础混凝土工程

会议中心及展览中心地下室采用钢框架结构体系，基础筏板按大体积混凝土考虑施工，地下室混凝土有抗渗要求。承台、地梁：桩基础上设有承台，承台设计有三桩（900mm 高）、四桩（1200mm 高）、六桩（1200mm 高）承台或独立承台，承台之间有地梁连接，承台顶标高为－6.4m 或－7.4m。基础梁、承台梁截面尺寸为 1400mm×1200mm、1500mm×1200mm，暗梁截面尺寸为 1200mm×400mm、1200mm×500mm、1200mm×600mm，梁顶标高为－6.4m。混凝土强度和抗渗等级：承台和抗水板混凝土为 C35，抗渗等级为 P6；地下室混凝土为 C30，抗渗等级为 P6；构造柱、圈梁、水平系

梁混凝土为 C25；消防水池混凝土为 C30，抗渗等级为 P6。

3.2 施工前的准备

3.2.1 劳动力计划

桩基工程、地坪加固、基坑支护、降水、土方开挖、基础底板施工的工人均为经过技术培训且有丰富工作经验的施工人员，涉及电工、焊工、起重工等特种作业人员以及木工、钢筋工等其他现场作业人员等（表 3-1）。

劳动力计划表 **表 3-1**

序号	工种	桩基工程、地坪加固、止水帷幕桩、护坡喷浆施工阶段劳动力数量(单位:人)
1	桩机操作工	16
2	起重工	12
3	木工	80
4	钢筋工	550
5	瓦工	180
6	电焊工	20
7	其他	10
小计		868

3.2.2 主要施工机械计划

为满足本工程施工要求，机具、设备必须大量投入，公司现有的各类施工机械及设备完全能满足本工程全方位展开施工的要求。各类材料按施工图纸要求的数量和施工进度的要求保证供应，主要施工机械配置见表 3-2。

主要施工机械表 **表 3-2**

序号	机械设备名称	型号规格	数量
1	静压桩基	ZYJ1060B	6 台
2	水泥土搅拌桩机	SJB-Ⅱ型	6 台
3	输浆泵	UBJ_2	6 台
4	灰浆搅拌机	JW180	6 台
5	挖土机	PC220	20 台
6	空压机	VY-9/8	2 台
7	喷浆机	PZ-5B	2 台
8	清浆泵	标准型	6 台
9	电焊机	Q/AABP001-92	2 台

主要计量检测设备见表 3-3。

主要计量检测设备表　　表 3-3

序号	计量检测设备名称	型号、规格	单位	数量	配备单位
1	全站仪	RTS-632	台	2	测量组
2	激光经纬仪	J2	台	1	测量组
3	激光铅垂仪	标准型	台	2	测量组
4	钢卷尺	50M	把	4	测量组
5	钢卷尺	5M	把	10	测量组
6	水准仪	S3	台	6	测量组

由于本工程施工所要求的机械设备均要连续作业，所以机修人员不仅要跟班作业，而且当机械出现故障时，要能在施工工艺允许的时间范围内进行抢修。因此，在施工现场布置一个机械设备维修车间，机修人员均应经培训持证上岗，具有丰富的维修经验。施工现场要留置一小块空地放置少量的备用设备，同时作为保养的场地，并且所有机械均进行三级保养。如果现场作业的设备经检验确定维修时间较长，会对工程造成较大的损失，则直接利用现场设备进行更换，确保工程的顺利进行。应及时对进入现场的所有施工机械设备进行检查，对检查中发现的不符合要求的施工机械设备必须立即停止使用，并在 24 小时内撤出场外。如现场的机械设备满足不了工期要求，项目经理部将向监理打申请报告，同意后向外界租用性能优越又能满足施工需要的机械设备。

3.2.3　技术准备

根据设计图纸来编制专项施工方案，做好现场平面布置，包括布置水泥浆制备的灰浆池等，同时标定重要机械设备的参数，包括：起重设备的额定起重量、最大工作半径、最大起升高度等。

3.2.4　材料准备

预制桩采用 PHC 600（110）AB、PHA 600（110）AB 型、PHC 500（100）AB 型。水泥采用 P. O. 42.5 普通硅酸盐水泥；外加剂选择具有早强、缓凝、减水并可节约水泥用量等性能的外掺剂，配合比要求深层搅拌的浆液以 P. O. 42.5 普通硅酸盐水泥为主配制，水灰比取 0.5。

3.3　施工测量

测量前了解工程所在地区的红线点位置及坐标、周围环境、现场地形等情况。熟悉和了解地面建筑物的布局、定位依据、定位条件及建筑物的主要轴线等。将招标单位提供的水准点高程、坐标进行复测无误后，及时办理签证移交手续。在熟悉和掌握全部桩基设计图纸的基础上，对总图上所标注的定位坐标、尺寸用计算闭合导线方法核算是否准确。根据总图上提供的坐标，计算出测量时所需的距离、角度并通过坐标反算，换算成极坐标后进行平面控制网的测设。

测设时先校核施工现场上已测设的坐标点，然后根据已测量出的坐标点测设出平面布置图上的坐标点，并使各个坐标点分布在施工场地内。每次用直角坐标测设后要进行校核。主要坐标控制点测设后，建立整个施工场地的平面控制网。测设出建筑物轴线与主要控制点，为桩基放样做好准备。平面控制网测设时保证测设精度，控制网测设后进行闭合校对。确保起点与终点吻合，并对主要坐标控制点做必要的保护。现场水位点靠围墙布置，并定时复核校正。

3.4 桩基工程

3.4.1 施工原则

施工时按“先中间后两边，并尽量减少挤土效应对场地、管线的影响”的原则进行施工。本工程为承台加筏板基础，施工采用“先长桩后短桩、先中间后两边对称施工”的施工顺序。

3.4.2 施工工艺选择

该工程采用全液压静力压桩工艺，其全部动作均由液压驱动，具有“自行移位”的全功能，按照吊桩、对桩、压装的全过程一次进行。移位时行走机构采用提携式步履，把船体当作铺设的轨道，通过纵、横向油缸的伸程与回程，实现压桩机的纵横向行走。压桩时将桩垂直吊入压桩机内，利用桩机提供的反力，压桩油缸伸程把桩压入地层中，压桩完毕后，压桩油缸回程，并将压桩油缸提至行程顶部，重返上述动作，可实现连续压桩操作，直到用送桩器把桩送至设计标高。具体施工工艺如图 3-1 所示。

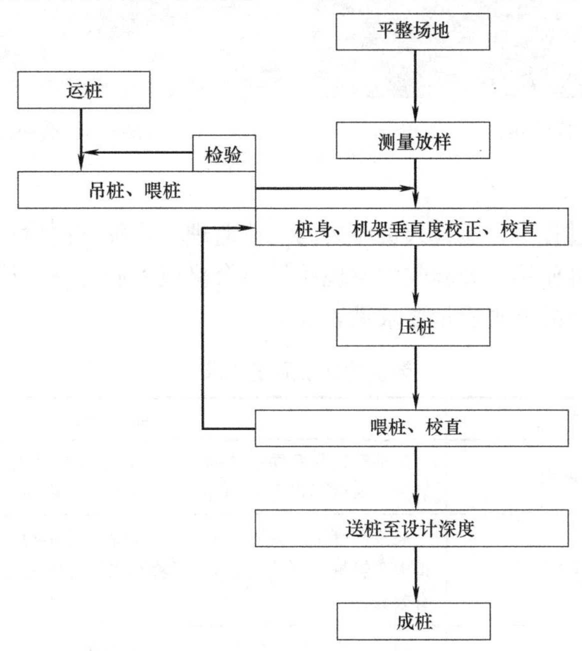

图 3-1 静压桩施工流程图

3.4.3 主要项目的施工方法

1. 材料进场

根据施工现场布置图要求，桩应按规格分别堆放，并布置在打桩作业的起吊工作半径范围内；桩堆放层数不超过 3 层，支点垫木的位置应根据吊点的位置确定，各层垫木应在同一垂直线上（图 3-2～图 3-4）。

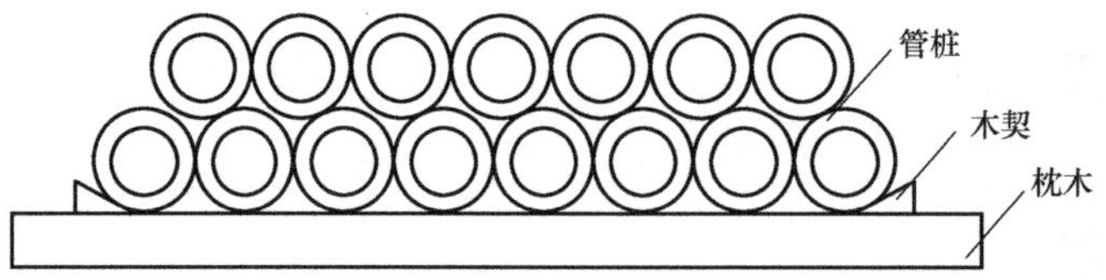

图 3-2　桩堆放示意图

图 3-3　管桩卸料

图 3-4　管桩现场堆放

2. 材料验收

桩材料进场验收过程中，质检人员应会同专业监理工程师共同检查和验收，验收合格并填写验收记录后方可使用。如验收中发现质量不合格或不满足进料计划的情况，应做好标记并及时退货。管桩的外观质量要求见表 3-4。

管桩的外观质量要求　　**表 3-4**

序号	项目	外观质量要求
1	粘皮和麻面	局部粘皮和麻面累计面积不应大于桩总外表面的 0.5%；每处粘皮和麻面的深度不得大于 5mm，且应做有效的修补
2	桩身合缝漏浆	漏浆深度不应大于 5mm，每处漏浆长度不得大于 300mm，累计长度不得大于管桩长度的 10%，或对称漏浆的搭接长度不得大于 10mm，且应做有效修补
3	局部磕损	局部磕损深度不应大于 5mm，每处面积不得大于 5000mm^2，且应做有效修补

续表

序号	项目	外观质量要求
4	内外表面露筋	不允许
5	表面裂缝	不得出现环向或纵向裂缝，且龟裂、水纹和内壁浮浆层中的收缩裂缝不在此限
6	桩端面平整度	管桩端面混凝土和预应力钢筋墩头不得高于端板平面
7	断筋、脱头	不允许
8	桩套箍凹陷	凹陷深度不应大于5mm，面积不得大于500mm^2
9	内表面混凝土塌落	不允许
10	桩接头及桩套箍与桩身结合面	漏浆深度不应大于5mm，漏浆长度不得大于周长的1/6，且应做有效修补，不允许出现空洞和蜂窝
11	桩内壁浮浆	离心成型后内壁浮浆应清除干净

3. 桩起吊和就位

桩现场驳运采用二吊点法，起吊过程中用托绳稳住桩的下部，吊机尽量减小吊臂仰角，并减少吊臂促出长度，缓慢地将桩拖至桩机就近处后再开始垂直起钩。

4. 竖桩与插桩

根据已设定的控制点用直角坐标法对桩位进行二次复核。正确后下放首节桩，首节桩的中心点与桩位的偏差控制在150～20mm以内。

5. 垂直度控制

当桩尖进入土层500mm后，用两台互成90°的经纬仪或铅垂线调整桩机桩架处于垂直位置，然后再调整首节桩的垂直度（经纬仪一般架设在距桩机15m以外），使桩架与桩身保持平行，其精度误差小于桩长的1%（首节管桩插入地面时的垂直度偏差不得超过0.5%），即可压桩，并在压桩过程中进行跟踪监测，指挥桩架保持其精度。如果超差，必须及时调整，但需保证桩身不裂，必要时拔出重插，应尽可能拔出桩身，查明原因，排除故障，以砂土回填后再进行施工，不允许采取强扳的方法进行快速纠偏，以免将桩身拉裂、折断。

6. 压桩

当桩的混凝土强度达到设计强度的100%时，方可压桩（图3-5）。抱压式压桩时，夹持机构中夹具应避开桩身两侧合缝位置。在两台经纬仪的校核下使桩保持垂直，无异常时即可正式开始压桩。压桩过程中如出现桩头损坏，桩身出现严重裂缝、倾斜、突然偏移或严重回弹，压桩过程中贯入度突然减小或增大、标高达不到设计要求等情况，应立即停止施工，并及时向甲方及监理反映。施工过程中需要接桩时，应遵循以下的施工方法：接桩宜在桩头高出地面0.5～1.0m进行；桩节拼接成整桩端头板焊接连接，焊接前应先确认管节是否合格平整，钢端头板口上的浮锈及污物应于焊接前用角磨光机进行打磨并清除干净；焊接采用二氧化碳气体保护焊机两台进行对称焊接，拼接处端头板边的电焊应连续对称进行环缝焊接，并采取措施减小焊接变形，正确掌握焊接电流和施焊速度，每层焊接厚度应均匀，电焊必须满焊，电焊厚度高出坡口1mm；焊缝每层检查，焊缝不宜有夹渣、气孔等缺陷，并满足有关焊接规范的要求；焊接接桩结束后，需自然冷却一段时间再进行压桩施工（图3-6）。

图 3-5 静载试验

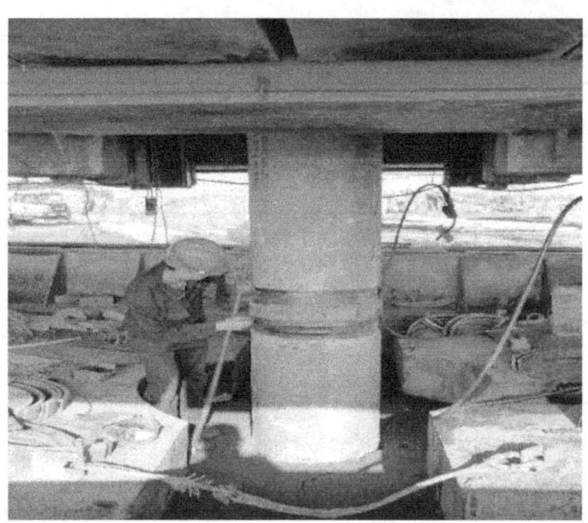
图 3-6 接桩施工

7. 送桩

送桩杆送桩时应根据设计要求计算好送桩深度，并在送桩杆上做好醒目标记。当送桩至距设计标高 1m 左右时，测量人员指挥桩机操作工减小速度，并跟踪观测送桩情况，直到送桩至设计标高时，发出信号停止送桩。送桩过程中如有异常情况时，应即时向设计和建设部门反映，以便及时采取措施。送桩后留下的孔洞及时用道碴回填夯实。桩顶标高允许偏差为±50mm。

3.5 地坪加固工程

3.5.1 岩土工程地质分析

本次勘察所揭露的 80.0m 深度范围内的地层均属第四纪全新世河口相沉积物，主要划分为 14 个层次，其土性自自然地面由上而下分述如下：

① 层杂填土：杂色，表层主要由粉土、粉质黏土、建筑垃圾和生活垃圾等组成，厚度在 1.0m 左右，其下局部为建筑基础及混凝土地面，下部主要由粉土、粉质黏土构成，结构松散，不均匀，厚度在 3.0m 左右。

② 层砂质粉土：黄褐色下转灰色，稍密～中密，很湿，层理清晰，摇振反应迅速，无光泽，干强度低，韧性低，局部夹粉质黏土薄层。层底标高-2.86～0.30m 左右，层厚约 1.8m，局部填土较深处缺失。

③ 层砂质粉土夹粉砂：灰色，稍密～中密，很湿，层理清晰，夹粉质黏土薄层；粉土：摇振反应迅速，无光泽，干强度低，韧性低；粉砂：颗粒级配一般，颗粒形状呈圆形，含少量黏粒，含云母片和少量贝壳碎片。层底标高－11.52～－3.85m 左右，层厚约 8.2m，全区分布。

④ 层粉砂夹粉土：灰色，稍密～中密，饱和，层理清晰，局部夹粉质黏土薄层；粉砂：颗粒级配一般，颗粒形状呈圆形，含少量黏粒，含云母片和少量贝壳碎片；粉土：摇振反应迅速，无光泽，干强度低，韧性低。层底标高－19.65～－11.26m 左右，层厚约

6.6m，全区分布。

⑤ 层粉砂：灰色，中密，饱和，颗粒级配一般，颗粒形状呈圆形，含少量黏粒。层底标高－20.85～－19.01m左右，层厚约5.7m，全区分布。

⑥ 层粉质黏土：灰色，软塑，层理清晰，粉质黏土摇振反应无，稍有光泽，干强度中等，韧性中等，局部夹薄层粉土。层底标高－24.36～－21.75m左右，层厚约2.4m，展览中心北侧缺失。

⑦ －1层粉砂夹粉土：灰色，中密，饱和，层理清晰，局部夹粉质黏土薄层；粉砂：颗粒级配一般，颗粒形状呈圆形，含少量黏粒，含云母片和少量贝壳碎片；粉土：摇振反应迅速，无光泽，干强度低，韧性低。局部缺失，层底标高－31.12～－18.83m左右，层厚约6.2m，主要分布在会议中心西侧。

⑦ －2层砂质粉土夹粉质黏土：灰色，很湿，稍密，层理清晰，局部夹薄层粉砂；粉土：摇振反应中等，无光泽，干强度低，韧性低；粉质黏土：摇振反应无，稍有光泽，干强度中等，韧性中等。层底标高－31.02～－25.51m左右，层厚约5.9m，全区分布。

⑧ 层粉质黏土：灰色，软塑～可塑，层理清晰，粉质黏土摇振反应无，稍有光泽，干强度中等，韧性中等。层底标高－38.51～－30.37m左右，层厚约6.4m，全区分布。

⑨ 层粉质黏土夹粉土：灰色，可塑，层理清晰；粉质黏土：摇振反应无，稍有光泽，干强度中等，韧性中等；粉土：摇振反应中等，无光泽，干强度低，韧性低。层底标高－40.51～－37.05m左右，层厚约4.3m，全区分布。

⑩ 层砂质粉土夹粉质黏土：灰色，很湿，稍密～中密，层理清晰；粉土：摇振反应中等，无光泽，干强度低，韧性低；粉质黏土：摇振反应无，稍有光泽，干强度中等，韧性中等。层底标高－43.66～－40.55m左右，层厚约3.7m，全区分布。

第⑪层粉砂夹粉土：灰色，中密，饱和，层理清晰，局部夹粉质黏土薄层；粉砂：颗粒级配一般，颗粒形状呈圆形，少量黏粒，含云母片和少量贝壳碎片；粉土：摇振反应迅速，无光泽，干强度低，韧性低。层底标高－48.41～－43.41m左右，层厚约3.6m，全区分布。

第⑫层砂质粉土夹粉质黏土：灰色，很湿，稍密～中密，层理清晰，夹粉砂薄层；粉土：摇振反应中等，无光泽，干强度低，韧性低；粉质黏土：摇振反应无，稍有光泽，干强度中等，韧性中等。层底标高－60.07～－56.10m左右，层厚约12.3m，全区分布。

第⑬层粉砂夹细砂：青灰色，密实，饱和，含云母碎片，偶见2～5mm圆形石英质砂砾，矿物成分以石英、长石、云母为主，偶夹粉质黏土薄层；粉砂颗粒呈圆形，级配尚均匀。层底标高－68.52～－63.83m左右，层厚约11.5m，全区分布。

第⑭层中粗砂：青灰～浅灰色，密实，饱和，含云母碎片，夹贝壳碎片。矿物成分以石英、长石、云母为主。颗粒级配好，局部含粒径10～20mm次圆状石英质砾石。本次勘察未钻穿。

3.5.2 地基基础设计方案和施工条件

考虑展厅地面、卸载区等区域采用水泥土搅拌桩复合地基方案，水泥土搅拌桩入土深度取7.00m、局部放坡回填区域入土深度取8.00m；桩径500mm、水泥土掺入比α＝14％、正方形布桩，桩间距0.9m，桩体上部3.00m宜复喷，水泥土掺入比α＝8％，全程复搅，使加固土体的 f_{cu}≥1.5MPa，预估水泥土桩单桩竖向承载力特征值 R_a 为 65kN，则复合地基承载力特征值为 80kPa。复合地基桩顶应设置 200～300mm 的夯实砂石褥垫层。

水泥土搅拌法施工现场事先应予以平整，必须清除地上和地下的障碍物。遇有明暗河、池塘及洼地时应抽水和清淤，回填黏性土料并予以压实，不得回填杂填土或生活垃圾。施工前应查明填土层的组成、土的含水量、有机质含量等，如遇暗河杂填土区域宜将建筑垃圾翻新再压实。

3.5.3 水泥土搅拌桩施工要求

本工程室外地坪地基处理采用水泥搅拌桩，浆液搅拌法，桩径为 600mm，桩长 7.5m，局部为 8.5m，桩间距 800mm，并呈现正方形布桩。水泥土搅拌桩施工前根据设计进行工艺性试桩，数量不得小于 3 根，应对工艺试桩的质量进行检验，确定施工参数。

水泥土搅拌桩地基处理：采用水泥土搅拌桩地基处理，搅拌桩长度应根据设计要求并结合现场地质情况实际确定，桩尖要求打穿软土层进入持力层 0.5m。水泥土搅拌桩所用水泥强度等级为 P.O.42.5 普通硅酸盐水泥，正方形布桩，桩间距 0.9m，桩体上部 3.00m 宜复喷，全程复搅。

3.5.4 施工操作工艺

施工操作工艺：放线定位→钻机安装调试→下沉预搅→第一次提升喷浆搅拌→第二次下沉搅拌→第二次提升喷浆搅拌→第三次下沉搅拌→第三次提升搅拌→清洗制浆、管道及钻机→移机→下一根桩施工。

水泥土搅拌桩施工主要步骤应为：(1) 搅拌机就位、调平；(2) 预搅下沉至设计加固深度；(3) 边喷浆、边搅拌提升直至预定的停浆面；(4) 重复搅拌下沉至设计加固深度；(5) 根据设计要求，喷浆或仅搅拌提升直至预定的停浆面；(6) 关闭搅拌机械。

深层搅拌施工中水泥土搅拌桩采用“四搅两喷”法施工：湿喷桩机第一次下钻时喷出总浆量的 20%～40%，第一次提钻时喷出设计的剩余浆量，即两喷；全过程四次搅拌，即四搅。

(1) 测量放样。按设计桩位进行放样编号，以便顺序施工。机械安装、调试、待转速、空压正常后，开始就位；钻机就位后用塔架将搅拌机吊至设计指定桩位，搅拌机的钻杆须垂直并对准桩位。

(2) 带浆下钻。在确认浆液从搅拌叶的出浆口喷出后，方可启动搅拌机，搅拌机钻头下沉至设计深度后，停留搅拌喷浆约 1～2min，搅拌头自桩底反转，继续喷浆，钻头提升至地面以下 0.25m。

(3) 复搅。第二次钻进不喷浆，重新复拌下沉至桩底后，以同样的方式反转钻头提升至地面以下 0.25m，此桩完成作业，然后移机到下一桩位施工。

(4) 下钻和提钻速度。湿喷桩机下钻和提钻速度是控制喷浆量的关键因素，由试桩确定，一般钻进速度≤1.0m/min。钻头到达桩底后搅拌喷浆 1～2min，间歇后提钻，确保底部有足够的灰量，提钻速度≤0.8m/min。

(5) 湿喷桩机钻杆下沉或提升的时间应有专人记录，时间误差不得大于 5s。当复搅发生空洞或意外事故（如停电、灰管堵塞等）而影响桩体质量时，钻机提升后应立即回填素土，进行重新喷浆复搅，在12h内补救施工，其搭接长度不小于1.0m。

3.6 基坑支护、土方开挖及降水工程

3.6.1 围护支撑概况

本工程会议中心基坑北侧临河段采用1∶0.75的坡度放坡开挖＋止水帷幕，其余东侧、南侧和西侧采用1∶0.75的坡度放坡开挖；展览中心基坑采用1∶0.75的坡度放坡开挖。止水帷幕采用ϕ700@500水泥搅拌桩，具体的水泥土搅拌桩桩长及相关尺寸详见设计图纸。

3.6.2 土方开挖及降水工程的总体思路

土方开挖主要采用机械挖土，基底标高以上200～300mm采用人工挖土。基坑开挖，会议中心开挖以东侧为开挖起点线，由东向西开挖推进；展览中心开挖以南侧为开挖起点线，由南向北开挖推进，由上至下遵循分区、分块、分层（分层开挖深度不大于2m，开挖一层，喷浆一层）、对称、平衡原则开挖，基坑内部临时坡体放坡比率不大于1∶1.2。坑底土方留200～300mm采用人工挖土，不得超挖，开挖到底后及时满堂浇筑底板垫层至底板边缘外扩150mm，待垫层普遍达到设计强度后再进行局部承台、地梁及集水井等坑中坑开挖，基坑边承台逐个开挖，砖砌外模护壁，不得大面积开挖，挖土完成后及时浇筑地下室底板垫层，严禁坑底土体暴露时间过长。降水主要采用预制水泥管井方式进行降水，局部较深处辅以轻型井点进行降水，基坑四侧布置回灌观测井。会议中心18m深的管井共布置90口，展览中心18m深的管井布置75口。基坑围护方案主要根据地下室的范围、深度、边界条件，结合场地的工程地质、水文地质条件，以及本地区运用的较为成功、成熟的围护方案进行综合比较。本着“安全可靠，经济合理，技术可行，方便施工”的原则，本区的工程一般优先采用“自然放坡＋挂网喷浆”的围护方案。本工程四周空旷，具备开挖放坡空间，根据设计方案，本工程会议中心基坑北侧临河段采用1∶0.75的坡度放坡开挖＋止水帷幕，其余东侧、南侧和西侧采用1∶0.75的坡度放坡开挖；展览中心基坑采用1∶0.75的坡度放坡开挖。

3.6.3 工艺流程和施工顺序

本工程主要施工流程为：测量定位→双轴搅拌桩施工→井点降水→土方开挖。

在测绘院提供的控制点、水准点的基础上进行控制网布设。本工程测量定位采用全站仪进行坐标定位；根据业主提供的红线界桩点和相关图纸，确定轴线控制点；并将控制点引测至桩基及围护工程施工影响范围以外的适当位置，做好记录和保护措施。测量定位、放线的定位的方法：在控制网上测定建筑物轴线控制桩，本工程定位采用极坐标法定位。在确定各控制轴线后放样出各轴线，填写好建筑测量复核记录单，请业主、监理、设计复核认可。利用外控制点（或基本控制点）引测出各单体的场外基准点，建立基准点桩，采用混凝土加固等保护措施。支撑混凝土浇捣前重复上述过程将控制点垂直投递到待浇面，

然后在钢筋面上放线用于钢筋定位和模板几何尺寸复核。临时水准点的设置：根据业主提供的水准点，使用水准仪在不受施工影响处设置临时水准点三处，该三处临时水准点应尽量分开，并定期进行复核校正。高程的垂直引测：在基础施工前根据场外水准点的高程引入建筑物高程，将标记做在影响较小的地面上。作为该高程垂直引测的基准点。每层土开挖引测必须从高程基准点用塔尺进行，并做好标记且做好复核。

水泥搅拌桩采用 P. C32.5R 复合硅酸盐水泥，水灰比为 1.2～1.5，水泥掺入比为 15%；搅拌桩桩体施工为“二喷四搅”工艺，即：搅拌下沉→喷浆提升→搅拌下沉→喷浆提升→搅拌下沉→搅拌提升→完成。

防渗用水泥土搅拌桩应连续施工，相邻桩间歇不能超过 10h，且喷浆搅拌时钻头提升速度不宜大于 0.5m/min；钻头每转一周提升（下沉）1.0～1.5cm 为宜，确保有效桩长范围内桩体强度的均匀性；水泥搅拌桩下沉时不得采用冲水下沉，以免影响搅拌桩桩身强度；制备好的浆液不得离析，不得停置时间过长，超过两小时的浆液应降低强度等级使用；水泥土搅拌桩养护期不得少于 28d，无侧限抗压强度 $q_u>0.6$MPa 时方可开挖基坑；桩位偏差不大于 20mm，垂直度偏差不大于 1/150；对此止水帷幕搅拌桩应采用钻芯取样法进行桩身强度检测。

深层搅拌桩工艺：放线定位→挖槽→铺设枕木→钻机安装调试→下沉预搅→第一次提升喷浆搅拌→第二次下沉搅拌→第二次提升喷浆搅拌→第三次下沉搅拌→第三次提升搅拌→清洗制浆管道及钻机→移机→插钢管及锚固钢筋。

3.6.4 降水管井施工

1. 施工准备

根据施工部署，首先组建项目经理部，落实材料和人员，合理安排人财物，与甲方及工地上各相关单位保持密切协作。专人负责进料，工程师核定，确保井壁管、过滤管、填砂、黏土等材料的质量。材料不到位，质量不符合要求不能开钻。根据降水设计围护图中降水管井位置，在现场测放出来，确保钻机准确就位。

2. 工艺流程

准备工作→钻机进场→定位安装→开孔→下护口管→钻进→终孔后冲孔换浆→下井管→稀释泥浆→填砂→止水封孔→洗井→下泵试抽→合理安排排水管路及电缆电路→试验→正式抽水→记录。

3. 设备选型

本工程降水井孔径为 ϕ800mm，本工程钻井设备选用 GPS-10 型钻机，成孔采用正循环自然泥浆造浆，泥浆护壁回转钻进成孔，钻头选用带保径圈的三翼钻头，钻头直径按设计及规范要求选用 ϕ780mm。根据施工经验，使用这些钻头施工稳定性好，能确保成孔质量，能有效控制成孔中的缩径现象，为确保工程质量奠定基础。

4. 施工技术要点

钻井井位确定后应由甲方签字认可，基础牢固，应放在硬黏土或碎石道碴上。钻机安放稳固、水平、护孔管中心、磨盘中心、大钩应成一垂线。埋设护孔管要求垂直，并打入原状土中 10～20cm，外围用黏土填实夯实，井管、砂料到位后才能开钻，钻孔孔斜不超过 1%（对转盘采用水平尺校平），要求整个钻孔孔壁圆整光滑，钻进时不允许采用有弯曲的钻杆。

（1）钻进清孔

钻进中保持泥浆相对密度在 1.1～1.2，尽量采用地层自然造浆，整个钻进过程中要求大钩吊紧后徐徐给进（始终处于减压钻进），避免钻具产生一次弯曲，特别是开孔口不能让机上钻杆和水接头产生大幅摆动。每钻进一根钻杆应重复扫孔一次，并清理孔内泥块后再接新钻杆，终孔后应彻底清孔，直到返回泥浆内不含泥块，返出的泥浆含砂量＜12%后提钻。

（2）下井管

按设计井深事先将井管排列、组合，下管时所有深井的底部按标高严格控制，并且保持井口标高一致。井管应平稳入孔，每节井管的两端口要找平，其下端有 45°坡角，焊接时两节井管应用经纬仪从成 90°的两个方向找直，并由两人对称焊接，确保焊接垂直，完整无隙，保证焊接强度，以免脱落。为了保证井管不靠在井壁上和保证填砂厚度，在滤水管上下部各加一组扶正器 4 块，保证环状填砂间隙厚度大于 188mm，过滤器应刷洗干净，过滤器缝隙（约 1mm）均匀，外包一层 60～80 目滤网。下管要准确到位，自然落下，稍转动落到位，不可强力压下，以免损坏过滤结构。井管到位后下钻杆泥浆稀释到 1.05 左右，在稀释泥浆时井管管口应密封，使泥浆从过滤器经井管与孔壁的环状间返回地面，稀释泥浆应逐步缓慢进行。

（3）填砂

稀释泥浆相对密度在 1.05 后关小泵量，将填砂徐徐填入，并随填随测填砂顶面的高度，不得超高。降压井填砂应严格按照填砂规格与级配要求，填砂采用绿豆砂。设计钻孔直径 800mm，井管直径 360/300mm，填砂厚度 210mm，填砂高度严格按设计图纸进行。井点的填砂量直接影响降水效果，因此当井支管下沉到规定标高并进行清孔后，必须立即以绿豆砂填孔，填砂时必须沿井点管四周下料，边填边振，做到填实填匀。冲孔深度须比滤管深 0.5m 左右，以防冲管拔出时部分土颗粒沉于底部而触及滤管。井点填砂后，其余部分用黏土封口，以防漏气。填砂量计算：冲孔孔径 800mm，滤管长度 11m，灌砂高度为 13m，则填砂量$=3.14\times(0.4^2-0.18^2)\times13=1.5m^3$。

（4）止水

为了防止上部土层中的水沿砂料进入抽水井内，降压井在填砂顶部填 5.0m 厚的优质黏土或黏土球，以上再用黏土填实，一直填到地面，才能开始活塞洗井，疏干井上部 2.0m 左右用黏土填实就可以了。

（5）联合洗井

洗井要求采用活塞空压机联合洗井方法，先用空压机洗井，待出水后改用活塞洗井，活塞洗井一定要将水拉出井口，形成井喷状，要求洗井到清水，然后再用空压机洗井并清除井底存砂。成井后水的含砂量达到凿井验收标准，确保洗井质量。

3.6.5 土方开挖施工

1. 施工准备

土方开挖前应对施工现场地上、地下障碍物进行全面调查及场地平整，如果有障碍物须另行制定排障计划和处理措施。根据业主提供的建筑红线、建筑角点坐标进行全场的引测，并将各转角点和轴线延伸至不会被破坏的地方，做永久轴线控制点。施测完成后，报请监理单位进行复核确认。在监理单位对轴线复核合格后，根据放线定位灰线，采用挖掘机进行基坑土方开挖施工。土方运输：应根据现场条件确定运输出口，利用自卸汽车随挖随运，车辆出场均应冲洗干净，严禁滴、漏、洒及携泥上路，根据有关部门规定的运输路线运输，弃土堆场提前备好。土方开挖至坑底 30cm 后采用人工修整至设计标高，并配合机械进行清槽、修边，保持基坑内干燥，严禁地下水积在坑内，破坏基底土层，基坑底表面平整度应符合《建筑地基基础工程施工质量验收标准》GB 50202—2018 中土方开挖工程检验批质量验收要求，并及时通知有关各方对基土进行基槽验收，待验收合格后及时浇筑素混凝土垫层。基坑外侧设置闷管或排水沟，将地表水引至集水坑，同时坑内水需及时排除。

2. 土方开挖施工技术要点

本工程会议中心基坑开挖深度为 5.10～6.40m，展览中心基坑开挖深度为 5.75～6.70m，集水坑、电梯井基坑采用小挖机与人工配合开挖。为此，选用液压挖掘机 PC220 型，斗容量 1m^3，停机面在地面上反铲开挖深度 2m 以内土方，对基桩埋深在地表下 5m 不受影响。选用 20 台 PC220 型液压挖掘机，每天工作 1.5 台班，生产率为 300～400m^3/台班。20 台挖掘机每天挖土量：10500m^3（以 350m^3/台班计）。配备 20 个挖土工，自然铲坡，局部挖堆土，利于挖掘机工作。配备自卸翻斗车，为载重量 15t，容量：P = 8.2m^3 土，运输车数量 45 辆，保证车等土，不准土等车。开挖基坑时应合理确定开挖顺序、路线及开挖深度。

本工程利用反铲挖掘机进行挖土。特点是："后退向下，强制切土"。会议中心开挖以东侧为开挖起点线，由东向西开挖推进；展览中心开挖以南侧为开挖起点线，由南向北开挖推进，方法采用沟端开挖法。

挖土机沿挖方边缘移动时，机械距离边坡上缘的宽度不得小于基坑深度的 1/2。土方开挖从上到下分层分段依次进行，随时做成一定坡势，以利泄水；在开挖过程中，应随时检查槽壁和边坡的状态。深度大于 1.5m 时，根据基坑支护方案要求，及时做好基坑的支护工作，以防坍陷；开挖基坑，不得挖至设计标高以下，如不能准确地挖至设计基底标高时，可在设计标高以上暂留一层土不挖，以便在抄平后，由人工挖出；暂留土层：挖土机挖土时，为 30cm 左右为宜；在机械施工挖不到的土方，应配合人工随时进行挖掘，并用水平运输工具把土运到机械挖到的地方，以便及时用机械挖走；修坡和清底（图 3-7）。在距坑底设计标高 30cm 处，抄出水平线，钉上小木桩，然后人工将暂留土层挖走。同时由两端轴线（中心线）引桩拉通线（用小线或铅丝），检查距坑边尺寸，确定坑宽尺寸，以此修整坑边，最后清除坑底土方。

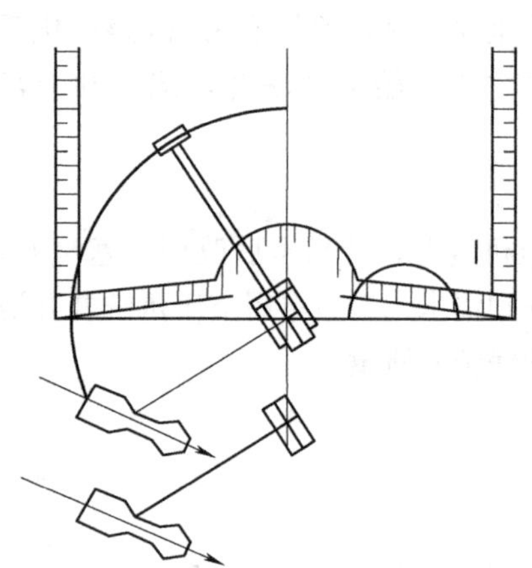

图 3-7　基坑出土方向示意图

3.6.6　护坡工程

土方开挖之前，用滑石粉在地面上撒出基坑底边线及基坑上口边线，基坑四周采用 1∶0.75 的坡度放坡开挖，放坡坡面均进行喷射 C20 细石混凝土＋击钉挂钢丝网的方式进行护坡处理。

1. 基坑采用喷浆挂钢丝网片支护

基坑及喷浆挂钢丝网片参数见表 3-5。

基坑及喷浆挂钢丝网片参数　　表 3-5

序号	项目	参数
1	锚钉长度(m)	1.00
2	水平、垂直间距(m)	1.50
3	俯角(度)	15
4	锚钉规格	Ⅱ级螺纹钢 ϕ14@1500
5	钢丝网规格	ϕ0.4mm，20×20
6	喷混凝土	C20，厚 60mm

2. 施工工艺

挂网（钢丝网片）喷射混凝土支护要与边坡开挖紧密配合，各道工序实行平行作业，依次有序地进行，挂网喷射混凝土支护施工顺序：修坡→放线→安装锚钉→喷底浆→挂钢丝网→喷射混凝土面层。

先检查边坡的稳定性，再清除边坡中的松土、危土；安装锚钉：黏土层采用人工锚入土层，锚钉端部做 90°弯钩；挂网：底浆喷射完成后，铺上一层 20×20 密目钢丝网，正方形布置，钢丝网搭接要牢，挂网时确保有保护层。喷射细石混凝土面层，喷射混凝土的强度等级为 C30，厚度约为 50mm，其配合比为水泥∶砂∶细石∶水＝1∶2∶2∶0.4；水泥为普通硅酸盐 32.5 级，碎石最大粒径不超过 15mm，砂为中粗黄砂；喷射顺序是由上而下，喷头与受喷面距离控制在 1m 左右，喷射方向垂直于受喷面；喷射面采用二次喷射，第一次喷射厚度在 20mm 左右，在第一次混凝土层初凝前钢丝网片安装绑扎完成，锚钉固定，再进行二次喷射，要求面层基本平整；在继续下层喷射作业时，清除施工缝接合面上浮浆层和松散碎石并喷水使之湿润。

3. 施工方法

基坑顶部设置坑边向外延展 1m 的混凝土护顶，护坡混凝土终凝 2h 后喷水养护，养护时间 5～7d。为防止在基础施工期间地表水的流入，在距离基坑上口 1000mm 处设置一条排水明沟，下口同样设置。排水沟宽 300mm，深 300mm，坡度为 1%，基坑四周明沟的四角以及中间间隔 20m 左右设置一个集水坑，集水坑尺寸为 800mm×800mm×1000mm，采用 120mm 砖墙砌筑，内外侧均用 1∶2 砂浆粉刷。整个施工过程中，地表水及雨水通过明沟流进集水坑后用潜水泵集中抽出排入排水管网。基坑开挖在深 2.0m 左右时，就开始挂网粉浆工作。采用钢筋（丝）网水泥砂浆粉刷做法，网片钢筋（丝）搭接长度 300mm。钢筋（丝）网施工至基坑底时须插入坑底土层以内，插入长度不小于 300mm。喷（粉）刷混凝土面层一般采取一次粉刷施工方法，即在钢丝网制作安装完成后一次粉刷至设计要求的混凝土面层厚度。施工中可根据坑壁土体土质、含水量及土方开挖速度，调节所需喷（粉）射混凝土的工作度和早强时间。当雨天施工或地层含水量较高的地段施工喷（粉）刷水泥砂浆时，适当加入 3%速凝剂和适量减水剂，采用 M10 水泥砂浆或细石混凝土即可，在钢丝网部位，应先粉刷钢丝网后方，然后再粉刷钢丝网前方，要防止在钢丝网背后出现空隙。为保证粉刷水泥砂浆层厚度达到规定值，要求在边壁面上打入短头钢筋作标志。在相邻区段进行下次喷射混凝土作业时，应仔细清除上次粉刷时预留施工缝接合面上的浮浆和松散碎屑，并喷水使之潮湿，然后进行水泥砂浆粉刷。粉刷水泥砂浆终凝 2h 后，应连续喷水养护 5～7d。

3.7 钢筋工程

3.7.1 钢筋进场检验及验收

本工程钢筋采用Ⅰ、Ⅲ级钢材两个级别，地下室混凝土框架结构抗震等级为三级，混凝土剪力墙抗震等级为三级。框架和斜撑构件（含梯段）中的纵向受力钢筋用 HRB400E 抗震钢筋。进场钢筋按规范的标准抽样做机械性能试验，同炉号、同牌号、同规格、同交货状态、同冶炼方法的钢筋≤60t 为一批；同牌号、同规格、同冶炼方法而不同炉号组成混合批的钢筋≤60t 可作为一批，但每炉号含碳量之差≤0.02%、含锰量之差≤0.15%。经复试合格后方可使用，如不合格应从同一批次中取双倍数量试件重做各项试验，当仍有一个试件不合格，则该批钢筋为不合格品，不得直接使用到工程上。

钢筋加工过程中如发现脆断、焊接性能不良或机械性能不正常时，必须进行化学成分检验或其他专项检验。

3.7.2 直螺纹钢筋连接施工

1. 等强直螺纹接头

基础底板（筏板）、承台、地梁及地下室结构墙、柱、梁主筋连接形式为：直径大于等于 Φ18 的钢筋采用等强滚轧直螺纹连接方式，直径小于 Φ18 的钢筋采用搭接。

柱内纵筋采用直螺纹机械连接方式（要求Ⅰ级接头），梁内纵筋采用直螺纹机械连接方式（要求Ⅱ级接头），验收要求依据现行有关标准。根据工艺需要，钢筋端头应用砂轮锯切除 150mm 端头。钢筋下料时切口端面应与钢筋轴线垂直，不得有马蹄形或挠曲，端部不直应调直后下料。

2. 钢筋直螺纹接头施工工艺

该工程采用的直螺纹接头类型有：标准型，在正常情况下连接钢筋，用于柱、墙竖向钢筋连接；正反丝扣型，在钢筋两端均不能转动时，将两钢筋端部相互对接，然后拧动套筒，在钢筋不转动的情况下实现钢筋的连接接长。

施工工艺流程为：施工前准备→滚轧直螺纹机床安装调试→套筒进场检验→试件送样→钢筋下料→钢筋滚丝→钢筋端头螺纹外观质量检查→端头螺纹保护→钢筋与套筒连接→检查验收。

（1）钢筋端头滚轧直螺纹

钢筋滚轧直螺纹丝头端面垂直于钢筋轴线，不得有挠曲及马蹄形，要求用锯割或砂轮锯下料，不可用切断机，严禁用气割下料。钢筋规格与滚丝器调整一致，螺纹滚轧长度、有效丝扣数量必须满足设计规定。进行钢筋接头试件静力拉伸试验，钢筋连接以前按每种规格钢筋接头做钢筋接头试件，送检验部门做静力拉伸试验并出具试验报告。如有一根试件强度不合格，应再取加倍试件做试验，试件全部合格后，方准进行钢筋连接施工，否则按照不合格处理。

（2）钢筋连接施工

钢筋规格与套筒规格一致，标准型钢筋丝头螺纹有效丝扣长度应为1/2套筒长度，公差为±P（P为螺距），正反丝扣型套筒形式则必须符合相应的产品设计要求。采用管钳扳手拧紧，使两钢筋丝头在套筒中央位置相互顶紧，套筒两端外露完整，有效扣不得超过3扣。

3.7.3 钢筋的下料绑扎

绑扎顺序应先绑扎主要钢筋，然后绑扎次要钢筋及构造筋。绑扎前在模板或垫层上标出钢筋位置，在底板、梁及墙筋上画出箍筋、分布筋、构造筋、拉筋位置线，以保证钢筋位置正确。在混凝土浇筑前，将暗柱、墙主筋在板面处与箍筋及水平筋用电焊点牢，以防柱、墙筋移位。板底层钢筋网短方向放于下层，长方向放于上层；板和墙的钢筋网，除靠近外围两行钢筋的相交处全部扎牢外，中间部分交叉点可间隔交错扎牢，但必须保证受力钢筋不产生位置偏移，双向受力钢筋，必须全部扎牢。梁和墙的箍筋应与受力钢筋垂直设置，箍筋弯钩叠合处，应沿受力钢筋方向错开放置并位于梁上部，弯钩平直段长度≥$10d$，弯钩≥135°，悬臂梁箍筋弯钩叠合处应在梁的底部错开设置。

3.7.4 钢筋工程施工顺序

因墙、柱比较高，墙、柱在底板上口设一排直螺纹接头，直径小于Φ18的钢筋采用搭接。接头相互错开，并且每一排接头应在两个水平面上。在进入上部施工时做好柱根的清理后，先套入箍筋，纵向筋连接好后，立即将箍筋上移就位。在完成柱筋绑扎及梁底模及1/2侧模通过验收后，可施工梁钢筋，按照先放置纵筋、箍筋顺序，并严禁斜扎梁箍筋，保证其相互间距。梁筋绑扎同时，木工可跟进封梁侧模，梁筋绑扎完成经检查合格后方可全面封板底模。在板上预留洞留好后，开始绑扎板下排钢筋，绑扎时先在平台底板上用墨线弹出控制线，后用粉笔（或墨线）在模板上标出每根钢筋的位置，待底排钢筋、预埋管线及预埋件就位并交检验收合格后，方可绑扎上排钢筋。板按设计保护层厚度制作对应混凝土垫块，板按1m的间距，梁底及两侧每1m均在各面垫上两块垫块。

1. 底板钢筋

施工工艺流程为：施工前准备→清理垫层→弹钢筋位置线→绑扎基础梁→绑扎底板下层筋→放置马凳→焊接支撑筋→绑扎上层横向筋→绑扎上层纵向筋→检查验收。

基础底板钢筋绑扎顺序：下铁东西向钢筋在下先绑，南北向钢筋在上后绑，上下铁相反。钢筋分段连接、分段绑扎，绑扎钢筋时，纵横两个方向所有相交点必须全部绑扎，不得跳扣绑扎。400mm、500mm、600mm厚防水板采用骑马凳，马凳用HRB400Φ18钢筋加工制作，马凳筋高度＝底板厚－65mm－3倍钢筋直径，骑马凳筋间距1m，排距1.2m，骑马凳上每一排用一根通长Φ18钢筋水平支撑底板上层钢筋网，做法详见图3-8。在基础梁边马凳距梁边250mm起步，马凳筋摆放固定好后，在马凳筋上用粉笔画出上层横向筋位置线并绑扎好，然后开始绑扎上层纵向筋和横向筋，与下层钢筋相同，上层钢筋不得跳扣，分段连接、分段绑扎。为防止马凳筋翻倒，可采用点焊与底板钢筋连接固定。底板钢筋上、下层接头应符合规范和设计要求错开。根据画好的墙柱位置，将墙、柱主筋插筋绑扎牢固，以确保受力钢筋位置准确。钢筋绑扎后应随即垫好垫块，在浇筑混凝土时，由专人看管钢筋并负责调整。

2. 厚筏板、承台钢筋绑扎

厚筏板、承台钢筋绑扎顺序：长向钢筋在下先绑，短向钢筋在上后绑，上下铁相反。承台绑扎前在垫层上放样弹出钢筋位置线，按序进行，铺放承台下层钢筋，铺完绑扎后垫好垫块（垫块强度必须满足要求）。垫块间距 1m 梅花形布置，保证钢筋保护层厚度。排放钢筋时钢筋接头应相互错开，插筋时要校正准确位置，加设定位筋固定。防水板上层筋在承台范围马凳需加深，采用“工”字形马凳筋，马凳筋用 HRB400Φ25、Φ28 钢筋加工制作，马凳筋高度＝底板厚－上层保护层厚－下层保护层厚－3 倍钢筋直径，马凳筋支腿间距 1.2m、排距 1m，排与排之间在每根立柱位置均用 HRB400Φ25 钢筋焊剪刀撑加固成一体，以防失稳，做法如图 3-8～图 3-10 所示。

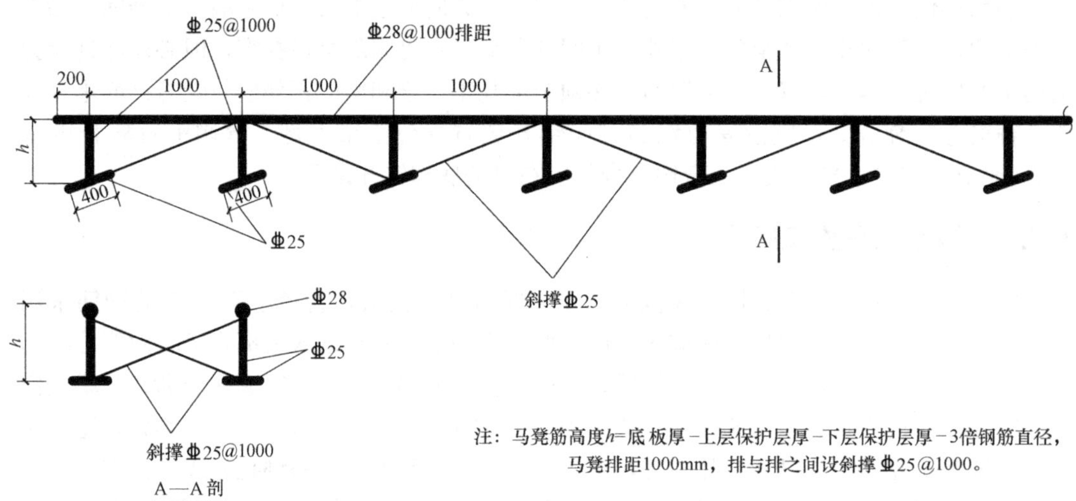

图 3-8 马凳筋做法

图 3-9 承台施工

图 3-10 承台基础养护成型

3. 柱筋绑扎

工艺流程：套柱箍筋→画箍筋间距线→绑箍筋。

柱钢筋绑扎时应在柱四周搭设临时脚手架，避免踩踏钢筋；柱筋应逐点绑扎，箍筋根据设计要求，注意箍筋加密区；合模后对伸出的竖筋进行修整，并绑定位筋，避免钢筋位移；柱的保护层厚度采用塑料卡进行控制，间距1m梅花形布置。

4. 墙筋

在基础结构标高以上50mm设置定位钢筋，定位钢筋架严格按照墙截面尺寸及钢筋设计要求自制专用。立竖向钢筋及定位钢筋：先在墙根处两侧墙钢筋与板钢筋相交部位通长绑扎Φ20钢筋用以固定竖向钢筋的间距，然后再用通长钢筋将墙钢筋顶部按其间距固定，最后点焊。墙筋应逐点绑扎，于四面对称进行，避免墙钢筋向一个方向歪斜，水平筋接头应错开。一般先立几根竖向定位筋，与下层伸入的钢筋连接，然后绑上部定位横筋，接着绑扎其余竖筋，最后绑扎其余横筋。定位筋应在加工场地派专人负责加工，严格控制尺寸，尽量利用边角料加工，定位筋是固定纵、横墙筋位置并保证钢筋保护层厚度的有效工具。钢筋有180°弯钩时，弯钩应朝向混凝土内，绑扎丝头朝向混凝土内。墙内的水电线盒必须固定牢靠，采用增加定位措施筋的方法将水电线盒焊接定位。钢筋保护层塑料垫块制作应严格规范，以保证尺寸完全统一且控制在保护层允许的偏差范围之内，间距为1000mm×1000mm。

5. 梁筋

工艺流程：施工前准备→支梁底模及侧模→在底模画箍筋间距线→主筋穿好箍筋→固定弯起筋及主筋→穿次梁弯起筋及主筋并绑好箍筋→放主筋架立筋、次梁架立筋→隔一定间距将梁底主筋与箍筋绑住→绑架立筋→再绑主筋→放置保护层垫块→检查验收。

若梁的纵向主筋≥Φ18，根据现场实际情况采用直螺纹连接，其余采用绑扎接头，梁的受拉钢筋接头位置应在支座处，受压钢筋接头应在跨中处，接头位置应相互错开，在受力钢筋35d区段内（且不小于500mm），有绑扎接头的受力钢筋截面面积占受力钢筋总截面面积百分率，在受拉区不得超过25%，受压区不得超过50%。

在梁底模板及侧模通过质检员验收后，即施工梁钢筋，先放置纵筋再套外箍，梁中箍筋应与主筋垂直，箍筋的接头应交错布置，箍筋转角与纵向钢筋的交叉点均应扎牢。箍筋弯钩的叠合处，在梁中应交错绑扎。梁、地梁纵向受力钢筋出现双层或多层排列时，两排钢筋之间应垫以Φ25长度同梁宽钢筋，间距800mm。如纵向钢筋直径大于等于25mm时，短钢筋直径规格宜与纵向钢筋规格相同，以保证设计要求。

主梁的纵向受力钢筋在同一高度遇有梁垫、边梁时，须支撑在梁垫或边梁受力钢筋之上，主筋两端的搁置长度应保持均匀一致；次梁的纵向受力钢筋应支承在主梁的纵向受力钢筋上。主梁与次梁的上部钢筋相遇处、框架梁接点处钢筋穿插十分稠密时，梁顶面主筋的净间距要留有30～40mm以利于浇筑混凝土。

6. 板筋

工艺流程：施工前准备→在模板上画主筋、分布筋间距线→先放主筋后放分布筋→下层筋绑扎→上层筋绑扎→放置马凳筋及垫块→检查验收。

钢筋采用绑扎搭接，下层筋不得在跨中搭接，上层筋不得在支座处搭接，搭接处应在中心和两端绑牢，HPB300级钢筋绑扎接头的末端应做180°弯钩。板钢筋网的绑扎施工时，四周两行交叉点应每点扎牢，中间部分每隔一根相互成梅花式扎牢，双向主筋的钢筋必须将全部钢筋相互交叉处扎牢，绑扎点的钢丝扣要成八字形绑扎（左右扣绑扎）。下层180°弯钩的钢筋弯钩向上；上层钢筋90°弯钩朝下布置。为保证上下层钢筋位置的正确和两层间距离，上下层钢筋之间用骑马凳架立，板厚小于300mm时，马凳用HRB400Φ12钢筋加工制作，骑马凳筋间距1m、排距1m，骑马凳上每一排用一根通长Φ14钢筋水平支撑底板上层钢筋网，在基础梁边马凳距梁边250mm起步。马凳筋高度＝板厚－2倍钢筋保护层厚－3倍钢筋直径。板、次梁与主梁交叉处，板的钢筋在上，次梁的钢筋在中层，主梁的钢筋在下，当有圈梁或梁垫时，主梁钢筋在上。板按1m的间距放置塑料钢筋保护层垫块。

3.8 大体积混凝土施工

该工程基础底板厚度为400mm、500mm、600mm，承台高度为900mm、1200mm、1400mm，承台梁、基础梁高1200mm，属于大体积混凝土。大体积混凝土的施工组织与管理、混凝土的防裂控制措施对保证工程质量和进度极其重要。

大体积混凝土施工具有以下难点：大体积混凝土水泥凝结过程将产生大量水化热，做好裂缝控制、内外温差控制是浇筑质量的关键。超厚底板混凝土浇筑振捣必须严格控制分层厚度，同时须确保浇筑的连续性。

3.8.1 准备工作

全面熟悉混凝土的强度、抗渗等级并了解底板的平面尺寸、各部位的厚度等，掌握消除或减少混凝土变形或外约束所采取的措施。

本工程混凝土所用水泥为硅酸盐水泥，规格为P.Ⅱ52.5。水泥必须有出厂合格证和进场试验报告，水泥的技术性能指标必须符合国家现行相应材质标准的规定。进场时还应对其品种、强度等级、包装或散装仓号、出厂日期等检查验收，合格后方可用于工程。

粗骨料：采用碎石，粒径为5～25mm、5～16mm混合使用，含泥量不大于1%。选用粒径较大、级配良好的石子配制的混凝土，和易性较好，抗压强度较高，同时可以减少用水量及水泥用量，从而使水泥水化热减少，降低混凝土温升。细骨料：采用人工砂和湖砂混合使用，规格分别为机制砂、中砂，含泥量不大于3%。选用平均粒径较大的中、粗砂拌制的混凝土比采用细砂拌制的混凝土可减少用水量10%左右，同时相应减少水泥用量，使水泥水化热减少，降低混凝土温升，并可减少混凝土收缩。

粉煤灰：由于混凝土的浇筑方式为泵送，为了改善混凝土的和易性以便于泵送，考虑掺加适量的粉煤灰。粉煤灰，品种为F类，规格为Ⅱ级。按照规范要求，采用硅酸盐水泥拌制大体积混凝土时，其粉煤灰取代水泥的最大限量为25%。粉煤灰对水化热、改善混凝土和易性有利，但掺加粉煤灰的混凝土早期极限抗拉强度值均有所降低，对混凝土抗渗抗裂不利，因此粉煤灰的掺量控制在10%以内，采用外掺法，即不减少配合比中的水泥用量，按配合比要求计算出每立方米混凝土所掺加粉煤灰量。

掺合料：掺合料为矿粉，品种为粒化高炉矿粉，规格为S95。外加剂按比例掺入一定量的减水剂可降低水化热峰值，对混凝土收缩有补偿功能，可提高混凝土的抗裂性。采用高效减水剂，规格为 PCA-10。本工程在底板混凝土中掺入 FQY 钙质高性能膨胀剂来防止混凝土裂缝的产生。底板混凝土 FQY 钙质高性能膨胀剂具体掺量为胶凝材料的 6%，底板后浇带 FQY 钙质高性能膨胀剂掺量为胶凝材料的 9%。基础底板、外墙掺 SY-A 型聚丙烯纤维来达到抗裂效果。

3.8.2　现场准备工作

钢筋绑扎完毕后，技术部门应该及时报审监理、设计院、质量监督部门，做好各项隐蔽工程验收工作。清理施工现场，把底板钢筋表面不必要的杂物调运至坑面；清理施工道路上的障碍物，确保现场施工道路的畅通，并为泵车停放创造条件。检查临时供电、供水设施以及混凝土振动棒等设备。技术部门、安全质量部门向施工部门做一级安全、技术交底，施工部门向各施工作业班组进行二级交底，以保证底板混凝土的浇捣施工质量。施工脚手架、安全防护搭设到位。

3.8.3　材料准备

前期与商品混凝土公司进行联系，将混凝土配比单提前报监理审核。确定泵车停放位置及行车路线，确保混凝土的及时供应。场内的车辆停放、流向、收料等由现场管理人员负责。保温、保湿材料准备到位，如塑料薄膜、草袋等。防水混凝土的抗压、抗渗试模、坍落度筒等准备齐全。测温用温度计等工具准备到位。

3.8.4　混凝土浇捣

混凝土浇筑施工工艺流程：测量放线→完成钢筋及模板工程、测温孔布设→汽车泵就位→混凝土浇筑→混凝土养护→测温→混凝土取样及试验。

施工中混凝土浇筑采用“分段定点、一个坡度、薄层浇筑、循序推进、一次到顶”的方法，而大体积混凝土浇筑采用退捣方式，混凝土浇捣时依靠其流动性，混凝土由大斜面分层下料，分皮振捣，每皮厚度一般不大于 50cm，坡度一般为 1∶6～1∶7。上下皮混凝土应及时覆盖，防止冷施工缝出现。分层浇筑示意如图 3-11 所示。

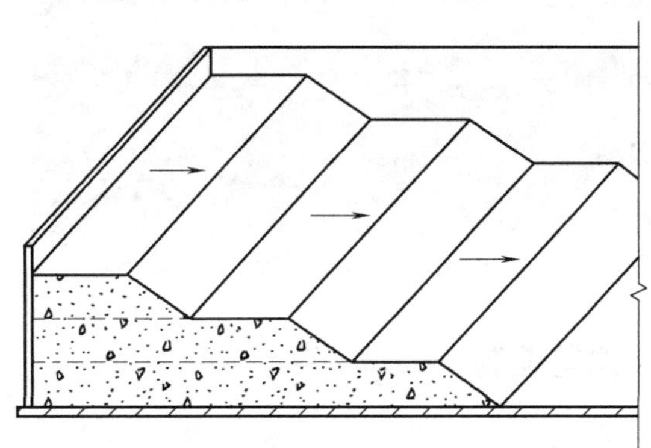

图 3-11　大体积混凝土分层浇筑示意图

混凝土浇筑范围内应布置 4～5 台振动机进行振捣（图 3-12），要求不出现夹心层及冷施工缝，注重每个浇筑带坡顶和坡脚两道振动器振动，确保上、下部钢筋密集部位混凝土振实。

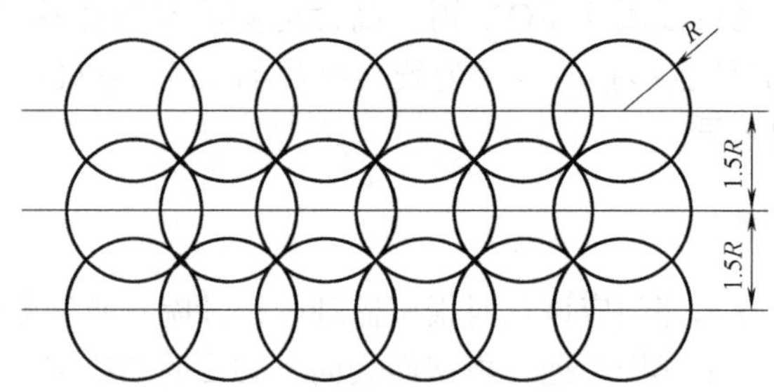

图 3-12　振捣器插点行列式排列

操作人员在振捣过程中为了防止相互浇筑连接处的漏振，因此在各自的连接分界区必须有超宽 50cm 的振捣范围。浇捣平均速度每小时不少于 $40m^3$，控制混凝土供应速度大于初凝速度，确保混凝土在斜面处不出现冷缝。综合考虑混凝土坍落度比较大而导致在表面钢筋下部产生水分或在表层钢筋上部的混凝土产生细小裂缝现象，在混凝土初凝前和混凝土预沉后采取二次抹面压实措施。底板面标高控制，应在浇捣前利用短钢筋采用电焊焊接在上层钢筋或支架上做好面标高的基准点，间距约 $4\sim6m^2$ 一个点。在浇灌过程中采用水准仪进行复测标高，发现有高差者，加料或括平。混凝土表面处理做到“三压三平”。首先按面标高用煤撬拍板压实，长刮尺刮平；其次初凝前用铁滚筒数遍碾压、滚平；最后，终凝前，用木蟹打磨压实、整平，以闭合混凝土收水裂缝。混凝土浇捣前及浇捣时，应将基坑表面积水通过设置在垫层内的临时集水井、潜水泵向基坑外抽出。第一段底板混凝土浇筑前交底如图 3-13 所示。

图 3-13　第一段底板混凝土浇筑现场

3.8.5　混凝土养护及温差控制

1. 混凝土养护

养护主要是保持适宜的温度和湿度条件，减少混凝土表面的热扩散和提高混凝土表面温度，减少混凝土内部温度梯度和减少混凝土表面裂缝和防止产生贯穿性裂缝。所以混凝土浇筑完毕待混凝土终凝后，要及时浇水养护，必要时蓄水养护，如气温太高或蓄水有困难，可加盖一层塑料薄膜，使混凝土内外温差不得超过 25℃的规范要求，防止暴晒后混凝土产生急剧收缩裂缝。

2. 混凝土温差控制

大体积混凝土施工时，应对混凝土进行温度控制，并应符合规范中的下列规定：(1) 混凝土入模温度不宜大于 30℃；混凝土浇筑体最大温升值不宜大于 50℃。(2) 在覆盖养护或带模养护阶段，混凝土浇筑体表面以内 40～100mm 位置处的温度与混凝土浇筑体表面温度差值不应大于 25℃；结束覆盖养护或拆模后，混凝土浇筑体表面以内 40～100mm 位置处的温度与环境温度差值不应大于 25℃；混凝土浇筑体内部相邻两测温点的温度差值不应大于 25℃。(3) 混凝土降温速率不宜大于 2.0℃/d；当有可靠经验时，降温速率要求可适当放宽。

在温差控制上，可充分利用夜间浇筑，以降低浇筑温度，减少温控费用。白天施工时，因温度较高，泵管上应覆盖湿草袋等材料，尽量降低混凝土搅拌料温度，可搭棚遮阳，防止暴晒，降低骨料温度。大体积混凝土温升期间，水泥水化会释放大量的水化热，使混凝土中心及基础中部区域产生很高的温度，而混凝土表面及边缘受气温影响，温度较低，这样形成较大的内外温差，使混凝土内部产生压应力，表面产生拉应力，当温度超过一定限度，其所产生的温度应力将使新浇混凝土产生裂缝。大体积混凝土温降期间，混凝土由于逐渐散热而产生收缩，再加上混凝土硬化过程中，混凝土内部拌合水的水化和蒸发，以及胶质体的胶凝作用，促进了混凝土的收缩。这两种收缩由于受到结构本身的约束，所产生的温度应力就会在新浇筑的混凝土中产生收缩裂缝。为防止这种温度裂缝的产生，确保基础工程质量，必须在施工阶段对混凝土内部温度的变化进行监测，并采取相应的养护措施，把混凝土内部的温度控制在允许范围内。因此，温度监控是大体积混凝土施工中的一项重要技术措施。

3. 大体积混凝土测温

大体积混凝土施工时，应对混凝土进行温度控制，并应符合下列规定：宜选择具有代表性的两个交叉竖向割面进行测温，竖向的剖面交叉位置宜通过基础中部区域；每个竖向剖面的周边及以内部位应设置测温点，两个竖向剖面交叉处应设置测温点（图 3-14）；混凝土浇筑体表面测温点应设置在保温覆盖层底部或模板内侧表面，并应与两个剖面上的周边测温点位置及数量对应；环境测温点不应小于 2 处；每个剖面的周边测温点应设置在混凝土浇筑体表面以内 40～100mm 位置处；每个剖面的测温点宜横竖向对齐；每个剖面竖向设置的测温点不应小于 3 处，间距不应小于 0.4m 且不宜大于 1.0m；每个剖面横向设置的测温点不应小于 4 处，间距不应小于 0.4m 且不应大于 1.0m；本工程基础厚度不大于 1.6m，做好裂缝防治、控制措施，可不进行测温。大体积混凝土的测温工作由本项目部试验员进行实时测量记录，混凝土浇筑前埋设钢导管，采用电子温度计进行测温。

工程基础底板根据后浇带共分 25 个施工段，拟在每个施工段基础底板布置 4 组测温点，在平面上选择具有代表性的中间和边缘等位置，测点间距一般为 20m，所有测温孔均应进行编号，每组测温孔由上、中、下即底部、中部、上部三个测温点组成，在混凝土浇筑前预埋。测温点埋设方法：在基础底板内预埋 1 根 Φ12 钢筋，钢筋上绑扎测温线，测温线分长、中、短三种规格，用胶带将测温线绑扎在钢筋上。

4. 地下室底板抗渗防裂措施

混凝土搅拌站先制作几组抗渗混凝土的试验配合比试块，进行试压，选择一种最合适

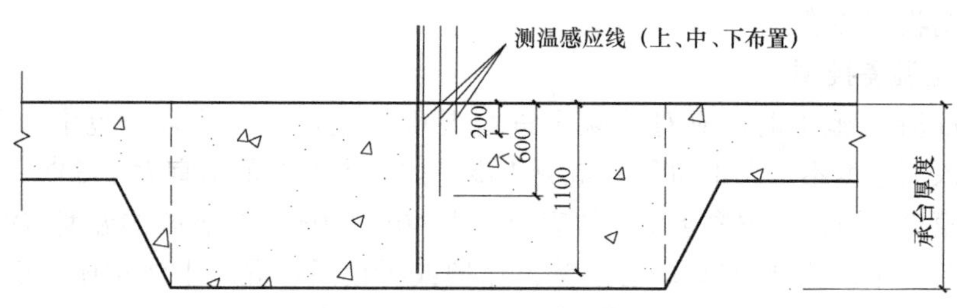

图 3-14　测温点剖面示意图

的配比。建议混凝土中掺加一定量的抗裂防水剂，以提高混凝土的收缩应力，防止裂纹的产生；选用低水化热或中水化热的水泥品种配制混凝土；降低混凝土入模温度。根据季节平均温度，建议采用深井水搅拌混凝土，对骨料进行覆盖或设置遮阳装置，避开日光直晒；做好混凝土的保湿、保温养护，缓缓降温，减低温度应力。混凝土浇筑完成即在表面覆盖塑料薄膜，养护时间不得少于 14d。合理安排施工程序，控制混凝土在浇筑过程的均匀上升。

3.8.6　施工现场数据监测

自防水混凝土浇筑施工过程中，外加剂厂家选择性地在实体结构中埋设应变计，监测结构混凝土应变数据并记录，为现场施工提供理论和数据支持。现场技术工程师需在混凝土实体结构中埋设振弦式应变计检测混凝土内部微应变和温度随时间的变化率，以监测实际工程中自防水混凝土的抗裂效果。

1. 振弦式应变计

使用埋入式振弦式应变计采集应力、应变和温度数据，用于了解被测混凝土结构部位的受力状态，应变计实物及应变计现场设置分别如图 3-15、图 3-16 所示。应变计采用振弦理论设计，全不锈钢制造，具有灵敏度与精度高、线性与稳定性好等优点，全数字信号检测，长距离传输不失真，抗干扰能力强，绝缘性能良好，防水耐用。应变计内置温度传感器可直接测量测点温度，可用于应变值的温度修正。

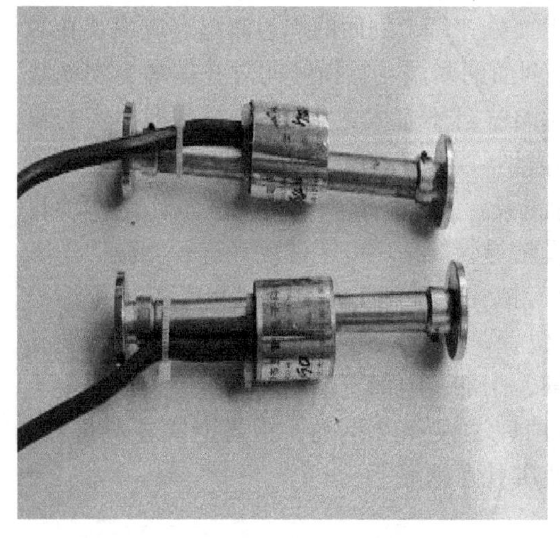

图 3-15　应变计实物

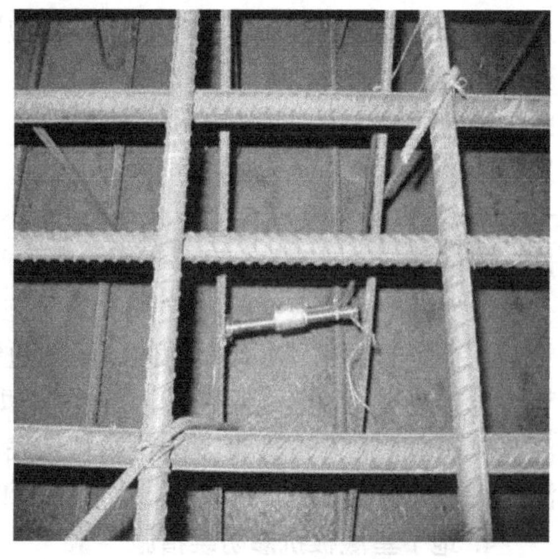

图 3-16　应变计现场设置

2. 应变计技术参数

量程：±1500με；灵敏度：1με（0.1Hz）；测量标距：150mm；使用环境温度：－10～70℃；温度测量范围：－20～125℃；温度测量：灵敏度0.25℃；精度：±0.5℃。

3. 读数仪

读数仪是和应变计配套使用的数据采集设备，用于采集、保存和计算变形值和温度数据（图3-17、图3-18）。

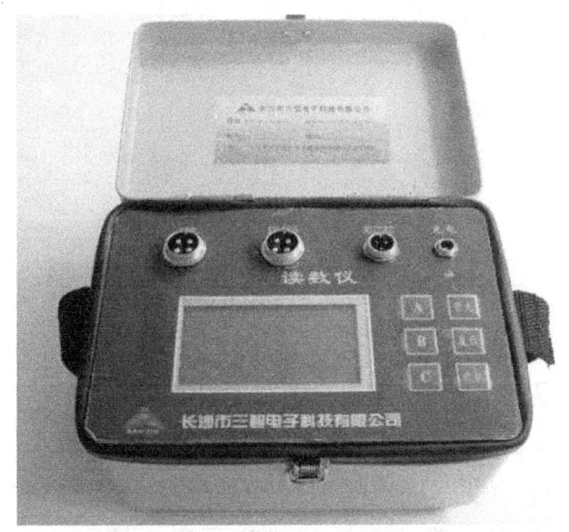

图3-17　读数仪装备

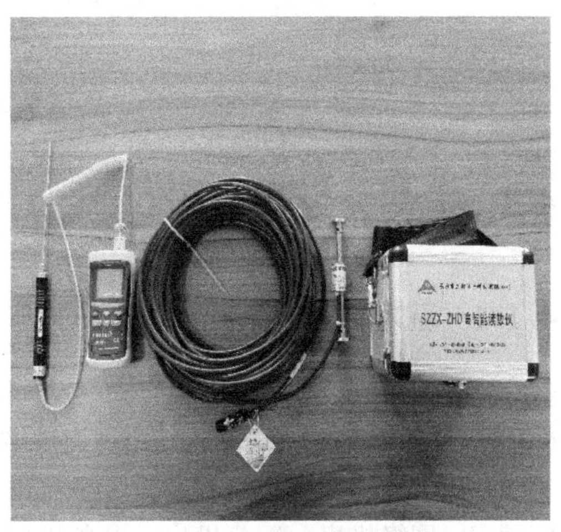

图3-18　读数仪使用前的准备及调试

4. 应变计测点布置方案

重点监测混凝土结构变形量和温度变化，尤其关注大长度、大体积、不规则结构的变形量，以判断混凝土结构抗裂效果。布点原则：施工前期针对一次性浇筑成型的一个结构制定一个测点布置方案，测点布置在结构内部三维方向尺寸的中心位置（监测点一般为1个），以测试结构内部的变形值和温度变化，同时用温度传感器检测环境温度的变化。中、后期根据施工具体安排选择性地进行布点监测。按照混凝土内部温度及应变的变化规律，监测周期不小于28d：1～3d每3～4h测定一次，4～7d白天每天检测3次，7～28d白天每天检测1次。

第4章　地下室及地下空间结构施工技术

4.1　分部分项工程概况

4.1.1　基本概况

南通国际会展中心工程地下总建筑面积约 4 万 m^2，其中展览中心地下建筑面积约 0.9 万 m^2，地下 1 层，采用框架-剪力墙结构体系，地下结构部分耐火等级为一级，防水等级一级，建筑设计使用年限 50 年，抗震设防烈度 7 度。展览中心工程地下室设计有物管用房、网络机房、运营机房、设备机房、污水泵房、消防水池、消防泵房、控制室、（公用、专用）变配电室、气体灭火钢瓶间、高压进线间及配电室、排烟机房、新风机房、排风机房、弱电进线间、管廊、排水沟、卫生间等。首层设计有登录厅、序厅、安检区、检票区、展厅、扩大楼梯间、库房、强电间、弱电间、设备竖井、风井、清洁间、卫生间等。二层设计有洽谈室、空调机房、强电间、加压送风机房、风井、卫生间、清洁间等。展览中心地下室由两个“回”形地下室组成，东西向两条走道，房间层高约 6m，南北向四条管廊层高约 4.95m，地下室结构根据土方开挖顺序及结构施工关键线路分区分块由南向北施工。其中，地下室结构施工流水分区如图 4-1 所示。

4.1.2　钢筋工程

本工程钢筋选型为 HPB300 和 HRB400E。基础梁受力钢筋、框架梁纵向钢筋、框架柱纵向钢筋直径＜18mm 的钢筋采用焊接连接，直径≥18mm 的钢筋采用直螺纹连接。当采用焊接或直螺纹连接时，接头的类型及质量应符合现行行业标准《钢筋焊接及验收规程》JGJ 18—2012、《钢筋机械连接通用技术规程》JGJ 107—2010 的相关规定；钢板采用 Q235B 钢；吊钩、吊环当直径≤14mm 时采用 HPB300 级钢筋，当直径＞14mm 时采用 Q235B 钢棒，不得采用冷加工钢筋。

4.1.3　混凝土工程

混凝土强度等级等选用如下：垫层为 C15；基础底板为 C35；地下室外墙为 C40（膨胀剂和纤维共同补偿收缩）；地下室柱为 C40；地下室顶板梁和板为 C40；楼梯为 C30。

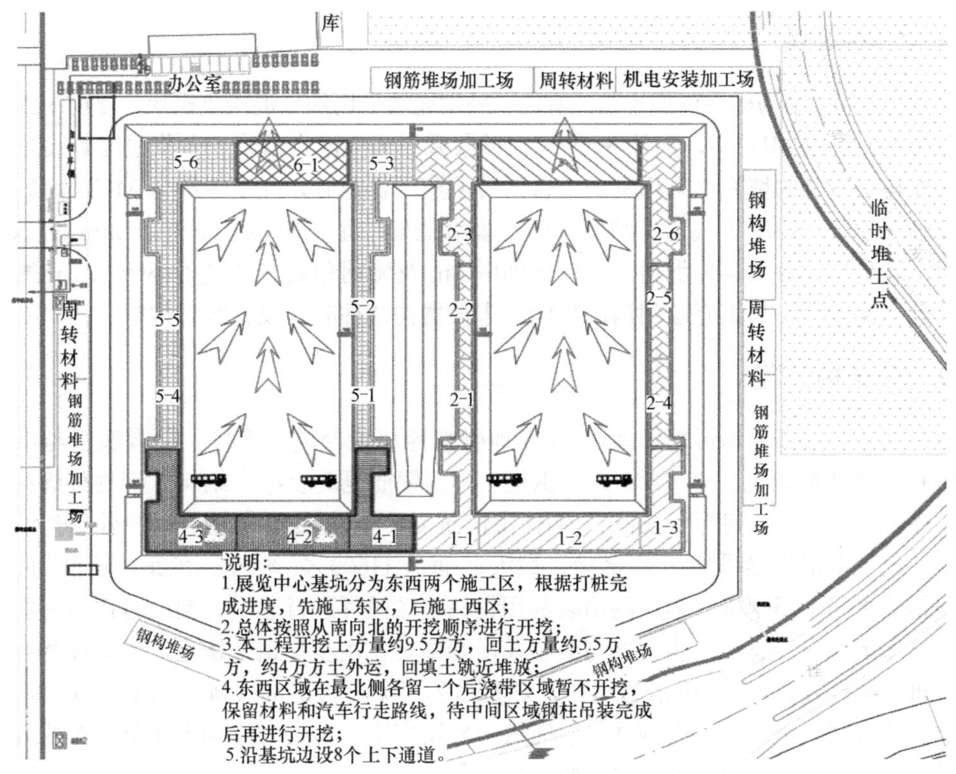

图 4-1　地下室结构流水分区示意图

4.1.4　模板工程

基础抗水板（底板）厚度为 400mm，顶板厚 200～300mm，顶板梁截面均较大，相对较小截面尺寸有 400mm×800mm、500mm×700mm、500mm×800mm 等，相对较大截面尺寸有 400mm×1000mm、400mm×1050mm、600mm×1000mm、600mm×1300mm、650mm×1000mm 等，顶板梁跨度相对较大的有 12m 等。根据相关管理规定要求，本工程地下室混凝土结构模板支撑工程为超过一定规模的危险性较大的分部分项工程（混凝土模板支撑工程：施工总荷载 15kN/m^2；集中线荷载 20kN/m^2 及以上），所以地下室混凝土结构模板工程需要编制专项方案，并对其进行专家论证。底板侧边模板采用 200mm 厚砖胎膜施工，地下室柱、墙、板采用 15mm 厚覆膜建筑模板。模板支撑采用盘扣式钢管脚手架搭设，钢管采用 ϕ48×2.8mm 无缝钢管，地下室外墙螺杆采用脱卸式 ϕ16 止水螺杆。墙体模板外设纵横内、外围檩，均用 ϕ48 钢管组成，围檩间距不大于 450mm。顶板梁钢管排架间距：本工程采用盘扣式钢管脚手架，立杆间距 900mm，少量 600mm 搭配组合。当梁高大于 700mm 以上者必须设置对拉螺栓，对拉螺杆规格为 ϕ14。

4.1.5　防水工程

地下室底板与外墙采用双层 3mm 厚自粘聚合物改性沥青防水卷材（聚酯胎）进行外防水。底板的防水保护层为 50mm 厚 C20 细石混凝土，地下室外墙防水保护层采用 50mm 厚模塑聚苯板。

4.1.6 砌体工程

填充墙与周边结构构件可靠连接，室内、外填充墙采用加气混凝土砌块，重度 8kN/m^3，强度等级为：室内 MU3.5，室外 MU5.0。砂浆采用预拌混合砂浆，砂浆强度等级为 M5；室内、外与土接触的填充墙采用混凝土普通砖或蒸压普通砖，强度等级为 MU20，砂浆采用预拌水泥砂浆，强度等级为 DM10。填充墙沿框架柱全高每隔 500～600mm 设 2ϕ6 拉筋，同时满足拉筋沿墙全长贯通。填充墙间隔 4m 及墙拐角处、宽度不小于 2.1m 的门窗口二侧设置构造柱。当填充墙门窗洞口两侧未设置构造柱时，设置洞口抱框。

4.1.7 钢结构工程

地下钢结构柱均为箱形柱，通过 M30 地脚螺栓与承台进行连接，柱脚底板与承台间隙采用 C40 灌浆料填充。±0.000 以下钢柱、梁与钢筋混凝土组合结构，钢柱外焊接 ϕ19 栓钉，栓钉长 90mm、间距 200mm。钢柱中浇筑 C40 自密实混凝土，钢柱外包浇筑 C40 混凝土。地下室钢骨梁采用工字钢梁，最大截面为 H600×300×25×25，长度为 12m。钢梁与钢柱之间采用刚接。钢柱的吊装利用钢柱上端吊耳进行起吊，起吊时钢柱的根部要垫实，根部不离地。通过吊钩起升与变幅及吊臂回转，逐步将钢柱扶直，待钢柱基本停止晃动后再继续提升离地 20cm 静置试吊，观察吊装工况一切正常后将钢柱吊装到位，不允许吊钩斜着直接起吊构件。当钢柱吊装完成并校正完毕后，及时通知土建单位对柱脚进行二次灌浆，对钢柱进一步稳固，再吊装钢梁。

4.2 施工前的准备

4.2.1 劳动力计划

本工程的地下工程施工过程中，工程所有劳动力（不含业主指定分包单位）日平均人数接近 580 人左右，高峰期（地下钢结构吊装施工阶段）工地总人员将在 630 人左右，包括：木工、钢筋工、混凝土工、瓦工、防水工、抹灰工、起重工、电焊工、架子工、油漆工、钢构工等。

4.2.2 主要施工机械计划

各类材料按施工图纸要求的数量和施工进度的要求保证供应，主要施工机械配置见表 4-1。

主要施工机械配置表 表 4-1

序号	机械设备名称	型号规格	数量
1	搅拌机	JZ350	2 台
2	钢筋切断机	GQZ-32	3 台
3	钢筋弯曲机	JIM-3	3 台
4	直螺纹套丝机	Z1T-M33	3 台
5	圆盘锯	MJ-104	4 台

续表

序号	机械设备名称	型号规格	数量
6	潜水泵	Q60	40 台
7	插入式振动器	H26X-50	4 台
8	消防水泵	XBD 4.4	2 台
9	钢管套丝机	NKJTS-150	3 台
10	切割机	SQ-400	3 台
11	电流电焊机	OTC-600 等	10 台
12	汽车吊	50t 级	5 台
13	挖土机	PC220	4 台
14	大卡车	$20m^3$	16 辆
15	小型挖机	PC70	2 台
16	塔式起重机	FS6016	2 台
17	全站仪	RTS-632	2 台
18	激光经纬仪	J2	2 台
19	激光铅垂仪	DT-2	2 台
20	水准仪	S3	6 台
21	钢卷尺	5m 及 50m	10 把
22	靠尺	2000mm×80mm×20mm	10 把
23	混凝土试模	150mm×150mm×150mm ϕ165mm×ϕ175mm×150mm	各 10 组

4.3　施工测量

4.3.1　工程定位测量控制

本工程平面控制采用网状控制法，施工方格控制网一般经初定、精测和复核三步进行。本工程根据甲方提供的工程定位控制点及总平面图设计图引测单体轴线。根据施工现场及周围环境条件，选择相对稳固的地方埋设多种用途、长期使用的首级控制点，组成一个能满足施工放样及沉降观测需要的永久性施工控制网。控制点基础座按要求进行技术处理，控制点所处位置要保证今后不被占用、障碍较少、视线贯通，以便对控制点进行使用和保护。控制点既作平面控制之用，又作标高控制之用。施工过程，根据工程特点，利用首级控制点，选择相对稳定、视行通畅的点作为施工的二级控制点。该二级控制点既可用于细部点的放样，同时又可用作对工程上各结点的复合检测。利用全站仪对所有控制点进行精确测定，并将它们与附近的国家城市等级点进行联测，使其坐标与高程统一为一个系统，便于今后使用。利用配套计算对所有观测值进行严密平差，保证整个控制精度完全能够符合国家工程测量技术规范和工程设计要求。平差成果存入计算机，需要时可以随时调用。随着施工的进展，考虑到各种因素可能造成的影响，定期对所有控制点做必要的监测。

4.3.2 垂直测量和平面放样

根据业主提供的测量成果及建立的二级平面控制网，建立建筑物内部平面控制点，运用极坐标在建筑物内布设多个轴线控制点：南北向在1轴、10轴、12轴、21轴，东西向在C轴、S轴布置基准控制点，控制点距离轴线均为1.0m。基准点处预埋15cm×15cm钢板，地下室平面放线直接依据首层平面控制网，二层楼层平面放线，根据规范要求，从地面控制网引投到高空，不得使用下一楼层的定位轴线。平面控制点的竖向传递采用内控天顶法，投点仪器先用天顶垂准仪。在控制点上方架设好仪器，严密对中、整平。在控制点正上方，在需要传递控制点的楼面预留孔处水平设置一块有机玻璃做成的光靶或原仪器附带的光靶，光靶严格按要求固定。若精度不够，必须重新投点，直至满足精度要求。在首层根据轴线设立坐标点作为平面控制点后，浇筑上升的各层楼面必须在相应的位置预留150mm×150mm与首层平面控制点相对应的小方孔，以保证激光束垂直向上穿过预留孔。

4.3.3 平面轴线放样

首先计算出各轴线交点在控制点所在坐标系统中的坐标，供放样使用。根据具体情况，直接将全站仪架设在控制点上，按极坐标法放出各轴线交点，或利用控制点，在与所需放样轴线交点相互通视的地方测设若干转点作为临时控制点，然后将全站仪架设在转点上，以控制点为后视，按极坐标法放出各轴线交点，这些交点可满足进一步细部放样的需要。为保证放样的准确性，校核可改用其他放样方法（如角度交合法等），重新放样主要轴线交点，或测量相应轴线交点间距离。

4.3.4 水准点的引测和层高控制

本工程水准点的引测采用二等水准测量。地下室的高程传递可采用传统的测量方法，留设测量孔，采用悬吊钢尺，用水准仪进行测设便可满足精度要求，把传递上来的高程以1m线的形式弹设在混凝土柱、剪力墙等便于引测的构件上，作为测放其他构件高程的依据。地上结构施工时，随着主体上升，高程的传递采用激光铅直仪配合大盘钢卷尺进行高程控制。地上结构施工过程中，在首层楼面上，从高程控制网采用往返测把高程引测至柱（墙）+1.000m处，红三角标志作为向上引测高程的基准点。每层所引测的高程点，不得少于3个，三点的较差不超过3mm时，取平均值作为该楼层施工中标高的基准点。

4.4 钢筋工程

4.4.1 钢筋加工

1. 钢筋翻样

钢筋因弯曲会使其长度发生变化，不能直接根据图纸中尺寸下料，必须了解对混凝土保护层、钢筋弯曲、弯钩等的规定，再根据图中尺寸正确计算其下料长度。弯钩长度应满足设计、规范要求。钢筋翻样应根据施工图变更为正确的钢筋下料单，并经技术负责人复核以后才能进行下料。

2. 钢筋调直

钢筋应平直，无局部曲折。采用机械调直时，严禁采用冷拉、冷拔的方法。钢筋切断时，应根据不同长度搭配，统筹安排，合理配料。钢筋弯曲前，应计算好起弯点的位置，在钢筋上画好线，进行准确的弯曲成型，达到规范要求。

3. 钢筋切断

钢筋加工前提供钢筋施工下料单，根据施工下料单将钢筋原材加工成型。将同规格钢筋根据不同长度长短搭配，统筹排料，一般应先断长料，后断短料。断料应避免用短尺量长料，根据排料结果在工作台上标出尺寸刻度并设置控制断料尺寸用的挡板。将钢筋摆直，避免弯成弧形，操作者应将钢筋握紧，并应在冲切刀片向后退时送进钢筋，切断较短钢筋时，宜将钢筋套在钢管内送料，防止发生人身或设备安全事故。钢筋断口有马蹄形或起弯现象时，必须重新切断。机械连接钢筋切断长度允许误差为±5mm（表 4-2）。

钢筋断后伸长率、重量偏差表 **表 4-2**

钢筋牌号	断后伸长率 A（%）	重量偏差(mm)		
		直径 6～12mm	直径 14～20mm	直径 22～50mm
HPB300	≥21	≤10	—	—
HRB400	≥15	≤8	≤6	≤5

4. 现场加工

现场建立严格的钢筋生产、安全管理制度，降低材料损耗；马凳、定位梯形筋、定位框等钢筋现场下料加工。由于施工顺序和后浇带的影响，部分底板板筋应根据现场实量结果下料。

4.4.2 钢筋剥肋滚轧直螺纹连接

1. 施工工艺

钢筋下料→钢筋套丝→丝头验收、套筒验收→钢筋连接→自检、互检（做标记）→监理验收。

2. 剥肋滚轧直螺纹连接钢筋的加工

参加滚轧直螺纹接头施工的人员必须进行技术培训，经考核合格后方可持证上岗操作。钢筋应先调直再加工，应使用专用切断机或砂轮切割机下料，不得用气割、钢筋切断机下料，切口断面应与钢筋轴线垂直，端面偏角不许超过 4°。端头弯曲、马蹄严重的应切去。滚轧加工钢筋螺纹时，不得用机油做润滑液或不加润滑液滚轧螺纹，应采用水溶性切削润滑液。操作工人要用环规检查滚轧螺纹加工质量，应确保环规能旋进同规格的套丝钢筋，止规不能旋进或仅能旋进一丝，钢筋滚轧螺纹牙形应饱满，无缺牙。对检验合格的丝头，其端部加带保护帽进行保护，按规格分类，堆放整齐，待运至施工现场使用。

3. 现场滚轧直螺纹连接施工要点

本工程钢筋直螺纹接头的使用部位包括基础底板网筋、基础梁筋、框柱主筋、主次梁主筋，错头距离≥35d 且不小于 500mm，接头面积百分率为 50%。钢筋连接方法：将待连接钢筋丝头分别拧入连接套，用两把扳手分别卡住待连接钢筋将钢筋丝头拧紧。连接长水平筋时，必须从一头往另一头连接，不得从两头往中间连接以免钢筋接头松动。同规格的钢筋连接采用标准型套筒。连接钢筋时，钢筋规格和套筒的规格必须一致，钢筋和套筒的丝扣要干净、完好无损；连接时用扳手进行施工，拧紧力控制在不加长力臂的情况下，一人拧不动为止，以保证施工现场接头质量的稳定性；为了防止接头漏拧，每个接头拧好后，必须做红油漆标记，以便检查；经拧紧后的滚轧直螺纹接头要无完整丝扣外露。接头端头距钢筋弯曲点不宜小于钢筋直径的 10 倍。不同直径的钢筋连接，一次连接钢筋直径规格不宜超过两级。钢筋连接套筒的横向净距不宜小于 25mm，连接套筒的最小保护层厚度不得小于 15mm。现场直螺纹接头的施工，须按专业规定进行现场检验，包括对接头进行外观质量检查及单向拉伸试验。随机抽取同规格接头数的 10%进行外观质量检查，钢筋与套筒规格应一致，接头无完整丝扣外露，检验合格后用白油漆标记。滚轧直螺纹接头的现场检验按验收批进行，对每一验收批做 3 根试件拉力试验，按Ⅱ级接头的性能进行检验和验收。同一施工条件下采用同一批材料的同等级、同型号、同规格接头，以 500 个为一个验收批进行检验和验收，不足 500 个也作为一个验收批。如有一个试件的抗拉强度不符合要求，应再取六个试件进行复检。复检中仍有一个试件不符合要求，则该验收批判定为不合格（同时，根据接头拉伸试验数量进行监理见证取样工作）。拧紧接头抽检数量为：梁柱构件按接头数的 15%且每个构件的接头抽检数不得少于一个接头；基础、墙、板构件每 100 个接头作为一个验收批，不足 100 个也作为一个验收批，每批抽检 3 个接头。抽检的接头应全部合格，如有一个接头不合格，则该验收批应逐个检查，对查出的不合格接头应进行补强处理，如接头已不能重新连接，可采用 E50xx 型焊条补强，将钢筋与连接套焊在一起，焊缝高度不小于 5mm。连接 HRB335 级、HRB400 级钢筋时应先做可焊性试验，经试验合格后方可焊接。对其处理方法和位置应记录存档。在现场连续检验 10 个验收批，全部单向拉伸试验一次抽样合格时，验收批接头数量可扩大 1 倍，即 1000 个接头取样一次。

4.4.3 电渣压力焊

1. 竖向接头

直径<18mm 的钢筋采用电渣压力焊连接。

2. 作业条件

焊工经有关部门的培训、考核，均持证上岗。焊工上岗时，应穿戴好焊工鞋、焊工手套等焊工防护用品。电渣压力焊的机具设备以及辅助设施等应齐全、完好。施焊前要按规定的方法正确接通电源，并检查其电压、电流是否符合施焊的要求。施焊前应搭好操作脚手架，钢筋端头已处理好并清理干净，焊剂干燥。在焊接施工前，应根据焊接钢筋直径的大小，按电渣焊机说明书选定焊接电流、造渣工作电压、电渣工作电压、通电时间等工作参数。

3. 施工工艺

施工工艺流程为：安装焊接钢筋→安放引弧丝球→缠绕石棉绳装上焊剂盒→装放焊剂→接通电源（“造渣”工作电压为 40～50V，“电渣”工作电压为 20～25V）→造渣过程形成渣池→电渣过程钢筋端面熔化→切断电源，顶压钢筋完成焊接→卸出焊剂，拆除焊盒→拆除夹具。

焊接钢筋时，用焊接夹具分别钳固上、下待焊接钢筋，上、下钢筋安装时，中心线要一致。安放引弧铁丝球：抬起上钢筋，将预先准备好的铁丝球安放在上、下钢筋焊接端头面的中间位置，放下上钢筋，轻压铁丝球，使之接触良好。放下上钢筋时，要防止铁丝球被压扁变形。装上焊剂盒：先在安装焊剂盒底部的位置缠上石棉绳，然后再装上焊剂盒，并把焊剂盒满装焊剂。安装焊剂盒时，焊接口宜位于焊剂盒的中部，石棉绳缠绕应严密，防止焊剂泄漏。接通电源，引弧造渣：按下开关，接通电源，在接通电源的同时将上钢筋微微向上提，引燃电弧，同时进行"造渣延时读数"，计算造渣通电时间。"造渣工程"工作电压控制在40～50V，电渣通电时间约占整个焊接过程所需时间的3/4。"电渣过程"：随着造渣过程结束，即时转入"电渣过程"的同时进行"电渣延时读数"，计算电渣通电时间，并降低上钢筋，把上钢筋的端部插入渣池中，徐徐下送上钢筋，直至"电渣过程"结束。"电渣过程"工作电压控制在20～25V之间，电渣通电时间约占整个焊接过程所需时间的1/4。顶压钢筋，完成焊接："电渣过程"延时完成，电渣过程结束，即切断电源，同时迅速顶压钢筋，形成焊接接头。卸出焊剂，拆除焊剂盒、石棉绳及夹具。卸出焊剂时，应将接料斗卡在剂盒下方，回收的焊剂应除去熔渣及杂物，受潮的焊剂经烘、焙干燥后，可重复使用。焊接完成后应及时进行焊接接头外观检查，外观检查不合格的接头，应切除重焊。

4. 电渣压力焊施工要点

本工程钢筋电渣压力焊接头的使用部位包括框柱主筋、剪力墙暗柱主筋，错头距离≥$35d$且不小于500mm，接头面积百分率为50%。进行钢筋焊接接头的强度检验时，从每批成品中切取三个试件进行拉伸试验。在一般构筑物中，每300个同类接头作为一批；不足300个时，仍作为一批。焊接头的拉伸试验结果中，三个试件均不得低于该级别钢筋规定的抗拉强度值，若有一个试件的强度低于规定值，应取双倍数量的试件进行复检；复检结果中若仍有一个试件的强度达不到上述要求，该批接头即为不合格品。接头处钢筋轴线的偏移不得超过0.1倍直径，同时不得大于2mm，接头处弯折不得大于4mm。电渣焊使用的焊机设备外壳应接零线或接地，露天放置的焊机应防雨遮盖，焊接电缆必须有完整的绝缘，绝缘性能不良的电缆禁止使用，在潮湿的地方作业时，应用干燥的木板或橡胶片等绝缘物作垫板。焊工作业，应穿戴焊工专用手套、绝缘鞋、手套，绝缘鞋应保持干燥。在大、中雨天时严禁进行焊接施工；在细雨天时，焊接施工现场要有可靠的遮蔽防护措施，焊接设备要遮蔽好，电线要保证绝缘良好，焊药必须保持干燥。高温天气施工时，焊接施工现场要做防暑降温工作。用于电渣焊作业的工作台、脚手架应牢固、可靠、安全、适用。

4.4.4　钢筋安装

1. 现场钢筋安装施工要点

钢筋施工前，由项目技术负责人对施工员、质检员、施工班组长进行方案交底，施工队必须在接到施工员的书面技术交底，并对作业班组进行进一步的详细交底后，方可安排施工。本工程结构复杂，钢筋种类多，且柱墙钢筋密集，钢筋绑扎难度大，在钢筋工程施工前、施工过程中将重点控制钢筋工程的质量以保证总体工程质量。绑扎前认真熟悉图纸，检查配料表与图纸设计是否有出入，仔细检查成品尺寸、形状是否与下料表相符，核对无误并进行技术交底后方可进行绑扎。Φ12 以上钢筋采用 20 号绑扎丝，Φ12 以下钢筋采用 22 号绑扎丝。地下室底板厚度为 400mm，马凳筋按照以下做法施工：马凳筋规格为 Φ20 或 Φ22，马凳设置形式为“几”字形，间距为 1.2～1.5m，按梅花形布置。

2. 底板钢筋绑扎

施工顺序：定位放线→集水井、电梯基坑及底板变板厚等细部钢筋绑扎→下层横向钢筋摆放→下层纵向钢筋摆放→下层钢筋绑扎成网→保护层混凝土垫块固定→柱子定位筋→钢筋支撑架或马凳→上层纵向钢筋摆放→上层横向钢筋摆放→上层钢筋绑扎成网→拉结筋绑扎→柱子、剪力墙插筋。

底板钢筋均平行轴线绑扎，绑扎前要求弹出柱、墙边线、中线和集水坑、电梯井坑的轮廓线、轴向和径向钢筋控制线。为了保证基础底板钢筋位置正确、顺直，保证纵横向均为一条线，绑扎前，在防水保护层上每两个钢筋间距涂上一道醒目的红色墨线，按线布筋。底板钢筋保护层采用 50mm×50mm C40 预制混凝土垫块，地下室底板承台、集水坑、电梯井等部位高度较高，上下铁钢筋之间利用 Φ25 钢筋或∠50×5 角钢作马凳筋，马凳筋的高度要扣除上下铁保护层厚度，马凳筋纵横方向间距 1.2～1.5m，呈梅花形布置。

3. 框架主次梁、楼板、屋面板钢筋绑扎

梁钢筋按照先主梁后次梁、板钢筋按照先短跨钢筋后长跨钢筋的绑扎顺序进行绑扎。具体施工流程为：支梁底模→绑扎主梁钢筋→绑扎次梁钢筋→摆放梁下铁→套箍筋→绑扎梁箍筋→合梁侧模、支设楼板底模→弹网格线→绑楼板下网筋（短向钢筋置于下方）→穿水电管线→垫马凳、绑楼板上铁→调整水电管线→自检合格后报验。

梁底保护垫块采用成品混凝土垫块，梁侧采用塑料圈垫块。当梁纵向受力钢筋采用双层排列时，两排钢筋之间应垫以直径 25mm 的短钢筋，以保持其设计距离。梁主筋伸入支座长度要符合图纸设计要求和施工规范的有关规定。主次梁交接处在次梁边 50mm 处附加主梁箍筋；次梁箍筋从主梁边 50mm 处开始绑扎，次梁与次梁相交处按短向梁方向贯通绑扎箍筋。梁柱节点处柱箍筋不得缺失，与梁钢筋同时绑扎，保证梁柱节点处的质量。楼板模板支好后，在模板上弹出楼板钢筋纵横向位置线；短向板底筋置于下方，绑扎时随时找平调直，防止板筋不顺直、位置不准，钢筋端部弯钩应保持方向一致，并保证端部成一条直线；在绑扎楼板上网钢筋的同时，架设钢筋马凳。楼板下层钢筋保护层采用细石混凝土垫块控制，楼板上铁钢筋绑扎采用工字形马凳控制。板筋绑扎前需在模板面按图纸设计要求的钢筋间距进行弹线并铺设下铁钢筋（先铺短向钢筋），第一根钢筋距梁边 50mm，绑扎时绑扣需八字扣满绑扎，避免钢筋跑位。

4. 框架柱钢筋绑扎

主要施工流程为：弹线→连接主筋→绑箍筋→套塑料垫块→检查验收。

柱筋保护层采用塑料垫圈，间距不得大于 800mm。柱主筋连接完后，用线垂校正其垂直度，校正后先在柱下口距楼板面 100mm 处放置 Φ12 柱筋定位框，并与主筋绑扎牢固，然后在柱上口 100mm 处放置 Φ12 柱定距框并与主筋绑扎牢固（上口定距框可周转使用）。再次校正垂直度无误后开始正式绑扎柱钢筋。框架柱的主筋立好后按柱箍筋间距尺寸画好箍筋分档线，按实际个数套好箍筋，柱箍筋接头（弯钩叠放处）应交错布置在四角纵向钢筋交叉点并应绑扎牢固，箍筋平直部分与纵向柱钢筋交叉点可间隔扎平，绑扎箍筋时绑扣相间应成八字形。绑扎柱竖向受力钢筋时要吊正后再绑扣，混凝土浇筑前在楼板上设一道互定位箍与柱主筋绑扎以避免柱钢筋移位。柱筋在浇筑混凝土前应拉通线校正找直。

5. 墙体钢筋的绑扎

主要施工流程为：弹线→钢筋清理调整→绑扎竖向筋→绑扎水平筋→加拉钩、套塑料垫块→检查验收。

墙体水平筋拉通线，竖筋吊垂线，保证墙筋横平竖直。绑扎墙竖向受力钢筋时，要调正后再绑扣，绑扣时钢筋交叉点必须全部扎牢，并绑成八字扣，相临丝扣不得成一顺风。凡是搭接处要绑扎三个扣，以免不牢固而发生变形，绑扎铅丝必须朝内，内外排钢筋高度绑扎一致。水平筋绑扎至混凝土浇筑高度，墙拉钩钩于外侧主筋上，钢筋需要增设弯钩时，不得现场使用钢管套弯，必需在场外加工，以保证其弯心直径符合规范要求。墙体钢筋绑扎时，操作人员应在墙外皮筋的相对侧进行绑扎。有暗柱的墙体，暗柱边第一根墙体竖向筋距暗柱钢筋的距离同墙体竖向筋间距。墙柱竖向钢筋全部要与底板面部和底部钢筋绑扎牢固。为保证保护层尺寸正确，采用塑料垫块，垫块间距为 800mm×800mm，呈梅花形布置（图 4-2、图 4-3）。

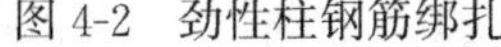
图 4-2　劲性柱钢筋绑扎

图 4-3　劲性柱就位安装

4.5　模板工程

4.5.1　模板及支撑的材料选用

结构梁、板、柱墙的模板采用表面黑漆板（覆膜胶合板），柱墙模板肋用 50mm×100mm 木方，围檩采用 ϕ48×2.8mm 钢管。局部异形部位采用预先定制的模板。结构模板穿墙螺栓均采用 ϕ16@450 双帽螺栓，上疏下密，其中外墙采用脱卸式止水螺杆。墙体模板外设纵横内、外围檩，均用 ϕ48 钢管组成。板、梁底模支撑系统采用盘扣式钢管排架支撑（图 4-4、图 4-5）。

图 4-4　脚手架扣件设置

图 4-5　盘扣式脚手架体系

胶合板肋间距为 250mm，围檩间距不大于 450mm，盘扣式钢管排架立杆间距为 900mm，局部搭配 600mm 水平杆进行组合。当梁高大于 700mm 以上者必须设置对拉螺栓，规格为 Φ14。墙、柱模板布置及支撑拉接应事先按绘制的排版图实地放样或绘制施工大样图，在进行模板配置布置及支撑系统布置的基础上，项目部要对其刚度、强度及稳定性进行验算，合格后再绘制全套模板支撑图，并将方案交公司技术部门审核。模板安装前，在底板、楼板表面的墙、柱轮廓线外侧采用 1∶2 水泥砂浆做好模板的找平层以使平整度满足要求。

4.5.2　常规模板工程

1. 电梯井、集水坑模板

地下室底板上设计有积水坑、电梯坑，坑洞较多，为尽量满足底板混凝土连续浇筑，对尺寸较小的坑洞采用封闭式支模，但坑底模板需留设透气孔及振捣口，便于对坑底模板下混凝土进行振捣，防止坑底漏振渗水。坑洞支模要保证模板位置准确、模板不变形，而对于封闭式支模，还得防止模板上浮。主要措施如下：保证模板位置准确：钢筋绑扎完后，对坑洞附近的底板钢筋网进行点焊，然后在钢筋网上焊定位钢钉，来控制模板位置。保证模板不变形：设置钢筋拉杆，防止爆模；将坑洞四壁模板用钢管相互撑牢。防止模板上浮：在模板上对称压重，浇筑过程中要分层浇筑，防止模板上浮及倾倒。坑洞模板支设如图 4-6、图 4-7 所示。

2. 地下室墙板模

地下室墙板模板采用 15mm 厚胶合板、50mm×100mm 的木方，间距为 225mm，外楞采用 2ϕ48×2.8mm 钢管，间距为 450mm，地下室外墙对拉螺栓采用脱卸式止水螺栓，如图 4-8 所示。拆模前将螺栓沿孔底直接拧卸掉，然后方便大模板直接拆卸。取下螺杆塑料垫片，在螺栓孔底涂刷防锈漆，再用防水水泥砂浆封堵。

3. 地下室顶板模板

立杆纵向×横向间距≤900mm×900mm，板底采用 15mm 厚多层板；多层板下用

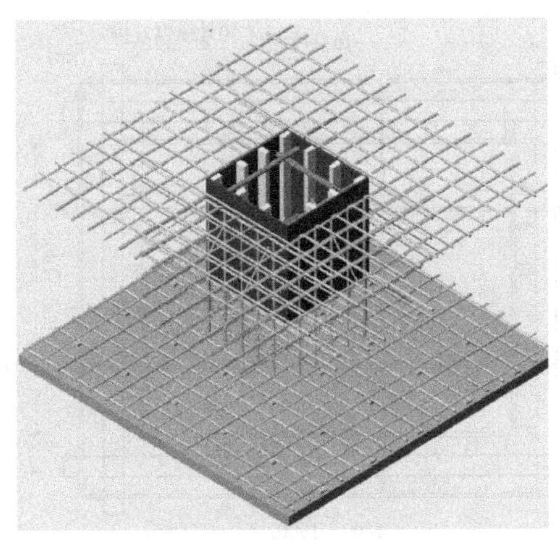

图 4-6　坑洞吊模效果图

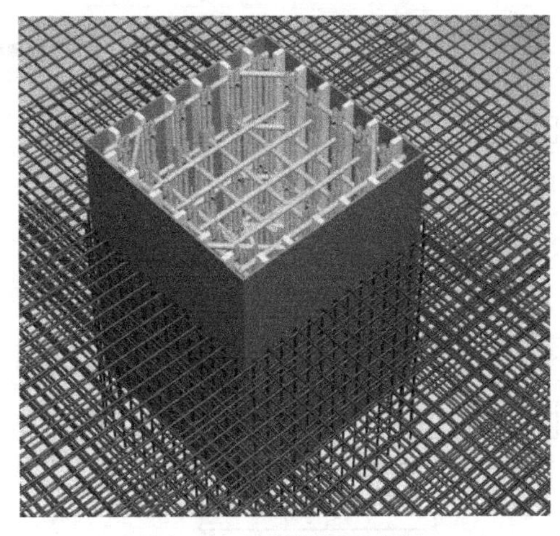

图 4-7　坑洞模板示意图

40mm×90mm 木方，木方立放布置间距≤200mm，板底立杆顶部采用顶托，顶托内置两根 ϕ48×2.8mm 钢管作为主梁，立杆采用连接套筒连接。立杆支承在混凝土底板上，每步纵横向水平杆必须通过盘扣节点连接拉通；水平杆步距≤1500mm（局部≤2000mm），离地≤550mm 处设纵横向扫地杆。模板支架可调托座伸出顶层水平杆的悬臂长度严禁超过650mm，且丝杆外露长度严禁超过 400mm，可调托座插入立杆长度不得少于 150mm。模板支架与相邻区域模架应连续拉通，同步搭设，当不能拉通时则应将水平杆延伸至非高支模区不少于两跨。模板支架可调底座调节丝杆外露长度不应大于 300mm，作为扫地杆的最底层水平杆离地高度不应大于 550mm。立杆的垂直偏差不应大于模板支架总高度的1/500，且不得大于 50mm。

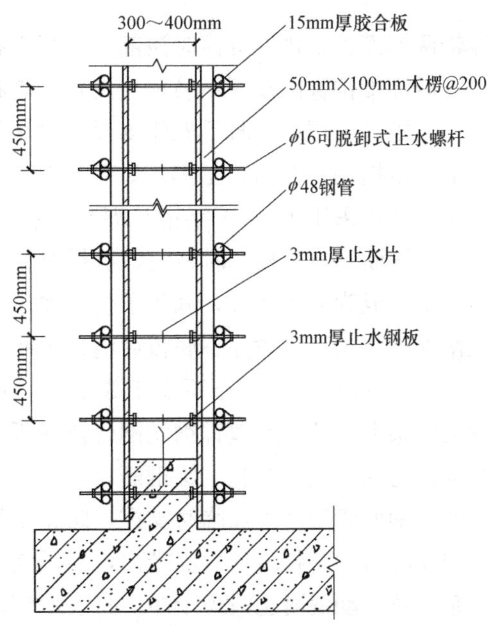

图 4-8　地下室板墙模板示意图

4. 柱模板

柱模板采用 15mm 厚覆膜胶合板，2 根10 号槽钢组合作柱箍，间距上疏下密，最下面柱箍间距不大于 400mm。单边尺寸 $b<$ 1000mm 柱子中部不设螺杆，单边尺寸 1000mm≤$b<$1500mm 设不少于 1 道螺杆，单边尺寸 1500mm≤$b<$1900mm 设 2 道螺杆。柱箍间距上疏下密，为防止漏浆，柱角拼缝处粘贴双面胶。柱模板如图 4-9、图 4-10 所示。

5. 后浇带模板

该工程设有后浇带，现行的规范里，都强调为防止后浇带部位顶板、梁模板随后浇带两侧模板拆除时同时被拆除，后浇带部位模板独立形成稳定体系，与两侧排架分开支设，

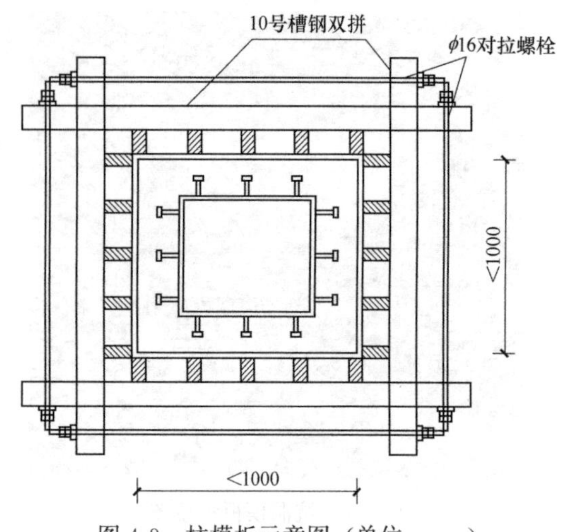

图 4-9 柱模板示意图（单位：mm）

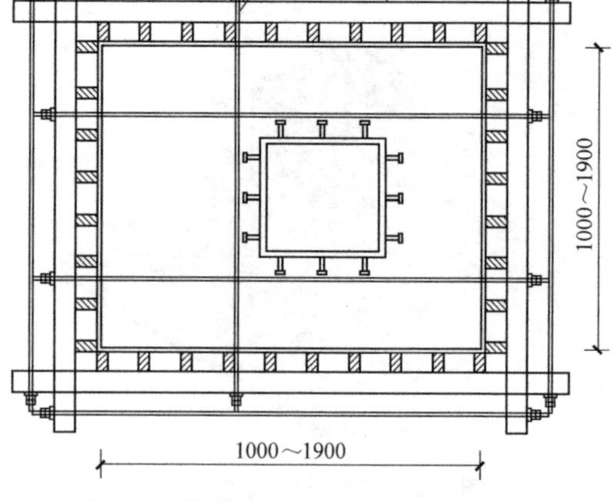

图 4-10 柱模板调整就位（单位：mm）

后浇带两侧模板及排架拆模时该部位模板及排架支撑体系保留不拆除；但是在实际施工过程中，后浇带位置的模板不易独立设置或者很难保证后期不松动及二次支撑。传统的模板施工工艺则是采用钢管脚手架作支撑，模板体系保留，但往往因为管理不善，都会对后浇带造成一定损伤。根据施工经验，可采用型钢柱或混凝土柱对后浇带悬挑梁位置进行支撑。型钢柱可采用 16 号工字钢，混凝土柱一般为 200mm×200mm，内配置 4Φ10 钢筋、Φ6@250 箍筋，与顶板同时浇筑，拆模时整个模板体系可以拆除，而保留构造柱，这样保证后浇带不成为悬挑构件，满足了受力要求。待后浇带浇筑后且达到一定强度时，再将型钢柱割除或将构造柱凿除。底板后浇带模板应预先焊接钢筋骨架，钢筋规格不小于 Φ12，板厚大于 400mm 时上、下不少于 3 根，间距不大于 250mm，水平间距不大于 1000mm，在钢筋骨架上绑扎二层镀锌钢丝网，待底板钢筋绑扎后，用短钢筋将钢筋骨架与底板钢筋进行焊接连接。然后绑扎上层钢筋，与上层钢筋也采用电焊连接。如底板厚度较厚，将后浇带两侧钢筋骨架间增加临时支撑，防止钢筋骨架变形。为防止浇筑过程中混凝土流入后浇带内及浇筑后杂物掉入后浇带内，在后浇带上表面满铺胶合板。二次浇筑前必须将后浇带内杂物及松动混凝土清理干净，将表面钢丝网清理干净，保证混凝土间粘结密实。

4.5.3 模板拆除要求

模板的拆模强度必须满足设计和规范的要求，并视气候等实际情况从严掌握。特别是悬挑模板要达到 100%强度后方能拆模；高处、复杂结构处结构拆模应有专人指挥，要有切实的安全措施，并在下面标出工作区，严禁非操作人员进入作业区；前应事先检查所有使用工具是否牢固，扳手等工具必须用绳链系在身上，工作时思想集中，防止钉子扎脚和空中滑落；梁底模及楼板模板应根据施工规范的要求，在同条件养护混凝土试块达到规定强度要求后方可进行拆除；模板拆卸应与安装顺序相反，即先装后拆、后装先拆。在逐块拆卸过中，应逐块卸下相邻模板之间的连接附件，并集中放在零件箱内，以便清理整修与重复使用。拆模时要小心拆除、小心搬运。按照先拆柱、后拆排架、再拆梁和平台的拆模顺序进行。注意不得碰撞、猛敲、硬撬模板，以免损伤混凝土体，特别是边角。

4.6 混凝土工程

4.6.1 垫层混凝土浇筑

用铁锹和笤帚清除地基上的淤泥及杂物，并清理槽底积水。利用水准仪配合人工进行槽底平整。按撒好的垫层边部控制线（根据基坑支护方案，垫层外扩至基坑边），施工人员用模板做侧模，外侧每隔 1m 用木桩固定，对侧模刨平清洗，不得有杂物混入槽内。为保证混凝土垫层的顶面标高、边线以及集水坑的位置、标高，控制桩按 1m 间距布置，垫层上表面标高通过钢筋头控制。采用平板式振动器进行混凝土振捣，利用刮杠刮平，铁磙压实，木抹搓平、表面铁抹压光，以满足防水层施工要求。平板振动器在每一位置上应连续振动一定时间，一般情况下为 25～40s，以混凝土表面均匀出现浆液为准。振动器移动时应成排依次振捣前进，前后位置和排与排间相互搭接长度应至少为 3～5cm。振动倾斜面混凝土表面时，应由低处逐渐向高处移动，以保证振捣密实。

4.6.2 基础底板、导墙混凝土浇筑

本工程基础底板厚度为 400mm，除满足强度等级、抗渗要求及内实外光等混凝土的常规要求外，还要严格控制混凝土在硬化过程中由于水化热而引起的内外温差，防止内外温差过大而导致混凝土裂缝的产生。底板混凝土与外墙、导墙混凝土同时浇筑。混凝土浇筑从一侧向另一侧依次退进，斜面分层，设 4 台振动棒逐层浇捣。底板采用“斜面自然分层”的方法，即“分段定点下料、一个坡度、薄层浇筑、循序渐进、一次平仓”的浇筑方法。底板采用“条带分割、一个斜面、一次到顶”的连续浇筑方法，各浇筑带齐头并进，互相搭接，确保各浇筑带之间上下层混凝土的结合。混凝土浇筑范围内应布置 3～4 台振动机进行振捣，要求不出现夹心层及冷施工缝，并应特别重视每个浇筑带坡顶和坡脚两道振动器的振动，确保上、下部钢筋密集部位混凝土振实。操作人员在振捣过程中为了防止相互浇筑连接处的漏振，因此在各自的连接分界区必须设有超宽 50cm 的振捣范围。浇捣平均速度每小时不少于 $40m^3$，控制混凝土供应速度大于初凝速度，确保混凝土在斜面处不出现冷缝。由于混凝土坍落度比较大，会在表面钢筋下部产生水分，或在表层钢筋上部的混凝土产生细小裂缝。为了防止出现这种裂缝，在混凝土初凝前和混凝土预沉后采取二次抹面压实措施。底板面标高控制，应在浇捣前利用短钢筋采用电焊焊接在上层钢筋或支架上做好底板面标高的基准点，间距约 4～6m 一个点。在浇灌过程中采用水准仪进行复测标高，发现有高差者，加料或括平。混凝土表面处理做到“三压三平”，首先按面标高用煤撬拍板压实，长刮尺刮平；其次初凝前用铁磙筒数遍碾压、滚平；最后，终凝前，用木蟹打磨压实、整平，以闭合混凝土收缩裂缝。混凝土浇捣前及浇捣时，应将基坑表面积水通过设置在垫层内的临时集水井、潜水泵向基坑外抽出。注意收听天气预报，尽量避免雨天浇筑。浇筑过程中如遇下雨，应用塑料薄膜或彩条布进行覆盖，以防雨水冲刷混凝土。

外墙、水池侧壁导墙同时浇筑，水平施工缝留置在基础板顶上返 400mm 处，施工缝处留置 300mm×3mm 厚钢板止水带，止水带居中留置。混凝土搅拌站先制作几组抗渗混

凝土的试验配合比试块，进行试压，选择一种最合适的配比。地下室外侧挡土墙、底板、地下室室外顶板混凝土应掺加抗裂防水外加剂，以提高混凝土的收缩应力，防止裂纹的产生。降低水化热，选用低水化热或中水化热的水泥品种配制混凝土，充分利用混凝土的后期强度，减少每立方米混凝土中水泥用量。降低混凝土入模温度，根据季节平均温度，建议采用深井水搅拌混凝土，对骨料进行覆盖或设置遮阳装置，避开日光直晒。加强施工中的温度控制，在混凝土浇筑后做好混凝土的保湿、保温养护，缓缓降温，充分发挥徐变特性，减低温度应力。采取长时间的养护，养护时间不得少于 14d，规定合理的拆模时间，延缓降温时间和速度，充分发挥混凝土的应力松弛效应。合理安排施工程序，控制混凝土在浇筑过程的均匀上升。

4.6.3 墙、柱混凝土浇筑

混凝土浇筑过程中应严格控制混凝土的坍落度及输送时间，防止混凝土出现离析。浇筑柱、墙之前先填以 50～100mm 厚、与混凝土成分相同的水泥砂浆，控制混凝土的均匀性；控制模板的变形，保证柱的垂直度。墙、柱混凝土与楼板混凝土一次浇捣成型。先浇筑四周墙及柱，然后再浇筑楼面梁板混凝土。为了保证地下室墙、柱混凝土的浇捣质量，墙、柱宜分 3～4 批布料和振捣，第一批浇筑高度控制在 700～800mm 左右，此后控制在 1000mm 左右为宜。墙、柱混凝土浇筑高度大于 2.5m 时，必须采用集料口加串筒或塑料管下料，不得直接下料。墙、柱根部施工缝必须隔天浇水湿润，并不得有积水，墙、柱混凝土浇筑时，每台泵前面不得少于 4 台振动器，另配 2 台随后复振。混凝土浇捣的振动棒应以 ϕ70 型振动棒为主，并配部分 ϕ50、ϕ30 的振动棒，振动棒布点密度不大于 300mm。混凝土布料时应按布料点间距要求沿墙、梁周围均匀进行，不得在某一处的墙、柱内集中布料，靠振动器使混凝土流淌，不允许造成高差过大的现象。对钢筋密实处和预留洞口处，增加以下措施：当预留孔长度或宽度超过 600mm，应在预留孔中间设置混凝土的浇灌和振捣通道，确保混凝土浇捣密实。同时在洞底模留设观察孔，作为观察混凝土浇灌时流动及振动棒插入补振之用。

4.6.4 梁、板混凝土浇筑

梁、板同时浇筑，用“赶浆法”由一端开始浇筑，即先浇筑梁，根据梁高分层成阶梯形浇筑，当达到板底位置时再与板的混凝土一起浇筑，随着阶梯形不断延伸，梁板混凝土浇筑连续向前进行。梁柱节点钢筋较密时，浇筑此处混凝土时用与小粒径石子同强度等级的混凝土浇筑，并用 30 型振动棒振捣。浇筑板时混凝土的虚铺厚度略大于板厚，用平板振捣器垂直于浇筑方向来回振捣，或用插入式振捣器顺浇筑方向拖拉振捣，并用铁插尺检查混凝土厚度，振捣完毕后用刮杠将表面刮平，再用木抹子抹平。浇筑板混凝土时不允许用振捣棒铺摊混凝土。混凝土面一次抹平后，在初凝前，进行二次抹面，将表面用木抹子压实抹平，用笤帚扫出细纹。和板连成整体且高度大于 1m 的梁，同板一起浇筑，浇捣时浇筑与振捣必须紧密配合，第一层下料慢些，梁底充分振实后再下二层料，用“赶浆法”保证水泥浆沿梁底包裹石子向前推进，每层均振实后再下料，梁底及梁帮部位要注意振实，振捣时不得触动钢筋及预埋件。严格控制顶板标高，拉通线找平，误差在 3mm 之内，用木抹子搓平不少于两遍，特别注意距墙边 200mm 处板面的平整度，搓平前用 2m

刮杠刮平，板面平整度误差控制在 2mm 之内，这样可保证模板下口平整度，防止出现漏浆现象。施工缝处或有预埋件及插筋处用木抹子找平。

4.6.5　梁柱、墙节点混凝土浇筑

柱、墙混凝土设计强度等级高于梁、板混凝土设计强度等级时，混凝土浇筑应符合下列规定：柱、墙混凝土设计强度比梁、板混凝土设计强度高一个等级时，柱、墙位置梁、板高度范围内的混凝土经设计单位确认，可采用与梁、板混凝土设计强度等级相同的混凝土进行浇筑；当挑梁与柱相连时，挑梁出挑段应使用与柱同等级的混凝土一起浇筑，避免出现施工冷缝。柱、墙混凝土设计强度比梁、板混凝土设计强度高两个等级及以上时，应在交界区域采取分隔措施；宜先浇筑强度等级高的混凝土，后浇筑强度等级低的混凝土（图 4-11、图 4-12）。

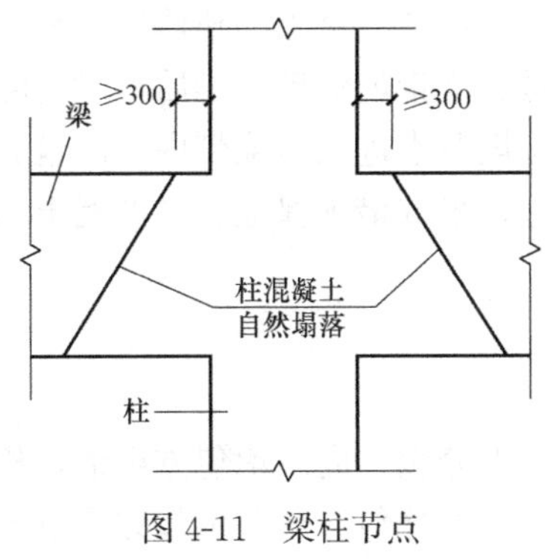

图 4-11　梁柱节点

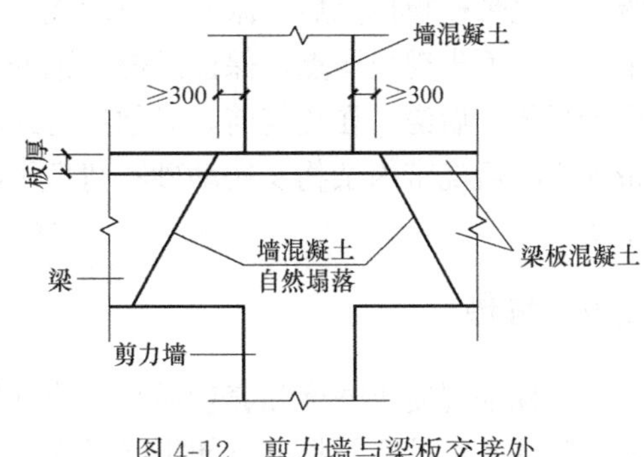

图 4-12　剪力墙与梁板交接处

4.6.6　楼梯混凝土浇筑

楼梯混凝土浇筑前应认真将施工缝内的杂物清理干净，并在施工缝处铺 30mm 厚的与混凝土同配比的水泥砂浆一层。楼梯段混凝土自下而上浇筑，先振实底板混凝土，达到踏步位置时再与踏步混凝土一起浇捣，不断连续向上推进，并随时用木抹子将踏步上表面抹平并刷出均匀毛面。施工缝位置：楼梯混凝土宜连续浇筑，施工缝留置在楼梯板跨的 1/3 处或休息平台 1/3 处。

4.6.7　混凝土施工缝处理

施工的位置应在混凝土浇筑之前确定，并宜留置在结构受剪力较小且便于施工的部位。对于水平施工缝，按流水段划分位置，施工部位的留设符合以下规定：柱，宜留置在基础（现浇面）的顶面、梁的下面。单向板，留置在平行于短边的任何位置。有主次梁的楼板，宜顺着次梁方向浇筑，施工缝留在次梁跨中的 1/3 范围内。墙，留置在门洞口过梁跨中 1/3 范围内，也可留在纵横墙的交接处。外墙垂直施工缝的处理：墙体竖向施工缝主要留设在各施工分区的交界处（以后浇带为界），地下室外墙为防水混凝土。外墙水平施工缝的处理：地下室外墙为防水混凝土，对施工缝要采取防水措施。水平施工缝留置在距离基础底板或地下室筏板上表面高 400mm 的位置，混凝土施工前留置 300mm×3mm 厚钢板止水带，止水钢板居中留置。墙、柱底部施工缝的处理：剔除浮浆并使剔除向下凹

2cm，沿墙、柱尺寸线向内3～5mm用砂轮切割机切齐，保证混凝土接缝处的质量，并充分湿润和冲洗干净。施工缝处混凝土的浇筑，在施工缝处继续浇筑混凝土时，已浇筑的混凝土的抗压强度不小于1.2N/mm^2。在与先后浇筑的流水段交接处，先弹线用切割机切割出要剔凿的范围，然后将剔凿范围内松散石子和浮浆剔除至实处并清理干净，并用水充分湿润。在浇筑混凝土前，竖向施工缝先浇一道与混凝土同配比的水泥浆结合层，水平施工缝在墙体根部先铺一层50mm厚与混凝土同配比的砂浆，接浆厚度为5～10cm，并在浇筑混凝土时在接槎处进行细致振捣，确保混凝土密实。

4.6.8 后浇带施工

本工程后浇带均为温度后浇带，温度后浇带混凝土将在两侧混凝土浇筑完两个月后方可浇筑施工，后浇带用微膨胀混凝土进行浇筑，混凝土等级比所在部位的混凝土提高一个等级。后浇带模板拆除后，派专人对后浇带内进行清理。为了保证混凝土的整体性，在后浇带连接处不出现薄弱点，保证后浇带钢筋不受腐蚀，在对后浇带内清理完毕后，对后浇带进行封闭。后浇带在浇筑前，必须进行封闭，防止建筑垃圾及水进入后浇带内。浇筑后浇带前应将后浇带内杂物及松动砂石清理干净，将表面凿毛，采取措施保证新老混凝土结合密实。

4.6.9 拆模

为了保证混凝土强度和养护质量，建立拆模申请制度。由分包方向总承包方申请，相关责任师认真审核后经批准方能拆除模板及支撑。对于梁板，由分包方向总承包方质量部申请；对于墙体，由分包方向总承包方工程部申请，申请时填写拆模申请书。模板拆除按有关施工规范和方案的规定，结合季节天气情况，由质量总监理工程师和工程经理批准后方可拆模。能否拆模必须依据同条件试块试压后的强度报告，常温施工时侧模拆模的强度必须达到1.2MPa以上；顶板的拆除视板的跨度，跨度在2～8m间的同条件试块强度值必须在75%以上，8m以上跨度的梁板及悬臂梁必须在100%以上（图4-13、图4-14）。

图4-13　承台拆模后

图4-14　墙体拆模后

4.7 砌体工程

4.7.1 材料及要求

填充墙与周边结构构件可靠连接，室内、外填充墙采用加气混凝土砌块，重度为 $8kN/m^3$，强度等级为：室内 MU3.5，室外 MU5.0。砂浆采用预拌混合砂浆，砂浆强度等级为 M5；室内、外与土接触的填充墙采用混凝土普通砖或蒸压普通砖，强度等级为 MU20，砂浆采用预拌水泥砂浆，强度等级为 M10。填充墙沿框架柱全高每隔 500～600mm 设 2Φ6 拉筋，同时满足拉筋沿墙全长贯通。填充墙间隔 4m 及墙拐角处、宽度不小于 2.1m 的门窗口两侧设置构造柱。当填充墙门窗洞口两侧未设置构造柱时，设置洞口抱框。构造柱等二次结构混凝土强度等级为 C20。

4.7.2 砌块的验收

粉煤灰加气混凝土砌块的成品规格及检验方法应符合现行国家标准《蒸压加气混凝土砌块》GB 11968—2006 的规定。砌块成品应有出厂合格证或试验合格报告单。砌块进入施工现场后，应选择场地并根据现场施工顺序，将砌块先后顺序分批、分规格堆放整齐，挂标签或标牌，注明砌块的规格、数量、生产日期、生产厂家和使用的工程及部位。砌块应堆置于室内或不受雨雪影响的场所，高度不宜超过 2.0m，在运输、装卸砌块时严禁翻斗倾卸或抛掷。因一次结构预埋不准，构造柱、拉结筋、窗台板、腰梁、过梁等均采用植筋，所植钢筋必须做拉拔试验。

4.7.3 操作工艺

根据墙体施工平面放线和设计图纸上的门、窗位置大小，层高、砌块错缝搭接的构造要求和灰缝大小，在每片墙体砌筑前按砌块排列图在墙体线范围内分块定尺、画线。排列砌块的方法和要求如下：砌块砌体在砌筑前，应根据工程设计施工图，结合砌块的品种、规格绘制砌体砌块的排列图，经审核无误，按图排列砌块。砌块排列应从楼层面排列，排列时尽可能采用主规格的砌块，砌体中主规格砌块应占总量的 75%～80%。砌块排列上、下皮应错缝搭砌，搭砌长度一般为砌块的 1/2，不应小于 10mm，如果搭错缝，长度满足不了规定的压搭要求，应采取压砌钢筋网片的措施，具体构造按设计规定。转角及纵横墙交接处，应将砌块分皮咬槎，交错搭砌，如果不能咬槎时，按设计要求采取其他的构造措施；砌体垂直缝与门窗洞口边线应避开同缝，且不得采用砖镶砌。砌墙前先拉水平线，在放好墨线的位置上，按排列图从墙体转角处、外墙的四角、内墙的交接或定位砌块处开始砌筑，然后在全墙面铺开。砌筑时采用满铺满坐的砌法，砂浆均匀铺刮于下皮砌块表面及待砌砌块侧面，满铺砂浆每边缩进砖墙边 5～10mm（避免砌块坐压、砂浆流溢出墙面)，及时清理挤出的砂浆。铺设砌筑砂浆的长度一次不宜超过 750mm，铺浆后应立即放置砌块，要求一次摆正放平。待砌块就位平稳后，即用垂球或托线板调整其垂直度，用拉线的方法检查其水平度。校正时可用人力轻微推动或用撬杠轻轻撬动砌块，砌块可用木锤或皮锤敲击偏高处。已砌墙体不应撞击或移动，若需校正，应在清除砂浆后，重新铺刮砂浆进行砌筑。砌块错缝砌筑，保证灰缝饱满。

砌筑墙端时，砌块要与框架柱面和剪刀墙靠紧，填满胶粘剂。砌体与钢筋混凝土柱（墙）相接处设置拉结钢筋进行拉结。当采用拉结筋时，在砌块开槽下卧拉接筋，砌入水平灰缝中。本工程为 7 度抗震设防，填充墙与梁板、剪力墙、框架柱以及填充墙之间的连接构造可参见《建筑结构常用节点图集》（苏 G01—2003），沿墙高每 500mm（或砌体皮数）设置 2ϕ6 拉结筋，拉结筋通长设置。在墙上设置的脚手眼，墙体完工后采用不低于 C15 的细石混凝土填实。平面排块设计的基本块长为 600mm 和 300mm 两种规格。异形规格可与厂方协商生产或在工地现场切锯。砌块排列应上下错缝，搭接长度不应小于被搭接砌块长度的 1/3，且最小搭接长度不得小于 100mm。墙体转角处应同时砌筑，如不能同时砌筑必须留斜槎，槎长与高度的比不得小于 2/3。临时间断处的高度差不得超过一步脚手架的高度。后砌隔墙、横墙和临时间断处留斜槎有困难时，可留阳槎，并沿墙高每隔 500mm、每 120mm 墙厚预埋一根 ϕ6mm 钢筋通长设置。在砖墙中设有钢筋混凝土构造柱时，在砌筑前应先将构造柱的位置弹出，并把构造柱钢筋处理顺直，提前绑扎完好。砌砖墙时与构造柱连接处应沿墙高每 500mm 设置 2ϕ6mm 水平拉结钢筋并沿墙通长设置。

窗台处按设计要求设置窗台梁或钢筋混凝土板带，如遇腰圈梁，按上条做法施工；门窗顶及宽度≥300mm 的墙洞未遇结构梁时，按图纸设计要求设计过梁。砌块墙体每天的砌筑高度不宜超过 1.8m，砌体墙顶面与钢筋混凝土梁（板）底面间应预留 20～25mm 空隙，空隙内的填充物在墙体砌筑完成 15d 后进行。所有构造柱均应先砌墙后浇筑构造柱，构造柱留槎遵循先退后进的原则。构造柱封模前必须将柱内垃圾清理干净，且进行隐蔽验收。为防止漏浆，构造柱封模时沿马牙槎粘贴双面胶。柱顶一侧模板宜支成小喇叭口，以便浇筑混凝土，拆模后将该喇叭口部位混凝土凿除。结构构造柱混凝土浇筑必须采用簸箕口，砌体电箱进行成品混凝土预制，门窗洞口采用混凝土边框（图 4-15、图 4-16）。

图 4-15　砌块组砌

图 4-16　砌体墙面粉刷

水电管线的敷设工作必须待墙体完成并达到一定强度后方可进行。开槽时，应使用轻型电动切割机并辅以手工镂槽器。开槽的深度不宜超过墙厚的 1/3。墙厚小于 120mm 的墙体不得双向对开线槽，管线开槽距门窗洞口 300mm 外。管线安装后，应用卡子或钉子将管线固定牢固，然后分两次将缝补平：第一次用聚合物水泥砂浆将缝填实至距表面 8～10mm，待干后，第二次用勾缝剂或补粉将缝补平。

4.8　地下室钢结构

4.8.1　地下钢结构工程介绍

地下钢结构柱均为箱形柱，通过 M30 地脚螺栓与承台进行连接，柱脚底板与承台间隙采用 C40 专用灌浆料填充。±0.000 以下钢柱、梁与钢筋混凝土组合结构，钢柱外焊接 ϕ19 栓钉，栓钉长 90mm、间距 200mm。钢柱中浇筑 C40 自密实混凝土，钢柱外包浇筑 C40 混凝土。地下室钢骨梁采用工字钢梁，最大截面尺寸为 H600×300×25×25。钢梁之间连接采用铰接，钢梁与钢柱之间采用刚接。根据汽车吊的性能、位置、堆场的位置以及制作厂的运输条件等综合因素对钢柱进行分段。但应保持以下原则：钢柱分段位置在结构梁以上 1.3m 的位置。构件分段后的长度不宜过长，以方便运输（图 4-17、图 4-18）。

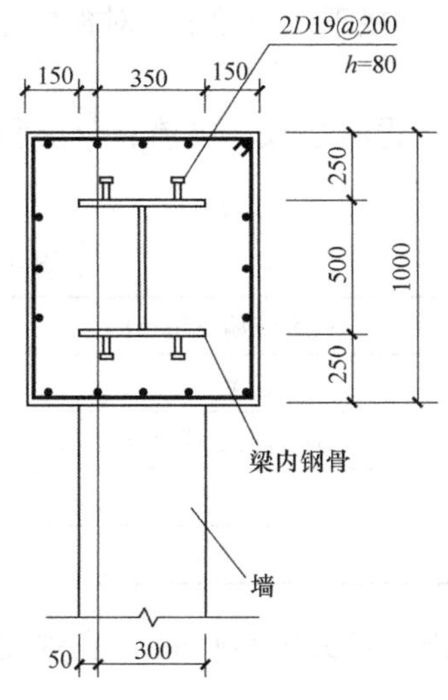

图 4-17　钢骨梁（单位：mm）

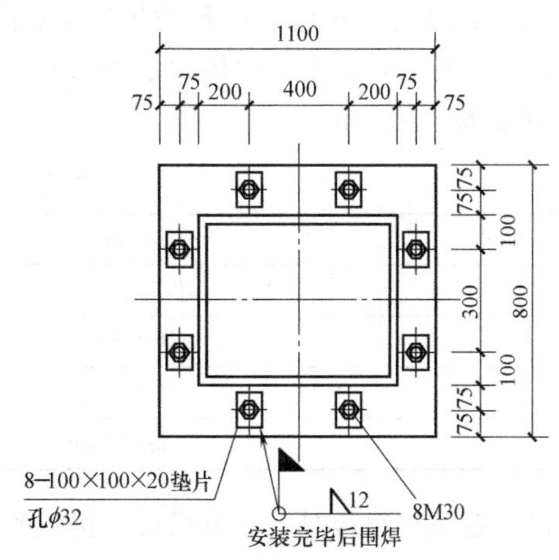

图 4-18　钢柱（单位：mm）

为便于施工，钢柱的竖向分段点控制在同一平面上。展览中心地下室共计一层，结构标高范围为−6.30m 至 0.00m。地下室钢柱均为箱形柱，钢柱最大板厚为 30mm，单根钢柱最重为 5t。地下室施工阶段，钢结构安装采用两台 50t 汽车吊。钢材板厚不大于 35mm，采用 Q345B；板厚大于 35mm，采用 Q345GJC。钢材化学成分、力学性能应符合规范要求。钢材的屈服强度实测值与抗拉强度实测值之比不大于 0.85。钢材应有明显的屈服台阶，且伸长率不小于 20%。钢材应有良好的焊接性能和合格的冲击韧性。结构采用的 H 型钢优先采用国产热轧 H 型钢，国标中没有的规格用组合截面焊接而成。Q235 钢材之间焊接或与 Q345 钢材焊接用 E43 型焊条；Q345 钢材之间焊接采用 E50 型焊条。地脚螺栓采用 Q345B 制作。螺栓的连接强度设计值、每个高强螺栓的预拉力满足设计规范要求。高强螺栓的性能等级为 10.9 级（扭剪型），普通螺栓采用 C 级螺栓。

4.8.2 钢结构制作准备工作

钢结构专业技术人员对原设计文件进行熟读，参照规范图集要求，并结合施工方案对原设计施工图进行二次深化。该深化图必须经原设计单位确认后方可进行下料加工制作。根据现场施工条件与周边环境，编写钢结构施工及吊装专项方案，超过一定规模的危险性较大的分部分项工程的施工方案必须进行专家论证。焊接作业前必须按焊接规范要求编写焊接工艺指导书，并进行焊接工艺评定。

4.8.3 钢梁柱制作工艺

钢梁柱制作工艺为：原材料采购（定尺）→钢材入库→原材料复验→预处理→下料→调平→钢板对接、探伤→刨边→型钢组装→焊接（自动埋弧焊）→矫正→检测→制孔→打磨→编号→涂装。

下料前按深化图纸进行 1∶1 比例放样，质检部验收尺寸后进行下料，根据工艺要求预留拼装与现场焊接时的焊接收缩余量以及切割、铣平等加工余量。采用等离子数控切割机进行下料。按焊缝等级要求，参照焊接工艺评定报告与焊接工艺指导书，对板材开相应坡口。图 4-19 为在腹板上开 K 形坡口示意图。

按规范要求对切割后的板料表面进行检查，切割处不得有裂纹、夹渣、分层和大于 1mm 的缺棱（表 4-3）。

气割允许偏差表 **表 4-3**

序号	项 目	允许偏差(mm)
1	零件宽度、长度	±3.0
2	切割面平面度	0.05t(t 为板厚)且不大于 2.0
3	割纹深度	0.2
4	局部缺口深度	1.0

H 型钢工厂组装时，其翼缘板、腹板的拼接缝必须错开且大于 200mm。在焊接时在拼接缝两端必须加设引弧板（图 4-20）。

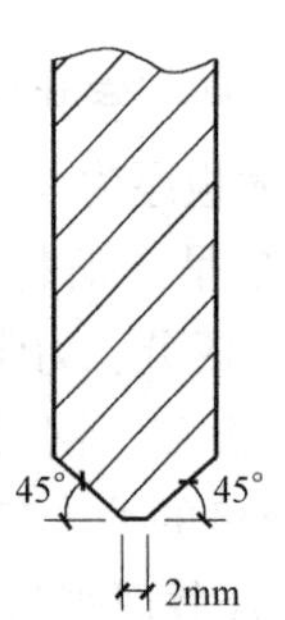

图 4-19 H 形梁柱制作工艺

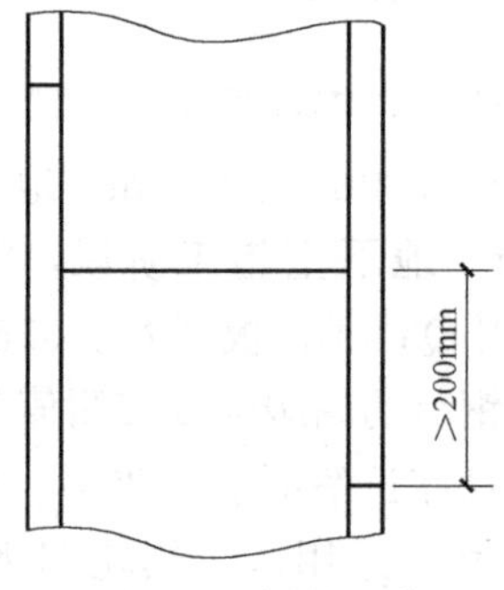

图 4-20 梁柱组装

钢骨梁柱在焊接完成并经校型后其两端应铣平，不但能确保组对质量，又能保证底座板与柱底磨光顶紧。

4.8.4　焊接工艺

焊接材料的选取：根据原设计文件，参照焊接规范，不同材质的钢材采用相应牌号的焊丝及焊接材料。根据焊接规范要求编写焊接工艺指导书，并进行焊接工艺评定。焊工持证上岗，焊接作业前由焊接工程师或焊接技术负责人进行交底，焊接作业时必须严格按要求作业，焊前预热、焊后热处理的温度要严格把控，防止焊接缺陷与裂缝的产生。

现场焊接作业时，当风速大于 8m/s、施工现场相对湿度大于 90%时应采取防护措施或停止焊接作业。焊接设备的仪器、仪表的灵敏度必须有效，设备正常作业。现场拼装部位的坡口表面质量应符合规范要求。焊缝点固焊所使用的焊接材料、焊接技术要求要与主体焊缝焊接工艺相同（包括吊装卡具）。焊缝在点焊固定前必须清除坡口内表面铁锈、油污、水分和尘土，清除干净后方能点焊。焊缝点固焊的焊缝长度、焊缝高度及间距，见表 4-4。

焊缝点固焊的焊肉长度、焊肉高度及间距　　表 4-4

点固焊缝长度	间距	焊缝高度
60～80mm	300mm	＞10mm

正确选择焊接规范、控制好焊接线能量是保证焊接质量的重要因素。合理的焊接规范可使焊接线能量控制在工艺规范规定的范围内。线能量过大时，造成焊缝晶粒粗大、热影响区增宽、屈服极限下降、冲击韧性下降。因此要控制好其上限。结构本身刚性大，焊接时若线能量过小，则冷却速度加快，热影响区就会硬化，加之氢的作用易产生裂纹，所以在焊接过程中要严格控制焊接规范，以保证焊接质量。焊接线能量的控制在于焊接工艺执行检查人员的责任落实是否到位。要求检测人员要认真执行工艺规范纪律，严格要求每个焊接人员的执行情况。做好焊缝线能量的测量和记录工作，要求焊缝线能量测量管理人员要认真对待这项工作，要尽职尽责。要和预热人员密切配合控制好预热温度，掌握焊接过程电流、电压焊接速度情况，确保焊接工艺规范的落实。

焊接顺序要求钢柱、钢梁全部采用龙门自动焊焊接，焊缝交错焊。焊接前要在端头设置引弧板，焊后割除。先焊①的焊缝、再焊②的焊缝、然后再焊③的焊缝、最后焊④的焊缝。每焊完一遍必须将焊药皮除净，用压缩空气将焊道吹扫干净。焊接箱形梁时必须用二氧化碳打底，然后用埋弧焊照面。

焊工在焊接过程中要严格执行工艺标准，坚决服从测量管理人员的管理。一切行动听从指挥，要统一行动，保证焊接程序和焊接质量。焊工领取焊条时必须听从二次库管理人员的管理，按规定将烘干后的焊条放入规定的保温筒内。使用时要随用随取，焊条在保温筒内存放时间不得超过 4h，并保温 80℃，超出时间和焊条温度低于 80℃时应停止使用，焊条送回二次库，重新按规定领用。焊缝焊接前将所焊焊缝内及两侧各 20mm 范围内的铁锈、油污、水、尘土清除干净，保证坡口表面的清洁。焊接引弧应在坡口内，严禁在坡口外引弧，防止产生母材表面裂纹。段与段之间接头处应用角向磨光机磨出便于接头的坡度。层与层之间起焊点（接头处）应错开 100mm，层间清渣打磨时应清理干净。经无损检测不合格需返修的焊缝，清根选用电弧气刨。气刨工作是整个焊接过程中较为重要的环节之一，气刨质量的好坏直接影响着焊接质量，要求气刨工作在操作时精神要集中，刨出的焊缝要光滑平整，为后续焊接打好基础。气刨清根时，应先打开空气阀门，再引燃电弧进行清除。气刨清至坡口焊缝根部无任何缺陷为止。

4.8.5 钻孔工艺

钢柱与钢梁的现场拼接一般采用高强螺栓进行连接，连接板由数据钻床开孔，孔径必须满足设计要求。钢柱腹板上要穿主筋、箍筋，深化设计时必须在模型中根据梁柱墙配筋图将钢筋建立出来，然后根据位置确定孔的大小与位置。钻孔完毕后，用砂轮打磨孔边的毛刺、飞边。

4.8.6 摩擦面处理工艺

根据原设计要求抗滑移系数进行钢板摩擦面的抗滑移系数试验。试件的要求是与构件同一材质、同批制作，采用同一摩擦面处理工艺。表面处理采用喷砂、抛丸除锈的方法。以制造（验收）批为单位，每一批进行三组试件，代表批量 2000t 为一批。加工后的试件表面应平整、无焊接飞溅、无毛刺、无油污，采取保护措施防止沾染脏物和油污，高强螺栓连接副的保管时间不应超过 6 个月。

4.8.7 栓钉焊接工艺

栓钉的材质、规格与长度必须满足设计要求。在栓钉焊接操作前，做栓钉焊接工艺试验，首先在每块试验板上焊上两个栓钉，使用工具将其弯曲约 30°，检查焊缝部位是否出现横裂，如果出现裂纹就需要在调整焊接工艺后，重新做上述检验。当每次焊接工艺有改变时，都要进行上述检验。当发现焊层有强度不够的现象时，做记号后并告知技术人员，在查明原因、调查焊接工艺后，方可焊接其他栓钉。欲施焊栓钉部位必须先放线，以保证栓钉位置的准确以及数量的准确。可以采用栓钉枪或焊机焊接栓钉。

4.8.8 除锈工艺

除锈好坏直接关系到防腐工程质量的好坏，为此，本工程应严格按设计要求和有关规定进行施工，采用喷砂除锈，质量等级要达到《涂覆涂料前钢材表面处理 表面清洁度的目视评定 第 1 部分：未涂覆过的钢材表面和全面消除原有涂层后的钢材表面的锈蚀等级和处理等级》GB/T 8923.1—2011 中的 sa21/2 级。本工程采用抛丸机进行除锈，经处理后的构件表面应没有油脂、污垢、氧化皮等，喷砂后的质量应由施工监理检查确认后方可进入涂装工序。凡喷砂后的构件表面为防止受潮湿等气候影响，应尽快喷涂底漆。正式喷漆前应将梁柱表面的浮锈、灰尘等清除干净。油漆应按说明书的要求进行合理配比，涂装时的环境温度和相对湿度应符合说明书的要求。涂装时构件表面不应有结露，涂装后 4h 内应免受雨淋。钢构件表面刷红丹底漆 2 遍，干漆膜总厚度不小于 75～100μm。喷涂过程中应对油漆质量进行检查，表面不应漏涂，涂层不应脱皮和返锈。喷涂后应立即把原构件编号标注上去避免安装时造成失误。

4.8.9 构件验收

构件制作完毕自检合格后，上报质检部门进行成品检查验收，出具出厂合格证。钢柱外形尺寸偏差见表 4-5。

钢柱外形尺寸偏差（单位：mm）　　表 4-5

项目	允许偏差		检验方法
一节柱高度 H	±3.0		用钢尺检查
两端最外侧安装孔距离 l_3	±2.0		
铣平面到第一个安装孔距离 a	±1.0		
柱身弯曲矢高 f	H/1500，且不应大于 5.0		用拉线和钢尺检查
一节柱的柱身扭曲	h/250，且不应大于 5.0		用拉线、吊线和钢尺检查
牛腿端孔到柱轴线距离 l_2	±3.0		用钢尺检查
牛腿的翘曲或扭曲 Δ	$l_2 \geqslant 1000$	2.0	用拉线、直角尺和钢尺检查
	$l_2 > 1000$	3.0	
柱截面尺寸	连接处	±3.0	用钢尺检查
	非连接处	±4.0	
柱脚底板平面度	5.0		用钢尺和塞尺检查

4.8.10　运输方案

工地地处市区，且构件吨位较大、数量多，采用夜间运输。运输前要实地勘察运输路线，大件运输时还要得到交管部门的协助。装车时钢立柱、梁要依次码放，每层之间垫木块（要求在同一位置）防止变形，并用紧绳器紧固。构件的码放和搬运由有经验的人负责，按发货计划装车，要尽可能减少构件现场二次搬运，避免出现发的货不是现场所要求的现象。构件装卸时要设置好吊点，并且要保护好构件表面漆膜。

4.8.11　钢结构安装施工工艺

1. 钢柱地脚螺栓连接

（1）检测步骤：严格控制地脚螺栓中心位置和标高，对现场轴网进行复测，钢结构测量精度一般要高于土建的测量精度。

（2）安装前检验项目：基础实际坐标（水平、纵向、横向）偏差；基础水泥保养期及强度检验报告；构件偏差。

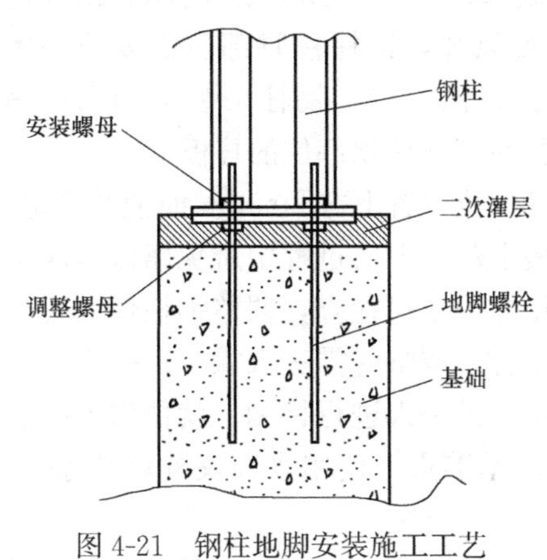

图 4-21　钢柱地脚安装施工工艺

（3）钢柱地脚安装步骤

安装步骤为：清理基础表面，除去杂物→核对基础标准线→画出基础表面中心线→画出柱地脚中心线→调整预埋板的螺母并紧固→钢柱就位→调整钢柱标高，调整螺母焊接固定，以防灌浆时移动→移交土建灌浆（图 4-21）。

2. 测量工艺

测量方法：钢结构安装施工测量放线工作是各阶段的先行工序，又是主要控制手段，是保证工程质量的中心环节。工程定位放线，按城市勘测部门提供的水准坐标点和施工总平面图为依据，定位顺序为：资料核查→内部核算→外部核算→定位测量→定位自检→定位验线。根据本工程结构特点和实际情况，选用角度交汇法测量。用角度交汇法分别测出钢柱的安装轴线基准点，分别在轴线点上安装仪器，两架仪器同时放出各安装位置点。基础预埋件基础验线：根据永久性桩，检查基础主轴线各两条，使主轴线安全闭合，根据主轴线放出主轴网。

3. 钢柱钢梁安装

焊前检查接头及坡口装配加工精度，背面衬垫紧贴度，对不合要求的接头及坡口应进行修补处理。焊前除去接头及坡口两侧铁锈、氧化铁、油污及水分等。外场焊接应有防风、雨措施，二氧化碳气体保护焊应有可靠挡风装置。定位焊采用与正式焊接相同的焊丝，定位焊一般长为 25mm，定位焊避免焊在焊缝交叉处，定位焊不应有裂纹、气孔等缺陷。所有对接焊缝及角焊缝的两端应设置引弧板，引弧板的坡口形式、材质均与工件相同，施焊后采用气割除去，不得用锤击断。焊接引弧应在坡口及焊缝范围内进行，不得在坡口及焊缝外母材上进行引弧，焊条引弧点应距焊接头转角 10mm 以上。在加筋板角焊缝的端部应有良好的包角焊，构件焊接采用多层多道焊接法。

根据正式施工图纸及有关技术文件编制施工组织设计，对使用的各种测量仪器及钢尺进行计量检验复验。根据土建提供的纵横轴线和水准点进行验线，有关技术处理完毕后按施工平面布置图划分材料堆放区，构件按吊装顺序进场。做好有关测试及安全、消防准备工作。参与安装的人员如测量工、电焊工、起重机司机、指挥工等对进入现场的构件的主要几何尺寸和主要构件进行复检，验收标准符合《钢结构工程施工质量验收规范》GB 50205。明确构件是否符合安装条件，防止安装过程中由于构件的缺陷影响质量、进度。对于尺寸偏差超过设计范围的构件退回制造厂家，必须保证结构上使用的构件全部合格。现场钢构件检查内容如下：对进场的钢柱进行质量检查，尤其是对构件的焊缝质量进行检查。此外，检查钢柱的长度，与图纸尺寸进行核对；基于埋件的标高数据，计算安装后的标高并与钢柱设计标高进行核对。随车资料：对进入现场的构件必须带有制作厂家的钢材材质证明、探伤报告、产品质量合格证书、制作过程中用到的各种辅料的合格证和质量证明书，以及工厂的各种构件制作和焊接质量检验评定表，每项资料和构件必须符合本工程所规定的质量要求。使用水准仪在柱脚螺栓上放出钢柱柱底板就位标高，在四角地脚螺栓旁放置钢柱限位块，如图 4-22 所示。

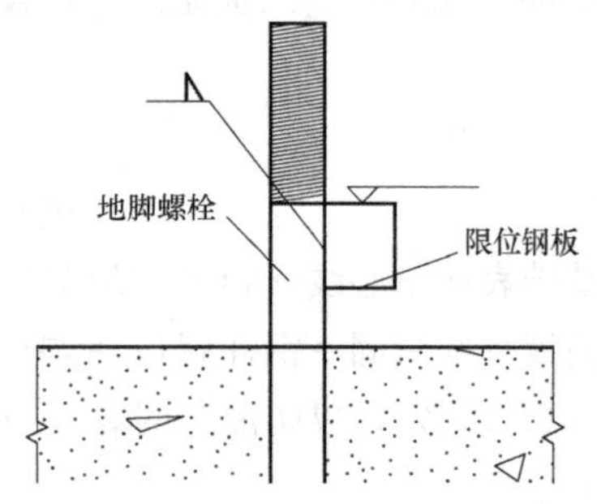

图 4-22　钢柱就位地脚螺栓限位图

钢柱绑扎与吊装如图 4-23、图 4-24 所示。钢柱起吊前在柱顶上绑好缆风绳，钢柱柱脚部位需要垫好木板，防止损伤柱脚和其他结构，钢柱吊装采用两个吊点，利用钢丝绳绑扎在钢柱柱顶部位的耳板下方。

当钢柱吊至距其就位位置上方 200mm 时使其稳定，对准地脚螺栓孔缓慢下落，下落过程中避免磕碰地脚螺栓丝扣。落实后使用专用角尺检查，调整钢柱使其定位线与基础定位轴线重合。调整时需三人操作，一人移动钢柱，一人协助稳定，另一人进行检测。就位误差控制在 2mm 以内，钢柱标高调整时，以钢柱柱脚板为标高基准点，使用水准仪测定其标高，出现偏差使用斜铁调整柱顶标高（图 4-25）。

钢柱垂直度校正采用水平尺对钢柱垂直度进行初步调整，然后用两台经纬仪从柱的两个侧面同时观测，依靠缆风绳进行调整（图 4-26）。

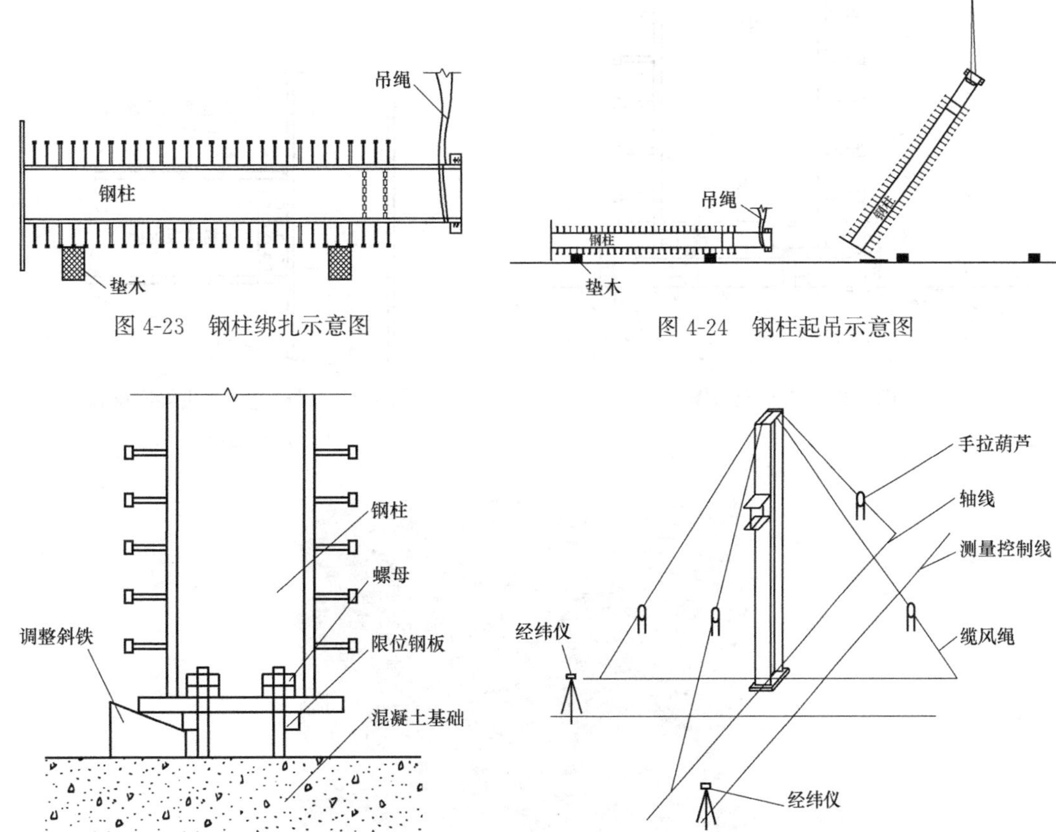

图 4-23　钢柱绑扎示意图

图 4-24　钢柱起吊示意图

图 4-25　斜垫铁设置与调整示意图

图 4-26　钢柱垂直度调整示意图

调整完毕后，将钢柱柱脚螺栓拧紧固定。结构校正完毕后在柱脚部位需要及时压力灌注细石混凝土，有利于保证整体结构的稳定和安装精度（图 4-27）。用空气压缩机将柱脚根部的杂物吹洗清洁。

钢梁安装前要重点检查坡口质量，铁锈要除净，有缺损的要修补。梁柱连接、主梁次梁连接均要采用腹板高强螺栓连接、翼缘板焊接的方法，先进行高强螺栓连接，后进行翼缘板焊接，最后进行焊接的无损检测（图 4-28）。

4. 高强螺栓施工

高强螺栓连接时，按要求螺栓应在施工现场安装的螺栓中随机抽取。每批应抽取 5 套连接副件进行复验，若 8 套螺栓紧固力平均值达标，即为合格。检查螺纹有无损伤、杂质、锈蚀，运输要防止损坏，存放中注意防潮。

高强螺栓应在孔中自由穿入，严禁强行打入损坏螺纹。当孔有少量错位，用冲钉找正，然后穿入。同一节点上螺栓穿入方向一致，以便紧固，钢构件经测量合格后，即可初拧，紧固顺序为：由螺栓群中部向四周扩展，由节点刚度较大的部位向刚度较小的部位过渡，目的是使高强螺栓接头的各层钢板达到充分密贴，避免产生弹簧效应。扭矩扳手定期进行扭矩值的检查，每天上下午各一次，每拧一遍做好记号，用不同记号做好初拧、复拧和终拧。高强螺栓的检查：目测是否有漏拧、螺纹损伤、接触不密合以及垫圈、螺母反置现象。外观检查合格后，目测尾部梅花头拧断为合格（图 4-29）。

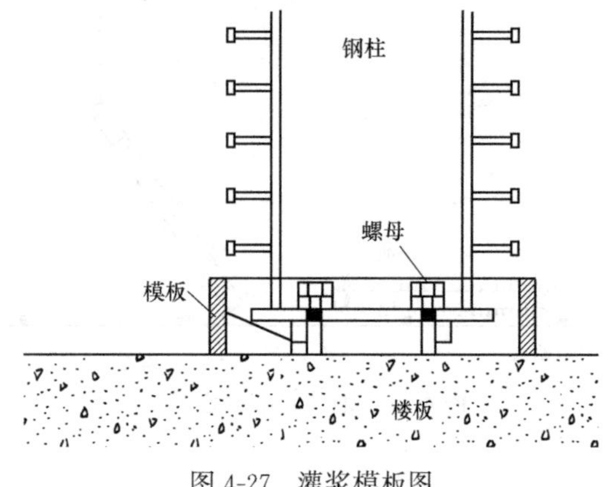

图 4-27　灌浆模板图

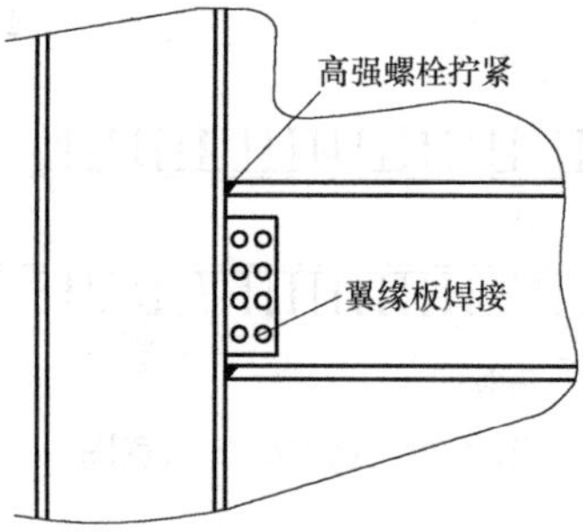

高强螺栓拧紧
翼缘板焊接

图 4-28　梁柱连接、主梁次梁连接示意图

图 4-29　地脚螺栓预埋

4.9　防水施工

4.9.1　施工准备

所有防水施工人员施工前必须认真查阅图纸、相应规范及施工方案，掌握防水材料性能、技术指标及施工艺，特别是防水收头及阴阳角等特殊部位处理。防水施工前对地下室底板、侧墙、顶板进行检查，如有不平整的部位，需用 1∶2 水泥砂浆修补抹平或用角磨机磨平；振捣不密实部位和有裂缝处先用聚合物水泥砂浆抹平后再预施工一道防水涂料附加层进行处理。防水施工前对地下室外墙、顶板进行检查，如有裂缝预先进行处理：沿裂缝切 5～7mm 宽、5～7mm 深的“V”形槽，槽内用毛刷刷干净，用硅酮胶抹平，待初步干燥后，刷一层防水涂料，采用无纺布（或玻纤布）增强处理后用刮板刮涂一遍防水涂

料，宽度每边不少于150mm。

4.9.2　施工工艺

主要施工工艺为：基层表面清理、修补→涂刷冷底子油→弹线→铺贴自粘防水卷材→卷材搭接封边→清理检查、修补→验收→保护层施工。

基层要求必须平整牢固，不得出现突出的尖角、凹坑和表面起砂现象，表面应清洁，排除积水、大的浮浆、混凝土块、油脂、脱模剂，深入到基层的大块模板凿除干净。基层须洁净、完整、无灰尘、无疏松颗粒。

4.9.3　施工方法

非同一作业面施工按先低后高的顺序进行，先底板、后侧墙、再顶板。同一作业面施工按先远后近、先低后高、先细部后大面的顺序进行。弹线、试铺，弹出粘贴控制线，严格按照控制线铺贴卷材，以保证卷材搭接宽度在规范要求范围内。根据现场特点确定弹线密度，以保证卷材粘贴顺直。阴阳角部位处理：阴阳角处须用砂浆做成圆弧形，阴角最小半径为50mm，阳角最小半径为20mm，在阴阳角处等特殊部位，应增贴卷材附加层或其他防水材料加强层，加强层宽度宜为400mm，阴阳角（三维交叉部位）在防水层施工中，数量较多，也是防水层薄弱的部位之一，该处的通常做法是由施工作业人员按照现场实际裁剪和安装。

4.9.4　大面积铺贴卷材

防水卷材大面铺贴：先定位放线，预铺自粘卷材。然后从自粘防水卷材开始铺贴部位剥离隔离膜，滚动展开自粘防水卷材的同时，一边揭开隔离膜，一边与基层（或另一幅自粘防水卷材搭接部位）粘结成活。滚铺粘结时应排除自粘防水卷材下面的空气，铺贴自粘防水卷材时应平整顺直，搭接尺寸准确，不得扭曲、不得皱折，并粘结牢固。在粘贴卷材时应随时注意与基准线对齐，以免出现难以纠正的偏差。卷材铺贴时，卷材不得用力拉伸，粘贴时随即用压辊从卷材中部向两侧滚压排除空气，使卷材牢固粘贴在基层上，卷材背面搭接部位的隔离纸不得过早揭掉，以免污染粘结层或误粘。掀剥隔离纸与铺贴卷材同时进行，抬卷材两人的移动速度要相同、协调，滚铺时不能太松弛，铺设完一卷卷材时，用长柄滚刷由起始端开始，彻底排除卷材下面的空气，然后再用大压辊或手持式轻便振捣器将卷材压实、粘贴牢固。同层自粘防水卷材搭接的搭接宽度自粘为≥70mm，胶粘带为≥80mm；短边搭接避免齐缝，相邻两幅自粘防水卷材的短边搭接缝应相距600mm。双层自粘防水卷材铺贴时，上、下层卷材长边搭接缝时应错开1/3～1/2幅宽，禁止成相互垂直方向铺贴。铺贴自粘防水卷材不得用力拉伸卷材，并应用刮板、压辊排除自粘防水卷材下面的空气，压辊压实粘贴牢固。低温施工时，宜对卷材和基层适度加热，然后铺贴卷材。

4.9.5　注意事项

自粘防水的特点是与基层全粘贴，即使有局部破坏也不会渗水，所以保证全粘结质量很重要，由于卷材的特点是自粘结，操作时易出现“超前”粘结现象。防水卷材收边处理：防水卷材铺贴至砖胎模墙泛水部位宜采用条粘法与墙面粘贴（保留部分隔离膜）；上部约 150～250 宽必须满粘牢固，收边需甩茬 300～450mm（保留隔离膜），并做好临时保护措施，严禁架管脚或坠落物损坏防水层。施工时应边铺贴边检查，发现缺陷及时修补，现场施工员、质检员必须跟班检查，检查合格后方可进入下一道工序施工，特别要注意平立面交接处、转角处、阴阳角部位的做法是否正确。并做好隐蔽资料记录。

第5章　异形钢结构滑移法施工技术

5.1　分部分项工程概况

南通国际会展中心（展览中心）钢结构工程分为展厅、序厅及登录厅。其中，展厅地上部分由钢框架结构和屋盖桁架结构两个部分组成（图 5-1）。

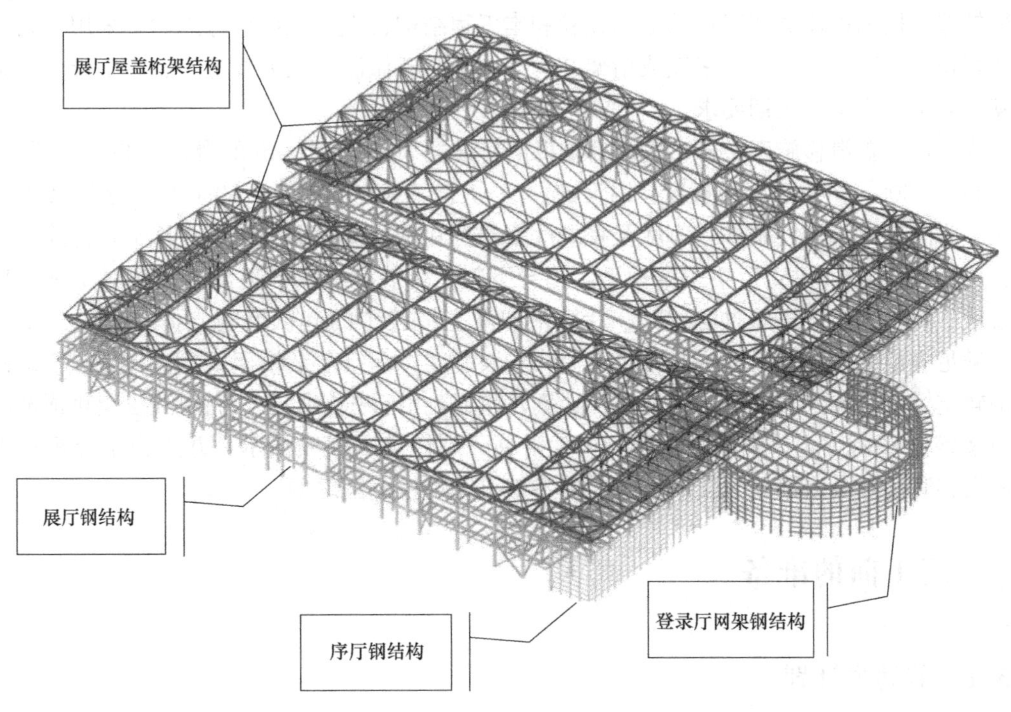

图 5-1　展览中心钢结构整体效果图

屋盖部分分为两块独立的桁架式屋盖，单片平面投影尺寸为 168m×76.8m，屋盖支座处标高 18.225m，屋顶桁架结构总重约 2300t，檩条约 900t（图 5-2～图 5-4）。

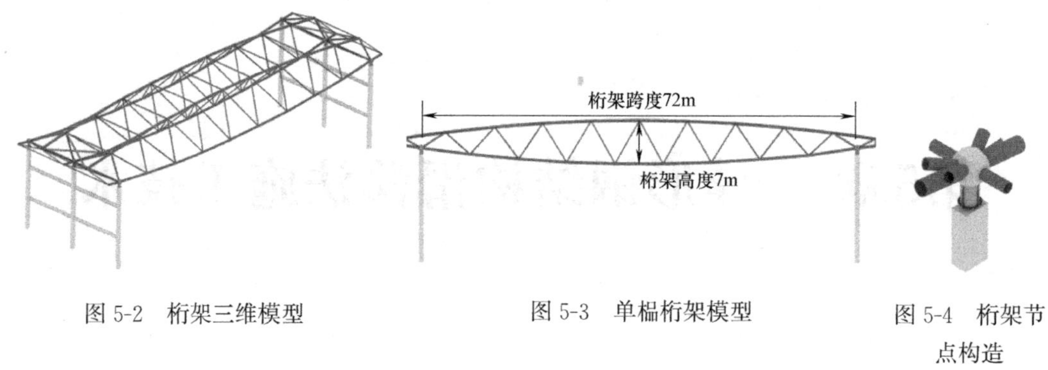

图 5-2 桁架三维模型　　图 5-3 单榀桁架模型　　图 5-4 桁架节点构造

5.2 施工概述

本工程钢结构桁架安装高度较高，平面面积较大，若采用常规的分件高空散装方案，需要搭设大量的高空脚手架，不但高空组装、焊接工作量巨大，且存在较大的质量、安全风险，施工的难度较大，并且对整个工程的施工工期会有很大的影响，方案的技术经济性指标较差。根据以往类似工程的成功经验和本工程结构特点，经综合考虑后，采用“高空散装累积滑移”的施工方法来完成桁架结构的施工，此做法将大大降低安装施工难度，确保满足质量、安全和工期要求。

为满足屋盖滑移施工条件，需在Ⓓ轴以南搭设宽 30m、长 80m 的滑移拼装平台两个。平台高 14.600m，主要由路基板、钢管桩、70 号工字钢、贝雷架、12.6 号工字钢及钢板组成。为满足平台搭设条件，序厅及登录厅钢结构在钢屋盖滑移到位、滑移平台拆除之后再施工。利用 BIM 建立桁架三维模型，指导下料、拼装，提取各控制点的相对坐标，现场放线；利用力学分析软件 sap2000 计算桁架高空散装中的起拱值与支撑平台受力变形量，满足规范要求；在滑移拼装平台上制作安装胎架，高空散装桁架钢管；将原框架结构的钢轨支撑梁延伸到滑移拼装平台上，让钢轨贯通到滑移拼装平台，利用液压爬轨顶推器将桁架累积滑移；利用 BIM 技术模拟桁架滑移，制作动画视频演示，并用力学分析软件分析滑移时梁柱及桁架受力变形情况，使各工况在可控范围之内。

5.3 施工前的准备

5.3.1 劳动力计划

劳动力安排由各部门经理负责，确保本工程钢结构制作加工、钢结构运输、钢结构安装期间各方面人员能及时到位（表 5-1）。由于本工程工期有限、要求高，所以对钢结构加工制作以及钢结构现场安装施工人员的及时到位到岗和培训提出了更高要求，对所有参与加工的人员都应进行针对性的培训，确保各施工人员能够胜任岗位职责。

根据本工程的施工特点，组建适合本工程的施工作业队伍，并对各施工队伍进行工作任务的具体划分，同时根据劳动力计划配备工种齐全的劳务队伍。

现场钢结构施工劳动力配备计划表（单位：人） **表 5-1**

工种	2018 年		2019 年				
	11 月	12 月	1 月	2 月	3 月	4 月	5 月
管理人员	4	8	12	12	12	12	8
起重工	2	5	20	20	20	20	15
测量工	1	2	6	6	6	6	4
安装工	8	12	30	30	70	70	20
焊工	6	6	50	50	80	80	40
打磨工	2	2	5	5	5	5	5
涂装工	0	0	30	30	30	30	30
滑移配合	0	0	4	4	14	14	0
普工	8	10	20	20	30	30	15
总计	31	45	187	187	267	267	137

对进场的劳动力进行技能考核，施工组织、工艺流程交底，确保施工队伍的有效投入。对施工人员根据计划进行岗位培训，使得各工种的作业人员考核合格后进入现场进行施工，持证上岗并在施工过程中定期进行复证考核，不合格者不得参与本工程的施工。其中，施工队长负责各专项工程的施工工作。施工班长均由具备多年钢结构施工经验并经过技术培训且考核优秀者担任。根据工程规模、施工工期、质量要求及技术难度，安排施工经验、施工技术及质量安全意识等方面都具有较高水准的施工队伍（包括施工普工和施工技工），以满足工程质量及进度的要求，并承诺将以高比例的施工技术人员充实整个施工队伍。根据施工方案，制订劳动力需求计划，现场施工按开工日期及需求计划组织工人进场，安排职工生活，并进行安全、质量、防火和文明施工等教育。

5.3.2 现场施工机具、设备投入计划

1. 钢结构安装主要设备投入计划（表 5-2）

主要设备投入计划表 **表 5-2**

序号	机械或设备名称	型号规格	数量	国别产地	制造年份	额定功率 (kW)	生产能力	用于施工部位	备注
1	塔式起重机	TC6020	2	中国	2016	37	良好	钢结构吊装	租赁
2	履带吊	SCC1250	1	中国	2014	—	良好	钢结构吊装	租赁
5	履带吊	QUY80	1	中国	2013		良好	钢结构吊装	租赁
6	汽车吊	QY50	3	中国	2014	—	良好	钢结构拼装	租赁
7	CO_2焊机	NBC-400	50	中国	2015	17	良好	焊接	自有
8	直流电焊机	ZX7-400	15	中国	2015	17	良好	焊接	自有
9	碳刨机	ZX5-630	4	中国	2015	25	良好	焊缝修补	自有
10	空气压缩机	XF200	4	中国	2016	7.4	良好	空压	自有
11	烘干箱	YGCH-X-400	2	中国	2015	12	良好	烘干	自有
12	熔焊栓钉机	JSS-2500	1	中国	2016	250	良好	焊接	自有
13	焊条保温筒	TRB 系列	15	中国	2015	3	良好	保温	自有
14	磨光机	—	10	中国	2016	6	良好	打磨	自有

2. 钢结构安装测量机具投入计划（表 5-3）

测量机具投入计划表 表 5-3

序号	机械或设备名称	型号规格	数量	国别产地	制造年份	生产能力	用途	备注
1	全站仪	TSO2plus2	2	中国	2015	良好	测量	自有
2	水准仪	DZS3-1	6	中国	2015	良好	测量	自有
3	塔尺	5m	6	中国	2015	良好	测量	自有
4	大盘尺	长城 50m	10	中国	2016	良好	测量	自有
5	超声波探伤仪	CTS－2000PLUS	2	中国	2015	良好	检测	自有
6	万能角度尺	0-320	10	中国	2016	良好	检测	自有
7	干漆膜测厚仪	A-3410	2	中国	2016	良好	检测	自有

5.3.3 设备投入保证措施

1. 大型设备的准备

针对本工程所需大型设备，选择长期合作单位，他们将优先保证本工程各种大型起重设备。施工现场的自有设备，在工程开工前进入施工现场。辅助设施、小型设备可随时进场。

2. 吊装设备的租赁协议

因长年从事大型钢结构工程的施工任务，每年需要向各种吊机租赁单位租赁各种不同规格型号的吊机，为此已与长期合作的吊机租赁单位取得优先租赁协议，以确保各种大型吊机按照进场要求及时到位。

5.3.4 现场用水用电计划

1. 施工用水

引入现场总水源，作为施工用水，由水源位置接管，干管选用镀锌管入地埋设，分别接至办公区及生活区。由于钢结构行业的特殊性，施工用水几乎没有，所以施工区域只考虑工人生活用水。

2. 施工用电

周边电力网络密集分布，容量富余，有供应本工程施工的能力（表 5-4）。

钢结构施工周期用电量分析表 表 5-4

施工部位		用电设备	型号	功率(kW)	投入数量						
					11 月	12 月	1 月	2 月	3 月	4 月	5 月
施工准备	钢平台安装	焊机	CPXS-500	18	0	8					
主体钢结构	埋件安装	焊机	CPXS-500	18	2	2	2				
	钢柱安装	焊机	CPXS-500	18	4	8	8	8			
	钢梁安装	焊机	CPXS-500	18	4	4	4	4	4		
屋面钢结构	拼装焊接	焊机	CPXS-500	18		8	40	40	40		
	胎架搭设	焊机	CPXS-500	18		2					

续表

施工部位		用电设备	型号	功率(kW)	投入数量						
					11月	12月	1月	2月	3月	4月	5月
序厅钢结构		焊机	CPXS-500	18						10	
登录厅钢结构	网架	焊机	CPXS-500	18						10	20
	以上合计总功率(kW)				180	756	972	936	792	360	360
塔式起重机	拼装塔吊	塔吊	STT200	98		0	2	2	2	2	2
	以上合计总功率(kW)				0	0	196	196	196	196	196
	滑移系统	工作油泵及爬行器	TL-HPS-60	60		4	4	4	4	4	
共用设备	各区域	碳弧气刨	ZX5-630	60		1	1	1	1	1	1
		焊条烘箱	YGCH-X-400	9		1	1	1	1	1	1
		电动工具		1	20	20	20	20	20	20	20
		现场照明		1	20	20	20	20	20	20	20
	最大功率				40	109	109	109	109	109	109
公式	$P=1.05(K_1\Sigma p_1+K_2\Sigma p_2+K_3\Sigma p_3)$										
用电容量需求(kWA)					175	482	792	773	697	468	468

5.4　高空滑移平台

5.4.1　滑移拼装平台技术参数

滑移拼装平台Ⓓ轴以南宽 30m、长 78m（一侧），平台高度 14.6m，平台由下至上材料组成为：路基板、钢管桩、70 号工字钢、贝雷架、12.6 号工字钢及钢板。平台及剖面布置图如图 5-5 所示和图 5-6 所示。

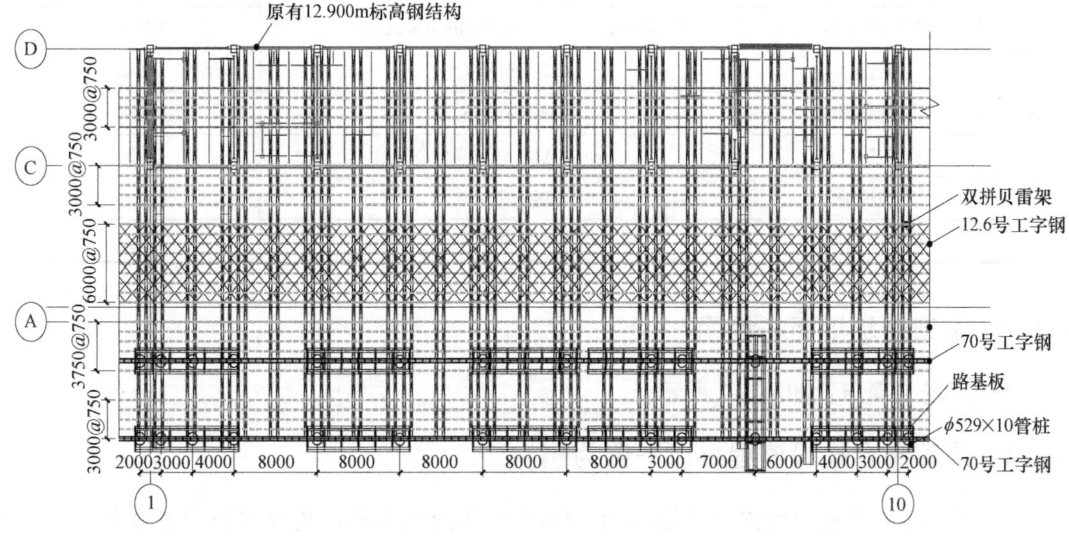

图 5-5　滑移拼装平台平面布置图（单位：mm）

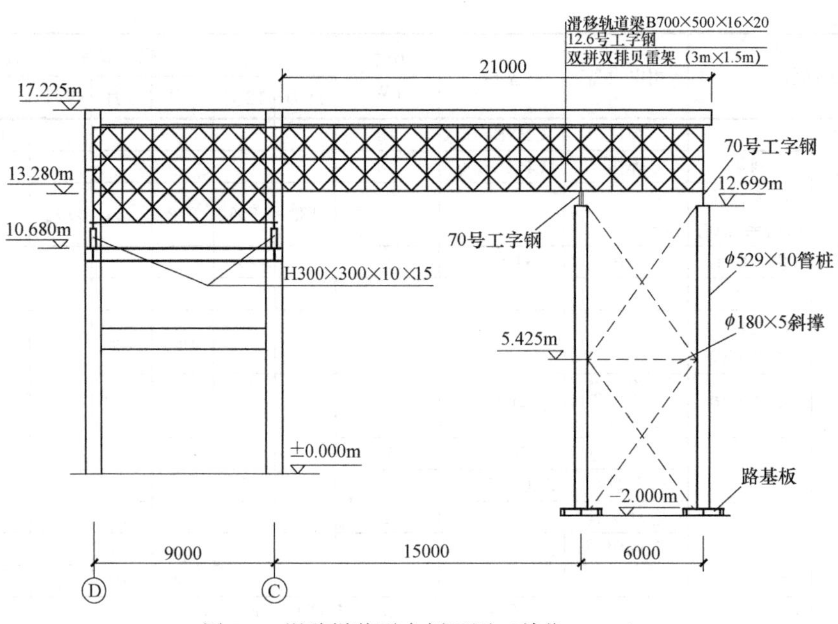

图 5-6　滑移拼装平台剖面图（单位：mm）

5.4.2　滑移拼装平台材料类型统计

滑移拼装平台材料类型统计见表 5-5。所有组成材料市面上均可以直接采购得到，无需工厂二次加工，进场验收合格后即可开始施工。

滑移拼装平台材料表　　表 5-5

序号	构件名称	构件规格	备注
1	滑移梁	箱形 700mm×500mm×16mm×20mm	52m
2	12.6 号工字钢	H126mm×74mm×5mm×8.4mm	1296m
3	贝雷架	长(3m)×宽(1.5m)	1980m
4	热轧 H 型钢	HN700mm×300mm×13mm×24mm	180m
5	钢管桩	ϕ529mm×10	570m
6	圆管斜撑	ϕ180mm×5	860m
7	路基板	长(10m)×宽(2m)×高(0.35m)	16 张
8	临边围护	高 1.2m	230m^2
9	安全网	方形安全平网	960m^2

5.4.3　施工现场平面布置图

施工现场平面布置如图 5-7 所示。

5.4.4　滑移平台搭设流程（以一侧为例）

（1）如图 5-8 所示范围内（Ⓐ轴以南 12m）场地渣土夯实，垫设碎石层并碾压密实，并在碎石层上铺设 10m×2m×0.35m 路基箱，两排路基箱采用 30 号工字钢连接固定形成

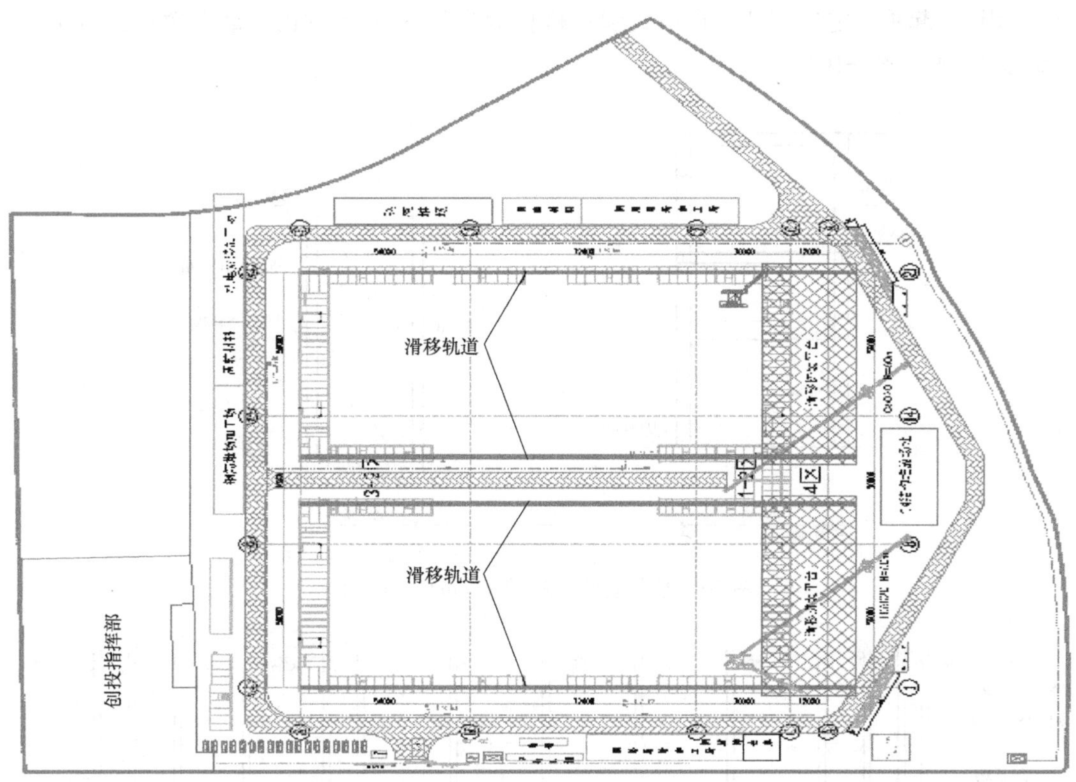

图 5-7　施工现场平面布置图

整体。施工机械：6020 塔式起重机，在原结构Ⓒ-Ⓓ轴外侧搭设 600mm 宽上平台脚手架，用于工人上平台作业及疏散。

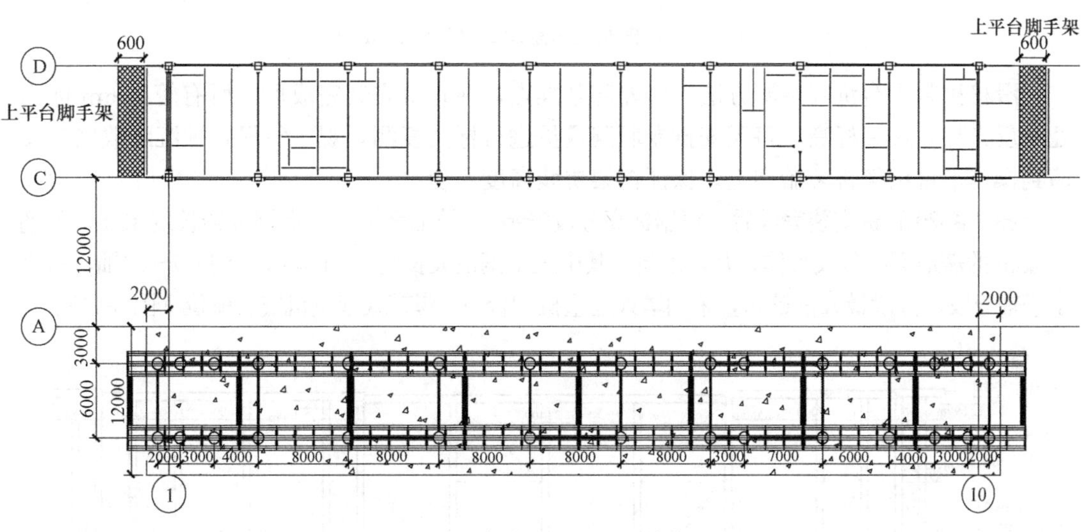

图 5-8　滑移平台搭设流程图（单位：mm）

（2）在路基板上安装钢管桩，单根安装完成后拉设缆风绳，两根管桩安装完成后连接之间的圆管斜撑，形成稳定的体系，以相同的施工方法完成管桩的安装。在靠近①轴及⑩轴两侧的 ϕ529 管桩搭设折梯脚手架。ϕ529 管桩构件最长 14.7m，构件重 2.5t，采用

6020 型塔式起重机定位安装，在塔式起重机作业半径 50m 范围内，最小额定起重量为 2.6t（图 5-9、图 5-10）。

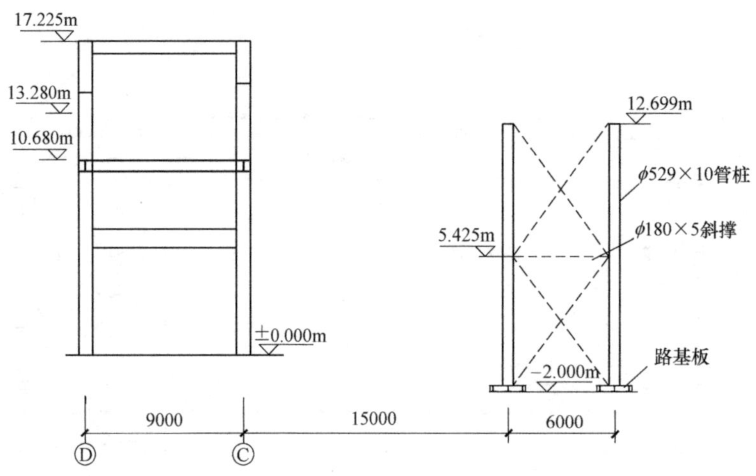

图 5-9　管桩安装示意图一（单位：mm）

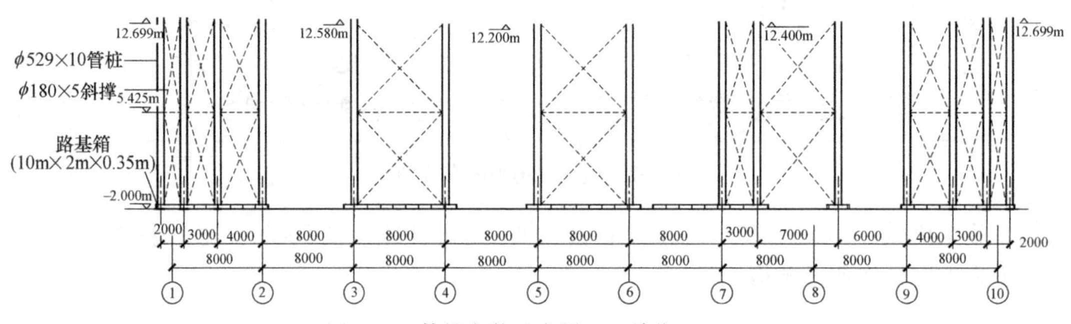

图 5-10　管桩安装示意图二（单位：mm）

滑移拼装平台沉降观测方法：引外部基准点，在管桩安装完成后，所有管桩 6m 标高处贴反光片，统一标高，每天安排专职测量员进行标高复测，观察每根管桩沉降数据，反馈到操作平台桁架拼装胎架上，保证桁架拼装高度不变。

（3）ϕ529 管桩安装完成后，根据标高分段安装 70 号工字钢。工字钢进场长度 12m，不超过 25m 的需地面拼装成整体，开始吊装，其中工字钢最大长度为 31.4m，位于③～⑦轴，考虑于⑤轴分段，分段最大重量 3t，采用塔式起重机配合 80t 履带式起重机安装就位（图 5-11）。

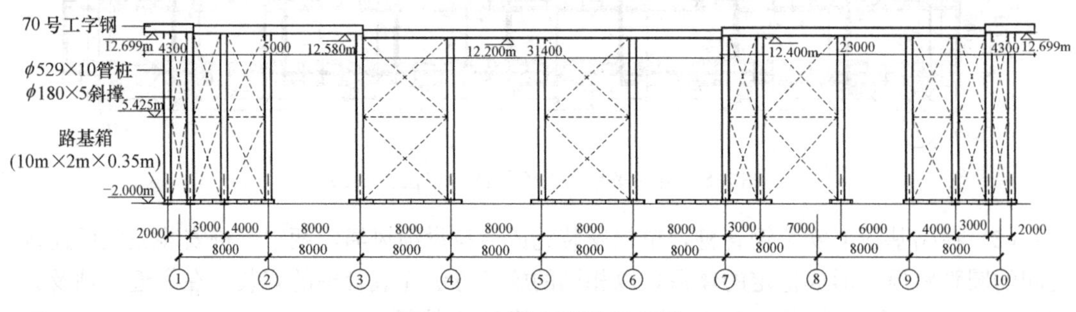

图 5-11　工字钢安装示意图

(4) 单片贝雷架地面拼装成吊装单元，先安装搁置在Ⓒ-Ⓓ轴原结构上的贝雷架，再安装两根 ϕ529 管上搁置的贝雷架，最后安装之间的贝雷架，每片贝雷架重 0.27t，各个吊装单元重量示意如图 5-12、图 5-13 所示，最重分段为 2.7t，主要采用塔式起重机安装就位，靠近①轴线的 3 榀双拼贝雷架采用 80t 履带式起重机安装就位。

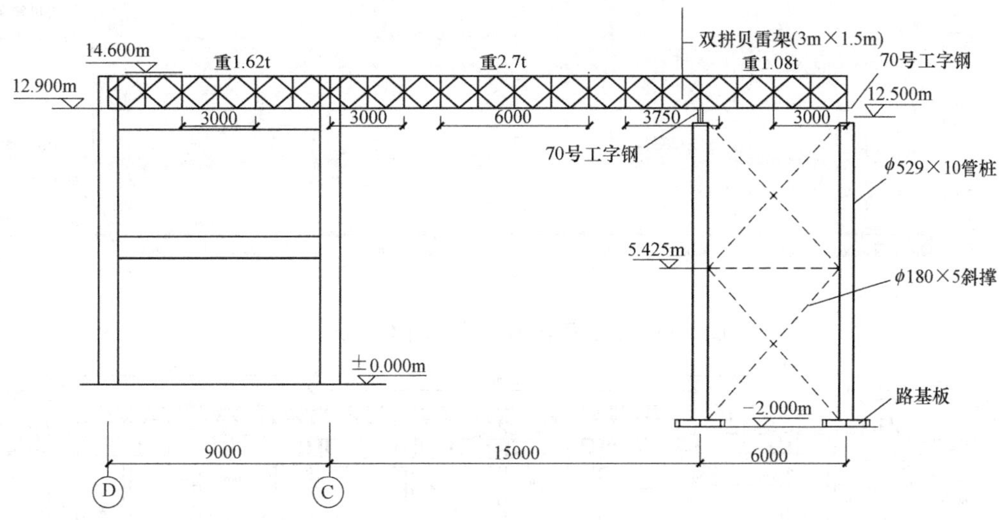

图 5-12 各吊装单元重置示意（单位：mm）

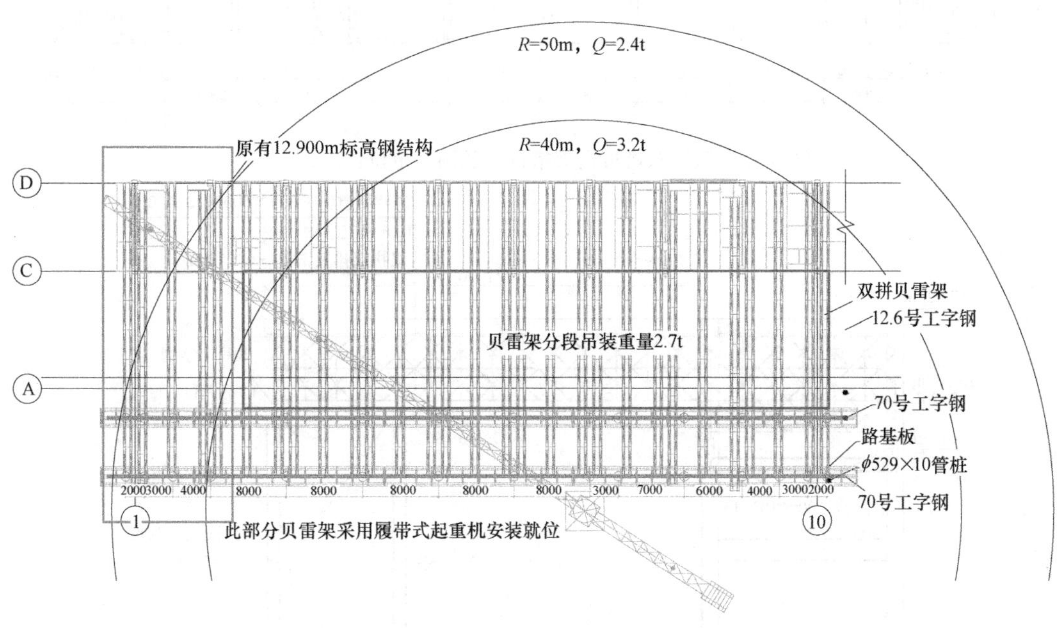

图 5-13 贝雷架安装平面示意图

(5) 根据图纸所示间距铺设 12.6 号工字钢，塔式起重机安装就位（图 5-14）。

(6) 在①轴及⑪轴搭设双层双拼贝雷架，再铺设一层 12.6 号工字钢，最后铺设两条 21m 长滑移轨道梁（图 5-15、图 5-16）。

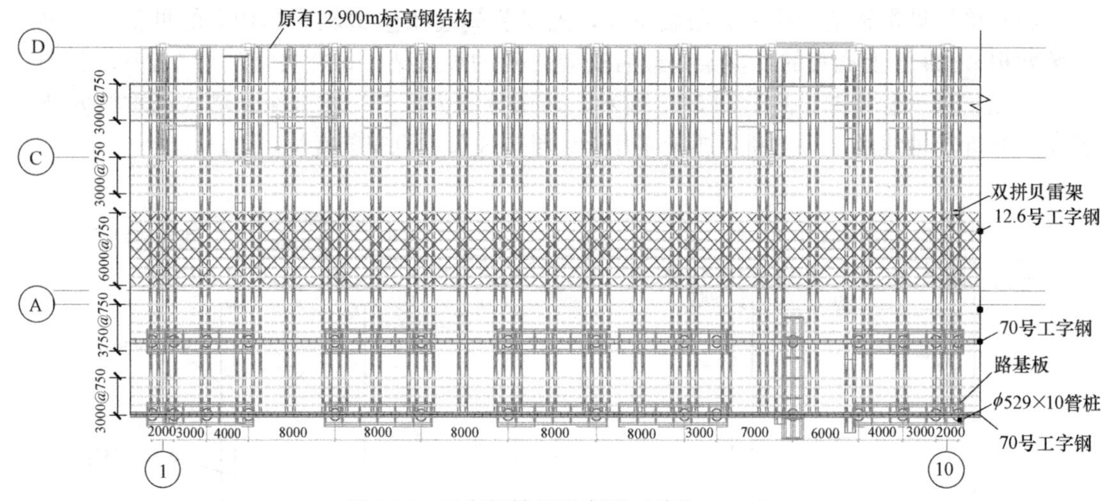

图 5-14　工字钢铺设示意图（单位：mm）

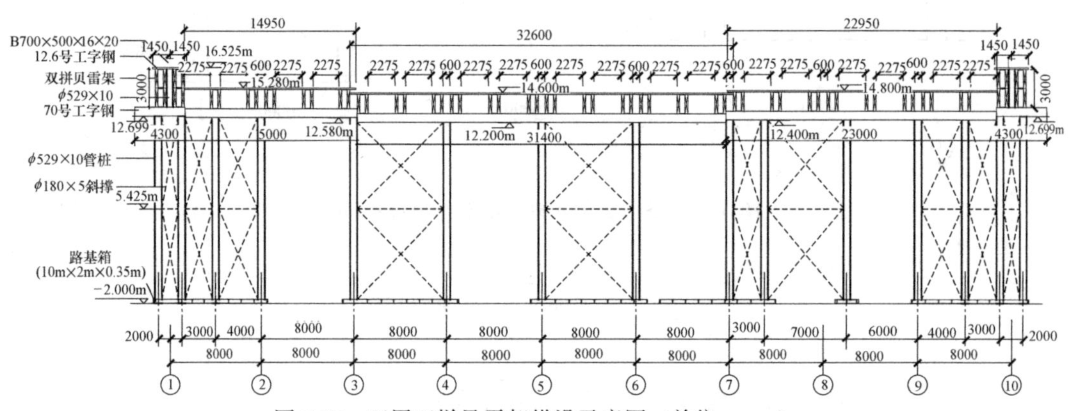

图 5-15　双层双拼贝雷架搭设示意图（单位：mm）

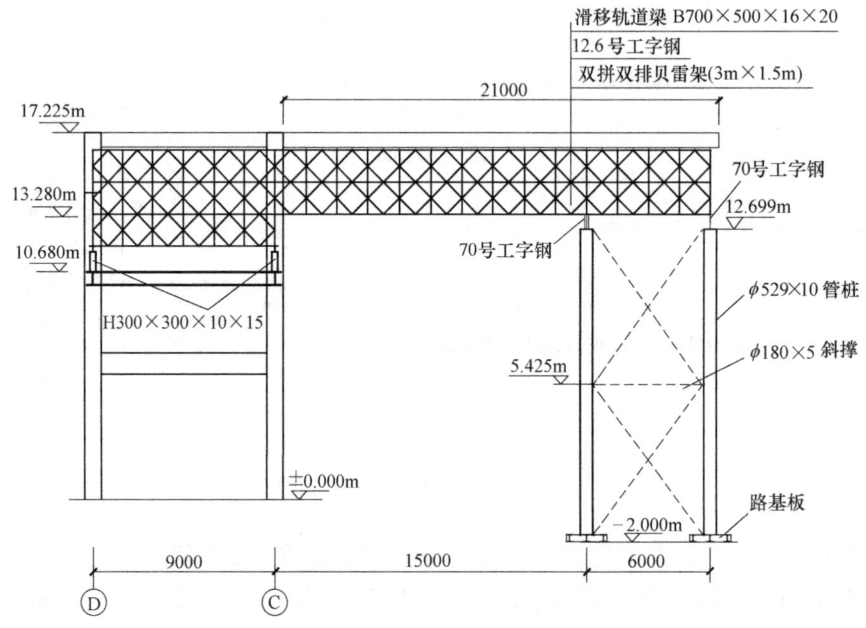

图 5-16　轨道梁铺设示意图（单位：mm）

（7）整个平台外侧搭设 1.2m 高临边围护，钢板区域满铺安全网，同时在钢板平台之间搭设宽 1m 临时通道。

（8）按照桁架分段节点空间坐标，搭设桁架拼装胎架，同时在焊接节点处搭设上人临时脚手架，方便工人焊接。

（9）搭设桁架拼装胎架，布置形式如图 5-7 所示。

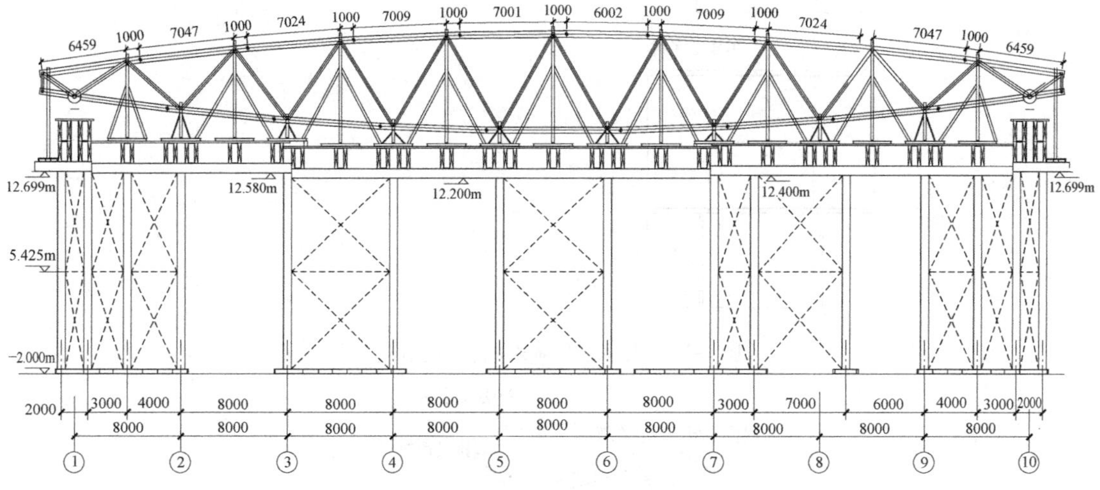

图 5-17　桁架拼装胎架设置成型（单位：mm）

5.4.5　滑移平台搭设注意事项

1. ϕ529 管与路基箱连接节点（图 5-18）

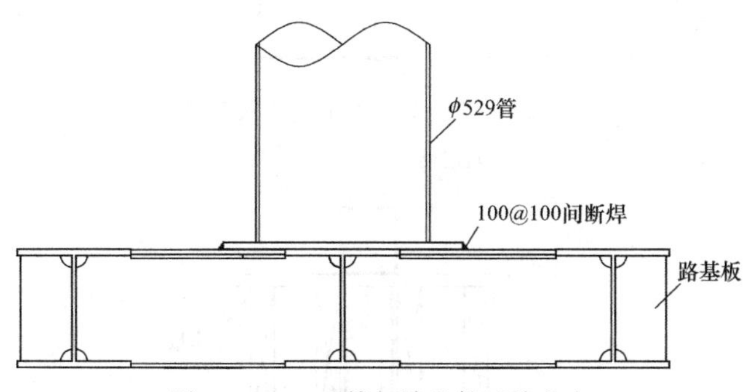

图 5-18　ϕ529 管与路基箱连接节点

2. 70 号工字钢与 ϕ529 管连接节点（图 5-19）

3. 贝雷架与工字钢连接节点（图 5-20）

4. ①轴及⑩轴双层双拼贝雷架固定措施（图 5-21）

5. Ⓒ、Ⓓ轴贝雷架垫高措施（图 5-22、图 5-23）

如图 5-22 所示，在①轴西侧、②～③轴、⑧～⑩轴，贝雷架均需要采用临时措施垫高，以保证整个贝雷架结构面在南北方向上处于同一水平面上。

如图 5-23 所示，在①～③轴、⑦～⑩轴，贝雷架均需要采用临时措施垫高，以保证整个贝雷架结构面在南北方向上处于同一水平面上。

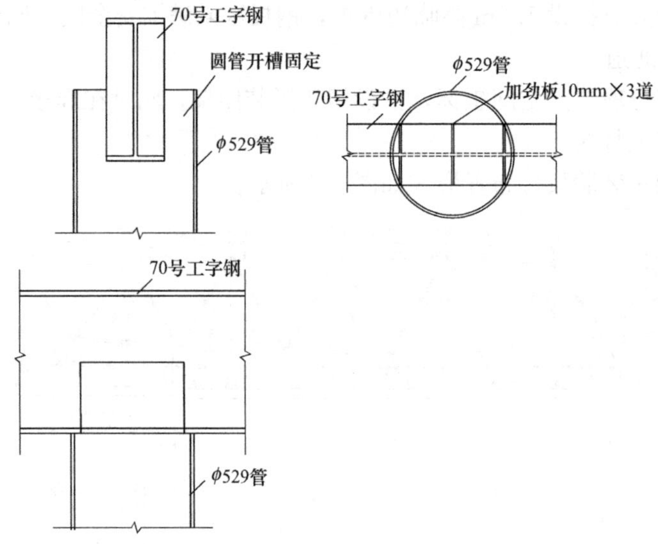

图 5-19 工字钢与 ϕ529 管连接节点

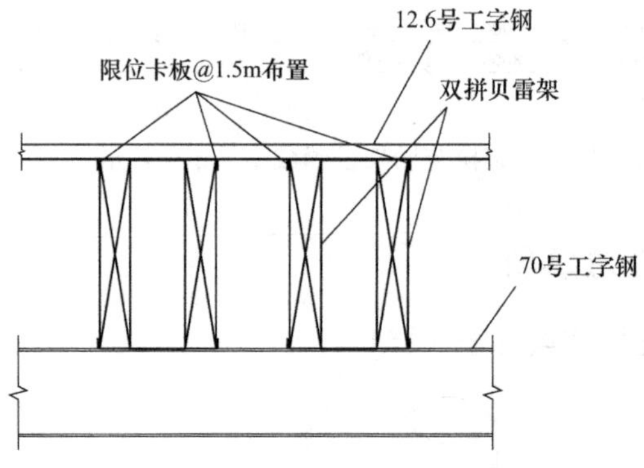

图 5-20 贝雷架与工字钢连接节点

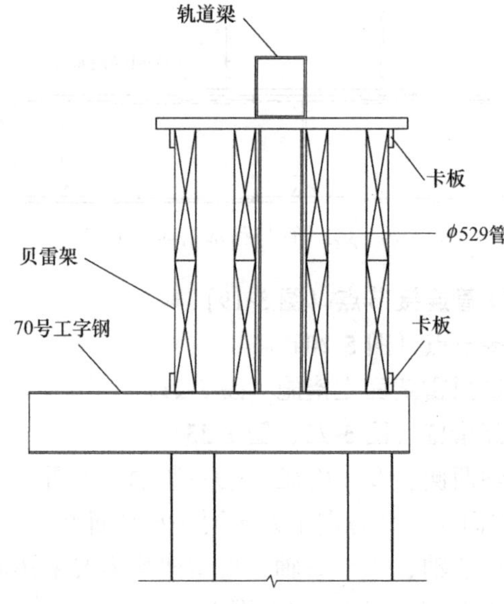

图 5-21 ①轴及⑩轴双拼贝雷架固定

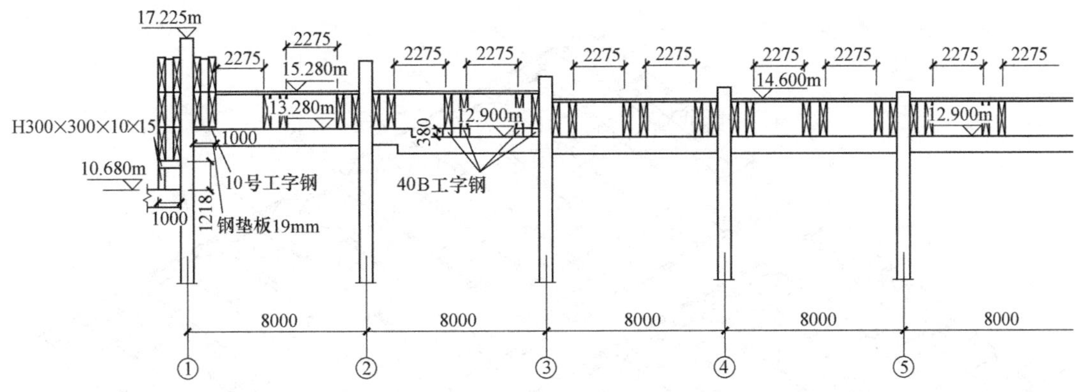

图 5-22 ©轴贝雷架垫高处理（单位：mm）

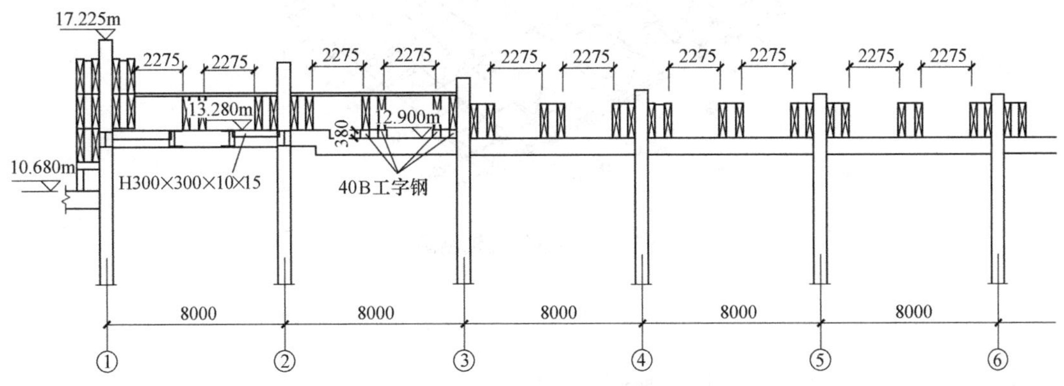

图 5-23 Ⓓ轴贝雷架垫高处理（单位：mm）

5.5 屋盖桁架滑移

5.5.1 滑移施工概述

南通国际会展中心项目展厅平面尺寸为 162m×168m，其中屋盖部分分为两块独立的桁架式屋盖，单片平面投影尺寸为 168m×76.8m，屋盖支座处标高为 18.225m，屋顶结构总重约 3000t。两片屋盖结构示意图如图 5-24、图 5-25 所示。

5.5.2 方案总体思路

根据以往类似工程的成功经验和本工程的结构特点，经综合考虑后，采用“高空累积滑移”的施工方法来完成桁架结构的施工，滑移方案的优点有：

(1) 各轨道滑移设备通过计算机同步控制，在滑移推进过程中，钢结构同步滑移姿态平稳，滑移同步控制精度高。

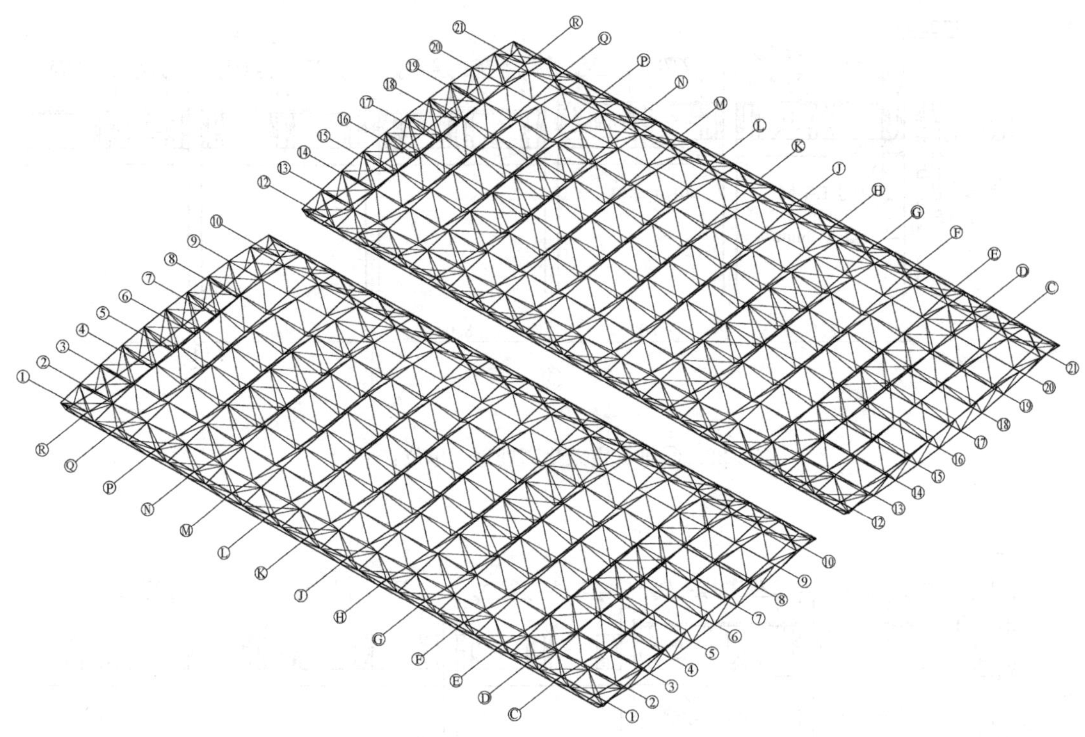

图 5-24 屋盖结构轴测图

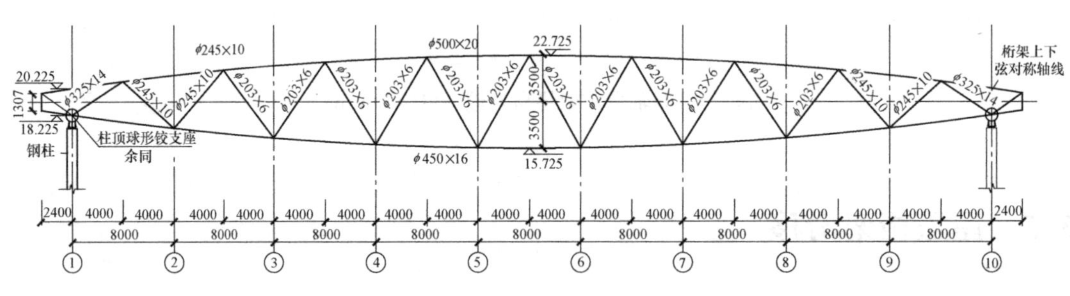

图 5-25 主桁架立面图

(2) 滑移推进力均匀，加速度极小，在滑移的起动和停止工况时，钢结构不会产生不正常抖动现象。

(3) 操作方便灵活、安全可靠，顶推就位精度高。

(4) 可大大节省机械设备、劳动力、支撑措施等资源。

此方法有利保证工程质量、安全和工期等要求。

5.5.3 滑移工艺技术措施

1. 滑移分区说明

本工程待滑移结构共分为两个独立区域，两个区域结构独立进行滑移施工。两个区域结构形式一致，每个区域划分为 8 个单元，第 1 到第 7 在拼装胎架上拼装好，采用累积滑移工艺安装，第 8 单元原位拼装（图 5-26、图 5-27）。

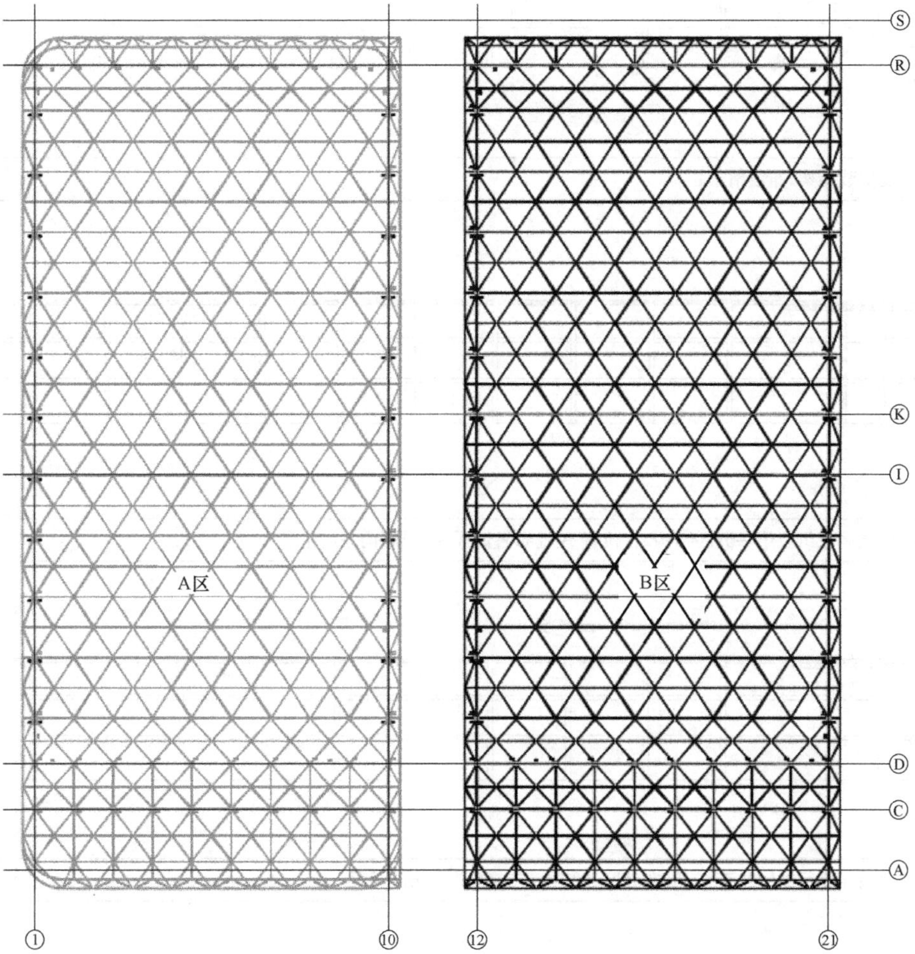

图 5-26 屋盖结构分区图一

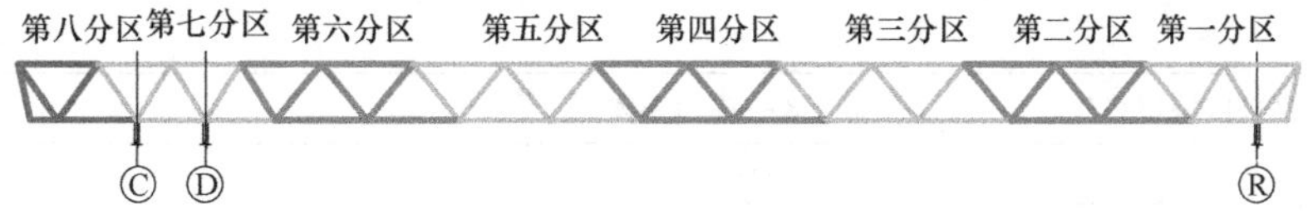

图 5-27 屋盖结构分区图二

2. 滑移施工流程简述

单片区域屋盖结构滑移流程见表 5-6。

单片区域屋盖结构滑移流程 **表 5-6**

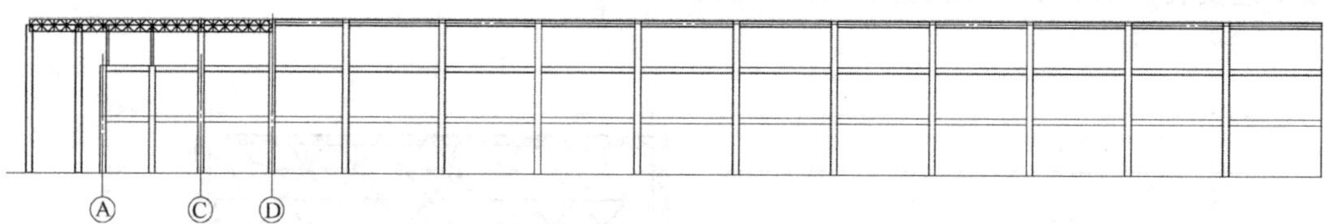

第一步：搭设拼装胎架，布设滑道；

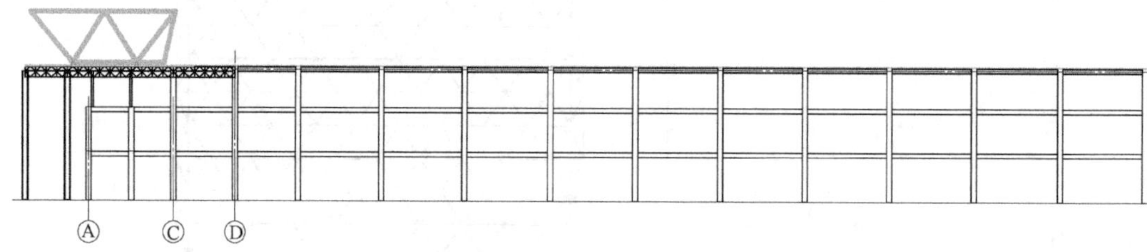

第二步：在拼装区域组装第一分区结构，在位置 A 处布置液压爬行器(两条滑道各布置 1 台)；

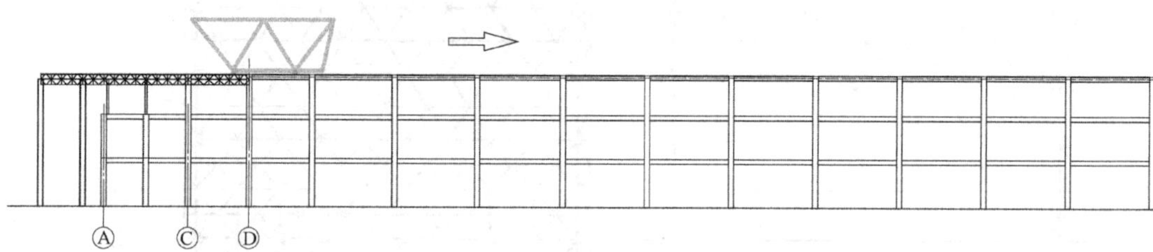

第三步：两台液压爬行器同步工作，顶推分区一结构，向前顶推 24m 后暂停；

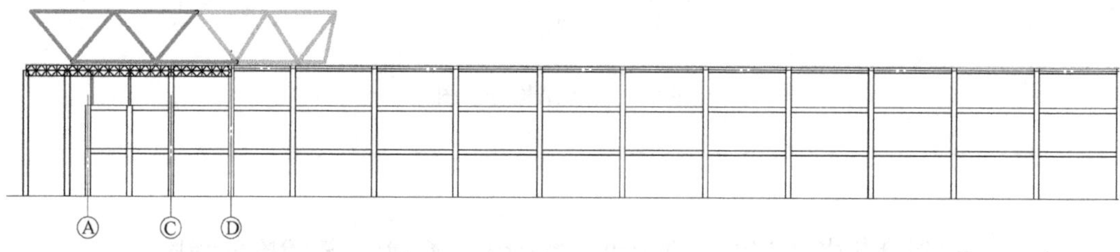

第四步：继续在拼装区域组装分区二结构，并与分区一连为一体；

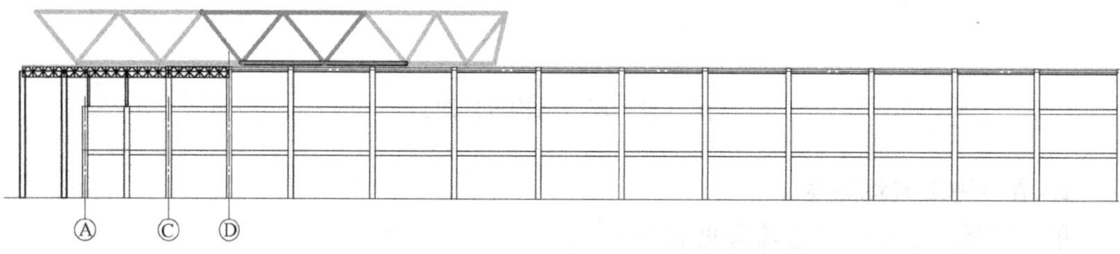

续表

第五步：继续将分区一、分区二结构向前顶推 24m，并在后方拼装分区三结构；

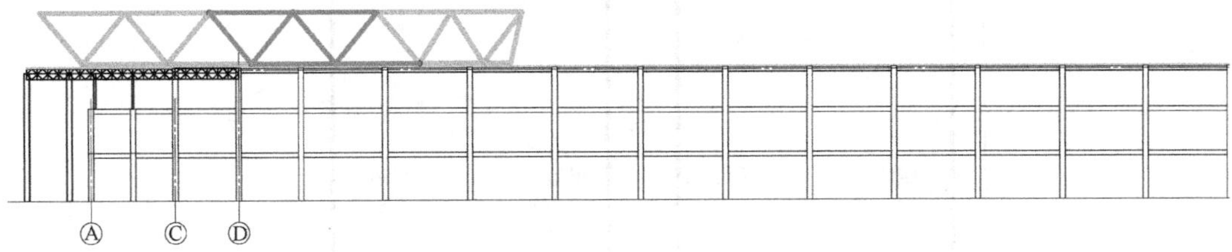

第六步：参照前述滑移方案，继续滑移安装后续结构，至第四分区结构，并在位置 B 处新增设两台液压爬行器；

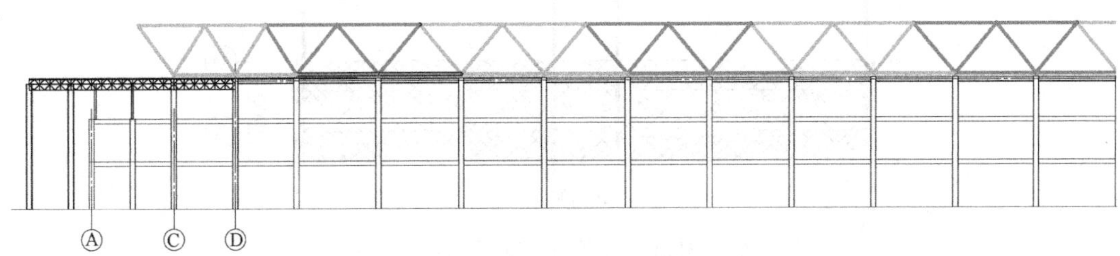

第七步：重复前述滑移过程，累积滑移拼装，至七个滑移单元滑移至设计位置；

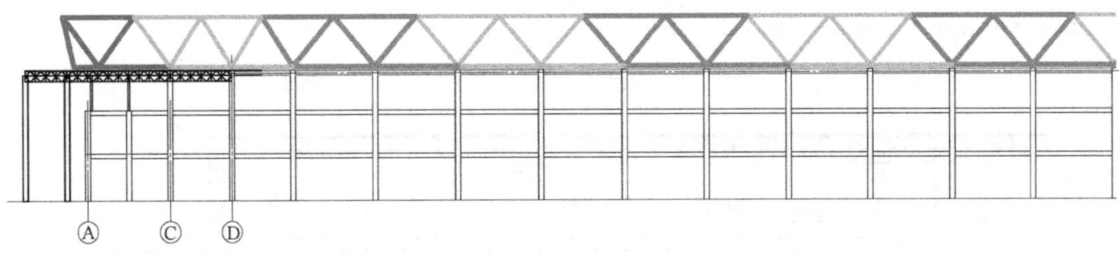

第八步：原位安装第八单元；

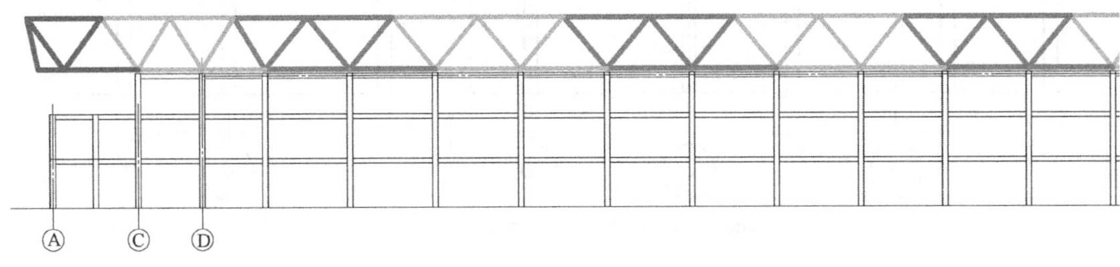

第九步：安装卸载油缸，移除钢轨，并安装抗震支座，焊接固定。

3. 滑道布置说明

为配合两片钢屋盖结构滑移施工安装，共需设置四条滑道，分别沿①轴、⑩轴、⑫轴、㉑轴通长布置，每条滑道长约 168m，滑道主要由承载梁和钢轨组成。在Ⓓ轴外侧设置宽约 30m 的拼装区域（图 5-28）。

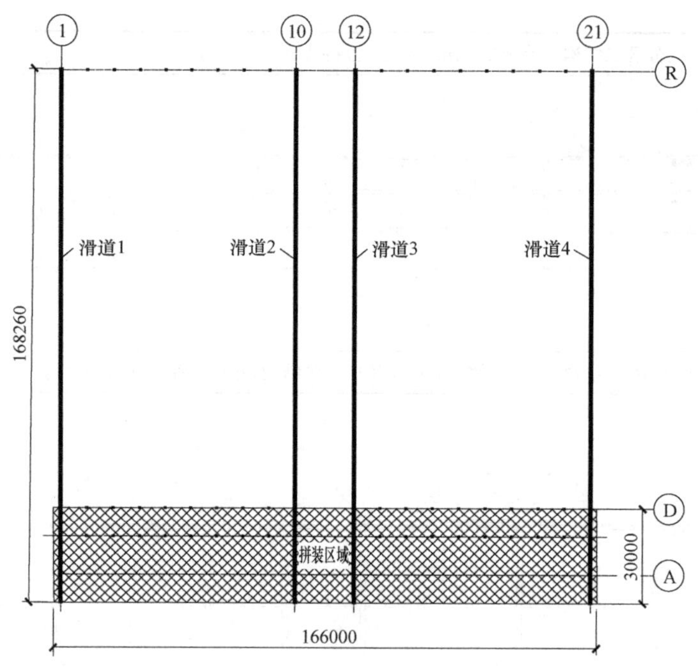

图 5-28　滑道布置平面示意图（单位：mm）

滑道有滑移梁和固定在上方的 43kg 轨道构成，滑移梁采用箱形，尺寸为 700mm×500mm×16mm×20mm（图 5-29、图 5-30）。

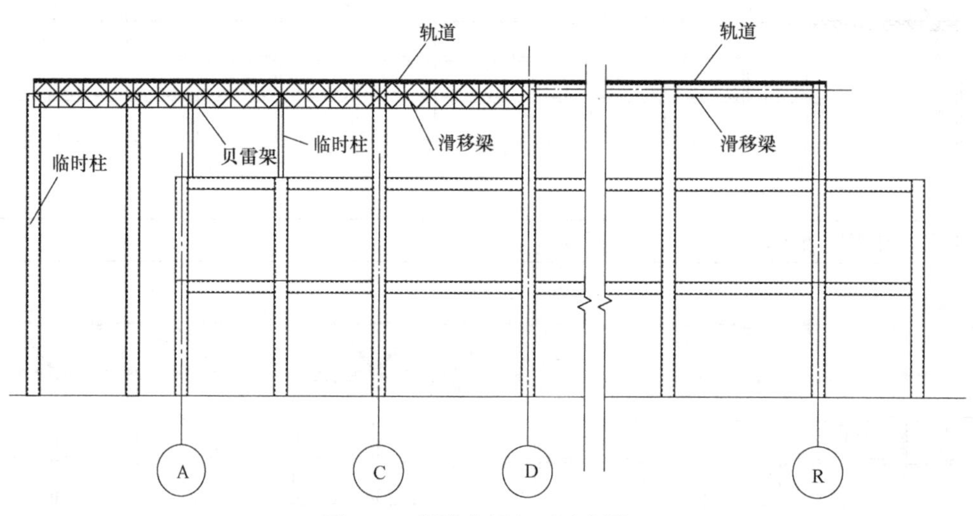

图 5-29　滑道布置立面示意图一

4. 滑移顶推点设置说明

滑移顶推点装配图如图 5-31 所示。爬行器顶推现场照片如图 5-32、图 5-33 所示。

5. 滑移到位后卸载说明

本项目抗震型支座高度为 130～150mm，滑移钢轨高度 140mm，故桁架端部支座卸载高度在 10mm 以内，可逐一进行。本工程采用千斤顶进行滑移到位后的卸载工作，按如下步骤进行：

第一步：将结构滑移至对应柱头位置，由甲方测量精确定位，支座球中心与钢柱中心重合（图 5-34）；

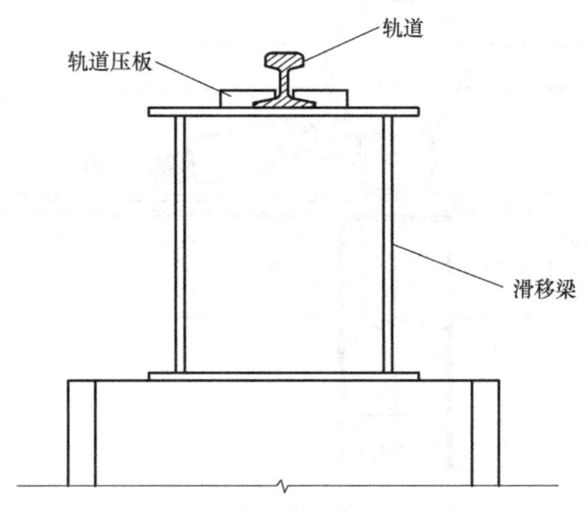

图 5-30 滑道布置示意图二

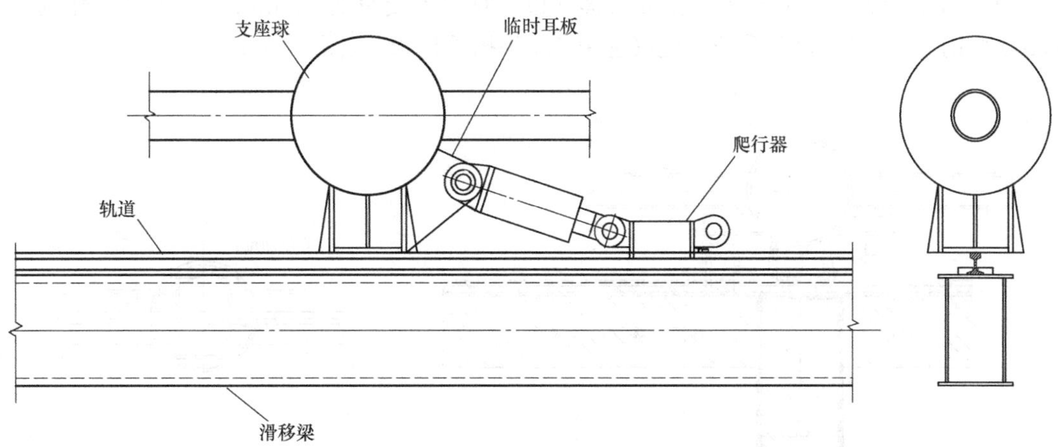

图 5-31 滑移顶推点装配图

图 5-32 爬行器顶推工程实例一

图 5-33 滑移工程实例二

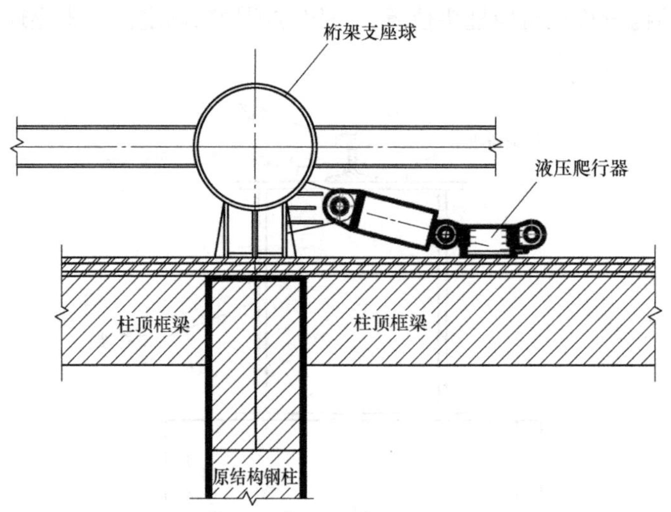

图 5-34 第一步操作示意图

第二步：拆除液压爬行器，割除滑移耳板，对称焊接两处 300mm 长牛腿（牛腿选用 H200 型钢），布置两台千斤顶（建议选用 50t 手摇千斤顶）（图 5-35）；

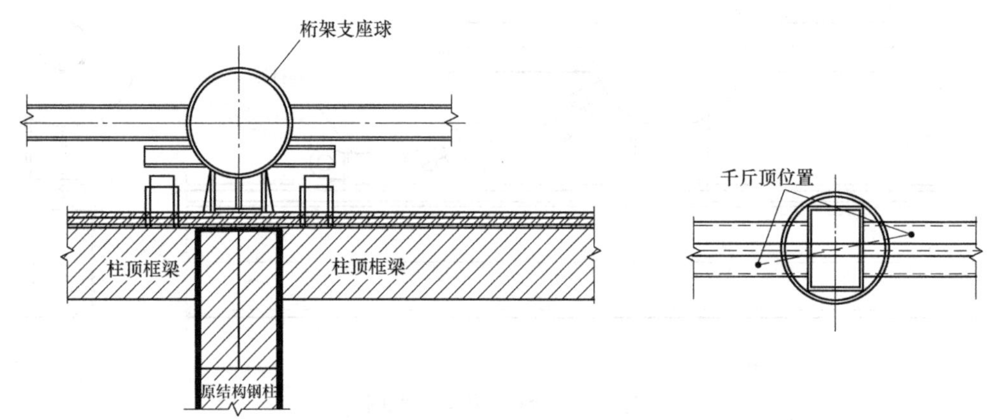

图 5-35 第二步操作示意图

第三步：缓缓顶起桁架端部支座，抽出滑移轨道，安装抗震型支座并定位，千斤顶缓缓回落，支座地板着陆至抗震支座上方（图 5-36）；

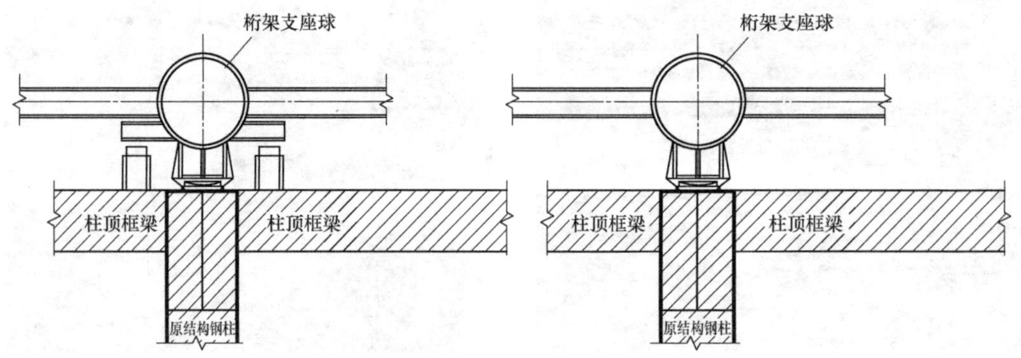

图 5-36 第三步操作示意图

5.5.4 滑移关键技术与设备

1. 同步控制技术

(1) 控制原理

TLC-1.3 型计算机控制系统是上海同力建设机器人公司研发出来的新一代液压同步控制系统，由计算机、动力源模块、测量反馈模块、传感模块和相应的配套软件组成，通过 CAN 串行通信协议组建局域网。它是建立在反馈原理基础之上的闭环控制系统，通过高精度传感器不断采集油缸的压力和行程信息，从而确保油缸能顺利工作，同时还能通过传感器不断采集构件每个顶推点的位移信息，在计算机端定期比较多点测量值误差和期望误差的偏差，然后对系统进行调节控制，获得很高的控制性能（图 5-37）。

(2) 液压爬行器

TLPG-1000 自锁型液压爬行器是一种能自动夹紧轨道形成反力（楔形结构），从而实现推移的设备。此设备可抛弃反力架，省去了反力点的加固问题，省时省力，且由于与被移构件刚性连接，同步控制较易实现，就位精度高。液压爬行器的楔形夹块具有单向自锁作用。当油缸伸出时，夹块工作（夹紧），自动锁紧滑移轨道；油缸缩回时，夹块不工作（松开），与油缸同方向移动。液压爬行器工作原理见表 5-7、图 5-38。

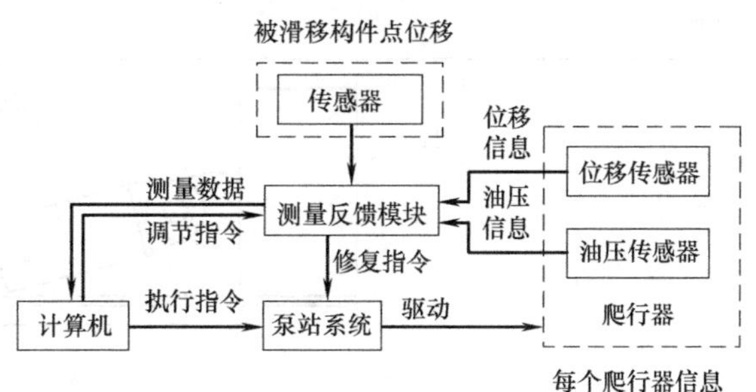

图 5-37 控制原理图

液压爬行器工作原理图 表 5-7

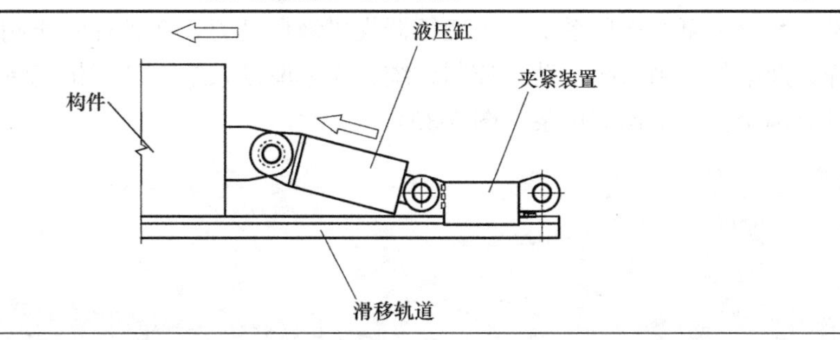
步骤 1：爬行器夹紧装置中楔块与滑移轨道夹紧，爬行器液压缸前端活塞杆销轴与滑移构件（或滑靴）连接，爬行器液压缸伸缸，推动滑移构件向前滑移；
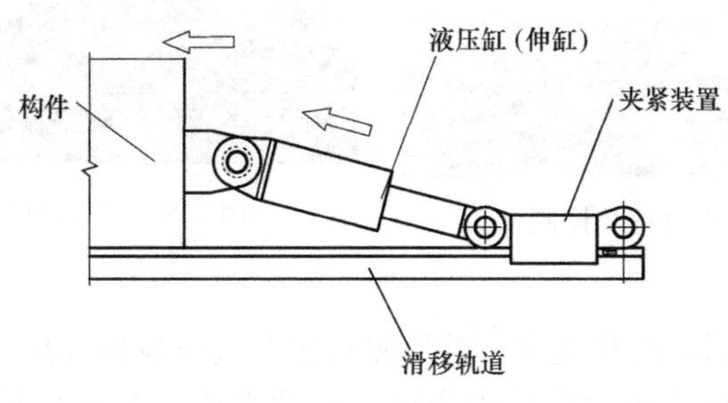

续表

步骤 2:爬行器液压缸伸缸一个行程,构件向前滑移 300mm;
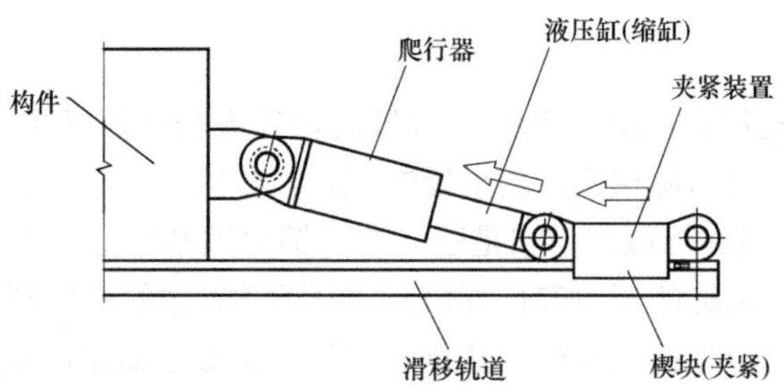
步骤 3:一个行程伸缸完毕,滑移构件不动,爬行器液压缸缩缸,使夹紧装置中楔块与滑移轨道松开,并拖动夹紧装置向前滑移;
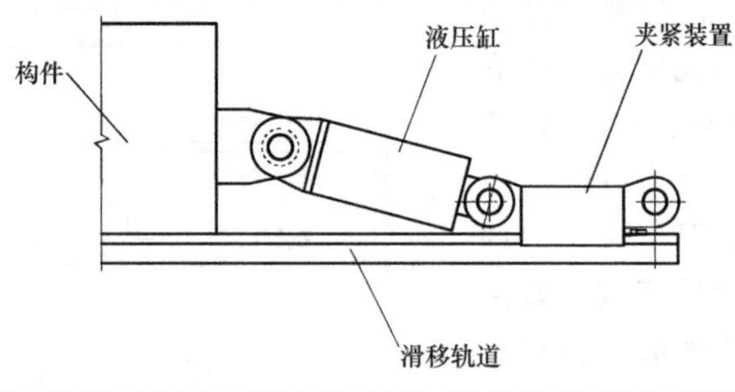
步骤 4:爬行器一个行程缩缸完毕,拖动夹紧装置向前滑移 300mm。一个爬行推进行程完毕,再次执行步骤 1 工序。如此往复使构件滑移至最终位置。

(3) 液压泵源系统

动力系统由泵源液压系统(为爬行器提供液压动力,在各种液压阀的控制下完成相应的动作)及电气控制系统(动力控制系统、功率驱动系统、计算机控制系统等)组成,每台泵站有两个独立工作的单泵(图 5-39)。

图 5-38　爬行器工作过程及控制

图 5-39　TL-HPS-60 液压泵源系统

2. 滑移前准备工作

滑移前准备工作包括:滑移支座、液压爬行器及液压泵站等吊机安装到位;连接泵站与爬行器间的油管,连接完成之后应检查确认;动力线、控制线及传感器等的连接、确认；由于运输的原因，泵站上个别阀或硬管的接头可能有松动，应进行一一检查并拧紧，同时检查溢流阀的调压弹簧是否完全处于放松状态；在泵站不启动的情况下，手动操作控制柜中相应按钮，检查电磁阀和截止阀的动作是否正常，截止阀编号和滑移器编号是否对应；系统送电，校核液压泵主轴转动方向；检查爬行器的 A 腔、B 腔的油管连接是否正确；检查截止阀能否截止对应的油缸；检查比例阀在电流变化时能否加快或减慢对应油缸的伸缩速度。检查滑移轨道与滑移胎架间垫实、压板压紧情况，并及时调整；检查爬行器夹紧装置与轨道固定情况，确保夹紧；将轨道打磨光滑并涂抹黄油，减小摩擦系数；清除轨道旁障碍物。

3. 滑移轨道安装要求

每分段轨道对接时，对接口的上表面及两侧面应严格对齐。每条轨道的上表面及两侧面必须打磨光滑、平整，不允许有棱角或凹凸不平。标高偏差控制在 5mm 以内（12m 长轨道）。轨道水平偏差控制在 3mm 以内（12m 长轨道）。轨道采用钢压板与滑移梁连接（图 5-40、图 5-41），每两块压板间距 800mm，压紧轨道及滑移梁，压板顶部与轨道顶部距离控制在 90mm，压板与箱形梁焊接。

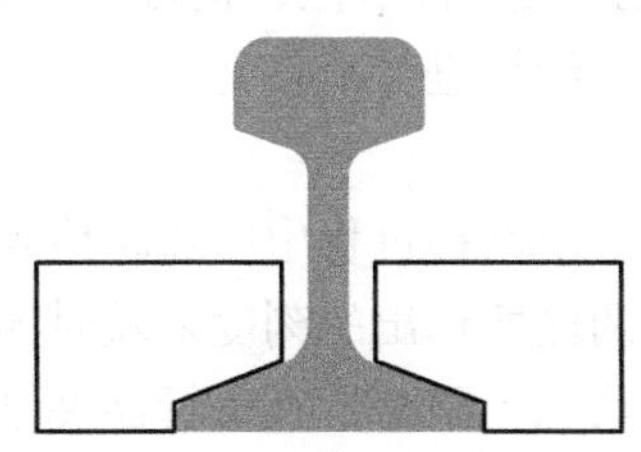

图 5-40 轨道及钢压板图

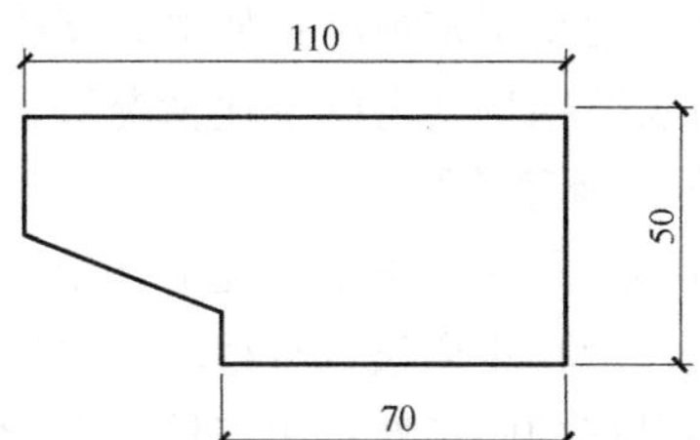

图 5-41 钢压板尺寸图（单位：mm）

轨道安装好后，其底面与滑移梁上表面必需无间隙，有间隙处可采用钢垫板（200mm×300mm）垫实。滑移前在滑移梁上标注白色刻度线，每 100mm 一档，用于测量每次滑移的距离。滑移前在滑靴的底部以及轨道顶面涂抹黄油。爬行器前端销轴中心距离轨道上表面需保证 410mm 距离，销轴直径为 100mm。轨道尾部焊接挡板如图 5-42 所示。

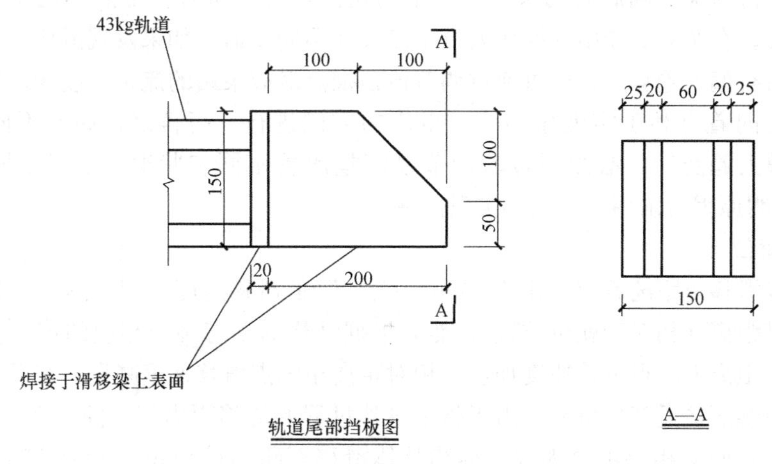

图 5-42 轨道尾部挡板示意图（单位：mm）

4. 滑移过程控制要点

在一切准备工作做完之后，且经过系统的、全面的检查无误后，现场滑移作业总指挥检查并发令后，才能进行正式的滑移作业。在液压滑移过程中，注意观测设备系统的压力、荷载变化情况等，并认真做好记录工作。在滑移过程中，测量人员应通过钢卷尺配合测量各牵引点位移的准确数值，并与激光测距仪测量数据进行复合，以辅助监控滑移单元滑移过程的同步性。滑移过程中应密切注意滑道、液压顶推器、液压泵源系统、计算机控制系统、传感检测系统等的工作状态。现场无线对讲机在使用前，必须向工程指挥部申报，明确回复后方可作用。通信工具应专人保管，确保信号畅通。

5. 试滑移阶段

一个滑移单元的钢结构安装完成，检查无异常，电气系统调试结束后，进行滑移作业。首先调节相应的泵站压力进行40%加载，开始滑移至所有顶推点爬行器油缸推不动为止，检查是否有异常情况，确认无误后，继续进行理论值的60%、80%、90%及100%加载。若存在个别点无法移动，检查确认胎架约束全部解除后，需与甲方技术人员沟通是否进一步加载，直至所有顶推点移位。在所有滑靴（支座）开始滑移后，暂停滑移，全面检查各设备运行正常情况：如滑移支座的滑移量、滑靴挡板是否卡位、爬行器夹紧装置、滑移轨道及原结构受力的变化情况等，确认一切正常后，继续进行滑移施工。

6. 正式滑移阶段

试滑移阶段一切正常情况下开始正式推进滑移。在整个滑移过程中应随时检查：钢结构跨度大，滑移距离长，滑移时，通过预先在各条轨道两侧所标出的刻度来随时测量复核每一支座滑移的同步性；跟踪检查滑靴挡板与轨道卡位状况；跟踪检查爬行器夹紧装置与轨道夹紧状况；跟踪测量主推进支座与被推进支座的滑移量；跟踪检查轨道与轨道埋件的连接情况；滑移过程中，确保轨道压板应压紧轨道；确保轨道旁障碍物的随时清理。

7. 滑移不同步调节

在实际工作中，绝对的同步是不存在的，所谓的同步控制是指控制钢结构所有顶推点的位移误差在要求的范围之内。本工程中安全不同步值取15mm，调节不同步值取10mm。即滑移点不同步值超出10mm时，系统停下，操作人员协同甲方检查滑移通道是否存在障碍，待情况明确后启动系统单点单动功能，直到所有顶推点不同步值在10mm以内继续滑移。在实际操作中，操作人员重点关注不同步值，如果发现滑移过程中某点的滑移不同步值有偏大趋势时，即可通过调节该顶推点对应泵站的流量来改变该顶推点的滑移速度，使之向着有利于实现缩小不同步值的方向进行。简言之，如果不同步值小于10mm且有增大趋势时，必须通过软调节泵流量改善不同步状况；如果不同步值大于10mm，则查明原因后采用单点动作实现控制。

8. 滑移就位

整体同步滑移至距离就位点相差200mm时，降低滑移速度，配合测量人员测量所有滑移点的相对距离（相对于就位位置），然后根据结构的姿态确定相应的控制参数，一般的原则是相对距离大的点滑移速度加快，相对距离小的点滑移速度减慢，在动态的过程中使整个钢结构逐渐接近就位位移。由于整个滑移过程的滑移距离相差控制在10mm以内，所以各点的速度调节相差不会太大。继续整体滑移至距离就位位置相差15mm时暂停，再次配合测量人员测量所有滑移点的相对距离，然后根据测量结果分组调节相应滑移点的滑移速度，采取先到就位点截止的控制方式进行单独调节，直至所有滑移点达到要求值。

9. 滑移速度与加速度

滑移系统的速度取决于泵站的流量和其他辅助工作所占用的时间，本工程中滑移速度可达 8～10m/h，实际速度可根据具体实施过程中的需要而进行适当的调整。由于液压爬行时的速度很慢，因此其加速度几乎为零，对构件不会产生冲击和振动。

5.5.5 滑移施工用电

该工程中所用液压泵源系统每台额定功率为 60kW。滑移过程中需要甲方单位将相应的二级电源配电箱提供到液压泵源系统附近约 5m 范围内。现场的滑移电源应尽量从总盘箱拉设专用线路，以确保滑移作业过程中的不间断供电。对每个泵站分布点的泵源用电要求如下：交流电源，稳定电压 380V；开关容量不低于 150A，漏电电流不低于 150mA；输送电缆采用国标三相五线制，标准铜芯电缆不得低于 $25mm^2$。

第6章 高大空间钢结构提升与拼装施工技术

6.1 分部分项工程概况

6.1.1 基本概况

南通国际会展中心的会议中心地下室层高为 6.0m，主体首层层高 9m，二层层高 6.0m，三层层高 4.5m，四层层高 4.5m，建筑高度 24.0m，属于多层民用公共建筑。会议中心钢结构主要由三部分组成（图 6-1、图 6-2），分别为主体钢框架结构、中庭屋面平面钢桁架结构及悬挑钢屋面曲面钢桁架结构，中间登录大厅为钢框架。会议中心总用钢量约 1.4 万 t，主要由钢柱、钢梁组成，材质主要为 Q345B。

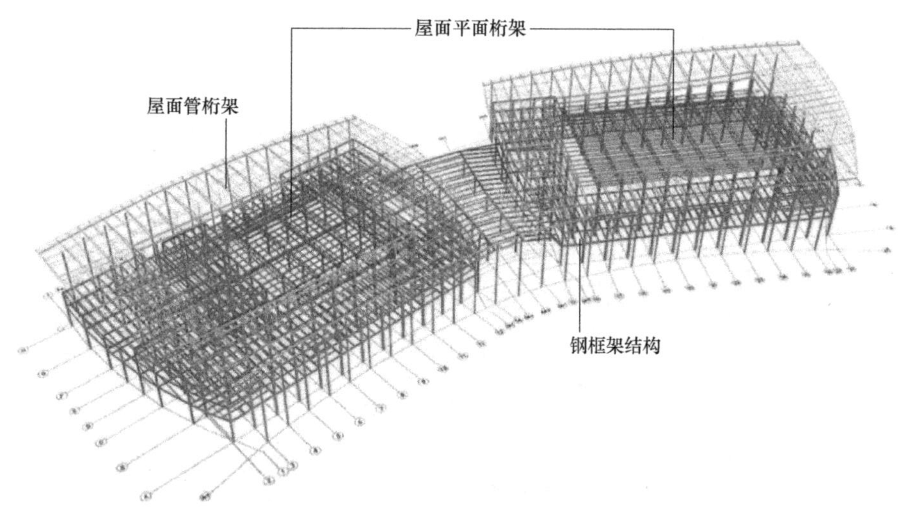

图 6-1 会议中心钢结构整体构件分布轴测图

6.1.2 主体钢框架结构概况

会议中心主体框架结构主要位于屋面结构以下部分，主要分为地下部分和地上部分。地下部分钢结构构件结构形式主要为箱形劲性柱，地上部分主要为箱形柱、钢管柱、箱形钢梁、H 型钢梁、屈曲支撑、踏步式钢梯和钢筋桁架楼承板。钢框架结构总用钢量约

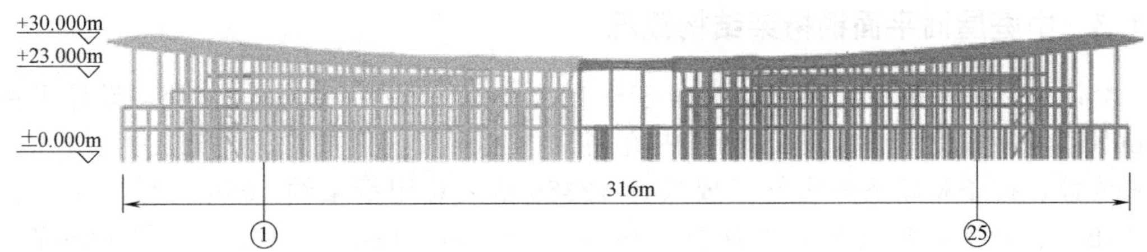

图 6-2　会议中心钢结构整体构件立面图

9500t，材质主要为 Q345B；箱形柱主要截面尺寸为□1100mm×800mm×40mm、□800mm×800mm×30mm 等；钢管柱主要截面尺寸为 Φ800mm×40mm、Φ800mm×30mm 等：H 型钢梁主要截面尺寸为 H500mm×200mm×12mm×16mm，H700mm×300mm×20mm×20mm 等；箱形钢梁截面形式主要为□1200mm×450mm×30mm×40mm；钢筋桁架楼承板主要使用编号为 TDA3-90 和 TDA5-90。主体框架中钢柱与钢梁之间的连接节点主要为双夹板和高强螺栓的连接方式，钢梁与钢梁之间的连接节点主要采用单夹板和高强螺栓的连接方式（图 6-3、图 6-4）。

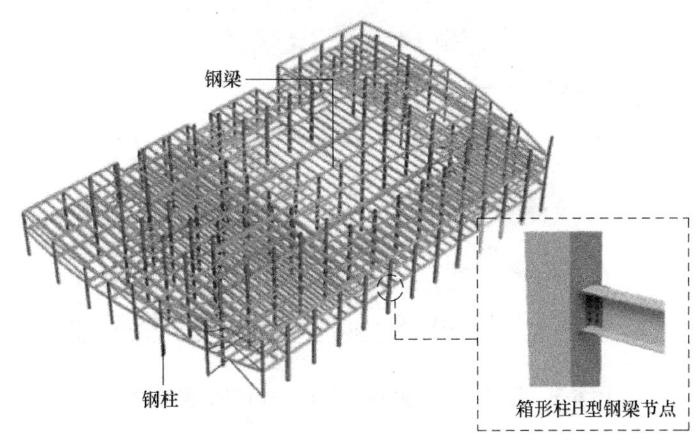

图 6-3　会议中心西侧主体钢框架结构轴测图

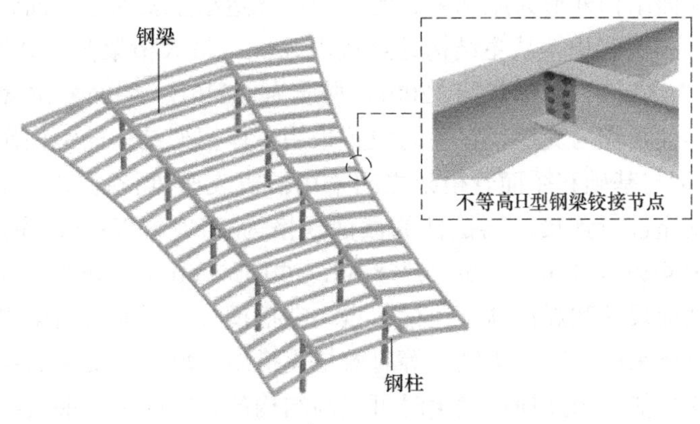

图 6-4　会议中心登录厅钢框架结构轴测图

6.1.3 中庭屋面平面钢桁架结构概况

会议中心东西侧中庭屋面标高位于+19.500m~+23.000m位置处，设计采用54m跨度平面桁架结构，东、西区中庭桁架由主桁架、连接梁、桁架支撑、檩托、檩托支撑、拉条和檩条等构件组成共计12356榀，总用钢量约1056t，材质主要为Q345B，上下弦主要截面尺寸为H500mm×200mm×12mm×16mm、□400mm×400mm×30mm×30mm和□400mm×400mm×25mm×25mm，直、斜腹杆主要截面尺寸为H300mm×200mm×12mm×16mm、H300mm×300mm×16mm×16mm和H300mm×300mm×20mm×20mm。东、西区中庭主桁架分别为9榀和5榀，单榀主桁架的重量约52t，主桁架的重心距场内临时道路约56m。主桁架上下弦钢件H形侧面采用H型钢梁和H形支撑进行连接，主桁架上弦钢件上翼缘之间采用檩托板与矩形檩条进行连接（图6-5）。

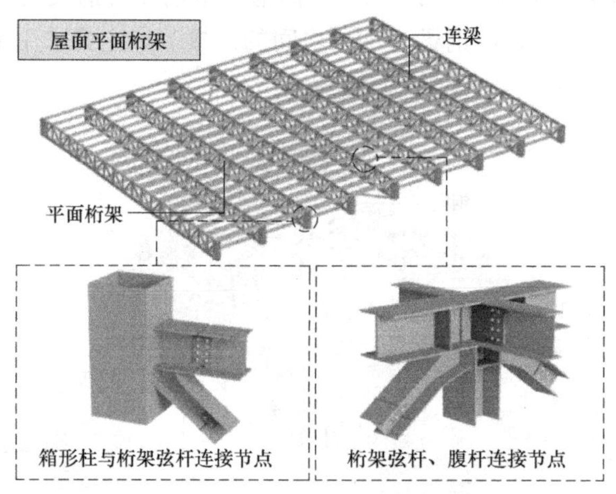

图6-5 会议中心中庭屋面平面钢桁架结构轴测图

6.1.4 悬挑钢屋面曲面钢桁架结构概况

会议中心的屋面结构外形为鲲鹏展翅的造型，该造型主要通过屋面管桁架结构体系组建而成（图6-6）。屋面管桁架从主结构处悬挑出32m，最大桁架截面高度为3.8m，屋面区域构件数量为13486件，用钢量约1200t，材质为Q345B。屋面悬挑管桁架在南北侧使用钢管柱（即摇摆柱）作为支撑，在中间位置采用主体框架结构的钢柱作为支撑。钢管柱（即摇摆柱）上下端与基础和屋面管桁架之间采用抗震支座进行连接，桁架与主体框架结构之间采用抗震支座进行连接。摇摆柱的截面规格为Φ720×25mm，钢管桁架主要使用材料的截面规格为Φ299×10mm、Φ180×8mm、Φ159×6mm、Φ89×4mm。多管相贯时采用增加主弦杆截面尺寸和焊接球等连接节点。在摇摆柱和屋面管桁架之间共设置144件抗震支座，抗震支座采取了刚、柔结合等有效抗震措施，增大了支座的耗能能力，极大地改善了支座的抗震性能，因此地震发生时可提高结构的抗震能力，最大限度地限制了结构间的相对位移，减小了地震力的放大系数。

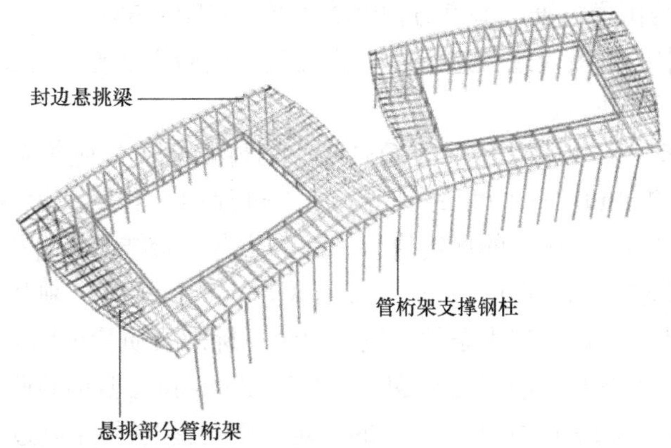

图 6-6　会议中心悬挑钢屋面曲面钢桁架结构轴测图

6.2　主体钢框架结构施工技术

6.2.1　加工制作工艺准备

1. 一般规定

本工程所用材料应符合设计文件的要求和现行标准的规定，必须有材料质量证明证书。材料进厂后，必须按照相关规定进行复验并做好复验记录，复验合格并报监理批准后方能使用。按照各种材料相关要求进行存放、使用和回收，保证材料使用合格可靠。在特殊情况下，如需变更，应根据变更程序，在征得设计和监理方同意后实施。

2. 钢材

所有钢材必须有生产钢厂的出厂质量证明书；原材料进厂后，根据规格对材料进行储存和标识；对材料的外观（尺寸）进行检验。钢材力学性能指标见表 6-1。

钢材力学性能指标（单位：N/mm^2）　表 6-1

钢材		抗拉、抗压	抗剪强度	屈服强度
牌号	厚度或直径	和抗弯强度 f	f_v	f_y
Q345B	≤16	310	180	≥345
	>16～35	295	170	≥325
	>35～50	265	155	≥295
	>50～100	250	145	≥275

钢材质量应分别符合本说明采用的相关标准的规定，具有抗拉强度、伸长率、屈服强度、屈服点和硫、磷含量的合格保证，并具有碳含量、冷弯试验、冲击韧性的合格保证。板材应进行复检并应符合《钢结构工程施工规范》GB 50755—2012 规定。对于厚度 20mm≤t<40mm 的板材，首批 600t 钢材以 60t 为验收批，首批检验合格且质量稳定后，可按每 400t 为一个验收批；对于厚度不小于 40mm 的板材，尚应做厚度方向性能检查，其首批 600t 钢材以 60t 为验收批，首批检验合格且质量稳定后，可按每 400t 为一个验收批。厚度小于 40mm 的板材的验收批指同一钢厂、同一牌号、同一交货状态；厚度不小于 40mm 的板材的验收批指同一钢厂、同一牌号、同一厚度、同一交货状态。构件板厚

$t \geqslant 40$mm 时，应符合国家标准《厚度方向性能钢板》GB/T 5313—2010 中 Z15 级的规定。对于有 Z 向性能要求的钢板应逐张进行超声波检验，检验方法按《厚钢板超声检测方法》GB/T 2970—2016 标准执行。

选用的钢材，未特别注明材料均为 Q345B。钢材表面质量应符合《热轧钢板表面质量的一般要求》GB/T 14977—2008 的规定。加工过程中，若发现钢材缺陷需要修补时，按国家标准 GB/T 14977—2008 的规定执行。钢材冲击试验结果不合格时，应按《钢及钢产品交货一般技术要求》GB/T 17505—2016 有关规定进行复验。须从另外两张板上分别取样进行试验，其结果应符合技术条件。钢材包装、标志及质量证明应符合《钢板和钢带包装、标志及质量证明书的一般规定》GB/T 247—2008 和《型钢验收、包装、标志及质量证明书的一般规定》GB/T 2101—2017 的规定。钢材运输和存放过程中，应注意不使钢材出现永久变形和损伤，并注意保持其平整度。钢材材质及规格进行代用或变更，须经设计单位同意，并按有关规定履行变更手续。钢材应采用色带标识，并实施余料色带转移，色带标识的每种颜色的长度不宜小于 50mm。当钢材表面有锈蚀、麻点或划痕等缺陷时，其深度不得大于该钢材厚度允许负偏差值的 1/2。钢材表面锈蚀等级应符合《涂覆涂料前钢材表面处理 表面清洁度的目视评定 第 1 部分：未涂覆过的钢材表面和全面清除原有涂层后的钢材表面的锈蚀等级和处理等级》GB/T 8923.1—2011 的规定。

3. 焊接材料

焊接材料型号及规格应根据焊接工艺评定试验结果确定，选用的焊接材料应按表 6-2 的规定要求执行。

选用的焊接材料 **表 6-2**

焊接材料名称	标准	标准号
手工电弧焊焊条	《非合金钢及细晶粒钢焊条》	GB/T 5117—2012
埋弧焊丝	《埋弧焊用非合金钢及细晶粒钢实心焊丝、药芯焊丝和焊丝-焊剂组合分类要求》	GB/T 5293—2018
CO_2 药芯焊丝	《非合金钢及细晶粒钢药芯焊丝》	GB/T 10045—2018
焊剂 SJ101	《埋弧焊和电渣焊用焊剂》	GB/T 36037—2018

焊接材料除进厂时必须有生产厂家的出厂质量证明外，并应按现行有关标准进行复验，做好复验检查记录，复验结果应报监理工程师确认。焊接材料如有变化，应重新进行焊接工艺研究和评定，并经监理工程批准后，方可投入使用。

4. 高强螺栓及栓钉

本工程高强螺栓均采用摩擦型连接。一个 10.9 级高强度螺栓的预拉力 P 见表 6-3。

10.9 级高强度螺栓的预拉力 P **表 6-3**

螺栓的公称直径(mm)	M16	M20	M22	M24
螺栓的预拉力(kN)	100	155	190	225

在高强度螺栓连接范围内，构件接触面采用喷砂（丸）处理，要求抗滑移系数≥0.4。制作单位应进行抗滑移系数试验，安装单位进行复验。现场处理的构件摩擦面应单独进行试验。高强度大六角头螺栓连接副、摩擦型高强度螺栓连接副出厂时应分别随箱带有扭矩系数和紧固轴力（预拉力）的检验报告，并符合设计要求和国家现行有关产品标准的规定。该工程中抗剪栓钉的尺寸、性能和强度应符合现行国家标准《电弧螺柱焊用圆柱头栓

钉》GB/T 10433—2002 的规定；栓钉成品表面应无有害的皱皮、毛刺、裂纹、扭弯、锈蚀等；购入的栓钉应具有钢厂和栓钉材料厂出具的质量证明书或检验报告。栓钉的力学性能应符合表 6-4 的规定。

栓钉的力学性能（单位 N/mm²） **表 6-4**

钢号	屈服强度	抗拉强度
Q345	≥240	≥400

栓钉焊接前应将构件焊接面的油、锈清除。焊接后检查栓钉高度的允许偏差应在 2mm 以内，同时，按有关规定抽样检查其焊接质量。瓷环的质量要求应符合现行国家标准《电弧螺柱焊用圆柱头栓钉》GB/T 10433—2002 的规定。瓷环应按其使用说明书的规定在仓库内妥善堆放、存贮，避免栓钉表面受潮锈蚀、瓷环压坏及材料表面沾有油脂或其他有害物质；瓷环应保持干燥，受过潮的瓷环在使用前置于烘箱中经 120℃烘干 1～2h，方可使用。

5. 涂装材料

涂装材料应根据图纸要求选定，以确保预期的涂装效果，禁止使用过期产品、不合格产品和未经试验的替用产品。防锈漆：底漆采用环氧富锌防锈底漆；环氧云铁中间漆根据防火涂料的特性要求确定；面漆采用聚硅氧烷面漆，用于外露构件，并结合建筑要求确定。钢构件涂漆前应严格进行金属表面喷砂防锈处理，其级别达到 Sa2.5 级，表面粗糙度中等；对于工地焊缝，宜采用工地用喷砂设备除锈，当采用手工除锈时，应不低于 St3 级别。除锈要求应符合国家标准《涂覆涂料前钢材表面处理 表面清洁度的目视评定 第 1 部分：未涂覆过的钢材表面和全面清除原有涂层后的钢材表面的锈蚀等级和处理等级》GB/T 8923.1—2011。防腐底漆、封闭漆、中间漆、面漆应相容，漆间附着力好，宜采用同一系列的产品进行配套。中间漆根据防火涂料的特性要求确定。涂装材料应兼有耐候、防腐蚀、美化结构等多种功能，使用期应满足图纸要求年限，如需改变涂装设计，则变更的涂装材料应符合以上要求，并报监理工程师会同业主、原设计单位研究批准后，方可实施。本连体工程耐火等级同主体结构，耐火极限：钢桁架（含弦杆、斜腹杆、竖杆）采用薄涂防火涂料进行保护，耐火极限不低于 3.00h，桁架之间的水平钢梁、水平支撑采用防火涂料保护，耐火极限不低于 2.00h，楼板耐火极限不小于 1.50h。防火涂料必须选用通过国家检测机关检测合格、消防部门认可的产品，且需与底漆配套。所选用防火涂料的性能、涂层厚度、质量要求应符合现行国家标准《钢结构防火涂料》GB 14907—2018 和《钢结构防火涂料应用技术规范》CECS 24—1990 的规定。钢结构安装完毕后，应对连接件、接合部的外露部位和紧固件、工地焊接部位以及运输和安装过程中的防锈受损部位进行补漆。钢构件的除锈和涂底工作应在质量检查部门对制作质量检验合格后进行。钢结构的防火构造与施工，在符合现行国家标准的前提下，由建设单位、设计单位、施工单位和防火保护材料生产厂共同商讨实施方案。钢柱、钢梁防火保护厚度宜直接采用实际构件的耐火试验数据。当构件的截面形状和尺寸与试验标准构件不同时，应按《钢结构防火涂料应用技术规范》CECS 24—1990 附录三的方法，推算实际构件的防火保护层厚度。

6.2.2 主要钢结构制作加工工艺

1. 箱形构件的加工工艺

（1）工艺流程图

箱形构件加工工艺流程图及技术措施如图 6-7、表 6-5 所示。

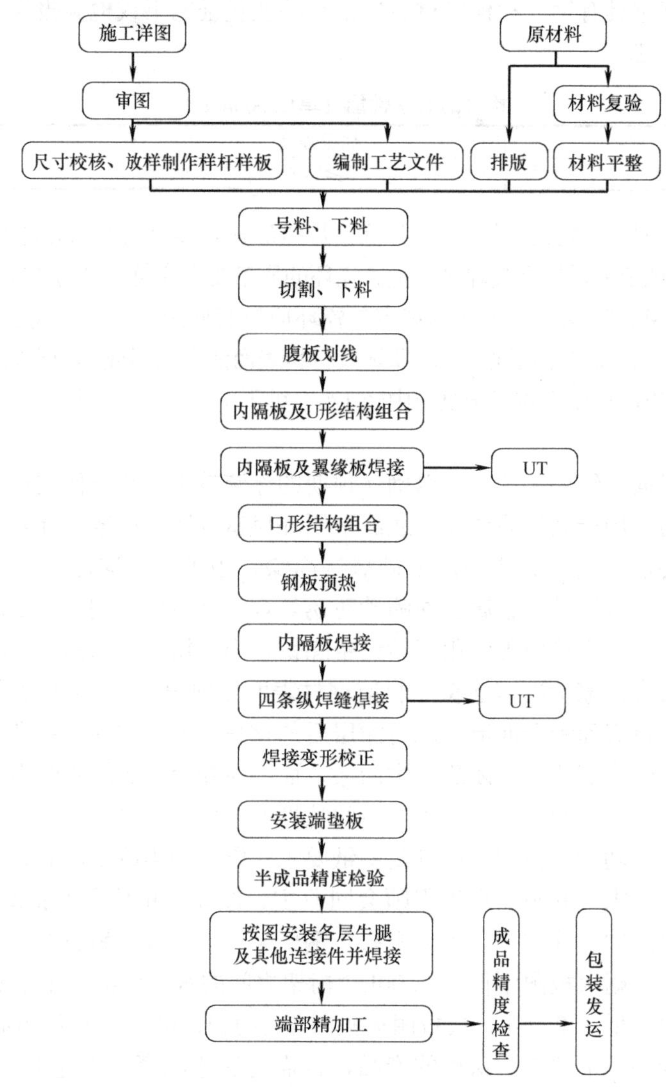

图 6-7　箱形构件制作工艺流程图

箱形柱焊接加工制作工艺及技术措施　　　**表 6-5**

工序	加工设备或流程	工艺要点	工艺措施及要求
下料		规则零件采用数控直条切割机，非规则零件采用数控等离子切割机进行精密下料。预留焊接收缩量和加工余量。焊接收缩余量由焊接工艺试验确定。切割后，必须对板件的切割边进行打磨，去除割渣、毛刺等物，对割痕超过标准的进行填补，打磨	对内隔板应按工艺要求进行坡口加工，加工的质量应符合《切割工艺标准》的相关规定，坡口形式应符合气体保护焊施工条件，具体坡口形式如下图所示： $T\leq36$　$T>36$　$T/3$　$2T/3$　35°　40°　35°　2　2

续表

工序	加工设备或流程	工艺要点	工艺措施及要求
隔板组装焊接	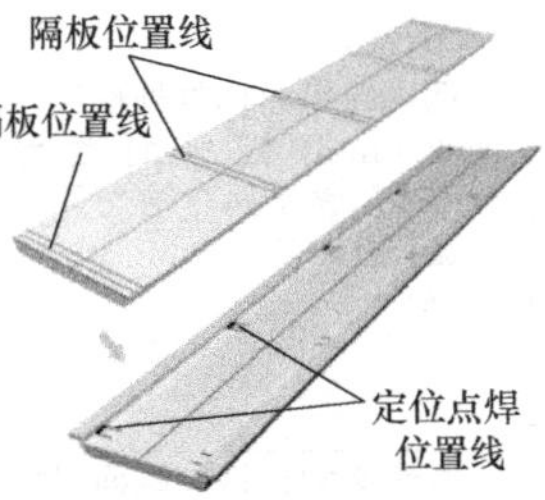	在箱形柱的腹板上装配焊接衬板，进行定位焊并焊接，对腹板条料应执行"先中心画线，然后坡口加工，再进行垫板安装"的制作流程，在进行垫板安装时，先以中心线为基准安装一侧垫板，然后在以安装好的垫板为基准安装另一侧垫板，应严格控制两垫板外缘之间的距离。定位焊缝采取气体保护焊断续焊缝焊接，焊缝长度为60mm	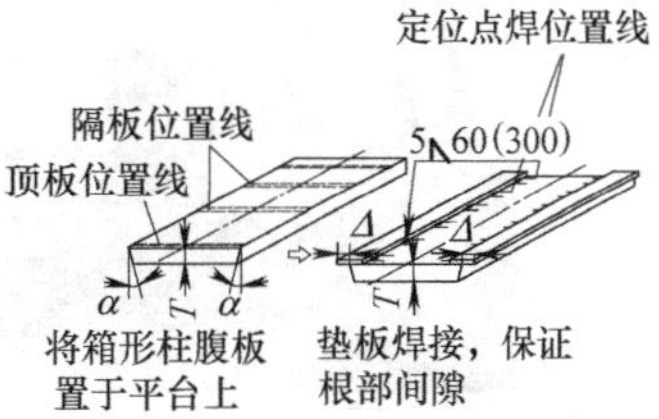
箱体U形组装		将在BOX组装机上组装好的U形箱体吊至焊接平台上，进行横隔板、工艺隔板与腹板和下翼缘板间的焊接，对工艺隔板只需进行三面角焊缝围焊即可，对于横隔板与二块腹板间的焊透角焊缝，采用CO_2气体保护焊进行对称焊接，板厚≥36mm时，还应先进行预热，横隔板焊接应进行清根处理，并进行100%UT探伤检查	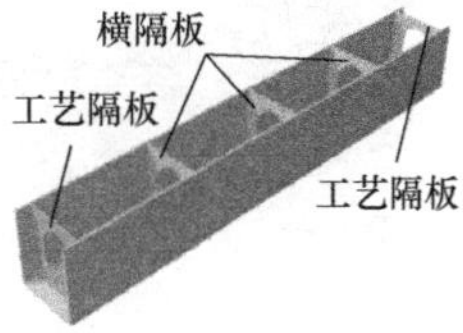 在箱体两端面处采用经机加工的工艺隔板对箱体端面进行精确定位，以控制端口的截面尺寸，避免焊接变形而引起几何尺寸精度不能保证
箱体盖板	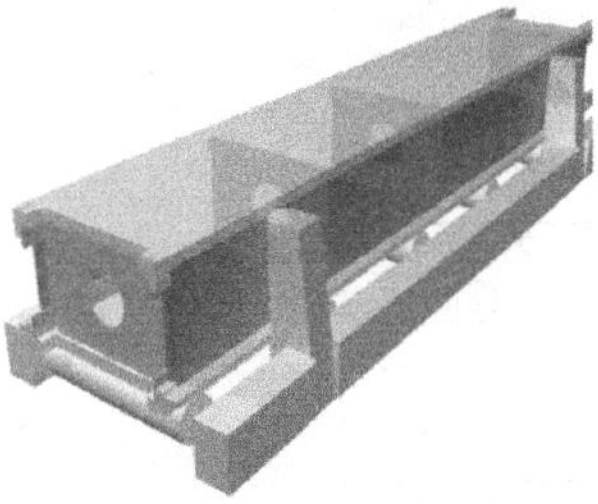	箱体盖板的组装也采用专用箱形BOX组装流水线，通过流水线上的液压油泵对箱体盖板施压，使盖板与箱体腹板及箱体内的横隔板、工艺隔板相互紧贴，特别是箱体底板与横隔板要求顶紧处，组装效果会更好	
箱体纵缝焊接		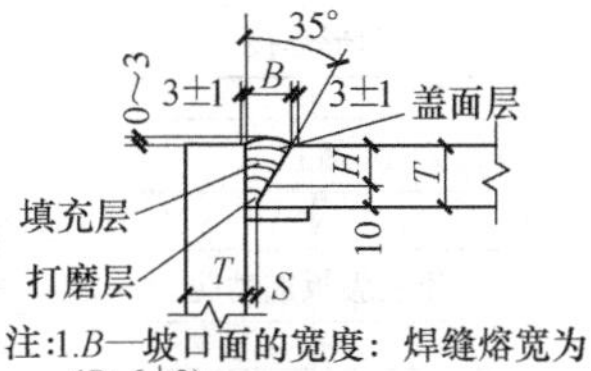 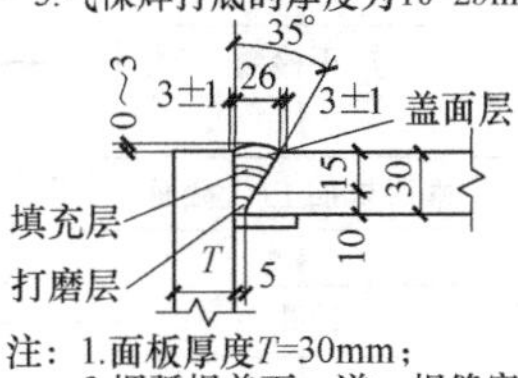 注:1.B—坡口面的宽度：焊缝熔宽为(B+6±2)mm; 2.T—箱体面板的厚度，T≤30mm; 3.气保焊打底的厚度为10-2bmm。 注：1.面板厚度T=30mm； 2.埋弧焊盖面一道，焊缝宽度30mm。	 箱体打底焊接采用CO_2自动打底焊接，将组装好的箱体转入箱体打底焊接流水线，进行箱体纵缝自动对称打底焊接，打底高度不大于焊缝坡口高度的1/3，可较好地控制打底焊接质量和焊接变形，然后采用双弧双丝埋弧焊进行盖面焊接，采用对称施焊法和约束施焊法等控制焊接变形和扭转变形，焊后进行局部矫正，最后对焊缝进行探伤

续表

工序	加工设备或流程	工艺要点	工艺措施及要求
箱体两端铣加工		采用端面铣床对箱体两端面进行机加工，使箱体端面与箱体中心线垂直，有效地保证了箱体的几何长度尺寸，从而提供钻孔基准面，有效地保证了安装精度	两端铣平时构件外形尺寸允许偏差±2.0mm，铣平面度允许偏差±0.3m，铣平面对轴线垂直度允许偏差±L/1500
楼层牛腿画线组装焊接		箱形柱端面加工后，将钢柱吊入专用画线平台进行画线，画线要求将箱体的中心线以及楼层牛腿的安装定位线画出，并提交检查。 楼层牛腿安装必须在专用组装平台上进行组装定位和焊接，焊接采用CO_2气体保护焊对称焊接，严格控制牛腿的相对位置和垂直度以及高强螺栓孔群与箱体中心线的距离	画线必须以钢柱端面机加工面为基准，采用专用钢带进行画线，由于本工程楼层高度基本一致，用钢带画线比用卷尺画线精度更能保证。

(2) H型钢构件加工工艺

H型钢构件加工工艺流程图如图6-8所示。

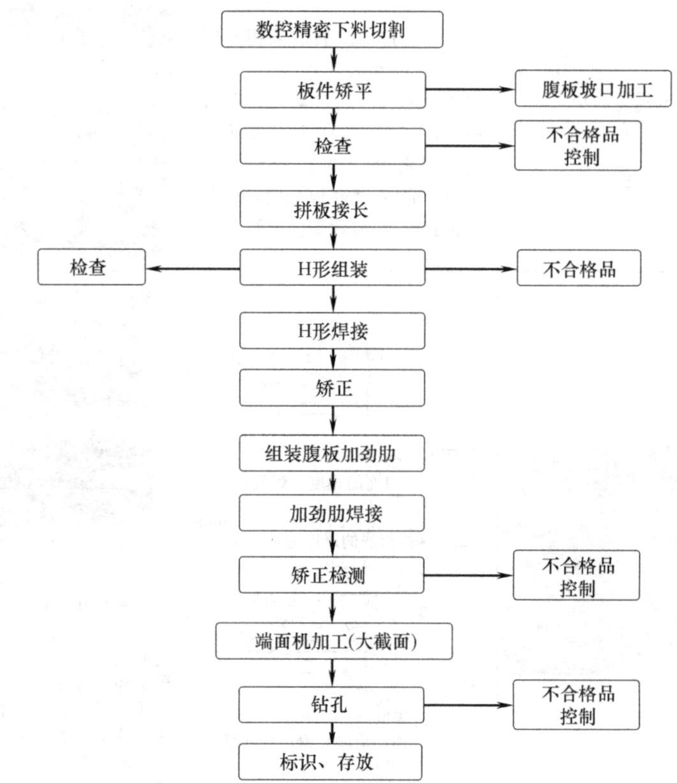

图6-8 H型钢构件加工工艺流程图

（3）加工工装、关键工艺及设备

H形构件组装和焊接采用在专用H型钢自动组装机上进行，如图6-9所示。

图6-9　H型钢组装生产线

（4）H形构件焊接采用在专用H型钢生产线上进行，采用龙门式自动埋弧焊机在船形焊接位置焊接，如图6-10所示。

图6-10　龙门式H型钢埋弧自动焊焊接生产线

（5）H形构件的矫正焊接采用在H型钢翼缘矫正机上进行，采用弯曲矫直机进行挠度变形的矫正，如图6-11所示。

（6）焊接H形杆件的钻孔采用数控钻床进行出孔，根据三维数控钻床的加工范围，优先采用三维数控钻床制孔，如图6-12所示。

（7）焊接H型钢的冲砂涂装

焊接H型钢加工制作后，对于截面高度小于1200mm以下的采用H型钢抛丸除锈机进行冲砂涂装，如图6-13所示。

图 6-11　H 型钢翼缘矫正机

图 6-12　H 型数控钻床制孔

图 6-13　H 型钢抛丸除锈机

2. 钢管柱的加工制作工艺

本工程钢柱采用了大直径焊接钢管，焊接钢管有两种加工方案：一种用钢板卷制成小段节，再将多节钢管对接接长；另一种采用钢板压制，钢管的长度方向环缝较少，纵向只有一条纵缝。这两种加工方案均能满足本工程的设计要求，本工程钢管柱直径为 $\phi600$～$\phi800$，厚度为 14～40mm，根据本工程钢管直径特点及工厂加工工艺，均采用压制成型制管做法。

3. 钢管相贯线切割工艺

（1）钢管件加工制作说明

本工程钢管直径最大为 299mm，因此所有钢管构件均采购成品直缝钢管，工厂加工制作的主要内容为钢管相贯线的切割。

（2）钢管相贯线切割工艺，钢管相贯线切割要求

相贯线切割的质量好坏是保证本工程制作质量的基本前提条件，其相贯口的切割直接影响到构件的拼装与焊接质量，因此其切割质量是本工程焊接节点制作的重点之一。其重

要性表现在如何设计相贯口在 A、B、C 区的相贯坡口，以实现焊缝在不同区的焊缝的有效面积，实现等强连接；由于本工程的钢管构件数量大，钢管与钢管、钢管与其他截面的相贯面切割必须用圆管数控五维或六维相贯线切割机切割，严禁用其他切割器械切割（图 6-14、图 6-15）。

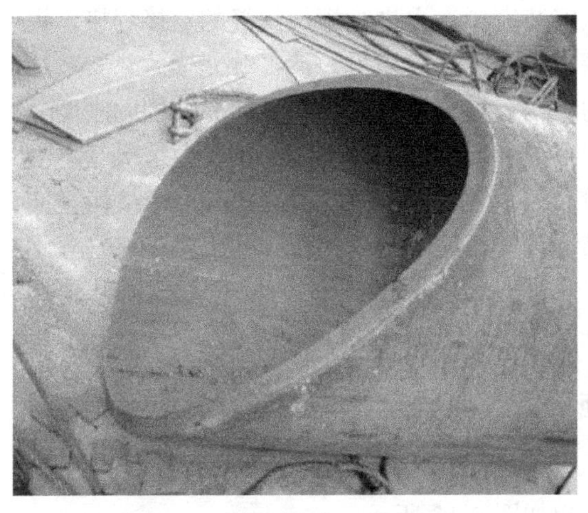

图 6-14　钢管相贯线切割坡口

图 6-15　钢管相贯线切割

（3）相贯线切割方法

根据相贯线切割的要求及相关的切割机设备，结合本工程钢管的直径大小，本公司拟采用三种型号的相贯线切割机进行切割，即 800 型、900 型、1600 型三种。

（4）切割下料

通过试验确定各种规格的杆件预留的焊接收缩量，在计算钢管的断料长度时计入预留的焊接收缩量。

6.3　中庭屋面平面钢桁架整体提升施工技术

6.3.1　中庭屋面平面钢桁架整体提升施工技术特点

（1）每个提升吊点受力大小相近且可保证各吊点的受力均衡，提升过程中采用计算机控制液压同步提升，通过数据反馈和控制指令传递，全自动实现同步动作、负载均衡、姿态矫正、应力控制、操作闭锁、过程显示和故障报警等多种功能，及时检测和纠偏调整提升过程中位移的同步性。

（2）通过设置吊点的设置，保证桁架受力结构均匀；通过增加临时斜腹杆控制吊点位置桁架上下弦的变形；通过有限元分析结构变形值，拼装时设置预拱度，确保结构挠度变形值在规范和设计允许范围内；通过静载实现桁架提升前的预变形。初始提升时先将桁架提升至脱离胎架 0.5m，进行 12h 静载试验；之后检测桁架挠度变形值，实现提升前预变形。

（3）对接口门精度控制，通过计算机控制系统、液压控制系统和电器控制系统采用点动微调的方式调整对接口门安装精度。

（4）实现卸载控制结构受力体系转移，通过码板临时固定法减少嵌补杆件焊接过程中的应力，焊接和卸载时采用由中间向两侧同时焊接和卸载的方法，控制结构受力的转移。

6.3.2 中庭屋面平面钢桁架整体提升施工原理

设计起拱值布置胎架，分段桁架在胎架上进行组装，左右两榀桁架组装完后，安装桁架之间的钢梁，依次把提升区域的桁架、钢梁安装完毕，再进行桁架焊缝的对接焊接，提升区结构安装完毕后，在提升前进行焊缝的探伤，保证焊缝质量。待提升完毕后，安装桁架与周围主体连接的嵌补杆件。根据钢结构的结构特点，提升点的布置要和结构的刚度分布相一致，同时也要保证提升状态的结构受力情况和实际使用状态的结构受力情况基本吻合，提升点布置满足以下要求：在结构刚度较大的位置；单点反力不超过 39t；结构竖向变形均匀协调；提升点提升过程中不得与原结构杆件相碰；施工过程中的临时支撑等亦不得与整体提升构件相碰；提升油缸位置同提升吊点位置，经过计算，本工程提升采用 100t 提升油缸。

6.3.3 中庭屋面平面钢桁架整体提升施工工艺流程与操作要点

1. 施工工艺流程

中庭屋面平面钢桁架整体提升施工工艺流程如图 6-16 所示。

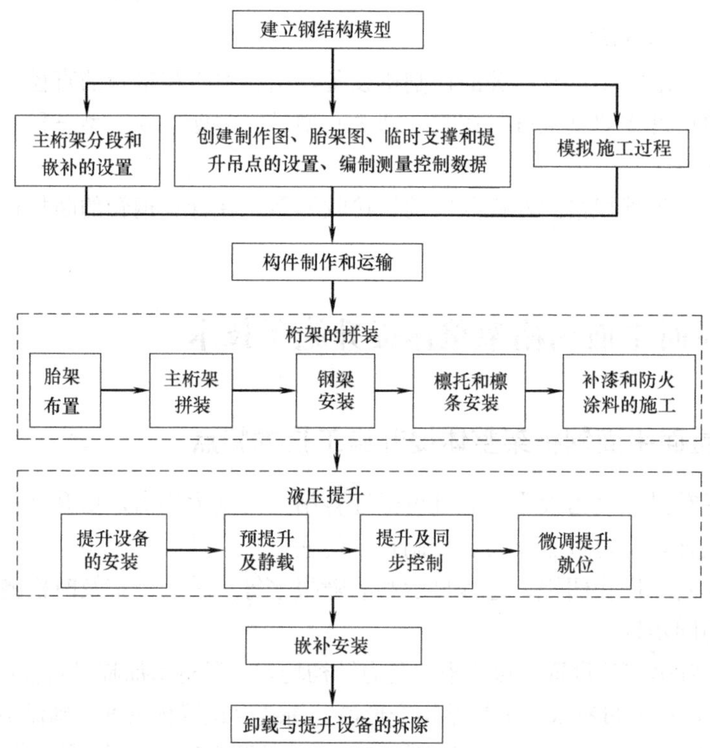

图 6-16 大跨度钢桁架整体同步提升施工工艺流程图

中庭屋面平面钢桁架整体提升施工：提升区域拼装完成后采用液压提升设备进行提升，东、西区中庭桁架共设置 28 个提升点进行分别提升，提升前需进行预提升静载试验，确保提升的安全性和稳定性后再进行整体提升。采用通过电脑编程控制系统控制液压油缸的工作状态实现提升过程的同步性，提升就位后安装嵌补杆件并进行临时固定，同时逐步完成卸载工作。

2. 技术操作要点

（1）BIM 技术深化设计

1）根据设计图纸及规范要求，使用 BIM 技术的 Tekla Structures 软件建立钢结构模型，并根据各类工作变更单内容更新模型数据。

2）建立模型时需进行碰撞检查，暴露所有碰撞情况并进行分析，同时逐一解决每一条碰撞信息。

（2）主桁架分段的划分和嵌补的设置

1）分析结构特征，结合现场的实际环境因素及起重设备的工况，确定主桁架分段的划分和嵌补的设置。

2）主桁架划分需遵循复核履带式起重机的吊装范围及起重性能、构件便于运输（不超长、不超宽、不超重）、减少现场施工量和尽量减少分段数量的原则，来提高现场施工速度，实现复制节点构件工厂提前预制化。

（3）提升吊点的设置

1）提升区域的每榀主桁架横向位置对应的钢柱柱顶部设置钢牛腿，采用双拼 HN700mm×300mm×13mm×24mm 的 H 型钢焊接而成，双拼牛腿中部设置圆管孔，孔径为 170mm，作为钢绞线提升通道。

2）提升牛腿上部为提升油缸，故对应牛腿处需要设置加劲板，加劲板的厚度一般比腹板厚 2mm，此处设计为 14mm。上吊点的位置为桁架提升完毕高 3m 左右为宜（图 6-17、图 6-18）。

图 6-17　提升架上部构造

图 6-18　提升架下部构造

3）每榀主桁架横向两端上弦的端部采用“目”字形节点，板厚一般为 20mm。节点通过两侧翼缘板与桁架连接，节点的下部需要设置封板及加劲板，封板板厚为 30mm，开孔大小同上部提升节点，孔径大小一般为 160mm。

4）通过吊点的设置，保证桁架受力结构均匀、挠度变形最小。增加临时斜腹杆控制吊点位置桁架上下弦的变形。

（4）钢桁架拼装

1）桁架拼装流程

桁架拼装流程为：预埋件布置→完成拼装胎架制作→采用全站仪测放主弦杆定位地样线→主桁架立面上胎，采用吊线锤的方法进行调节定位→连系梁连接→采用全站仪测放定位控制点→ 安装提升钢绞线→装配完成后报验（报总承包、监理单位验收）→ 安排电焊工有序焊接→焊完超声波探伤自检→自检合格后报第三方探伤抽检→焊缝区域油漆补涂→整体提升。

为了确保拼装精度，将桁架在工厂分段卧拼，采用水平胎架进行拼装，经检验合格至现场。现场胎架拼装过程中需严格控制桁架下弦起拱 1/600 线型标高；然后与理论模型进行对比。立面桁架上胎后对上下弦端口进行精确定位，通过三维仿真模拟提取三维定位数据，再采用全站仪进行三维测量定位。每片桁架就位后采用水平连系梁进行稳定连接；定位过程中通过千斤顶和手拉葫芦进行微调。钢桁架拼装过程中采用门式脚手架作为操作平台。

2）桁架拼装控制要点

所有桁架分段都在楼层面上进行拼装，根据结构分析，每榀桁架下部设置 3 个胎架，而胎架应设置于楼层的混凝土梁。胎架采用 $\phi180\times6$mm、$\phi245\times10$mm 的钢管及 PL20mm×200mm 的钢板制作而成。胎架的起拱值是根据桁架提升时最大的下挠值确定，呈线性关系。下胎架设置完成后，先将主桁架吊装上胎架，用槽钢作为斜支撑撑住主桁架，然后采用吊线锤的方法对桁架进行调节定位。用临时卡码对桁架下弦杆进行限点焊固定，同时采用斜撑固定以防止桁架侧翻，待整个桁架全部装配完成并复测合格后安排焊工进行焊接（图 6-19、图 6-20）。

（5）提升吊点拼装控制要点

为保证提升吊点上下成一直线，下提升吊点桁架上弦的提升牛腿考虑现场安装。待整个桁架区全部拼装焊接完毕，从上部提升点（上端牛腿处圆孔）引激光垂线至桁架上端，进行下提升点牛腿的定位安装，要求全熔透焊接。

图 6-19　桁架垂直度校正

图 6-20　桁架安装侧向稳定支撑

（6）传感检测

传感检测主要用来获得液压油缸的行程信息、载荷信息和整个被提升构件的状态信息，并将这些信息通过现场实时网络传输给主控计算机。这样主控计算机可以根据当前网络传来的油缸位移信息决定液压油缸的下一步动作，同时，主控计算机也可以根据网络传来的载荷信息和构件姿态信息决定整个提升系统的同步调节量。在液压提升设备系统中主要采用的数据采集系统为油缸行程传感器（图 6-21）和长距离传感器（图 6-22）。

图 6-21　油缸行程传感器

图 6-22　长距离传感器

（7）控制部件

液压提升设备控制部件主要为主控计算机和控制系统软件、通过监控界面（图 6-23）显示每个液压油缸的油压和单个行程的行程速度。操作界面（图 6-24）则为用户指令输入的控制系统。运用主控计算机和控制系统实时采集、分析液压提升设备工作过程中的数据，为用户给出可靠、有效的判断依据。

图 6-23　监控界面

图 6-24　操作界面

（8）液压同步提升控制

“液压同步提升技术”采用液压提升器作为提升机具，柔性钢绞线作为承重索具。液压提升器为穿芯式结构，以钢绞线作为提升索具，具有安全、可靠、承重件自身重量轻、运输安装方便、中间不必镶接等一系列独特优点。液压提升器两端的楔形锚具具有单向自锁作用，当锚具工作（紧）时，会自动锁紧钢绞线；锚具不工作（松）时，放开钢绞线，钢绞线可上下活动。当液压提升器周期重复动作时，被提升重物则一步步向前移动。当传感器检测出位移发生偏差时，行程速度较快时通过液压阀锁住油压，使其液压缸处于停止工作状态，速度缓慢吊点位置的液压缸处于继续工作状态。直至检测到所有位移行程同步时，所有液压杆再次进行工作，提升过程中通过液压控制系统和电器控制系统及时检测和纠偏控制、及时调整提升过程中位移偏差使得液压提升达到同步性。

（9）提升就位

液压提升设备安装就绪后，进行预提升，提升高度为0.5mm，预提升到位后测量各检测点的位移数据，并确保各吊点的位移位置一致时，通过液压控制系统锁住液压缸，使所有的液压缸处于停止工作状态。预提升完成后进行12h的静载试验，静载试验完成后检查液压提升装置和钢绞线的可靠性和安全性。再次测量各检测点的位移数据，并与静载试验前数据进行比对，分析结构的位移变形是否符合设计和规范要求。当提升距设计标高0.5m时，通过液压控制系统和电器控制系统采用点动的方式进行微调。所有液压缸同时点动微调，使得各提升的位置偏差在设计允许范围内，再进行单个液压缸的点动微调，点动微调使得桁架吊点提升位置精度为个位数的毫米级。通过点动微调的方式，调整对接口门相对位置的板偏差使得符合钢结构质量验收规范要求。

（10）卸载控制结构受力体系转移

主桁架的嵌补主要为嵌补主弦杆牛腿和嵌补斜腹杆牛腿，将嵌补杆件先与主体结构体系钢柱安装、固定和焊接，然后采用卡码将嵌补杆件与构件桁架进行固定焊接。通过卡码临时固定法减少嵌补杆件焊接过程中的应力，焊接时采用由中间向两侧同时焊接的方法，控制结构受力的转移。卸载过程是主体结构和吊点相互作用的一个复杂过程，是结构受力逐渐转移和内力重新分布的过程。吊点位置钢绞线由承载状态变为无荷状态，而主体结构则是由安装状态过渡到设计受力状态。所有焊接质量经检测合格后，由中间向两侧同时拆除钢绞线下吊点的连接托盘，逐步改变钢绞线的受力状态，实现安全可靠的卸载的同时受力体系转移。

6.4 摇摆柱支撑体系悬挑曲面管桁架施工技术

6.4.1 摇摆柱支撑体系悬挑曲面管桁架施工技术特点

（1）采用BIM辅助建造技术，运用BIM技术建立钢结构模型、创建悬挑曲面管桁架复杂节点、创建悬挑曲面管桁架单片拼装单元构件及拼装胎架、创建悬挑曲面管桁架吊装单元和组拼胎架、选择悬挑曲面管桁架吊装单元的起重设备、模拟安装工序、创建施工过程中各阶段的测量控制点数值。

（2）采用抗震支座固定摇摆柱技术，摇摆柱柱顶和柱底分别采用抗震球形支座进行固定，安装摇摆柱之前使用扁钢先行固定于抗震球形支座的上、下支座之间，使得抗震球形支座处于静止状态，避免产生位移，并将分段的摇摆柱和柱顶抗震球形支座在水平拼装胎架上安装焊接。

（3）采用复杂节点高精度控制技术，确定箱形梁、焊接球、变截面锥管节点和变截面H形悬挑牛腿节点在工厂内预制完成，并对复杂节点设置组装胎架，控制组装精度，根据管桁架的空间几何信息设置吊装单元的组拼装胎架，采用地模线和全站仪测量检测方法控制拼装精度。

（4）采用卸载过程中的实时结构变形监测技术，在构件上观测点位置贴反射贴片，观测点设置在主桁架跨中位置，采用全站仪对卸载前和卸载后同一点进行观测并控制结构实际变形值。

6.4.2　摇摆柱支撑体系悬挑曲面管桁架施工原理

采用BIM技术建立详细的钢结构模型，编制拼装胎架和组装胎架图及施工工艺，计算临时固定支撑及时间连接节点的特性，同时模拟摇摆柱支撑体系悬挑曲面管桁架施工工序。根据抗振球型支座的设计图纸，使用4块8mm扁钢固定抗振球型支座的顶板和底盆的相对位置，避免在安装的过程中发生滑动。采用卡码限位法，每根摇摆柱安装校正完成后，在摇摆柱底部的四个象限点位置设置4块12mm×200mm×500mm的限位固定卡码与预埋板连接并进行焊接，确保摇摆柱垂直度与稳定性要求（图6-25）。采用附墙支撑固定法，每根摇摆柱与主体结构设置两道附墙支撑，分别与主体结构的钢柱和钢梁连接（图6-26）。摇摆柱和主体结构钢柱及框架梁8.5m标高位置设置规格16mm后的耳板，采用ϕ50的插销将耳板与ϕ219×10mm附墙支撑固定连接，确保摇摆柱垂直度与稳定性要求。

采用竖向支撑固定法，在屋面管桁架分段位置设置竖向支撑，竖向支撑下端固定于楼面，竖向支撑上端设置为码板的构造形式以搁置管桁架。格构式支撑截面尺寸为1.5m×1.5m，主杆件为ϕ180×8mm，腹杆为ϕ102×6mm，支撑上下平台为H300mm×300mm×10mm×15mm，横向支撑采用截面规格为ϕ245×10mm钢管，材质均为Q345B。通过临时竖向格构支撑承载屋面管桁架的荷载，确保屋面管桁架安装过程中的安全性和稳定性。

图6-25　设置固定卡码限位

图6-26　设置附墙支撑固定

6.4.3 摇摆柱支撑体系悬挑曲面管桁架施工艺流程与技术操作要点

1. 摇摆柱支撑体系悬挑曲面管桁架施工工艺流程

摇摆柱支撑体系悬挑曲面管桁架施工工艺流程如图 6-27 所示。

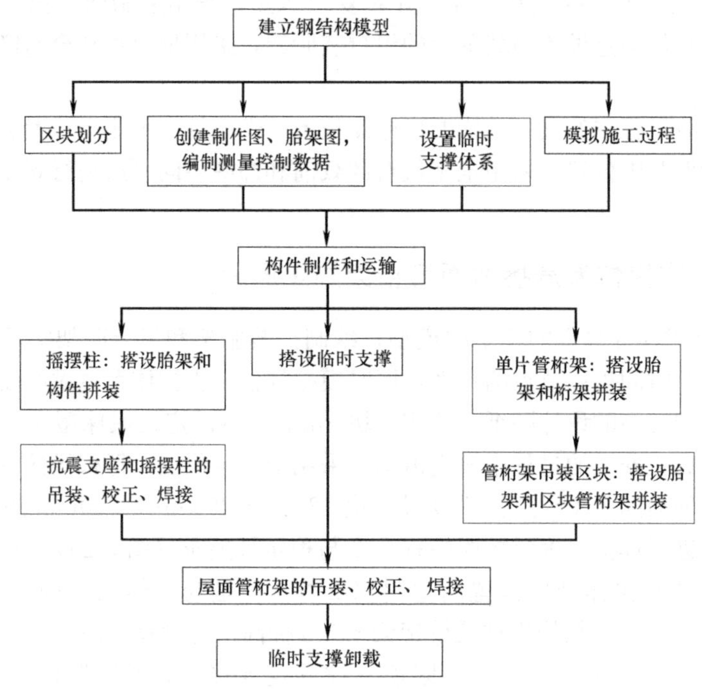

图 6-27 摇摆柱支撑体系悬挑曲面管桁架施工工艺流程

摇摆柱支撑体系悬挑曲面管桁架施工：屋面管桁架划分为 50 个分块，在施工现场布置 18 个拼装胎位，拼装完成后采用两台 280t 的履带吊进行短驳和整体分块吊装。摇摆柱的安装采用地面拼装后进行整体吊装的方法，摇摆柱柱脚与基础埋件间采用卡码进行焊接固定，摇摆柱柱身三分之一处采用扶墙支撑与主体结构进行固定，该方法保证了摇摆柱安装过程中的安全性和稳定性（图 6-28）。

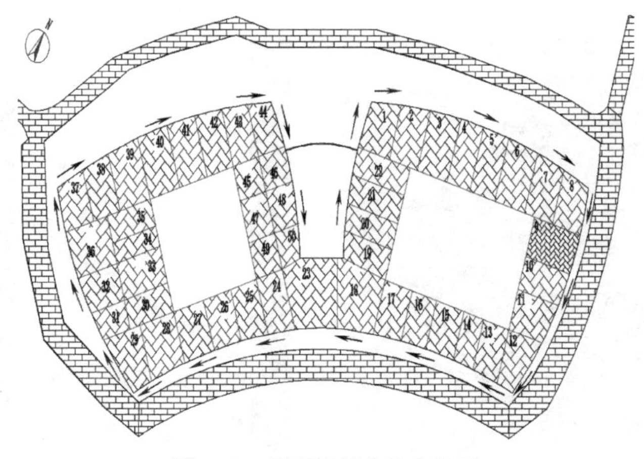

图 6-28 屋面桁架分块布置图

2. 技术操作要点

(1) 构件制作

构件制作由专业工厂加工制作，加工制作阶段的材料选择、零部件下料、组装、焊接、除锈、防护涂装等严格按《钢结构工程施工质量验收规范》GB 50205 的规定。加工时严格控制构件纵向弯曲度、圆度、管件平整度，考虑构件的外形尺寸比较大，对异形节点，在加工厂制作完成后发运至现场，管件在相贯切割防腐涂装完成后发运至施工现场。钢管构件放样时应采用 PIPE 专用钢管放样软件，使用该软件可很好地放出钢管相贯坡口，以实现焊缝在不同区有效面积的等强连接。桁架圆管在下料时应设置必要的焊接收缩余量，此余量值可通过试验获得，根据类似工程经验，一般情况下建议圆管两端各加放 0.5mm 余量，整根长度方向加放 1mm。钢管相贯面及坡口的切割必须采用圆管数控五维相贯线专用切割机进行切割，严禁用其他切割器械切割，切割下料后采用打磨机去除切割面的氧化渣。圆管相贯面切割后应将零件倒置于水平平台上并控制其几何尺寸偏差。异形节点的零件采用 CAD 软件进行放样展开，下料图需根据结构的类型和连接形式设置坡口的大小和焊缝收缩余量。焊缝收缩余量的设置应根据构件的长度和对接焊缝数量共同进行确定，按构件的长度加放焊缝收缩余量计算时一般取值为构件总长度的千分之一，按构件对接焊缝数量加放焊缝收缩余量计算时每条焊接取值为 1～2mm。异形装配式构件应根据构件本身的结构形式设置专制胎架，并通过地模线控制装配时的几何精度，焊接构件时采用由里到外的焊接顺序，先焊接隐蔽焊缝，再焊接外露焊缝。装焊过程须对每道工序施工质量进行检查，经检查合格后方可进入下道工序的施工。

(2) 构件运输

构件出厂前进行焊缝、构件几何尺寸、表面清洁度、防腐处理、摩擦面、超声波探伤检查，并根据 BIM 输出的清单报表和构件图纸进行编号标识，同时根据 BIM 区域和现场需求提出打包清单进行打包。装车时须按实际装车构件和包件提供发运清单和打包清单，便于现场查找构件。构件运输过程中采用有效的防碰撞措施，装、卸车时应采用起重机械轻吊轻放。

(3) 摇摆柱和球型抗震支座的拼装和安装技术要点

底部球型抗震支座安装前，将预先安装好的埋件绘制好中心线，检测无误后在中心线位置用样冲眼做好标识。拼装时采用水平胎架将结构放平，通过 CAD 三维模拟，找出球心三维坐标以及拼装胎架的高差，利用全站仪将球心位置放样在拼装场地，根据球径和管径在拼装场地画地样线用于管定位。胎架设置完成后，每段摇摆柱拼装于胎架上，摇摆柱段间连接采用预先安装好的定位板进行临时固定，检查构件的直线度、圆度和几何尺寸符合要求后，将顶部抗震支座安装至摇摆柱的顶端。通过中心线的检测方法确保每段摇摆柱和抗震支座间拼装时的同轴度，合格后进行焊接。摇摆柱分段和顶部抗震支座装焊完成后，将附墙支撑用螺栓固定于摇摆柱连接耳板位置。组件吊装过程中使用全站仪检测安装坐标数值，校正完成后将附墙支撑用螺栓固定于主体钢梁连接耳板上，并在摇摆柱底部用耳板采用焊接的方法固定于埋件之间，确保摇摆柱安装过程中不会发生位移（图 6-29、图 6-30）。

图 6-29　摇摆柱脚固定节点

图 6-30　摇摆柱安装

(4) 主桁架的拼装

屋面钢管桁架为曲面式桁架，根据结构特点，按工况合理分配吊车使用，以确保相邻分段间对接精度。钢桁架拼装的内容包括平面桁架主体、桁架分块主体、檩托、檩条。根据吊装顺序，主次桁架须同时开展拼装工作，需提前投入资源进行拼装工作，开始吊装前须调整资源确保拼装先行。根据管桁架结构特点，考虑将平面桁架进行卧拼，根据现场条件制作胎架地梁，拼装胎架立杆采用槽钢，立杆的间距宜为 1.5m×1.5m，立杆下端与地梁进行焊接固定，采用 20mm×300mm 的钢板焊接固定于立杆上端作为水平横杆，安装成水平胎架，检查胎架位置、胎架标高，胎架稳定合格后可进入下一道拼装工序。根据每榀主桁架的结构特点，在地平面上根据 BIM 数据输出的胎架布置图绘制地模线，对使用全站仪检测的数据与 BIM 数据进行对比，并调整拼装时的误差，符合要求后进行主桁架的拼装。先将主弦杆定位和固定于水平胎架上，根据地模线和线锤的方法控制弦杆的定位精度，用卡码与胎架进行临时焊接固定，主弦杆定位精度控制在 2mm 以内，然后再安装直腹杆和斜腹杆，多管相贯时应先安装焊接主管后再安装焊接支管，安装过程中采用全站仪检测拼装精度（图 6-31）。

钢管桁架拼装焊接顺序为：先进行主弦杆对接，再进行腹杆焊接。腹杆先主后次必须保证隐蔽焊缝检测后再进行次管相贯线焊接。钢管桁架拼装整体焊接顺序为：从桁架中心向两侧对称焊接，上下弦各组织双数焊工进行对称退步焊接，以减小焊接整体应力水平（图 6-32）。

(5) 悬挑曲面管桁架分块拼装技术要点

拼装前先根据吊装分块 BIM 三维模型创建拼装胎架详图（图 6-33），胎架详图中需包含胎架材料规格、胎架水平位置、胎架标高、胎架制作焊接要求等信息。为控制拼装质量须确保胎架详图的质量，每绘制完一榀桁架的拼装胎架详图后，先由绘图人自检，然后请专业审图技术人员进行复查，重点检查标高信息。

构件上胎架前采用全站仪将定位地样线测放在地面上，每两个节点间弹上中心线。构件上胎架后，采用线锤对其进行定位调节，并通过千斤顶、手拉葫芦、撬棍等工具配合进行微调。主弦杆定位精度控制在 2mm 以内，管件定位调节完成后采用卡码与胎架进行临时焊接固定，主桁杆定位完成后按照图纸尺寸进行次桁架及水平撑杆装配（图 6-34）。

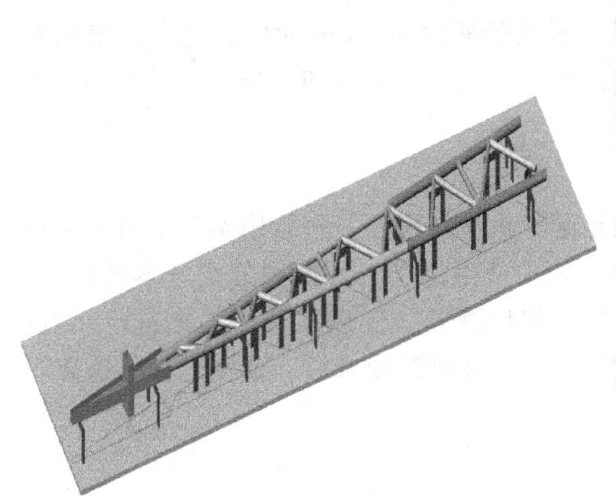

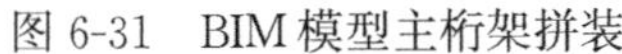

图 6-31　BIM 模型主桁架拼装

图 6-32　主桁架拼装

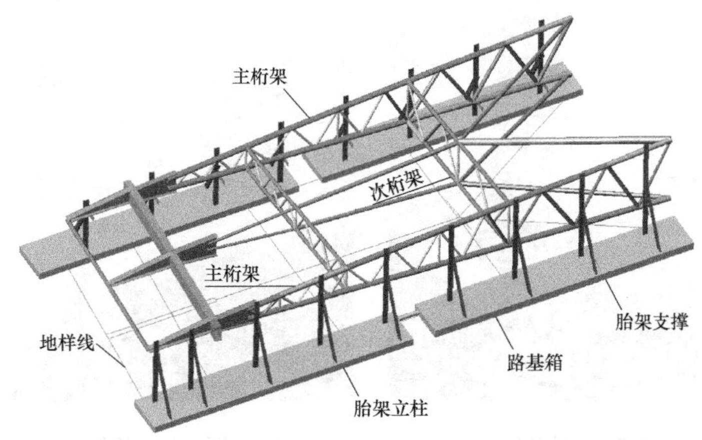

图 6-33　BIM 模型管桁架分块拼装

（6）悬挑曲面管桁架分块吊装技术要点

检查临时支撑的稳定性、预拱值和几何尺寸，检查分块拼装精度，根据吊装分块的位置和重量选择起重设备并设计 4 个吊点。分块吊点设置时需考虑起吊时分块的稳定性，起吊吊钩和分块桁架间采用 4 根钢丝绳和 4 个手拉葫芦进行张拉，并在管桁架分块的 4 个角各设置一根绳索，同时在每个管桁架分块的测量控制点粘贴反射贴片。

图 6-34　管桁架分块拼装

（7）悬挑曲面管桁架分块脱胎技

术要点

管桁架分块与胎架的固定设施全部拆除后，徐徐垂直起吊管桁架分块，并及时观察管桁架分块与胎架间的脱离情况。管桁架分块最底脱离胎架约 300mm 时停止起吊，使用手拉葫芦调整管桁架分块吊点和起重机械吊钩间的距离，初步将管桁架分块的起吊状态调整为与安装完成状态相一致。

（8）悬挑曲面管桁架分块安装技术要点

使用履带式起重机将管桁架分块缓慢短驳至起重机械占位处，将管桁架分块吊装于安装位置就位，通过拉紧四角的绳索保持管桁架分块不产生晃动。管桁架分块基本就位后，采用全站仪及时测量每个测量控制点坐标值，同时将检测数据与 BIM 模型数据进行比对，使用手拉葫芦调整管桁架安装精度，安装精度符合设计及规范要求后，使用码板将桁架固定牢靠，完成后脱钩（图 6-35、图 6-36）。

图 6-35　管桁架分块短驳

图 6-36　管桁架分块吊装

（9）临时支撑卸载技术要点

在每个拆除区段，采用从中间向两端同时卸载、由上向下的顺序卸载及均衡卸载、局部间隔卸载的方法拆除支撑。屋面管桁架的临时支撑卸载时采用火焰抽条法切割胎架上的码板，每次割除宽度不超过 10mm，每割除一次采用全站仪检测管桁架的挠度变形值并做好记录，检测数据符合设置要求时再次进行割除，重复切割和测量的施工直到结构管与胎架脱离完成卸载为止。摇摆柱顶和柱脚抗震支座的固定点和固定耳板采用火焰切割直接割除，摇摆柱附墙支撑拆除时先将插销取出后割除连接耳板，使用火焰切割主体结构上临时固定耳板时需距离耳板根部 5mm 位置处切割，切割完成后采用打磨机进行打磨使其平整光滑。卸载过程中在卸载区域周围 5m 范围内设置安全警戒线，卸载前需清理周围的易燃物品，卸载过程中派专人进行看护，防止闲杂人员进入卸载施工区域。

第7章　流线型金属屋面及登录厅屋面施工技术

7.1　工程概况

7.1.1　屋面工程概况

会议中心金属屋面约 2.6 万 m^2，屋面包含直立锁边金属屋面、金属网屋面、铝板装饰屋面（不含铝单板及龙骨）、天沟虹吸系统等。直立锁边屋面最高点为 24.0m，最低点为 23.2m，屋面板最长为 52.6m；装饰铝板屋面部分最高点为 31.9m，最低点为 23.5m（图 7-1、图 7-2）。

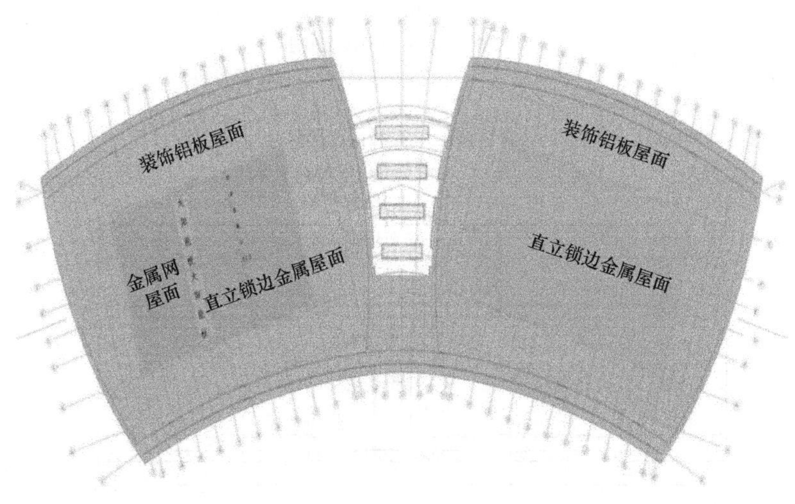

图 7-1　会议中心屋面系统分布图

图 7-2　会议中心立面图

7.1.2 屋面系统做法及构造

1. 会议中心中庭区（保温区）屋面节点（图 7-3）

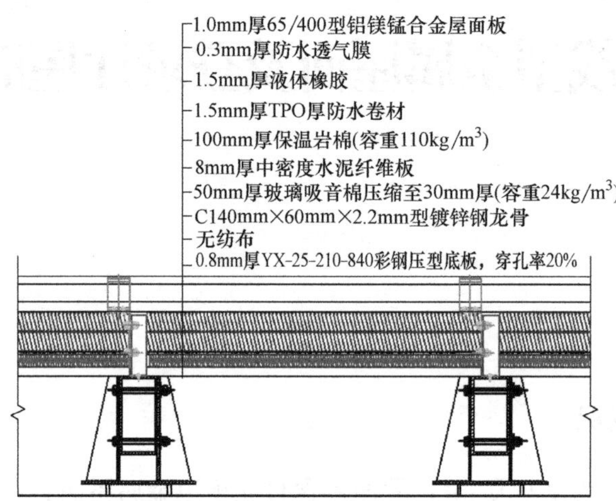

图 7-3 会议中心中庭区（保温区）屋面节点

2. 会议中心（非保温区）屋面节点（图 7-4）

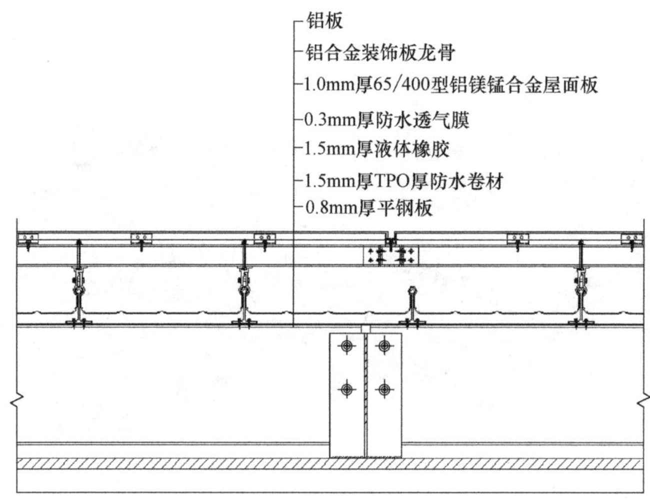

图 7-4 会议中心（非保温区）屋面节点

3. 会议中心天沟节点（图 7-5）

7.1.3 施工段划分

1. 分区原则

由于工期短、工序多、工作量较大，故需将屋面按分区进行组织施工，在合理分区、科学管理的基础上，各区按照施工工序的先后，有层次地进行流水作业施工，沿水流坡向

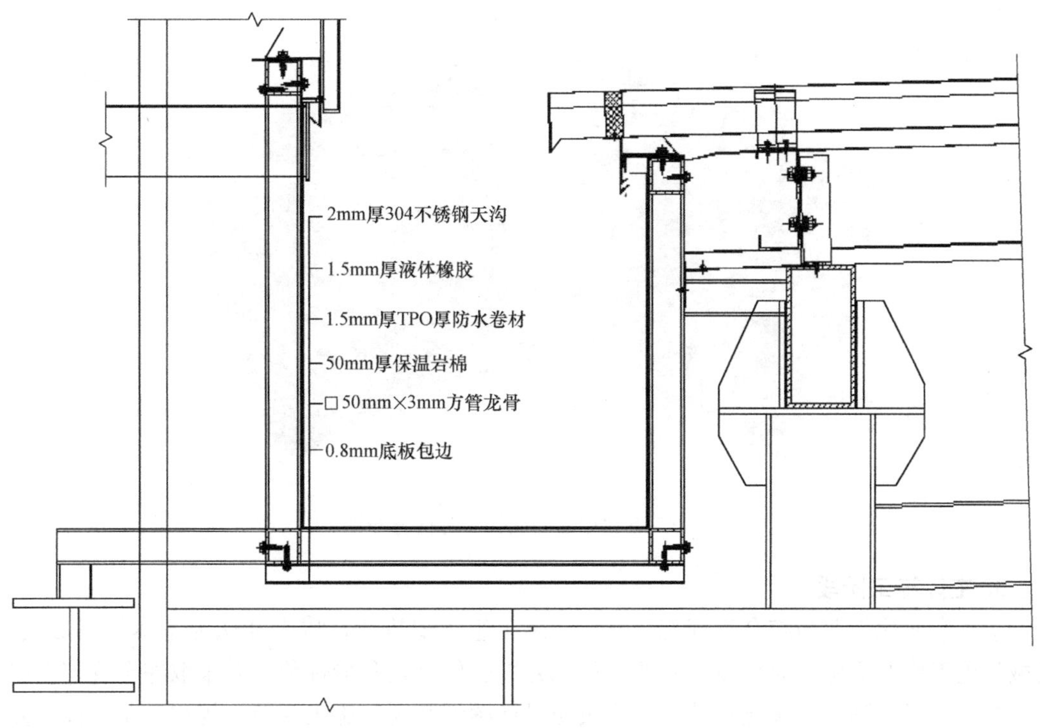

图 7-5 天沟设计图

自下而上流水作业、交叉施工；现场按照垂直及水平运输、安装三个工作流水段进行施工。本屋面工程按照施工作业区进行流水施工安装，施工时可根据现场钢结构的施工进度情况进行安排；各工序形成流水作业、交叉施工。

2. 施工分区

依据施工进度安排，拟将整个工程划分为四个分区，大跨度屋面东西各为一个分区，装饰板屋面东西也为两个分区，条件允许的情况下四个分区同时施工（图 7-6、图 7-7）。

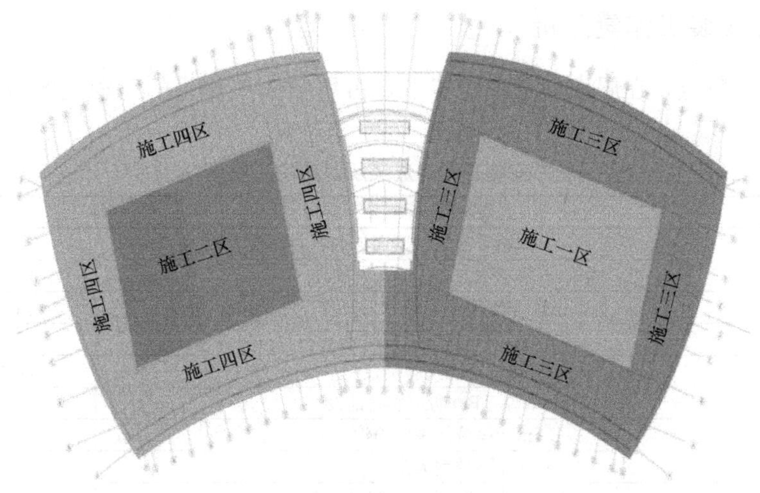

图 7-6 会议中心屋面施工分区

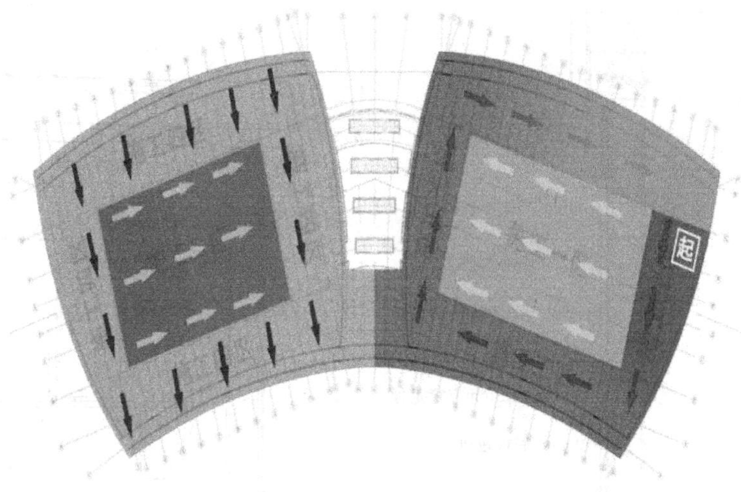

图 7-7　会议中心屋面施工方向分布图

3. 主体施工阶段

坚持专业化作业与综合管理相结合，在施工组织安排上，以专业队为基本组织形式、机械化施工作业为主，充分发挥专业人员和先进、优良设备的优势，并采取综合管理手段合理配置，以达到整体优化目的。严格按照设计图纸及现行施工规范、规程及验收标准要求编写施工方案，施工中合理进行工序穿插施工，以降低屋面系统的安装周期，缩短施工绝对工期。严格按照设计图纸及现行施工规范、规程及验收标准要求编写施工方案。充分利用工地资源，在保证钢结构式起重机装进度的前提下，利用塔式起重机将不便人工运输的构件吊至屋面，以解决人工运输困难或吊机无法站位等问题。控制直立锁边屋面系统、排水天沟、檐口等的制作及安装进度，协调各工序之间的配合，以确保施工工期。

7.2　劳动力组织

7.2.1　屋面安装工作量分析

根据本工程特点，在屋面围护系统专业，占用较大工作量的工程主要包括以下几种（表 7-1）：

屋面安装工程组成及所对应的工程量　　　　表 7-1

序号	主要安装工程	工作量
1	1.0mm 厚(65/400)型氟碳铝镁锰屋面板现场制作及安装	约 2.6 万 m^2
2	0.8mm 厚彩钢穿孔压型底板安装	约 0.7 万 m^2
3	8mm 厚中密度水泥纤维板安装	约 0.7 万 m^2
4	100mm 厚岩棉保温板铺设	约 0.7 万 m^2
5	0.3mm 厚隔气膜铺设	约 2.6 万 m^2
6	1.5mm 厚 TPO 防水卷材铺设	约 2.6 万 m^2
7	1.5mm 厚液体橡胶喷涂	约 2.6 万 m^2
8	2mm 厚不锈钢天沟安装	约 1720m^2
9	50mm 厚玻璃吸音棉铺设	约 0.7 万 m^2
10	檩条安装	约 700t

7.2.2　屋面施工工期分析

金属屋面开工日期为 4 月 1 号，工期时长为 40d，经科学化、合理化计算，用工高峰期出现在 4 月中旬，高峰期人数为 150 人左右，主要由主次檩条的安装及反打底板所需用工量较大所决定（图 7-8）。

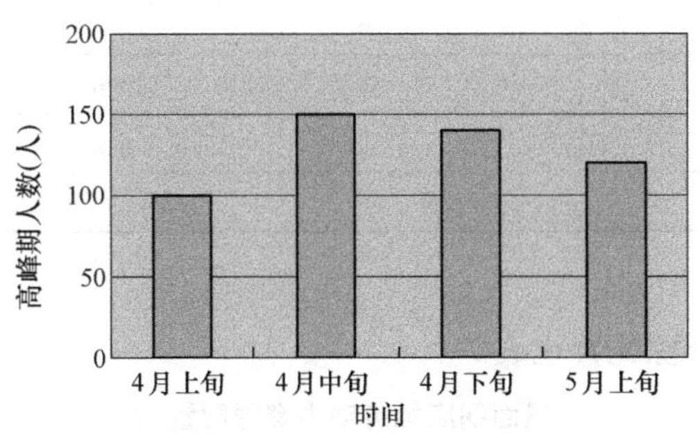

图 7-8　屋面施工工期分析统计表

7.2.3　屋面分项施工劳动力分析

1. 屋面板现场安装

铝镁合金防水屋面板劳动力资源配置见表 7-2。

铝镁合金防水屋面板劳动力资源配置　　　　**表 7-2**

分项工作内容		铝镁锰合金防水屋面板现场安装	
现场施工情况说明		屋面板现场加工成型，采用地面出板、索道运输或汽车式起重机吊装至屋面，高空水平运输，工人人工搬运就位，就位后采用机械咬合锁边密缝，局部连接部位以铝焊焊接成型	
每班组工种		每班组投入人数(人)	工作性质及说明
安装	普工	4	高空屋面板搬运、就位
	安装技工	10	屋面板铺设、咬口锁边
	电焊工	2	屋面收边、切割、焊接
小　计		16	
每班组工作量		$800m^2/d$	
班组数		4 组	
合计施工安装人数		16×4＝64 人	

2. 屋面板现场加工成型

铝镁合金防水屋面板现场加工成型劳动力班组配置见表 7-3。

铝镁合金防水屋面板现场加工成型劳动力班组配置　　　　**表 7-3**

分项工作内容	铝镁锰合金防水屋面板现场加工成型
现场施工情况说明	屋面板成型机装载集装箱及屋面铝卷统一运至现场，在现场开辟场地进行加工运输

续表

分项工作内容		铝镁锰合金防水屋面板现场加工成型	
每班组工种		每班组投入人数(人)	工作性质及说明
安装	加工技师	2	屋面板成型设备操作、控制
	普工	4	现场辅助作业、搬运、上料等
小　计		6	
每班组工作量		$1500m^2/d$	
班组数		2 组	
合计人数		2×6=12 人	

3. 屋面钢底板施工

屋面钢底板劳动力资源配置见表 7-4。

屋面钢底板劳动力资源配置　　表 7-4

分项工作内容	屋面压型钢底板的安装	
现场施工情况说明	屋面底板位于次檩条下方,利用钢跳板等措施反打在檩条下	
每班组工种	每班组投入人数(人)	工作性质及说明
普工	6	屋面底板搬运、辅助施工
安装技工	2	屋面底板安装、指挥
小计	8	
每班组工作量	$400m^2/d$	
班组数	2	
合计人数	2×8=16	

4. 屋面板固定支座的安装

屋面板固定支座安装劳动力资源配置见表 7-5。

屋面板固定支座安装劳动力资源配置　　表 7-5

分项工作内容	屋面板铝合金固定支座的安装	
现场施工情况说明	屋面铝合金固定支座以自攻螺钉植入螺钉孔内,与屋面檩条连接	
每班组工种	每班组投入人数(人)	工作性质及说明
普工	2	植钉安装
安装技工	2	安装及现场指导
小　计	4	
每班组工作量	1800 只/d	
班组数	4 组	
合计人数	4×4=16 人	

5. 屋面玻璃吸音棉铺设施工

屋面玻璃吸音棉铺设劳动力资源配置见表 7-6。

6. TPO 防水卷材施工

TPO 防水卷材施工劳动力资源配置见表 7-7。

屋面玻璃吸音棉铺设劳动力资源配置　　表 7-6

分项工作内容	屋面玻璃吸音棉铺设施工	
现场施工情况说明	保温材料提升到屋面以后，进行开卷铺设、塞缝处理等。保温材料施工，不多铺，不漏铺	
每班组工种	每班组投入人数(人)	工作性质及说明
普工	2	开卷、搬运、铺设
安装技工	1	铺设、塞缝及现场指挥
小计	3	
每班组工作量	1000m^2/d	
班组数	2 组	
合计人数	2×3=6 人	

TPO 防水卷材施工劳动力资源配置　　表 7-7

分项工作内容	TPO 防水卷材的安装	
现场施工情况说明	防水卷材提升到屋面以后，开卷铺设、热风焊接等	
每班组工种	每班组投入人数(人)	工作性质及说明
普工	2	开卷、搬运、铺设
焊工	8	卷材焊接
安装技工	2	热风焊接及现场指挥
小计	12	
每班组工作量	1000m^2/d	
班组数	4 组	
合计人数	4×12=48 人	

7. 屋面隔汽膜铺设施工

屋面隔汽膜铺设施工劳动力资源配置见表 7-8。

屋面隔汽膜铺设施工劳动力资源配置　　表 7-8

分项工作内容	屋面隔汽膜铺设施工	
现场施工情况说明	紧跟吸音棉施工进度	
每班组工种	每班组投入人数(人)	工作性质及说明
普工	1	开卷、搬运、铺设
安装技工	1	铺设及现场指挥
小计	2	
每班组工作量	2000m^2/d	
班组数	2 组	
合计人数	2×2=4 人	

8. 屋面液体橡胶施工

屋面液体橡胶施工劳动力资源配置见表 7-9。

屋面液体橡胶施工劳动力资源配置　　表 7-9

分项工作内容	液体橡胶的喷涂	
现场施工情况说明	液体橡胶整桶吊装至屋面后，设备喷涂。液体橡胶施工紧跟 TPO 防水卷材	
每班组工种	每班组投入人数(人)	工作性质及说明
普工	3	吊装、搬运
安装技工	6	现场喷涂
小　计	9	
每班组工作量	$1000m^2/d$	
班组数	4 组	
合计人数	4×9=36 人	

9. 不锈钢天沟及骨架系统的安装

不锈钢天沟及其骨架系统安装劳动力资源配置见表 7-10。

不锈钢天沟及其骨架系统安装劳动力资源配置　　表 7-10

分项工作内容	不锈钢天沟及其骨架系统的安装	
现场施工情况说明	两段天沟之间的连接方式为氩弧焊接，天沟段的对接采用搭接焊	
每班组工种	每班组投入人数(人)	工作性质及说明
普工	4	搬运、辅助施工
电焊工	2	天沟安装、指挥
安装工	4	骨架等焊接
小计	10	
每班组工作量	$58m^2/d$	
班组数	2 组	
合计人数	2×10=20 人	

10. 中密度水泥纤维板的铺设

中密度水泥纤维板铺设劳动力资源配置见表 7-11。

中密度水泥纤维板铺设劳动力资源配置　　表 7-11

分项工作内容	中密度水泥纤维板的铺设	
现场施工情况说明	吊装至屋面后，水泥纤维板铺设紧跟保温岩棉	
每班组工种	每班组投入人数(人)	工作性质及说明
普工	2	搬运、辅助施工
安装工	4	铺设、指挥
小计	8	
每班组工作量	$800m^2/d$	
班组数	2 组	
合计人数	2×8=16 人	

11. 保温岩棉板的铺设

保温岩棉板的铺设劳动力资源配置见表 7-12。

保温岩棉板的铺设劳动力资源配置　　表 7-12

分项工作内容	保温岩棉的铺设	
现场施工情况说明	成捆吊装至屋面后，保温岩棉板铺设在隔汽膜板上方	
每班组工种	每班组投入人数(人)	工作性质及说明
普工	2	搬运、辅助施工
安装工	4	现场铺设、指挥
小　计	6	
每班组工作量	$410m^2/d$	
班组数	2 组	
合计人数	2×6=12 人	

12. 次檩条及檩托板的安装

次檩条及檩托板的安装劳动力资源配置见表 7-13。

次檩条及檩托板的安装劳动力资源配置　　表 7-13

分项工作内容	次檩条及檩托板的安装	
现场施工情况说明	钢折件焊接在主檩条上，次檩条栓接在钢折件上	
每班组工种	每班组投入人数(人)	工作性质及说明
普工	4	搬运、辅助施工
安装工	8	现场安装、指挥
焊工	4	定点焊接檩托板
小计	16	
班组数	4 组	
合计人数	4×16=64 人	

7.3 机械设备

7.3.1 拟投入机械设备计划

本工程拟投入的机械设备计划见表 7-14。

拟投入的机械设备计划　　表 7-14

序号	设备名称	型号规格	产地	出厂日期	数量	设备功率	设备现处位置
1	屋面直板成型机	400/65	中国	2015	2	1.5	南通
2	底板压型机	—	中国	2013	1	11	南通
3	折边机(6m)	ZIX1120-1	中国	2015	2	—	南通

续表

序号	设备名称	型号规格	产地	出厂日期	数量	设备功率	设备现处位置
4	叉车	5T	中国	2013	2	—	南通
5	数控剪板机	MHSN	中国	2013	2	—	南通
6	数控折边机	YR-166	中国	2014	2	—	南通
7	檩条成型机	C/Z 一体机	美国	2012	2	17	南通
8	电动咬口机	MB10	中国	2013	20	18	南通
9	电动开卷器	AG1000	中国	2012	8	—	南通
10	手工钨极氩弧焊机	NSA2-300	中国	2012	10	—	南通
11	直流电焊机	ZX7-300	中国	2012	10	—	南通
12	手工电弧焊机	ZXG1-350	中国	2012	10	—	南通
13	电焊条烘箱	YGCH-X-400	中国	2014	4	—	南通
14	定滑轮	—	中国	2014	50	0.45	南通
15	自攻枪	—	中国	2012	24	0.55	南通
16	活动扳手	—	中国	2013	8	—	南通
17	手动砂轮机	JB1193-71	中国	2014	20	0.5	南通
18	手电钻	—	中国	2013	—	—	南通
19	升降机	SJY03-28	中国	2015	若干	—	南通
20	磨光机	—	中国	2014	若干	—	南通
21	25t 汽车吊	—	中国	2012	2	—	南通

7.3.2 吊装设备

1. 吊运方式

构件、材料及板由地面到屋面的运输分两步进行：先采用 25t 汽车吊将保温材料及构件由地面运至屋面临时物料平台；然后由人工水平运至屋面安装区域就位安装。本工程在进行垂直运输前，需在屋面钢结构上采用 10mm 厚的木跳板搭设临时接料台，以满足构件、材料及屋面板自地面吊升至屋面后的接料条件。临时接料台上的构件及板材要做到随吊随运、禁止堆放，防止超载；一个区间工作完成后再拆除移至另一个区间继续施工。

2. 吊运方案选择

结合现场实际情况，本工程屋面板吊运方案采用塔式起重机加索道运输两种方式。非保温区金属屋面檐口高度约为 22.4m，屋面板最大长度约 37.1m；根据施工进度、工程量、屋面高度、檩条自重及现场实际情况，非保温区屋面板垂直运输采用现场塔式起重机进行垂直运输。保温区金属屋面最低高度约为 23.3m，屋脊最高点为 24.0m，屋面板最大长度约 51.4m；保温区屋面板采用索道进行垂直运输。

3. 长板屋面板索道运输方案

此方法是在檐口与地面之间拉设两排钢丝绳，钢丝绳间距为 500mm，在钢丝绳上安装吊卡，吊卡与钢丝绳通过滑轮连接，吊卡之间通过软绳连接。根据现场实际情况，北面场地外在 4 月 15 号之前均能空出场地给予金属屋面板加工及制作索道运输方案。首先根据屋面高度、现场场地条件，调整机台设备的倾斜角度，使金属板材从机台出来后，斜向上直接输送到屋面。主要考虑数据有：屋面高度 H、场地长度 L、角度 α、机台推送力等。根据机台性能，其中 α 应不大于 60°。

7.4 主要材料设备

7.4.1 主要材料统计

保温区和非保温区金属屋面板主要材料统计见表 7-15。

保温区和非保温区金属屋面板主要材料统计表　　表 7-15

序号	工程名称	项目名称	数量	单位	备注
1	保温区金属屋面部分	铝镁锰合金屋面	约 7000	m^2	1.0mm 厚铝镁锰屋面板
2		C 型檩条	约 100	t	—
3		屋面天沟	约 480	m	2.0mm 厚不锈钢板
4	非保温区金属屋面	铝镁锰合金屋面	约 19000	m^2	1.0mm 厚铝镁锰屋面板
5		屋面天沟	约 400	m	2.0mm 厚不锈钢板

7.4.2 屋面主要材料进场计划表

屋面主要材料进场计划见表 7-16。

屋面主要材料进场计划表　　表 7-16

序号	材料名称	材料采购时间	供货周期(d)	货源情况	首批进场时间
1	压型底板	4.1—4.5	5	有长期合同	2019.4.5
2	铝卷	4.10—4.25	15	有长期合同	2019.4.16
3	天沟板	3.28—4.5	8	有长期合同	2019.4.4
4	防水卷材、液体橡胶	3.29—4.25	25	有现货	2019.4.13
5	镀锌檩条	3.25—4.9	15	有长期合同	2019.4.3
6	保温棉、无纺布、水泥纤维板、隔汽膜	3.29—4.15	18	有现货	2019.4.6

7.5 金属屋面系统安装工艺流程

7.5.1 安装施工工艺

1. 施工顺序

会议中心屋面施工方向分布图及施工顺序如图 7-9 所示。

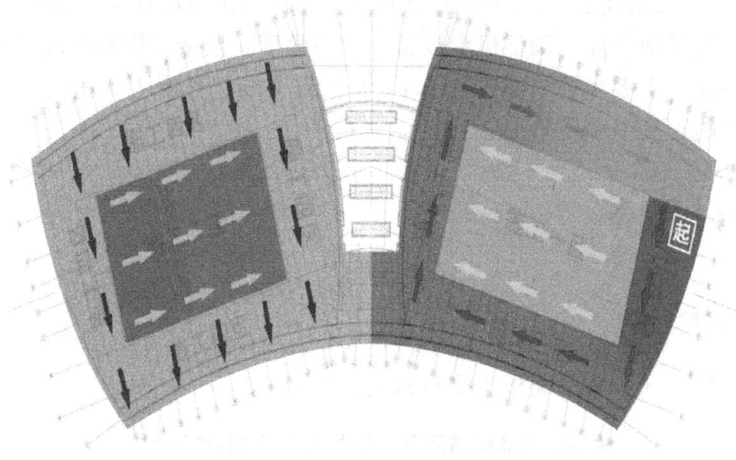

图 7-9　会议中心屋面施工方向分布图及施工顺序

2. 工艺流程

(1) 保温区金属屋面施工流程

施工准备→施工测量放线→天沟系统安装→次檩安装→压型底板安装→无纺布安装→玻璃丝绵安装→隔汽膜安装→保温岩棉安装→水泥纤维板安装→防水卷材安装→固定支座安装→液体橡胶喷涂→铝镁锰屋面板安装→泛水与收边安装→收尾、验收。

(2) 非保温区金属屋面施工流程

施工准备→施工测量放线→天沟系统安装→镀锌钢板安装→隔汽膜安装→防水卷材安装→固定支座安装→液体橡胶喷涂→铝镁锰屋面板安装→泛水与收边安装→收尾、验收。

7.5.2　测量施工

1. 施工准备

了解设计意图与校核图纸通过设计交底，了解工程全貌和主要设计意图，对测量放线工作要着重了解。

2. 技术准备

(1) 了解设计意图和校核图纸

通过设计交底，了解工程全貌和设计意图，对测量放线工作要着重了解：工程现场情况和定位条件；主要建筑物的相互关系和轴线尺寸；地上地下标高；以及设计方对测量的精度要求等。施工前对钢结构的屋架的标高、挑出长度等基本数据与设计图的相符性进行施工测量的复核。

(2) 数值计算和定位坐标的获取

总承包单位提供正式测量数据；钢结构施工方提出平面控制网和高程控制网布设要求；我方负责金属屋面的测量工作（测量、复测、报验）和整理提供的测量资料；通过图纸进行有关放线数据的计算，利用模型图获取需要测量、定位构件的三维坐标；数据的计算、三维坐标的确定需经过不同人员采用不同方法进行，相互之间进行校核，以避免错误出现。

3. 测量流程

熟悉图纸→确定基准点→水准测量→平面控制网的建立→高程控制网的建立→放出控

制线→测量主体结构的偏差→记录存档→放出施工墨线→复线。

4. 测量内容

加密点的布设、钢构件安装前的测量工作、轴线的测量及底板龙骨的中心定位、底板龙骨的安装测量、天沟的安装测量及细部结构的安装测量。

5. 现场点位控制网布设

（1）平面控制网

根据钢结构工程的施工特点，拟在甲方提供测量成果的基础上建立钢结构施工专用平面控制网，精度为三等；整个控制网由外场控制点组成，具体点位的选择、标桩的埋设根据现场勘察后再定。

（2）控制轴线的测量

测量时用全站仪将轴网控制点测放到屋面钢结构上，并做好永久性标志点，弹出两点连线即为控制轴线。具体方法如下：在地面上一已知控制点架设全站仪，用正镜照准另一已知控制点，校核无误后测出所需轴网控制点。用同样方法测出其他控制轴线控制点，控制轴线网形成后，通过拉钢尺对控制轴线相对位置进行复核，其最大误差不得超过 5mm，超过 5mm 控制轴线应重新测量，直到满足要求为止。控制轴线网的精度满足要求后，再用拉钢尺的方法测出所有轴线。

（3）高程控制网

屋顶控制标高测量，高程测量前先在地面找出高程控制点，利用水准仪引一个标高到建筑物下部，再用挂钢尺测量，引一高程点到屋面，作为屋顶控制标高的基准点。以该基准点标高为基准测设整个屋面的标高控制点，屋顶控制高程点的位置和数量视具体环境而定，以利于施工和相互检验为准。每一控制标高控制的屋面范围以 $100m^2$ 为宜，控制高程需要返复测量，把误差控制在 3mm 允许范围内。当不需要控制绝对标高时，也可以取屋顶任一点的高度作为控制标高，测出其他所需位置点的相对标高。

6. 高程测量

为确保屋面板的施工质量，保证屋面板施工与设计相符，确保屋面檐口板安装美观和符合设计要求，所以屋面必须设有控制标高点。

7. 所需点高程测量

屋面控制高程测量完毕后，利用屋面控制高程逐一测出屋面所需点的标高。

8. 技术措施

（1）工作程序

遵守先整体后局部、高精度控制低精度的工作程序，即先测设场地整体的平面和标高控制网，再以控制网为依据进行各局部建筑物的定位、放线和抄平。对每一级别的控制网基准点，都必须做好安全保护措施，控制网基准点在使用过程中，应定期对其稳定性进行检查。

（2）保证依据的正确性

严格审核原始依据（设计图纸、文件、测量起始点位、数据等）的正确性；坚持测量作业与计算工作每步有校核的工作方法，还要注意与土建设计图纸的数据相互校对。为更准确地做好安装施工和测量工作，在测量施工中必须观测并记录好，以便为后续测量工作提供可靠的数据。测量数据要有专人记录，数据处理要保证至少经过两人计算、复核；实测时要当场做好原始记录，测后要及时保护好桩位。

7.5.3 檩条系统施工

1. 安装工艺流程

施工前准备→测量放线→檩条垂直、水平运输→檩条安装→复测调整→验收。

2. 檩条安装

本工程主、次檩条均由专业加工厂制作后运往施工现场进行安装。檩条的运输、堆放必须规范，应有防变形措施。在施工时，先在地面检查檩条的变形情况，对变形严重的及时进行矫正。檩条进场时须详细检验，要求外观整齐、无锈斑、无变形；在堆放时要注意码放整齐，要求有避雨措施。

3. 安装施工

(1) 檩托安装

根据建筑轴线放出最高点、最低点的安装控制线，然后用排尺找出各檩托的位置。以高程定位点为依据，根据檩距和轴线两个方向互相垂直的交线作为定位线，确定出檩条的位置及关键点檩条坐标值。檩托采用现场焊接的方法进行安装；檩托定位后，其与原钢结构表面的夹角要保证为90°±1°，位置偏差在5mm内。焊条直径选用3.2mm，焊条型号为E43。在焊接过程中要采取减小变形的措施，先对称点焊，检查檩托的角度，合格后再焊接，不合格的要校正角度，点焊要牢固。焊接时电流要适当，焊缝成型后不能出现气孔和裂纹，也不能出现咬边和焊瘤，焊缝尺寸应达到设计要求，焊波应均匀，焊缝成型应美观。焊后应在清除焊渣后进行防腐处理。在檩托焊接后重新在檩托板上测出标高，根据已知标高进行檩条安装，在焊接过程中根据所测量的数据对檩条高度进行调整。

檩条采用吊机直接吊至施工作业面；吊运时采用吊装带套锁好檩条，用塔式起重机将檩条垂直吊起、徐徐落钩；檩条吊装至安装位置后，由施工人员将檩条就位到檩托板上，然后按照设计图纸要求将其与檩托进行连接固定。区域构件的搬运及吊装时不得碰撞和损坏，并按品种、规格堆放在垫木或临时物料台上。构件安装前应进行检验和矫正，构件应平直不得有变形和刮痕，不合格的构件不得安装。檩条安装之前按照图纸编号及构件上的编号，将檩条一一对应摆放到安装位置的平台上。在檩条吊装完成后应对檩条的角度、水平度、垂直度、侧向弯曲等进行仔细的检查验收，并做好详细的检查验收记录；超出规定的变形须进行矫正修复处理。根据安装位置线将次檩条就位，采用螺栓连接方式按照图纸标注位置将其固定于檩托板上。

(2) 次檩条连接固定

次檩条连接固定方式及做法见表7-17。

次檩条连接固定方式及做法 **表7-17**

序号	连接固定
1	檩条就位后需对其位置与规格进行检查,复核无误后方可进行连接固定
2	檩条之间采用螺栓对接连接;螺栓连接紧固应分两次进行,先穿入螺栓进行预紧固,核对无误后方可进行终拧固定;操作时两颗螺栓交替进行
3	安装时要求螺栓一端只能垫一个垫圈,并不得采用大螺母代替垫圈,螺栓紧固应牢固、可靠,外露螺纹不得少于2螺距

续表

序号	连接固定
4	檩条安装固定时应注意控制相邻檩条间的高差，并控制在2mm以内；保证檩条安装的上道工序质量，以消除安装质量通病
5	螺栓连接安装时注意控制其垂直度、相邻高差及安装角度，已安装的檩条与相邻檩条顶面在一条线上，否则须作调整，直至合格方可进行下道工序
6	檩条安装完成后须再次对其标高进行复测，以使每根檩条的顶面标高均在屋面的控制线上；若超出偏差值须进行调整，通过反复调差来达到要求，然后进行下道工序的安装
7	严禁在现场大量改孔，个别孔误差影响安装时应使用开孔器改孔，并对扩孔部位采取补强措施，严禁现场使用电气焊钻孔或扩孔
8	安装完应检查螺栓是否齐全、拧紧；安装精度是否满足后序工序要求，合格后方可进行下道工序施工

7.5.4 不锈钢天沟系统施工

1. 安装流程

施工准备→天沟运输→测量放线→骨架安装→天沟安装→调整→验收。

2. 骨架安装

（1）安装方式

根据安装的基准骨架在局部拉线，骨架根据拉线控制垂直度、整体平整度与主体结构连接，再焊接固定；并随时进行检查、调整、校正、固定，使其符合质量要求。

（2）安装方法

天沟钢骨架在安装屋面檩条时一并吊装，骨架在地面拼装成段，在屋面上进行焊接固定。天沟骨架安装时，要求其顶面距两侧檩条顶面距离与天沟深度相同，即天沟骨架的标高能保证每段天沟都能与骨架完全接触，使天沟骨架受力均匀；天沟钢骨架在安装屋面底板龙骨时一并吊装，骨架在地面拼装成段，在屋面上进行焊接固定。天沟支撑架焊接成型，根据已测设的控制线保证天沟底部的平整度及流水坡度方向，焊接时应四周围焊。按照设计图纸的分格尺寸进行布置；检查平整度、垂直度及角度，达到要求后再进行焊接；先实施对称点焊进行临时固定，检查其中心线及标高后进行正式焊接；安装骨架位置要求准确并结合牢固，然后进行防腐处理。

3. 不锈钢天沟板安装

（1）安装前的检测及调差

安装天沟骨架前必须进行天沟测量；天沟放线必须与屋面板材在天沟位置标高同步进行。天沟安装的质量直接影响到屋面的排水性能；由于屋面天沟骨架安装在钢结构的骨架上，因此钢结构的安装精确度直接影响天沟的安装，故需进行调差处理。在进行屋面天沟骨架的焊接前，对各安装点位置的钢结构的各项性能进行测量，保证骨架焊接的准确性。施工前在天沟骨架及天沟边线上，设置天沟定位片，作为天沟安装的基准；同时定位片还作为屋面安装过程中的一个固定点，固定施工安全的生命线。在确保天沟的水平度与直线度的同时应保证屋面固定座、檐口收边板的安装尺寸，防止天沟上口不直或天沟骨架在安装固定支座的位置坡度不一，使在天沟部分无法将板端位置固定或檐口收边板不直。

（2）天沟焊接

两段天沟之间连接方式为氩弧焊接，天沟段的对接采用搭接焊。不锈钢天沟对接前将切割口打磨干净，打磨程度达到无缝表面的标准，采用轻度磨料、酸洗膏除去焊接的回火颜色，以保证饰面一致。对接时注意对接缝间隙不能超过 1mm，先每隔 10cm 点焊，确认满足焊接要求后方可焊接。焊条型号根据母材确定。天沟焊接后不应出现变形现象而引起天沟积水，可在焊接两侧铺设湿毛巾，焊缝一遍成型；严格控制天沟焊接及雨水斗焊接质量与变形。焊缝的处理需在天沟焊接处采用手动砂轮机打磨处理，打磨程度达到无缝表面的标准，采用轻度磨料、酸洗膏除去焊接的回火颜色，以保证饰面一致。天沟焊接时应四周围焊，在焊接完成后必须对焊接部位清除及刷防锈漆二道。

（3）天沟伸缩缝设置

天沟伸缩缝位置设置要结合虹吸排水斗及屋面汇水面积进行考虑。为减少温差对天沟造成的应力，天沟设置伸缩缝间隔为 20m。

（4）开落水孔

安装好一段天沟后，先要在设计的落水孔位置中部钻几个孔，避免天沟存水而对施工造成影响。天沟对应部位的板安装好后，必须及时开落水孔。雨水落水孔由专业虹吸雨水排水队伍完成，要求正式落水孔用空心钻开孔。

（5）虹吸系统排水系统

虹吸排水系统管道施工时，先进行埋地管道的敷设，然后进行垂直立管的安装，最后安装支管、水平支管和排出管。立管安装必须执行“下开上堵”的施工原则，确保管道畅通。

（6）施工流程

施工准备→测量、放线、定位→管道焊接、管卡固定、现场预制、雨水斗安装→管道灌水试验→验收。

（7）安装

镀锌无缝钢管采用卡箍连接，按照设计坐标、标高位置，现场实测尺寸进行画线切割、下料，预制管道。管道断口需用钢锉去除毛刺进行防腐处理，用专用滚槽机压出槽口，将两段管对齐，用专用卡箍卡紧。按管线坐标位置放线，安装固定支吊架并将管段水平吊装。严格按图纸施工，特别是变径位置必须在设计位置的±0.20m 以内。

（8）检验与试验

在系统管路安装完成后，排水管道按规范要求做灌水试验。系统灌水试验合格后，还需要做排水性能试验。

7.5.5 镀锌压型钢板施工

1. 工厂生产工艺流程

钢卷原材料检验及制作工艺方案确定→上料→输入板材长度→渐变式轧制成型→自动剪切→检验及编号→包装→运输至现场。

整个屋面钢底板的制作在工厂内进行。制作完成后，端头贴上防护薄膜，做好包装，统一发运到现场进行施工。

2. 屋面钢底板工厂加工

底板制作时，首先将彩钢卷推入装料系统上并固定牢靠，然后开卷。开卷后的平板伸入主机上，由滚动轮进行渐变式轧制成型。压型机全机采用电脑制作，由操作人员根据所需板的长度进行控制，当板达到一定长度后，由切断装置进行切断，送入成品托架，操作过程如图 7-10 所示。

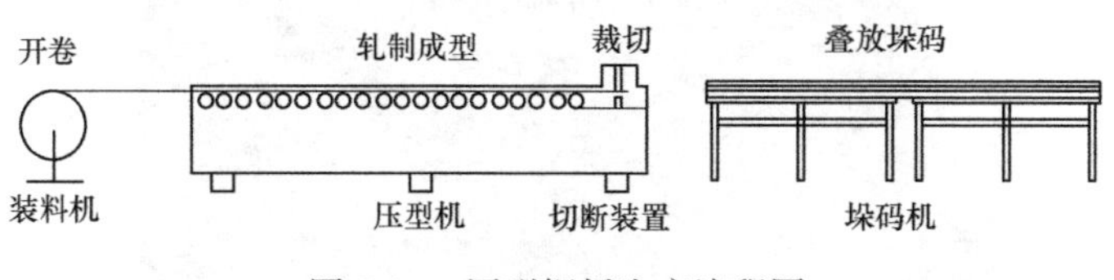

图 7-10 压型钢板生产流程图

3. 安装工艺

施工准备→钢结构复测→测量放线→压型板吊运→压型板安装→自检及验收。

4. 压型钢板安装

(1) 复测放线

压型板在安装之前需要对施工作业面上已安装完成的钢结构檩条及关键部位的标高进行复测，发现与设计不符的地方应及时进行沟通协调与调整，以保证底板安装的顺利进行。安装前在檩条上放出控制线，在板材安装前应检查檩条的直线度、挠度及安装精度；檩条须符合设计图纸的要求，标高及平整度偏差符合规范要求。在压型板安装前，在安装好的檩条上先测放出第一列板的安装基准线，以此线为基础，每 20 块板宽为一组距，在屋面整个安装位置测放出底板的整个安装测控网。安装前将每组距间每块板的安装位置线测放至屋面檩条之上，以此线为标准，以板宽为间距，放出每一块板的安装位置线；当第一块压型板固定就位后，在板端与板顶各拉一根连续的准线；这两根线和第一块板将成为引导线，便于后续压型板的快速固定。

(2) 压型板安装

底板安装前必须进行操作面的验收检验，符合要求后由项目部签发安全工作面准用证，施工人员方可进入吊架进行施工，此外，底板安装工艺应包括次檩条安装验收以及底板成品验收。该工程压型板底板为反铺，方法如图 7-11 所示。

压型钢底板安装时，考虑现场实际施工情况，首先在主体钢桁架 H 型钢上方铺设可移动钢跳板。可移动钢跳板通过钢丝绳及钢丝绳卡扣与 H 型钢固定，固定完成后经检查牢靠方可进行下一步施工。根据压型钢板排版进行定位线标记，压型钢底板经主檩条矩形管间隙由顶面移动至底面，根据标记将压型钢底板摆放到位后打钉固定。固定完成后解开钢丝绳卡扣并将钢跳板依次移至下一处施工面继续施工作业。

7.5.6 隔汽膜施工

1. 施工流程

拆包检查→上料→清理基层→铺装→边角处理→裁切→清理。

2. 铺设施工

(1) 铺设条件

图 7-11 压型钢板反铺实例

基层须干净、干燥；卷材施工时先要进行预铺，把自然疏松的透气膜按轮廓布置在基层上，平整顺直，不得扭曲，并进行适当的剪裁。天冷时铺设应紧一些，天热时应松弛一些。

（2）搭接

施工铺设应从檐口自下而上逐卷进行，上卷边缘应重叠在下卷边缘之上；搭接位置应沿坡度方向，上下搭接宽度不小于 60mm，并应错缝铺设。铺设应平顺，不得有起皱、绷紧和破损现象，平整度控制在±2cm/m^2 范围内，并符合自由延伸变形的要求。

7.5.7 保温岩棉施工

1. 铺设工艺

拆包检查→提升搬运→铺设→边部折边处理→收缝处理。

2. 铺设施工

安装铺设

玻璃丝棉具有吸音、保温的功能，正确的安装是质量的保证，故须严格按照施工图纸要求进行安装。棉毡的铺设方向应根据屋面板的安装工艺从一端向另一端铺设；棉毡安装时应遵循平整、错缝布设的原则进行安装。铺设应平顺，交接处采用对接法，并符合自由延伸变形的要求；安装时须铺平、无翘边、折叠；接缝须严密；穿过固定支座时一定要张紧铺平，不得塌陷；铺设要严密，不得有空隙。铺设应与屋面底板充分紧贴，不得出现空气间层，并防止温升后空气流动对隔声、保温效果降低的影响。横向搭接时须将棉板对紧，不能有间隙；相邻两块棉板的接口处采用同色专用胶带粘牢或用订书机每隔 30cm 连接一点。棉毡施工过程中要注意保护贴面不得损坏；当天铺设的棉毡要及时完成屋面层覆盖。

7.5.8 TPO 防水卷材施工

1. 施工流程

清理基面→湿润基层→定位、弹线→铺贴卷材→排气、晾放→搭接边密封→卷材收头、密封→检查验收。

2. 施工方法

（1）基层要求

基层表面应平整洁净，无尘土、杂物及明显突出物；基层应干燥，含水率≤9%；施工时基面禁止有明水，如有积水部位，则需进行排水后才可施工；各种构、配件须安装完毕，且固定牢固。

（2）施工方法

在基层上宜弹设基准线，以确定自粘防水卷材铺贴位置；铺设时先对准基准线进行试铺，然后再进行大面积铺设。铺设顺序按照由最低点天沟处向上，平行于屋脊方向进行铺贴。本工程卷材铺贴采用分段铺贴法进行；卷材就位后，揭掉单面自粘防水卷材下表面的隔离膜，将单面自粘防水卷材平铺在镀锌平板上。铺贴方法是先将卷材沿铺贴方向滚展500mm，然后掀起卷材并剥开隔离纸进行粘铺，采用压辊将滚铺的卷材予以排气、压实、贴牢。卷材铺贴采用分段铺贴法进行；施工时先进行预铺，把TPO卷材自然平铺于放线的基层表面，要求平整顺直，不得扭曲，不得有下垂、绷紧和破损现象。根据图纸要求弹出标准线，采用空铺法，接缝采用热风焊接，收口部位采用固定钉及密封材料密封处理。两幅卷材纵横向搭接宽度不应小于100mm，并进行适当的剪裁。采用热风焊接，焊接时焊嘴与焊接方向呈45°角，压辊与焊嘴平行并保持大约5mm的距离，焊接边应有呈亮色熔浆渗出，不应出现漏焊、跳焊、烧焦或焊接不牢的现象，焊接时不得损害非焊接部位的卷材。铺设TPO防水卷材并焊接时，对焊缝进行检测并做好记录；手持操作焊接有效宽度不应小于35mm；所有焊接接头采用100×100的TPO防水卷材做焊接加强处理；固定钉部位，采用电钻钻孔，其间距不大于80cm，放入塑料胀塞，自攻螺丝加垫片用螺丝刀上紧，不得有松动现象，上面焊TPO圆盖封闭。卷材收头处用金属压条固定，最大钉距不应大于900mm，并用材料相容性的密封材料密封处理。相邻卷材搭接时，须用压辊用力滚压，使其粘结牢固，搭接长度≥60mm。

7.5.9 固定支座（T码）施工

在安装好的压型及无纺布上安装屋面板铝合金支座（T码）（图7-12），以便固定铝镁锰屋面板，同时也起到固定吸音层与保温层的作用；安装进度须配合屋面板安装进度。

1. 安装流程

测量放线→屋面支座排布→屋面支座就位预紧固→复查、调差→屋面支座紧固安装→报验。

2. 放线

（1）支座放线

先用全站仪测放出每一段板两端的板端等高线，再将轴线引测到檩条上，作为支座安装的纵向控制线，然后测出设计分区线。本工程面板为直形板，直板区支座放线时，为了便于施工，可先在屋面弹出一条基准线，作为面板支座安装的纵向控制线；第一列支座位置要多次复核，以后的高强铝合金支架位置用特殊标尺确定。

（2）放线原则

屋面板支座放线采用均分原则，即将板上端与下端弧线按板数均分，以确定板两端点

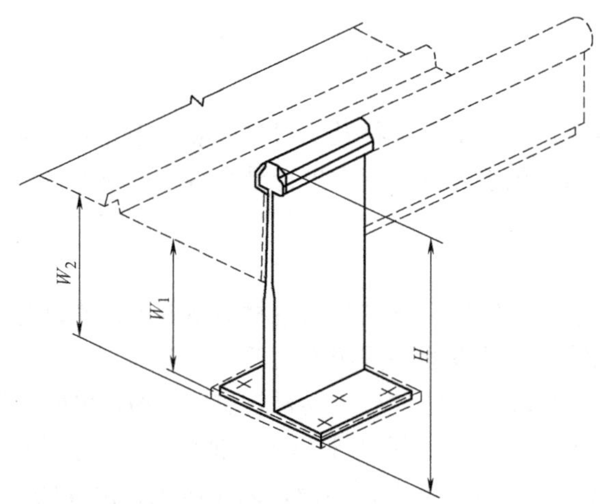

图 7-12　固定支座细部构造

位置，然后通过两点间拉通线的方法确定中间支座的位置，如果无法一次拉通线，可在中间再设一排控制 T 码。屋面板的两端需根据图纸给定的位置，先安装两端口位置的两排支座，在确定两个支座的距离符合屋面系统安装的距离后，在两排支座的长度方向拉一根铁丝通线，确定中间的支座位置，保证每排支座固定在同一条直线上。

（3）支架排布

面板支座沿板长方向的位置要保证在檩条顶面中心，面板支座数量的多少决定着屋面板的抗风能力，所以面板支座沿板长方向的排数严格按设计图纸排布。由屋脊或屋檐作起点，一般以面板出天沟的距离作为板端部定位线，由左至右或由右至左，铺设控制线，并铺至首个支座。

3. 支座 T 码的固定

（1）安装要点

安装时先固定屋脊和檐口处的檩条中支座，然后绷线安装中间檩条上中支座；中支座安装时要严格按照屋面板模数，保证中支座顺屋面坡度方向在一条直线上；支座与檩条用不锈钢螺钉可靠固定连接（图 7-13、图 7-14）。

图 7-13　T 码结构示意图

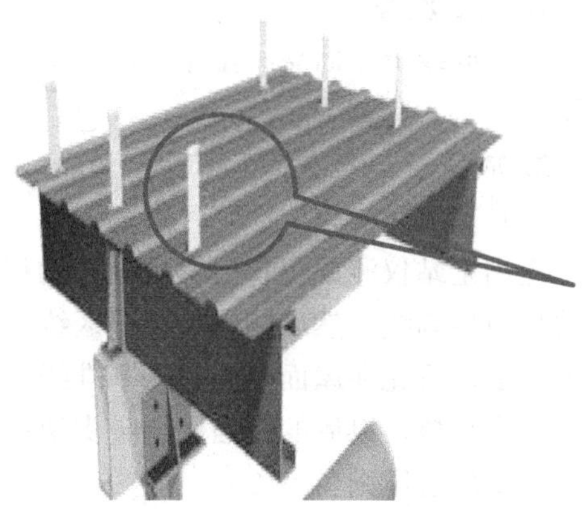

图 7-14　施工现场安装 T 码

铝合金固定支座安装前应测放基准线，基准线测放精度不超过 0.5mm，基准线间距应符合面板模数，以每 10 排铝合金固定支座测设一条基准线。平分基准线间距离，确定铝合金固定支座定位点。

(2) 固定方式

铝合金支座固定时先固定一颗自攻钉，在自攻钉将要拧紧时调整铝合金固定支座转角及位置后再拧紧自攻，然后打入另外自攻钉。固定螺钉要与固定支座及檩条垂直，并对准檩条中心，打钉前应挂线，使钉线平直；支座采用 2 颗自攻螺钉固定于檩条上，应保证螺钉垂直钻入连接件表面，要求安装平直、自攻螺钉不超紧。支座 T 码采用专用防水自攻螺丝固定，自攻螺丝必须带有抗老化的密封圈，安装支座 T 码时，其下面的隔热垫必须同时安装。安装时须控制自攻螺钉拧紧程度，既不能过松，也不能过紧；以自攻螺钉橡胶垫与钉冒齐平为宜。铝合金固定支座施工严格控制水平、竖向转角误差不得超过 1°、平面位置偏差不得超过 1mm。高度偏差不得超过 $L/1000$（L 为铝合金固定支座间纵向距离）。

(3) 螺钉穿孔的防水处理

铝合金支座 T 码通过自攻螺钉固定在下面的檩条上，二次防水层位于铝合金支座和檩条之间，故不可避免地被自攻螺钉穿孔；因此，穿孔位置的防水成为关键。根据多年的设计施工经验，决定采用丁基胶带附着在铝合金支座下面的隔热垫底部，然后再固定。

7.5.10 液体橡胶施工

施工工艺：清理基面→喷涂涂灵→喷涂速凝橡胶沥青防水涂料。

(1) 处理基层

使基层无尖锐棱角和凹槽。

(2) 喷涂液体橡胶

涂刷过程保证不得漏涂或漏刷，对漏涂漏刷部位应进行补刷。防腐涂层施工完成 24h 后可进行防水施工（图 7-15）。

图 7-15 喷涂液体橡胶

(3) 防水节点处理

金属屋面需对彩钢板上下搭接缝隙较大处、彩钢板水平搭接缝处盖板、铆钉处、天沟节点、雨水管节点等部位进行加强处理，然后进行大面喷涂。

(4) 喷涂后效果

喷涂后的效果如图 7-16 所示。

图 7-16　喷涂后效果

7.5.11　防雷系统施工

1. 金属屋面的防雷要求

金属屋面的防雷处理是在屋面板上安装避雷网格或避雷针；避雷针的做法需要在屋面板上打孔穿透屋面。根据现行国家标准《建筑物防雷设计规范》GB 50057—2010 第 4.1.4 条规定，除第一类防雷建筑外，金属屋面的建筑物宜利用其屋面作为接闪器，但应符合表 7-18 的要求：

金属屋面防雷设置要求　　　　**表 7-18**

序号	防雷要求
1	金属板之间采用搭接时，其搭接长度不应小于 100mm
2	金属板下面无易燃物时，其厚度不应小于 0.5mm
3	金属板无绝缘被覆盖

2. 防雷安装

(1) 施工方法

在金属屋面纵向、横向每隔 6～10m 的屋面板下隐藏做一个接地，在接地点安装角码，一头固定在檩条上，另一头固定在 T 型码支座上；固定在檩条上的接地装置与主体结构的防雷系统连接。

(2) 防雷节点安装图

"防雷节点安装图"如图 7-17 所示。

屋面避雷以屋面板为接闪器，施工时将屋面板铝合金固定支座胶垫取掉作为屋面避雷网格。定位尺寸及位置符合设计图纸要求，安装误差控制在规范规定范围内；平直度用拉

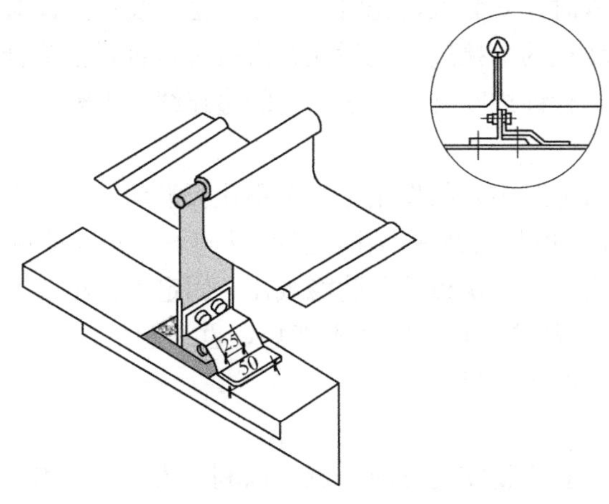

图 7-17　防雷节点图

线和钢尺检查校正，合格后进行固定；固定螺丝采用对称紧固的方式逐渐实施拧紧，保证其安装精度。严格控制避雷网格间距不得超过 10m×10m；且在屋脊及檐口部位应设网格点；避雷网格点位铝合金固定支座与结构应有可靠的电气连接。

7.5.12　铝镁锰屋面板施工

1. 屋面板安装流程

放线→面板支座复合→支座调校→面板支座验收→安装屋面板→板封条→面泛水→打胶。

2. 屋面板安装施工

（1）放线

高强铝合金支座安装合格后需设板端定位线；一般以板块排水沟边沿的距离为控制线；板块伸出排水沟边沿的长度以略大于设计为宜以便于修剪；面板出天沟长度确定原则：为板长的 1/1000＋下弯长度 15mm＋滴水片宽度 30mm＋尺寸余量 30mm，但不小于 100mm。

（2）吊装就位

本工程金属屋面檐口高度约为 23.5m，屋面板最大长度约 51.5m；根据施工进度、工程量、屋面高度及现场实际情况，屋面板的垂直运输由吊机和索道负责进行。屋面板在搬运过程中应注意不能出现扭折，受损板不得用于工程实体中。

（3）面板安装

各铝支座标高要与设计标高一致，由于屋面板是固定在高强度铝支座上，因此铝支座的标高是否与设计的标高一致直接影响到了整个屋面的造型以及整体的抗风、防水性能。支座布置数量符合要求，在屋面深化设计当中应充分考虑日后整个屋面的抗风性能，铝支座的数量是保证整个屋面的抗风性的关键，因此在屋面板安装之前需要对已安装好的铝支座进行检查，不得少装、漏装。

3. 面板安装

（1）安装方式铺设

直立锁边铝镁锰面板时，安装人员先将屋面板抬至安装位置，对准板端控制线，然后将搭接边用力压入前一块板的搭接边；之后检查搭接边是否紧密接合，屋面板位置调整好后，用专用电动锁边机进行锁边咬合；要求咬过的边连续、平整，不能出现扭曲和裂口。

（2）面板固定

热膨胀固定点（一般为跨中）的作用是为了不让板滑动，固定点的安装方法在板的小肋上沿 45°角穿过固定座的梅花头钻一小孔，然后用 11～12mm 的铆钉将板与面板支座固定在一起，铆钉的前端会被下一块板的大肋隐藏住。固定点在小肋上的方向，必须保证为 45°。铆钉的选用必须符合要求，其长度即不能短，也不能长，以保证固定点即能铆固稳定，又不至于伸出太多而磨坏面板。

4. 面板安装

屋面板安装时，板小肋边朝安装方向一侧，以利于安装。安装前先校准板端控制线，然后将运至作业面的面板进行就位，位置准确无误后将第 1 块板的小肋固定于 T 码上，第 2 块板调整好后将大肋扣在第 1 块板的小肋上，以此类推（图 7-18、图 7-19）。

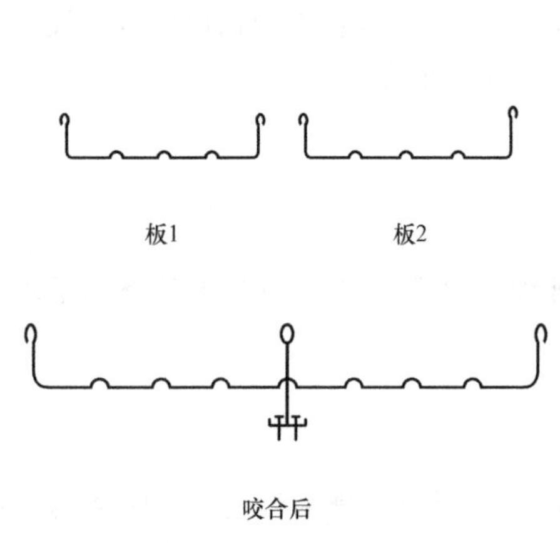

图 7-18　屋面板安装细部构造

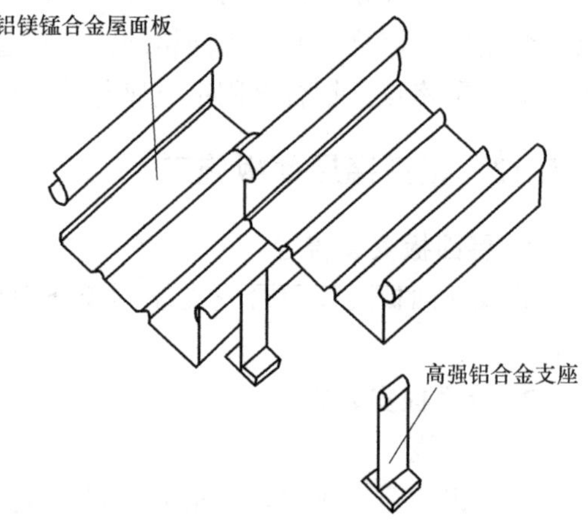

图 7-19　屋面板安装示意图

安装时屋面板上端需上弯处至少应留出 50mm 左右的空隙，以便插入上弯工具。每安装 2～3 块屋面板，即需检查板两端的平整度，如有误差需及时调整；若屋面板有少许偏斜，可微调屋面板的对正位置，如在锁定固定座时，将屋面板向左或向右推移 2mm。屋面板安装时，先由两个工人在前沿着板与板咬合处的板肋走动，边走边用力将板的锁缝口与板下的支座踏实；后一人拉动咬口机的引绳，使其紧随人后，将屋面板咬合。所有屋面板须在铺设后立即紧密卷合，以确保实时抵抗风荷载免受破坏，并禁止在未接合好的屋面板上行走或站立于面板波峰上，以免导致屋面板的损坏。

5. 咬边

屋面板铺设好后应尽快使用专用锁边机将板咬合在一起以获得必要的组合效果；相临两板接口咬合的方向，应顺最大频率风向；当在多维曲面的屋面上雨水可能翻越屋面板的肋高横流时，咬合接口应顺水流方向。屋面板位置调整好后，安装端部面板下的泡沫塑料封条，然后用专用电动咬边机进行咬边；屋面板的每条缝分两次锁紧，当相邻两块面板安装就位后采用特制手工夹钳进行第 1 次预紧，沿板缝方向每隔 5m 夹一下，保证母肋包住公肋，并将公肋固定在支座头部。屋面板就位咬合后，用 360°直立锁边机进行锁边咬口；

要求咬边连续、平整，不得有扭曲或裂口等，使大、小肋结合紧密。在咬边机咬合爬行的过程中，其前方 1mm 范围内必须用力卡紧使搭接边接合紧密，这是机械咬边的质量关键所在。屋面板每安装 5～6 块后应进行表面平整度及直线度检查，如有偏差及时调整，准确无误后采用电动锁边机进行第 2 次板缝通长锁紧。当天就位的屋面板必须完成咬边，以免来风时板块被吹坏或刮走。直立缝板在支座顶部必须充分夹紧，使咬过的板边连续、平整，不出现扭曲和裂纹；屋面板的锁紧可使屋面板连接成整体以抵抗风力，确保屋面系统的承载力。施工人员不许在未接合好的屋面板上行走，对于屋面板严禁站立于波峰上，以避免导致屋面板的损坏。

6. 板边修剪

屋面板安装完成后，需对边沿处的板边修剪，以保证屋面板边缘整齐、美观。屋面板伸入天沟内的长度以不小于 80mm 为宜，以有效防止雨水在风的作用下吹入屋面夹层中。

7. 屋面板固定受天气气温影响，屋面板会自由伸缩。一般屋面板固定在金属屋面板高点端头。檐口为固定点，固定点设置在檐口板端的固定座上。固定方法：在小肋上并排钻两个小孔，穿过固定座的梅花头，以配合铆钉拉铆固定。大肋扣住小肋后将铆钉尾覆盖。

8. 檐口滴水片安装

滴水片安装前对檐口和天沟处的板边进行修剪，先根据板边需伸入天沟等部位的设计尺寸在需修剪的部位弹出修剪线，修剪时用自动切边机沿修剪线切割，既保证了屋面板伸入天沟的长度与设计的尺寸一致，又保证了修剪后整个屋面外形的美观，同时也可以有效防止雨水在风的作用下不会吹入屋面夹层中；然后安装檐口密封件，最后安装滴水片，滴水片用铆钉固定，每小肋用一颗钢铆钉。天沟边及檐口边的屋面板裁剪完成后，即进行屋面板檐口滴水片安装；用大力钳将密封条夹在滴水片与屋面板底部，密封条凸边塞进板肋间隙中，再用铆钉将滴水片与屋面板固定拉紧。滴水片安装时应注意，如果板长不同时，滴水片必须断开以允许板不同程度伸缩，在滴水片之间留 5mm 的间隙。

7.5.13　泛水收边施工

1. 折边

折边的原则为水流入天沟处折边向下，下弯折边应注意先安滴水片再折弯板头。面板高端（屋脊）折边向上。折边时不可用力过猛，应均匀用力，折边的角度应保持一致，上弯折边后安装屋脊密封件。

2. 收边泛水

（1）泛水板的加工工艺

泛水板的加工工艺流程：制作工艺材料选择→(贴膜)→分条切割→弯折→检验→包装入库。

在现场折弯机上进行泛水板的加工制作，设备能进行不同截面配件的制作。根据设计图纸要求进行加工准备，计算配件展开宽度是否符合设计裁减宽度、弯折角度及尺寸是否满足设计要求，检查配件表面是否有划痕现象。

（2）泛水板安装

泛水分为两种，一种是压在屋面板下面的，称为底泛水；一种是压在屋面板上面的，称为面泛水。

安装在天沟两侧的泛水为底泛水，其功能主要为在天沟上部作为披水板，及在天沟下部作为挡水用的密封板，其连接方式为将泛水板两端翻边，靠屋面内部一侧上翻，而与天沟接触面下翻，泛水板用螺钉固定在方管上；这样可以防止雨水飞溅落入屋面内侧。安装在屋面四周的收边泛水均为面泛水，泛水板所用材料材质、技术指标应同屋面板材料一致；安装前应检查泛水件的端头尺寸，挑选搭接口处的合适搭接头。

（3）天沟处泛水安装

天沟处泛水板须在屋面板安装前安装；底泛水的搭接长度、铆钉数量和位置严格按设计施工，采用螺钉及铆钉进行连接固定。泛水搭接前先用干布擦拭泛水搭接处，除去水和灰尘以保证硅胶的可靠粘接；要求打出的硅胶均匀、连续，厚度合适。在天沟处施工时，屋面板端部设通长铝合金角铝，在滴水角铝与屋面板之间，塞入与屋面板板型一致的防水堵头，尺寸定位后再进行统一咬合；此做法可增强板端波谷的刚度，并形成滴水片使屋面雨水顺其滴入天沟而不会渗入室内，从而使板肋形成的缝隙能够被完全密封，防止因风吹灌入雨水。屋面坡度小于10°时，应将板下端（檐口）肋间底板向下弯折，以保证雨水顺板的下端顺畅流出，不因风力作用或毛细作用回流至板底的下端，同时也起到外形美观的作用。在天沟最边缘的落水管应将雨水斗放大，采用二倍汇水及排水，且设置溢流口，确保排水通畅；其余落水管部位均匀布置挡水板。

（4）屋面泛水安装

屋面泛水须在屋顶墙面板安装前安装；泛水的搭接长度、紧固螺钉数量和位置严格按设计施工；其施工方法与底泛水相同，但要在面泛水安装的同时安装泡沫塑料封条；要求封条不能歪斜，与屋面板和泛水接合紧密，这样才能防止风将雨水吹进板内。面泛水安装前应检查泛水件的端头尺寸，挑选搭接口处的合适搭接头；安装泛水件的搭接口时应在被搭接处涂上密封胶或设置双面胶条，搭接后立即紧固。屋面上部开孔处的泛水板，其根据周边的布置，有两种形式：一种是直接把屋面板的一半上翻折边，另一种是利用板材的可焊接性能，将泛水板与屋面板用氩弧焊焊接连接，从而确保下部连接处为一个整体，保证防水性能。山墙处泛水板，多利用山墙处紧固件（固定支座或山墙扣件），将泛水板与山墙部位用螺钉连接成型。屋檐接合处泛水板端点必须盖好，以抵抗恶劣天气及防止飞鸟或害虫寄居。封盖收边可在工厂预先订制，但通常都是在现场制造及安装，制造方法通常是用铝板剪裁及折成所需形状，再以自攻螺丝装好。

（5）安装方法

放线定出第一块板的起始基准线，顺安装方向确定板两边线的控制线。安装第一块后依基准线和控制线安装第二块板，调整定位，固定在固定板上，用防水胶将固定件密封以防渗漏。在第一块板上量测画出第二块板与第一块的搭接定位线，在板的搭接部位涂防水胶，安装第二块板并调整定位，用固定件固定并涂防水胶密封，依次安装后续板。泛水板安装要求板面平整、角线顺直；泛水板应采用顺水搭接，接口严密，泛水板板端前口光滑，不得有毛边。泛水搭接前先用干布擦拭泛水搭接处，除去水分和灰尘，保证硅胶的可靠粘接；并要求打出的硅胶均匀、连续、厚度合适。泛水板搭接内部涂密封胶，密封胶要饱满，且不得溢出泛水板外，泛水板施工完严禁踩踏。

7.6　展览中心登录厅金属屋面施工技术

7.6.1　工程概况

展览中心登录厅金属屋面为圆锥面与三角斜平面组合而成的异型屋面，面积约 1600m^2，屋面檩条的设置、屋面板的排布与施工成为施工难题。考虑到最后的建筑成型效果，经过技术攻关，采取了屋面板为大小头扇形板，圆锥面与三角斜面在平面投影上呈共圆心扇形排布，檩条呈圆弧形布置，此做法解决了此工程难题。

7.6.2　施工思路

（1）大小头扇形屋面板排布是解决圆锥面与三角形斜面组合屋面的最佳方法，共圆心扇形排布成型美观，能达到原设计建筑效果。

（2）两个面的径向檩条共圆心排布，横向檩条圆环形设置，径向间距 1.2m。空间结构对称，利于空间受力，造型美观。

（3）大小头扇形屋面板的上板与下板的接缝处是施工的难点，要做到施工方便、成型美观并达到防水要求。在上下面板的支座之间设置一块 3mm 厚的钢板，起到支撑搭接缝节点的作用，使得搭接缝不会因为人为踩踏面板而产生裂缝，进而破坏密封胶导致漏水。采用上海瑞芙特建筑工程有限公司的瑞芙特屋面防水系统，对上下板搭接处进行“五涂一布”柔性防水处理，表面再涂一层与屋面板颜色相同的面漆，达到非常理想的防水效果。

（4）CAD 三维线模建立之后，导入 BIM 中，建立屋面板的三维模型，便于成型效果分析、下料与安装。

7.6.3　系统构造

金属屋面细部做法如图 7-20 所示。

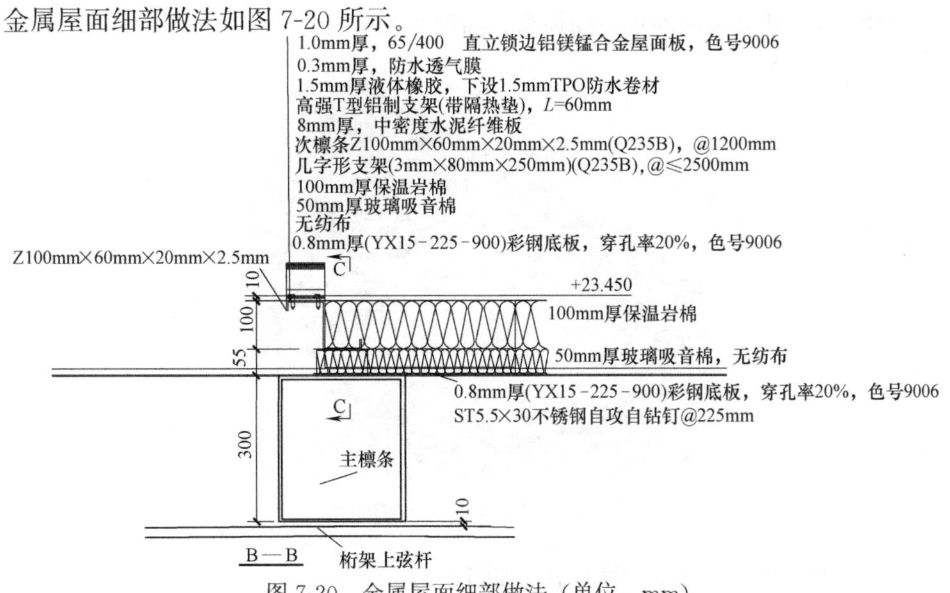

图 7-20　金属屋面细部做法（单位：mm）

7.6.4 施工方法

1. 工艺原理

（1）根据扇形屋面板的最终成型，在满足受力的前提下，合理设计檩条的排布，以便于屋面板的铺设，如图 7-21 所示。

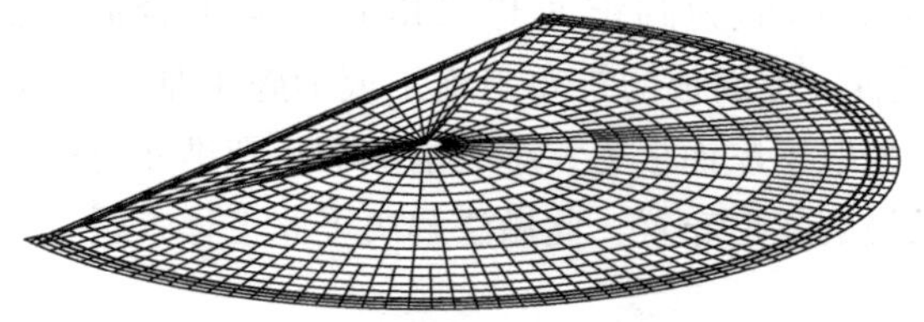

图 7-21 屋面结构檩条空间线模图

（2）将屋面结构线模导入 BIM，建立屋面结构三维模型，如图 7-22 所示。

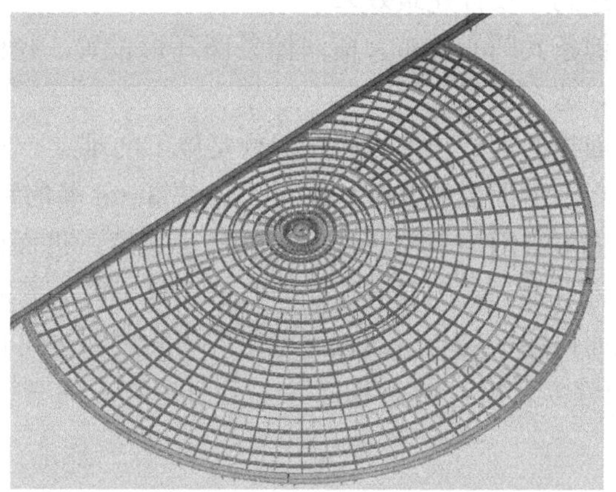

图 7-22 屋面结构檩托、主次檩条空间三维图

（3）利用 BIM 建立屋面底板空间模型，如图 7-23 所示。

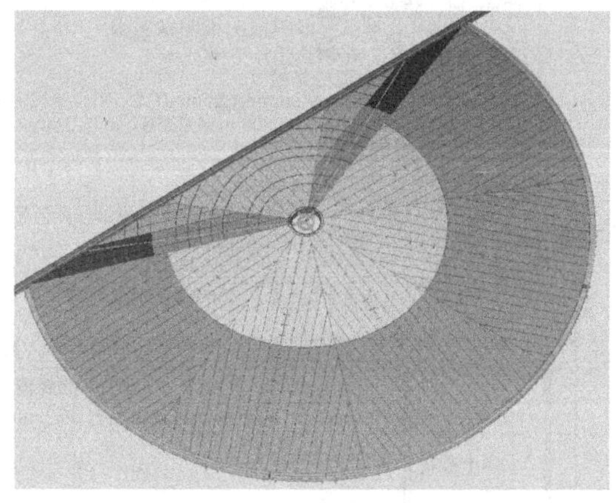

图 7-23 屋面底板空间三维图

（4）利用 BIM 建立屋面板空间模型，如图 7-24 所示。

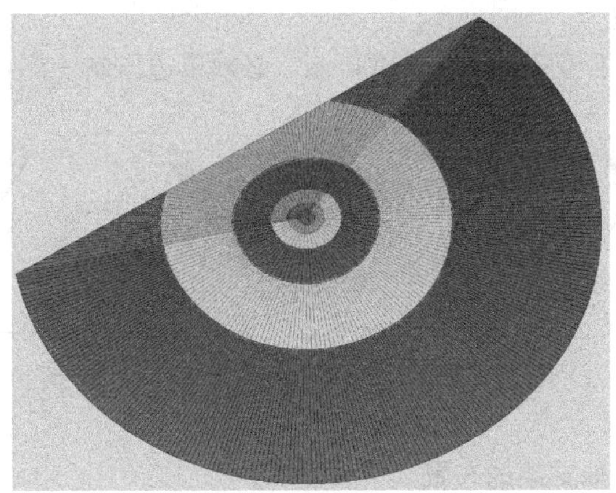

图 7-24　屋面板空间三维图

（5）扇形板区段的划分

扇形板大头成型宽度为 430mm，小头成型宽度为 215mm，大小头成 2 倍关系，这与三角形中位线为底边一半的关系相吻合。利用这个特点进行扇形板区段的划分，如图 7-25 所示。

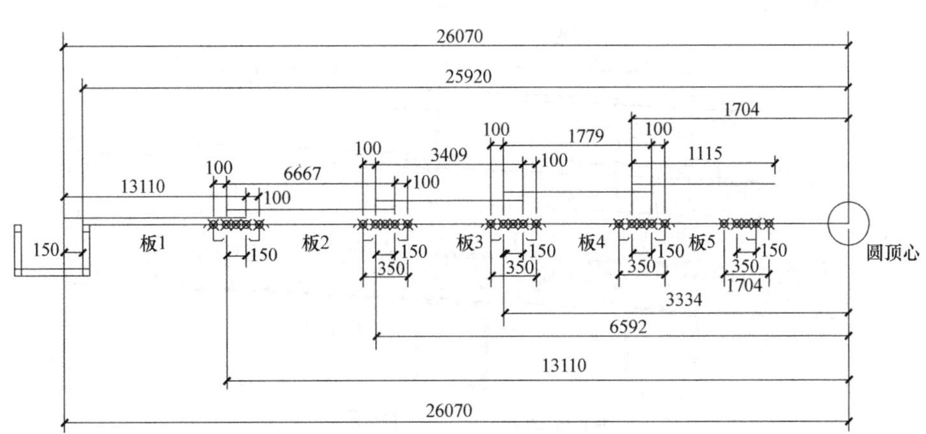

图 7-25　扇形板区段划分图

2. 扇形屋面板的下料

（1）采购的铝镁锰板宽度为 945mm，每块板的两侧直立锁边用料宽度为 150mm，因此扇形板大头下料板宽为 430＋150＝580mm，小头下料板宽为 215＋150＝365mm，按一分二模式下料，需总板宽为 580＋365＝945mm，如图 7-26 所示。

（2）铝镁锰板长度 L 的计算。L 为圆心到板宽边（430mm）距离的一半，再加上两端共需要延伸的长度 150mm（一端延伸 75mm），如图 7-26 所示。

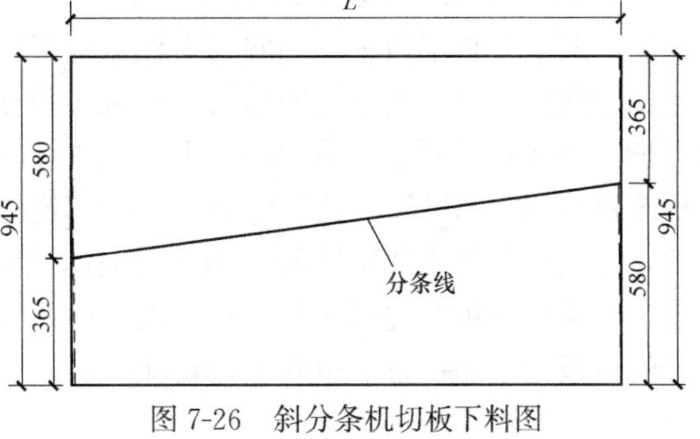

图 7-26　斜分条机切板下料图

3. 扇形板压制成型

由于扇形板大小头不等宽，无法正常压制，必须单边压制一侧，分两次压制成型，如图 7-27 所示。

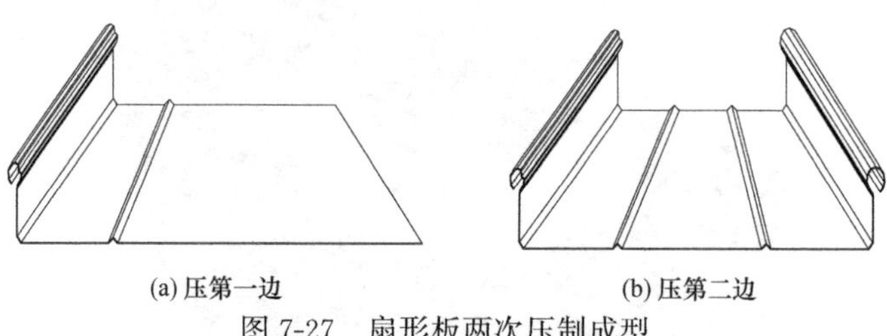

图 7-27　扇形板两次压制成型

4. 扇形上下板搭接处支架的布置

扇形板上下板搭接处，设置两道 T 型支架，两个支架之间，设置厚度为 3mm 的镀锌钢板，承载板接缝的外力，避免板接缝处因为外力被踩踏变形而导致接缝胶开裂而渗水，如图 7-28 所示。

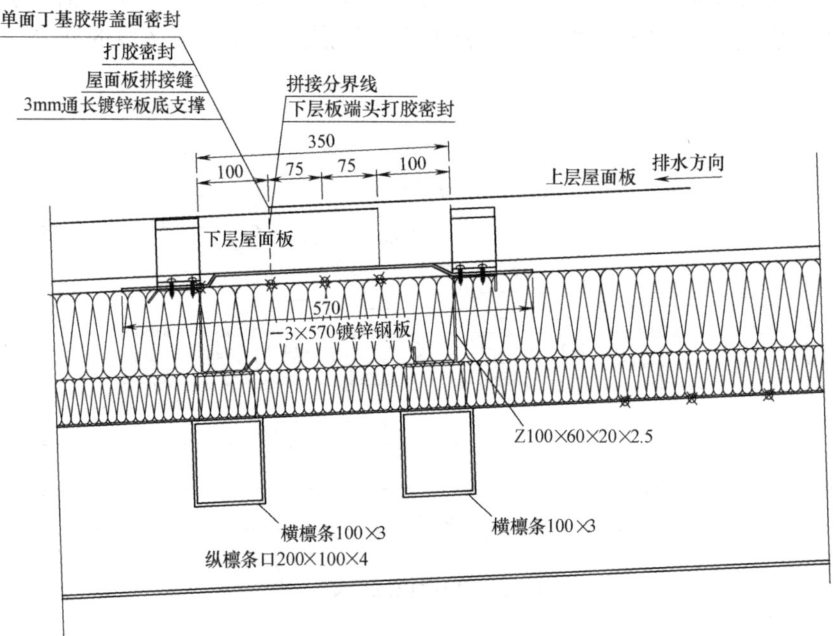

图 7-28　扇形板搭接处支座图（单位：mm）

5. 扇形上下板的搭接节点处理方法

（1）两块下板窄边中间的肋与上板宽边搭接

由于两块下板窄边中间的肋与上板宽边相互交叉，因此必须切除一个，要么将上板宽边开槽，要么将下板窄边肋切除。上板宽边开槽的做法不利于上板受力，因此本工法采用下板窄边肋切除的做法。肋切除后，肋的部位打胶密封，下面的平板切割修整，将折边重叠后，用电钻在重叠部位钻两个 4mm 的孔，然后在板之间打胶，最后用铆钉固定。

（2）两块下板窄边两侧的肋与上板宽边的肋搭接

将下板侧面的一条窄边的上口切除 150mm 长，便于上板与下板的重叠咬合，接缝处打胶密封，如图 7-29 所示。

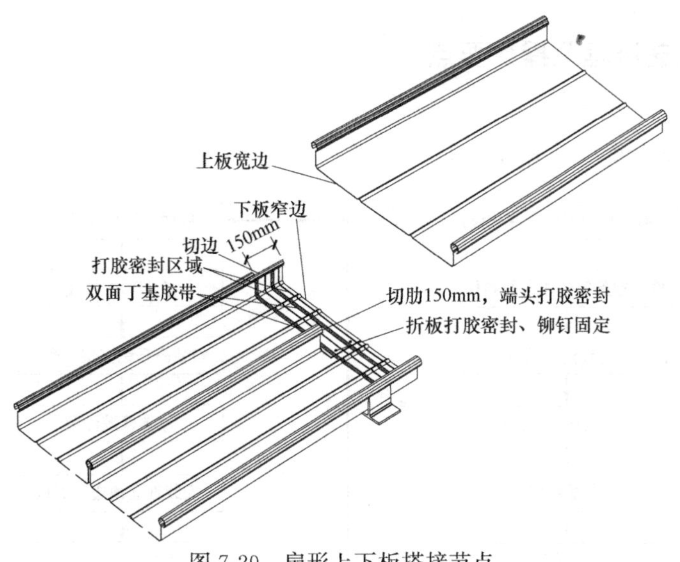

图 7-29 扇形上下板搭接节点

（3）防水措施

上下面板扣完，铆固打胶之后，接缝处 150mm 区域清理干净，用上海瑞芙特金属板防水涂料密封，如图 7-30 所示。

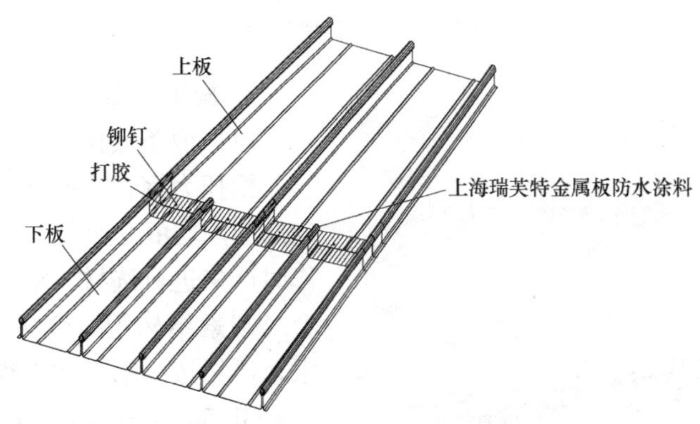

图 7-30 上海瑞芙特金属板防水涂料密封

6. 屋顶中心圆的做法

屋顶中心处为板的汇交处，制作半径为 1000mm 的铝板做个异形盖帽，如图 7-31 所示。

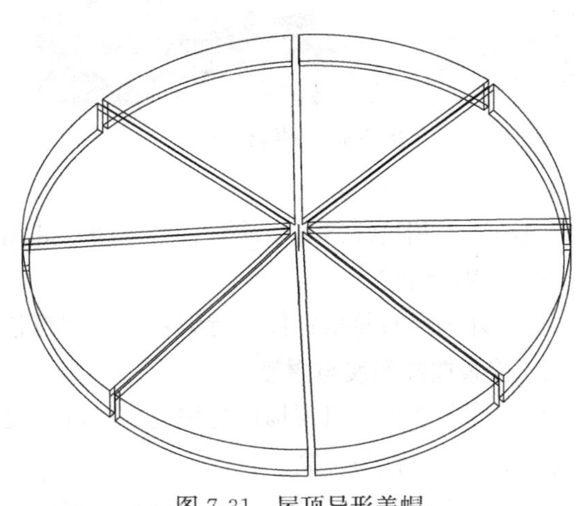

图 7-31 屋顶异形盖帽

7. 结合 BIM 的使用

（1）分析设计图纸，在 CAD 中建立檩托、檩条、屋面板的空间线模。

（2）将 CAD 空间线模导入 BIM 中，建立三维模型，分析成型效果，进行节点设计与处理，制作下料图，指导生产与安装。

7.6.5 施工工艺流程及操作要点

1. 工艺流程

施工工艺流程如图 7-32 所示。

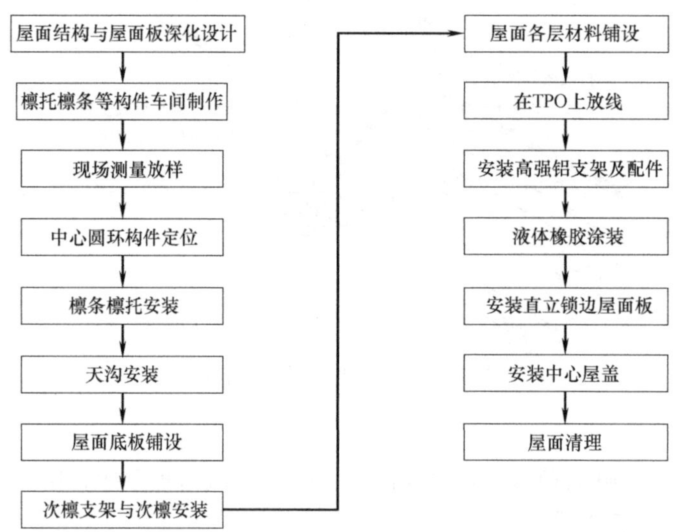

图 7-32 工艺流程表

2. 施工步骤

（1）檩条檩托制作与运输

檩托为钢管，檩条为矩形管，材质为 Q235B，均由专业工厂加工制作，加工制作时严格进行选材，钢结构质量标准应符合《碳素结构钢》GB/T 700—2006 的要求，严格按《钢结构工程施工质量验收规范》GB 50205—2001（现行标准为《钢结构工程施工质量验收标准》GB 50205—2020）进行加工。

图 7-33 钢管檩托

檩托为竖向钢管，两端均为相贯线口，要求用相贯线切割机数控下料，下料时连带坡口一起打出来。构件按要求除锈并喷涂油漆，相贯线口安装前要打磨干净，如图 7-33 所示。

（2）构件运输

按构件编号对每根杆件进行编号，分类打包装运。

3. 檩条檩托吊装与焊接

（1）准备工作：对现场进行轴线与标高的复测，确认符合设计图纸要求后，标出中心圆点的位置、方位与标高。

（2）中心圆环安装，利用全站仪复测定位。就位后，安装檩托钢管支撑 $\phi 159 \times 10$mm

固定，如图 7-34、图 7-35 所示。

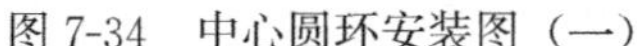

图 7-34　中心圆环安装图（一）

图 7-35　中心圆环安装图（二）

（3）竖向钢管檩托与径向、横向檩条的安装

先用全站仪将径向檩条的方位放出来，然后从圆顶中央拉设钢丝绳作为竖向檩托定位参考。先将竖向檩托点焊固定，再吊装径向檩条，位置与标高调整之后，将竖向檩托、径向檩托焊接固定。横向檩条与径向檩条现场焊接，为方便安装，车间在生产主檩条时，要在横向檩条位置焊接角铁托件，安装横向檩条时只需要依据角铁托件位置安装定位即可，省去现场放线工序，施工速度快，定位相对准确，如图 7-36、图 7-37 所示。

图 7-36　径向、横向檩条与檩托安装

图 7-37　安装后效果图

4. 环形天沟的安装

（1）根据建筑造型，屋面四周的天沟为圆环形。天沟托架制作成环形的 U 型槽。不锈钢天沟由三块板焊接而成，天沟底板下料成环形，两侧面板依据底板的环形与底板焊接。因为焊接会使天沟发生较大变形，为控制变形，侧面板与底板采用单面焊接。焊接结束后对天沟用煤油做渗漏试验检测，对渗漏点补焊，如图 7-38 所示。

（2）先安装天沟托架的支撑架，工厂内将环形天沟放入天沟托架内一起打包运输到工地吊装，施工方便，避免了天沟的二次变形，如图 7-39 所示。

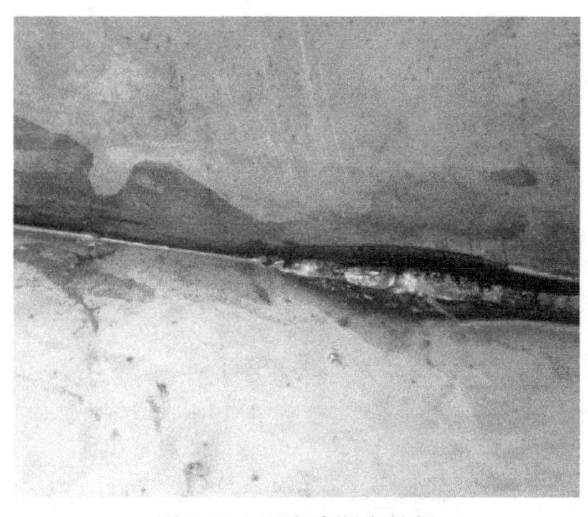
图 7-38　天沟渗漏点补焊

图 7-39　环形天沟安装

5. 屋面底板安装

依据屋面底板排版图安装屋面底板（图 7-40），由于该屋面造型特殊，现场修边较多，如图 7-41 所示。

图 7-40　屋面底板安装

图 7-41　屋面底板安装后效果图

6. 次檩条安装

屋面次檩条为 Z 型钢，尺寸为 100mm×60mm×20mm×2.5mm，用自攻钉将支架与檩条固定，再将次檩条与支架固定。根据屋面板的特点，次檩条呈环形布置，如图 7-42 所示。

7. 屋面各层材料铺设

依据建筑设计图，屋面各层材料从下往上依次为屋面底板、无纺布、吸音棉、保温岩棉、水泥板、TPO 防水卷材、液体橡胶、防水透气膜、屋面板，如图 7-43 所示。

8. 在 TPO 防水卷材上放线，安装屋面板高强 T 型铝制支架

（1）该屋面有两部分组成，一个是圆锥面，一个是三角形斜面。圆锥面可以将该部位的环形天沟内侧按屋面板的排布图等分画线，然后夜间利用五线墨线仪放线，再用黑色墨斗将线弹出，如图 7-44 所示。

图 7-42　屋面次檩条安装

图 7-43　屋面各层材料铺设

图 7-44　圆锥面屋面高强 T 型铝制支架墨线仪放线

（2）三角形斜面为一有坡度的倾斜平面，由于三角形的底边线是条直线，不是圆弧，所以无法在底边线上等分，因此采用角度等分的办法，利用全站仪将角度等分点打出来，一条线打两个点，这样算上圆心就是三个点，其中一个点为校核参考点（图 7-45）。

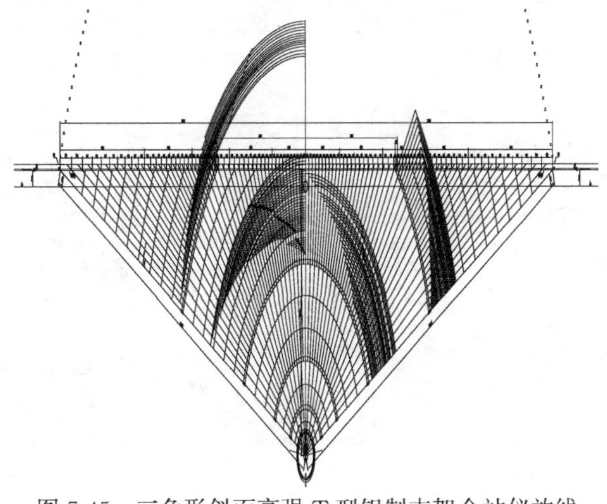

图 7-45　三角形斜面高强 T 型铝制支架全站仪放线

图 7-46　高强 T 型铝制支架与扇形板连接处补强板安装

9. 高强 T 型铝制支架与扇形板连接处补强板安装

高强 T 型铝制支架与扇形板连接处补强板安装如图 7-46 所示。

10. 防雷导线安装

整个金属屋面作为接闪器，按防雷要求（10m×10m 或 8m×12m 区域）设置防雷接线点。由于 TPO 防水卷材上要喷涂液体橡胶，所以接防雷导线的高强 T 型铝制支架上要用塑料纸扣一下，避免支架顶部被液体橡胶喷涂而起不到导电作用，如图 7-47 所示。

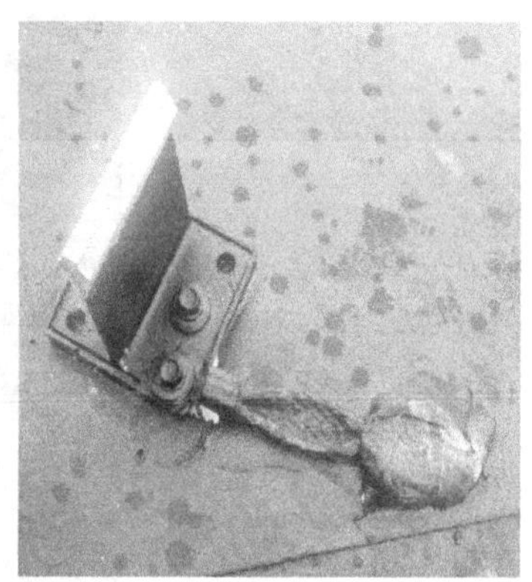

图 7-47　防雷导线安装与支架顶部免喷涂处理

11. 扇形板斜分条机下料

根据排版尺寸，将 945mm 宽的铝镁锰板按一分二的形式由斜分条机下料，如图 7-48、图 7-49 所示。

图 7-48　斜分条机下料切板

图 7-49　斜分条机下料

12. 扇形板直立锁边压制

扇形板属于不规则板，两侧直立锁边压制方法与普通板压制不同，在压板机的两侧进行，每个边单独压制，如图 7-50 所示。

13. 扇形板的安装

（1）先铺设下层板，将搭接部位的薄膜撕开，便于搭接节点处理与打胶，如图 7-51 所示。

图 7-50　扇形板直立锁边压制

图 7-51　下层板铺设

（2）上层板宽边部位修边，如图 7-52、图 7-53 所示。

图 7-52　上层板宽边部位修边（一）

图 7-53　上层板宽边部位修边（二）

（3）下层板窄边部位切割。根据上层板宽边边界，在下层板窄边部位画线切割，将中间肋切除，两侧肋上部锁边处切割，下部锁边用钳子咬紧，便于上层板的安装与咬合，如图 7-54、图 7-55 所示。

（4）下层板中间肋部位折板打胶铆固，如图 7-56、图 7-57 所示。

（5）下层板粘贴两道双面丁基胶带，在胶带中间打两道胶，如图 7-58 所示。

（6）安装上层板，与下层板铆固，如图 7-59 所示。

图 7-54　下层板窄边部位切割（一）

图 7-55　下层板窄边部位切割（二）

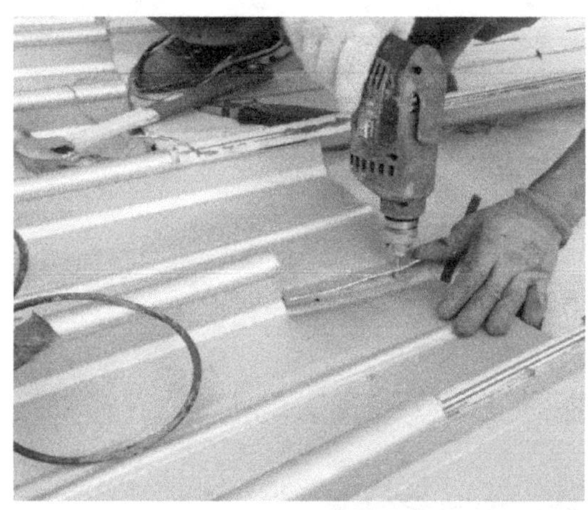
图 7-56　下层板中间肋部位折板打胶铆固（一）

图 7-57　下层板中间肋部位折板打胶铆固（二）

图 7-58　下层板粘贴双面丁基胶带与打胶

图 7-59　安装上层板并与下层板铆固

（7）扇形板铺设基本成型图，如图 7-60 所示。

（8）上海瑞芙特金属板防水涂料密封接缝处如图 7-61 所示。

图 7-60　扇形板铺设基本成型图

图 7-61　上海瑞芙特金属板防水涂料密封

14. 圆顶中心铝板的安装

圆顶中心铝板的安装，如图 7-62 所示。

图 7-62　圆顶中心铝板安装

第8章　机电工程集成安装及智能调试施工技术

8.1　分部分项工程概况

8.1.1　基本概况

南通国际会展中心工程由会议中心及展览中心组成。其中，会议中心地上 4 层，地下 1 层，建筑功能为精品展厅、会议、宴会、地下车库及附属配套用房；展览中心地上 2 层，地下 1 层，主要作为普通展厅使用。机电安装主要配合土建，为建筑的运行使用提供水、电、风等相应的配套功能，涵盖了建筑给水排水工程、建筑电气工程、通风与空调工程及消防工程等。

8.1.2　给水排水系统工程

1. 给水系统工程

生活冷水采用分区供水方式，地下室至一层属于低区用水，由市政管网直接供给，市政供水压力为 0.20MPa；二层及以上属于高区供水，采用生活水箱和变频调速泵组联合供水；空调冷却水补水由冷却水水箱和变频调速泵组联合供水，变频供水设备集中设置于会议中心地下一层的水泵房内。生活给水管采用卡压连接的 304 薄壁不锈钢管，地下室人防区域采用衬塑不锈钢管，卫生间区域支管道采用 PPR 管，电熔连接。

2. 污废水系统工程

根据不同排水系统内的排水水质情况选用了两种外排方式，即：室内采用污废水分流的排水系统，地上排水系统采用设专用通气立管的排水系统，首层单独排出，其流程是：施工前准备→末端排水点→排水支管→排水主管→排出管→室外管网。

地下室排水流程采用的是传统外排方式，即地下层排水至集水池，经潜水排污泵提升后排至室外管网，其流程是：施工前准备→废水排水点→潜水提升→排水管→室外管网。

污废水排水管采用承插式柔性排水铸铁管，压力污废水排水管材质为镀锌钢管。

3. 雨水系统工程

雨水系统分为重力流排水和虹吸雨水斗排水。其中金属大屋面、登录平台屋面上设檐沟采用虹吸雨水斗排水，设计流态为虹吸压力流；二层及以上楼层的室外平台屋面设置 87 型雨水斗，设计流态为重力流。雨水管道采用 HDPE 管，热熔连接。

8.1.3 建筑电气系统工程

1. 电气照明系统工程

照明种类有正常照明、应急照明、值班照明、警卫照明、障碍照明等，照度标准见表 8-1。

电气照明系统组成及主要光源 **表 8-1**

照明场所	照度标准(lx)	主要光源
多功能厅、宴会厅	300	高效金卤灯
弱电机房	500	三基色高效荧光灯
会议室	300	节能筒灯、花灯、紧凑型荧光灯
登录厅	200	节能筒灯、花灯、紧凑型荧光灯
卫生间、制冷机房	150	筒灯、紧凑型荧光灯
楼梯间、走廊	100	高效荧光灯
库房	100	高效荧光灯
变电室、配电间	200	高效荧光灯
空调机房	100	高效荧光灯
公共车库	80	高效荧光灯

优选节能型高效光源及灯具，一般照明以采用电子镇流器的节能型高效无眩光荧光灯为主，荧光灯光源选用 T5 型荧光灯管；金属卤化物灯采用节能型电感镇流器，LED 灯具均选用高效低眩光低谐波灯具，光源色温＜4000K，特殊显色指数 R9＞0。所有灯具补偿后功率因素均大于 0.9。采用高效金卤灯，结合结构钢梁沿照明母线槽敷设。办公室照明：采用嵌入式双管荧光灯，选用高效低眩光低谐波的灯具，小间办公室插座电源设在墙上，大间办公室插座电源预留在房间配电盘内。特定场所照明：多功能厅、大堂、餐厅等特定场所照明，应配合装修设计，使之满足其功能及装修效果的需要。

疏散楼梯间、走廊、重要机房等人员密集的公共场所设置集中控制型消防应急照明和疏散指示系统，由消防联动控制器联动启动。应急照明可作为正常照明的一部分而经常点燃，发生火灾时可由消防中心控制柜强制点燃。出入口标志灯、疏散诱导标志灯、走道内部分灯具及重要机房控制室部分灯具采用集中应急电源系统（EPS），在每层电气小间内设有集中蓄电池组，市电源停止供电后，其连续点燃时间不小于 1h，电源转换时间不大于 5s。采用镀锌钢管穿铜导线暗敷设，吊顶内的分支线路采用金属线槽明敷设时，选用 BVV 型铜导线；应急照明线路采用 NH 型铜导线穿镀锌钢管暗敷设，镀锌钢管刷防火涂料。

2. 电气动力系统工程

380V/220V 干线采用放射式与树干式相结合的供电方式。消防负荷、重要负荷、容量较大的设备及机房采用放射方式，就地设配电柜；容量较小的分散设备采用树干式供电。消防水泵、消防电梯、防烟及排烟风机等消防负荷及一级负荷的两个供电回路，消防负荷在最末一级配电箱处自动切换；二级负荷采用双电源供电，适当位置互投后再放射式供电。树干式配电采用 T 型接线箱出线，矿物绝缘电缆采用专用电缆分支接线箱出线。配电线路严禁使用穿刺线夹，桥架内严禁使用 T 型接线端子。开关、插座在墙面上暗装，配电箱在配电间内明装。电动机启动方式根据不同的功能要求分为就地启动、纳入 BA 系统、消防监控中心启动等。

3. 防雷接地工程

该工程按二类防雷建筑设计，接地形式为 TN-S 系统，利用结构基础做接地体，其混合接地电阻不大于 0.5Ω。会议中心屋面利用金属屋面作接闪器，并将屋顶上所有凸起的金属构筑物、金属构件、天窗、设备及其他管道与防雷系统可靠联结。防雷引下线地下室部分利用结构柱内两根直径 16mm 主筋，地上部分引下线利用立面钢结构网架内钢柱，以不大于 18m 间距设置。大楼周围敷设 50mm×5mm 镀锌扁钢做总等电位联结体，敷设标高为−1.2m，经墙内钢筋与基础钢筋可靠联结，进出建筑物的各种金属管道应在进出处与防雷接地装置可靠连接，焊接长度要求见表 8-2。

焊接搭接长度及质量要求　　表 8-2

搭接材料	搭接长度	质量要求
圆钢与圆钢	6*D*(*D* 为圆钢直径)	双面焊，满焊，焊缝饱满光滑，无夹渣咬肉现象
圆钢与扁钢	2*B*(*B* 为扁钢宽度)	双面焊，满焊，焊缝饱满光滑，无夹渣咬肉现象
圆钢与扁钢	2*B*(*B* 为扁钢宽度)	三面焊，满焊，焊缝饱满光滑，无夹渣咬肉现象

8.1.4 通风与空调工程

1. 送排风工程

厨房设置机械通风系统，分设全面排风和局部排风系统。补风采用新风机组，与排风机对应设置，补风量为排风量的 80%。事故通风与全面排风系统合用，事故通风量为 12 次/h，并采用防爆风机。燃气表间设置事故通风，事故通风量为 12 次/h，并采用防爆风机。车库设置机械通风系统，与消防排烟系统合用。制冷机房位于地下一层，设置独立机械送排风系统。变配电室设置送排风机通风和循环风空调机组冷却降温，夏季满负荷时两套系统同时开启，室内发热量较小或在其他季节时仅开启通风机，按室温设定值启停循环风空调机组。卫生间设置机械排风系统，送排风系统风管采用镀锌铁皮，共板法兰连接，风机设置在各层风机机房。

2. 防排烟工程

排烟系统分为自然排烟和机械排烟，会议中心登录大厅采用电动排烟天窗进行自然排烟，从首层外门补风。精品展厅、会议厅、宴会厅、媒体工作区、新闻发布厅、内走道等设置机械排烟，排烟口和排烟阀设置两种开启方式：就地手动开启和自动开启（由火灾探测报警系统联动控制），并与排烟风机联锁。地下走道及地上精品展厅、会议厅、宴会厅、媒体工作区等超过 $500m^2$ 的房间，采用机械补风。车库排烟和补风系统按防烟分区设置，与平时通风系统合用，火灾时就地手动火灾探测报警系统，消防控制室控制风机启动排烟和补风。排烟风管主要采用热镀锌铁皮制作，角钢法兰连接，厨房区域排油烟风管材质采用不锈钢铁皮，外保温采用 δ=40mm 的铝箔夹筋离心玻璃棉。

3. 空调水工程

空调水系统采用一次泵系统，竖向不分区。空调水系统采用高位膨胀水箱定压补水方式，高位水箱设置于三层屋顶。空调水系统的负荷侧均变流量运行，风机盘管末端设置电动两通阀。根据建筑平面功能的布局为两管制系统，夏季供冷水、冬季供热水。夏季供冷水通过设置于地下一层制冷机房的 2 台冷量为 900 冷吨的离心式冷水机组、2 台冷量为 400 冷吨的螺杆式冷水机组实现，空调总冷负荷约为 9010kW。冬季供热水通过 2 台常压热水锅炉，供热总热负荷为 3093kW，锅炉放置于会议中心西南角的临时锅炉房内，待酒店建成后，移至酒店地下一层。空调水管道采用热镀锌无缝钢管焊接连接，外保温采用橡塑保温棉。

8.1.5 消防系统工程

1. 消火栓系统工程

室外消火栓系统在本工程红线内布置成环状管网，管网上设置地下式消火栓，消火栓栓井内设置 *DN*100、*DN*65 消火栓各一个。南通会展中心共计设置 9 个，会议中心设置 8 个，展览中心设置 9 个。室内消火栓系统竖向不分区，采用贮水池、消防泵、高位水箱联合供水方式。地下一层消防泵房内设置两台消防供水泵，一用一备，屋顶设置一套与固定水炮系统合用的消防水箱和稳压装置，以满足最不利消火栓充实水柱所需的水压要求。消防箱采用尺寸为 1800mm×700mm×160mm 的薄型单栓带消防软管卷盘的组合式消防柜，每个箱体内配备一个 *DN*65 消火栓、水枪、水带、消防软管卷盘、消火栓按钮及指示灯，另外配备两瓶手提式干粉灭火器。

2. 自动喷淋系统工程

本工程地下车库采用泡沫-湿式自动喷水灭火系统，火灾危险等级为中危险Ⅱ级，设置有 6 个泡沫罐；地上部分采用湿式自动喷水灭火系统，火灾危险等级为中危险级Ⅰ级。自动喷水灭火系统竖向不分区，采用贮水池、消防泵、高位水箱联合供水方式。地下一层消防泵房内设置两台消防供水泵，一用一备，屋顶设置一套消防水箱和稳压装置。本系统共设置 10 套湿式报警阀，设于地下一层消防泵房内。每个防火分区内均设水流指示器和电信号阀。设吊顶的场所采用下垂型喷头，无吊顶房间、地下车库采用直立型上喷喷头。

3. 固定消防水炮灭火系统工程

精品展厅内设置固定消防炮灭火系统，灭火面积为 4900m^2，保护半径为 50m，用水量为 40L/s，供水时间为 1h。地下一层消防泵房内设置两台消防供水泵，一用一备，屋顶设置与消火栓系统合用的消防水箱和稳压装置。消防水炮前设信号阀、水流指示器和电动阀。

4. 气体灭火工程

气体灭火系统主要由储气钢瓶组、集流管、区域分配阀、压力开关、启动装置、喷头等装置组成，分为有管网式气体灭火系统和无管网市气体灭火系统，灭火剂采用七氟丙烷气体。其中开闭站、变配电所、主通信机房、信息及弱电系统专用房间设管网式气体灭火系统，分散设置的弱电机房采用无管网式七氟丙烷气体灭火装置。通信机房、电子计算机房设计喷放时间不大于 8s，其他场所设计喷放时间不大于 10s。

5. 火灾自动报警工程

火灾自动报警系统由火灾探测报警、消防联动控制、电气火灾监控系统和可燃气体探测报警系统组成。火灾探测系统是实现火灾早期探测并发出火灾报警信号的系统，由火灾探测器、手动火灾报警按钮、声光警报器、火灾报警控制器等组成。消防联动控制系统是接收火灾报警控制器发出的火灾报警信号，按预设逻辑完成各项消防控制，由消防联动控制器、图形显示装置、消防电气控制装置、联动模块、消火栓按钮、消防应急广播设备、消防电话等设备组成。可燃气体探测报警系统是火灾自动报警系统的独立子系统，属于火灾预警系统，由可燃气体探测器和声光警报器组成。

8.2 施工前的准备

8.2.1 技术准备

充分熟悉施工图纸，掌握设计要求；根据设计要求准备相应施工规范、图集等技术资料；编制专项施工方案和各分项工程技术交底。

8.2.2 BIM 技术运用，施工前建模

将各个专业的管线采用 Revit 软件翻模，然后汇总整合在一个三维模型中，调整优化各机电管线的走向、高度，再对模型进行碰撞检查，在施工前预先发现存在的问题，减少因管线碰撞发生的返工，极大地节约了材料和人工。通过三维翻模，利用 BIM 模型输出机电综合管线图、剖面图、单专业图、三维轴测图，使班组明确掌握图纸设计意图和管线安装层次规则。利用 BIM 三维可视化，事前对复杂区域管线排布情况与现场人员进行讨论，确保 BIM 模型落地的可实施性；模型优化调整后，将任务区域机电管线的综合排布进行可视化交底，能够达到一目了然、快速领会施工任务和要求的目的，确保了施工和模型的一致性，提高了施工的一次合格率。

8.2.3 劳动力计划

劳动力实行专业化组织，按不同工种、不同施工部位来划分作业班组，使各专业班组从事性质相同的工作，提高操作的熟练程度和劳动生产率，以确保工程施工质量和施工进度。根据本工程各阶段施工重点，相应调配专业劳动力，实行动态管理。参加现场施工的所有特殊工种人员必须持证上岗，特殊工种人员需要具有五年以上特殊工种的工作经历，同时特种作业证件复印件报项目经理部备案，其拟配备的劳动力使用计划见表 8-3。

劳动力配置表 **表 8-3**

工种 日期	电工	焊工	管道工	通风工	油漆工	保温工	普工
2019 年 1 月	40	4	18	8	2		20
2019 年 2 月	48	5	20	10	2		20
2019 年 3 月	60	6	30	36	2		30

续表

日期 \ 工种	电工	焊工	管道工	通风工	油漆工	保温工	普工
2019年4月	80	12	40	46	2		60
2019年5月	100	16	60	58	2	30	70
2019年6月	100	20	70	65	2	60	80
2019年7月	100	20	78	70	2	60	80
2019年8月	100	20	80	70	2	60	80
2019年9月	100	20	80	70	2	50	80

8.2.4　主要施工机械计划

（1）主要施工机械配置

为满足本工程施工要求，机具、设备必须大量投入，公司现有的各类施工机械及设备完全能满足本工程全方位展开施工的要求。由于本工程层次高、工期紧，实际情况不允许大量搭设脚手架平台，故采用升降车替代。各类材料按施工图纸要求的数量和施工进度的要求保证供应，主要施工机械配置见表8-4。

主要施工机械表　　表8-4

序号	机械设备名称	型号规格	数量
1	套丝机	—	8台
2	热熔机	—	3台
3	叉车	MJ-104	4台
4	汽车吊	Q60	2台
5	等离子机	H26X-50	4台
6	折边机	—	2台
7	咬口机	—	3台
8	升降车	—	100台
9	电焊机	BX-300	10台
10	管子坡口机	GPK-150～351	2台
11	砂轮切割机	300mm	6台
12	砂轮切割机	400mm	5台
13	台钻	M8～M36	3把
14	电锤钻	TE-10	15把
15	电动试压泵	DSY-30/40	2台
16	焊条烘干箱	ZYH-60	1台
17	手拉葫芦	1t	6个
18	手拉葫芦	2t	6个

（2）主要计量检测设备

主要计量检测设备见表8-5。

主要计量检测设备表 表 8-5

序号	计量检测设备名称	型号、规格	单位	数量
1	交流钳式电流表	0～1000A2.5 级	个	2
2	游标卡尺	200mm，精度 0.02mm	只	3
3	钢卷尺	30m、5m、3m	把	50
4	直流数字式电压表	PZ134-5	台	2
5	交直流电压表	T24-V	台	2
6	毫安、毫伏表	C41-mA	台	1
7	交直流电流表	D26-A	台	1
8	接地电阻测试仪	ZC-1000	台	2
9	便携式电阻测试仪	SDB	台	1
10	电流电压表	T32-VA	台	1
11	绝缘摇表	—	台	1
12	风压测量仪	—	台	2
13	热球风速仪(30m/s)	—	台	2
14	测噪声仪	—	台	2
15	兆欧表	ZC-700.500V	台	2
16	水平尺	300m	只	5
17	直角尺	0～300mm	把	5
18	磁力线坠	—	只	4

8.3 建筑给水排水系统

8.3.1 主要系统施工工艺流程

1. 生活冷水管道系统施工工艺流程

绘大样图→材料检验→预留预埋→管段预制→支架制作安装→管道安装→端部设施安装→试压检验→系统冲洗→管道消毒→系统交验。

2. 生活热水管道系统施工工艺流程

绘大样图→材料检验→预留预埋→管段预制→支架制作安装→管道安装→端部设施安装→试压检验→系统冲洗→系统保温→管道消毒→系统交验。

3. 生活污水及生产废水排水管道系统施工工艺流程

绘大样图→材料检验→预留预埋→管段预制→支架制作安装→管道安装→端部设施安装→分段灌水试验→系统灌水试验→通球试验→系统交验。

8.3.2 管道安装工艺流程

1. 不锈钢管安装工艺流程

绘大样→管材检验→支架制作→管段调校→管段下料→管段组装→管段调整→支架安

装→管道安装→系统连接→成品保护。

2. 排水柔性铸铁管安装工艺流程

绘大样→管材检验→支架制作→管段调校→管段下料→管段组装→管段调整→支架安装→管道安装→系统连接→成品保护。

3. 镀锌钢管安装工艺流程

绘大样→管材检验→管段调校→管材除锈→管道刷漆→预制坡口→支架预制→管段组装→支架安装→管道焊接→系统连接。

4. 卫生器具安装工艺流程

绘大样→暗管复验→埋件复验→固定件埋设→洁具检验→支架安装→洁具安装→观感检验→试漏检验→成品保护。

5. 主要设备安装工艺流程

基础检验→设备检验→支座制作安装→设备就位→设备调整→配管安装→配电检测→单机调试→联动试运行→成品保护。

8.3.3 管道施工方法及施工要点

1. 柔性铸铁管施工方法及施工要点

(1) 连接工艺

本工程排污、废水铸铁管采用承插胶圈连接，胶圈的型号、规格符合设计要求，与管的承插口匹配。胶圈形体应完整，表面光滑。用手扭曲、拉、折后表面和断面均不得有裂纹、凹凸及海绵状等缺陷。将承口工作面清理干净，胶圈的安放应均匀地贴紧在承口内壁上，如有隆起或扭曲现象采取措施调平。对组对好的合格管清除其工作面的所有粘附物，根据承插深度，一般比承口深度小10～20mm，沿管子插口外表面画出安装控制线，安装面应与管中心垂直。在管子插口工作面和胶圈内表面刷水，涂上肥皂。将安装的管子插口端锥面插入胶圈内，稍微顶紧后找正，再将管子垫稳。管子经调整对正后用安管器使管子顺着圆管均匀地进入并随时检查胶圈不得被卷入，直至承口端与插口端的安装线齐平为止。检查插入深度、胶圈位置是否正确，如有问题，必须拔出校正。

(2) 管道安装

在插口上面画好安装线，承插口端部的间隙取5～10mm，在插口外壁上画好安装线，安装线所在平面应与管的轴线垂直。在插口端先套入法兰压盖，再套入胶圈，胶圈边缘与安装线对齐。将插口端插入承口内，为保持橡胶圈在承口内深度相同，在推进过程中，尽量保证插入管的轴线与承口轴线在同一直线上。紧固螺栓，使胶圈均匀受力，螺栓紧固不得一次到位，要逐个逐次均匀紧固。室外管道安装之前要核对排出位置及标高是否与室外管线一致。室外部分埋地污、废水铸铁管可敷设在未经扰动的原土上，或经分层夯实，密度不小于90%的地基上，在管道连接处、拐弯处应做混凝土支墩，支墩顶面与沟底齐平。安装前要进行外观检查，清除污垢，保证管内无杂物，安装期间应随时注意适当盖好开口端，以防外来杂质落入管道。管道上所有弯头应为钝角，并应有尽可能大的拐弯半径。下管时根据管径大小采用人力下管和压绳法下管，管道安装完后，应进行闭水试验。管道闭水试验合格后，管沟应及时回填，回填时应分层回填、分层夯实，回填土应从管子两侧边回填边夯实，至管顶后再从管顶回填至管顶0.5m处进行夯实。

2. 不锈钢管施工方法及施工要点

（1）不锈钢管卡压连接

图 8-1　不锈钢管卡压式连接

薄壁不锈钢管采用卡压式连接（图 8-1），具体施工工艺为：根据管道公称直径选用相应规格型号的环压钳。操作前应保持上下环压钳内模具清洁。除去管材保护膜，将管材插入管件承口至底端，并沿管件端在管材外壁上画线，然后抽出管材。将密封圈套在管材上，插入管件承口至底端，使管材深度标记与管件边缘对齐，再把密封圈推入管件与管材之间的密封腔内。应将管子垂直插入管件中，不得歪斜，以免 O 型密封圈割伤或脱落造成漏水。管件和管材必须垂直于环压模具着色面方可环压操作。环压时，操作油泵对环压钳施压，直至上下环压模具完全闭合，稳压 3s 后卸压，环压操作完成。公称直径 65～100mm 的管材与管件的环压连接，除按上述操作外，还须做二次环压，二次环压时，将环压钳向管材方向平移一个密封带长度，再进行一次环压操作。环压连接操作完成后，其环压部位质量应符合技术参数要求，并应做如下检查：密封端压接部位 360°压痕应凹凸均匀；管件端面与管材结合应紧密无间隙；管件端面与管材压合缝处挤出的密封圈的部分能自然断掉或简便地去掉；当环压连接质量达不到要求时，应成套更换环压钳模具组件或将模具送修。

（2）不锈钢管安装

管道成排安装时，直线部分应互相平和。曲线部分：当管道水平或垂直并行时，应与直线部分保持等距；管道水平上下并行时，弯管部分的曲率半径应一致。管道支吊架位置正确。支吊架加工严禁氧气割焊，必须用切割机切割，打眼使用电钻。支吊架突出部分角钢立面需打角、打磨，光滑无毛刺，与管道接触紧密。管道水平支、吊架间距不应大于表 8-6 的规定。

管道水平支吊架间距　　**表 8-6**

公称直径(mm)		15	20	25	32	40	50	70	80	100	125	150	200
支架最大间距	保温管	2	2.5	2.5	2.5	3	3	4	4	4.5	6	7	7
	不保温管	2.5	3	3.5	4	4.5	5	6	6	6.5	7	8	9.5

3. 镀锌钢管施工方法及施工要点

（1）螺纹连接

切管前检查管子是否平直，不平直时需要先进行调直，切管时需要用切管机进行切断，禁止用砂轮机切割；套丝采用自动套丝机，要求螺纹端正、光滑、无毛刺、不断丝、不乱扣等；套丝后，用细锉将金属管端的毛边修光；采用棉回丝和毛刷清除管端和螺纹内的油、水和金属切屑，钢塑管管口用削刀削成内倒角；管端、管螺纹清理加工后，用聚四氟乙烯生料带缠绕螺纹，同时用色笔在管件上标记拧入深度；选用管钳要合适，用大规格的管钳上小口径的管件，会因用力过大使管件损坏；反之因用力不够而上不紧；也不允许因拧过头而用倒扣的方法进行找正配件的位置和方向。

（2）沟槽连接

连接管段的长度按管段两端口间净长度减去 6～8mm 断料，每个连接口之间预留 3～4mm 间隙并用钢印编号；采用切管机切管，截面垂直轴心，允许偏差为：管径不大于 100mm 时，偏差不大于 1mm；管径大于 125mm 时，偏差不大于 1.5mm；管外壁端面用切削机械加工 1/2 壁厚的圆角；用专用滚槽机压槽，压槽时管段要保持水平，钢管与滚槽机上面呈 90°，压槽时要持续渐进，槽深为 2.2mm，偏差为＋0.3mm，并用标准量规测量槽的全周深度。如沟槽太浅，应调整压槽机再行加工；与橡胶密封圈接触的管外端应平整光滑，不能有划伤橡胶圈或影响密封的毛刺。

8.3.4　阀门和附件的施工方法及施工要点

1. 阀门安装

阀门安装前，要检查其合格证是否齐全，并做外观检查；每批阀门抽查 10%进行强度和严密性试验。若有不合格，再抽查 20%，如仍有不合格则逐个检查。试验时用洁净水进行，试验压力为公称压力的 1.5 倍。试验方法：试验时应排净阀体内的空气，用手压泵加压时，压力应逐渐升至试验压力，不能急剧上升。在 5min 内压力保持不变，无渗漏现象为合格。阀门安装前应按设计核对其型号，并按介质流向确定其安装方向；阀门安装时应处在关闭状态，阀杆能灵活转动，阀门不能与钢塑复合管直接连接，要采用专用黄铜过渡接头。试验合格的阀门，应及时排尽内部的积水，密封面应涂防锈油，关闭阀门，封闭入口。水平管道上的阀门、阀杆宜垂直安装，或向左向右偏 45°，也可水平安装，但不宜向下安装；垂直管道上的阀杆，必须顺着操作巡回线方向安装。阀门安装时应保持关闭状态，并注意阀门的特性和介质的流动方向。阀门与管道连接时不得强行拧紧法兰上的连接螺栓；对螺纹连接的阀门，其螺纹应完整无缺，拧紧时宜用扳手卡住阀门一端的六角体。安装螺纹阀门时，一般应在阀门的出口处设一个活接头。止回阀有严格的方向性，安装时除注意阀体所标介质的流动方向外，还须注意以下两点：升降式止回阀应水平安装，以保持阀盘升降灵活与工作可靠；摇板式止回阀安装时，应注意介质的流动方向，只要保证摇篮板的旋转枢轴呈水平，可装在水平或垂直管道上。阀门安装前应按设计文件核对其规格型号，并按介质的流向确定其安装的方向。当阀门与管道以法兰或螺纹连接时，阀门应在关闭状态下安装，安装位置应方便操作，手柄或手轮一般不得朝下。采用丝扣连接的铜阀，不能用管钳直接卡住阀门，要用布或其他软质材料裹住阀门，以防卡坏阀门。

2. 压力表安装

压力表安装时应垂直向上，在管路上开孔时割下的碎钢块及氧化铁尽量避免掉在管路里，如果掉入应设法立即清除。

3. 过滤器安装

过滤器安装时应保证留有滤网拆除的空间，必要时可以管轴为中心旋转一定的角度。

4. 法兰焊接

法兰焊接时，两片法兰之间不平行度应控制在 1mm 以内。安装时法兰间应平行，受力应均匀一致，螺栓的螺母应在同一侧，拧紧时应对角进行，螺栓的长度选用应符合有关的要求，一般外露螺母 2～3 扣为宜。

8.3.5 水泵安装施工方法及施工要点

水泵安装前应仔细核对水泵的规格、型号是否符合设计要求，严格检查泵体、叶轮、叶片有无变形、摩擦等现象，配件是否齐全无损，内部必须干净，符合要求方可安装。以在基础上测出的中心线为基线，地脚螺栓的尺寸、间距、标高，必须符合设计要求。水泵吊装就位，对准基础上地脚螺栓的位置并找正，将底盘落在基础上。用水准仪或水平尺进行找正、调准。预埋地脚螺栓时待水泥砂浆达到设计强度后再将螺栓紧固。泵体调整时先调准泵端，紧固泵座螺栓，再调准从电机至两轴的轴线，必须使其与测定的轴线一致为止。水泵试运行前应确保水泵与附件已安装完毕并检查合格。

8.4 电气工程

8.4.1 电气配管

1. 配管工艺流程

配管工艺流程为：检查材料→预制加工→管路敷设→管路连接→接线盒固定→关键部位处理（图 8-2）。

图 8-2 线管预埋

2. 施工工艺

弯管采用手扳弯管器弯管时，移动要适度，用力不要过猛，凹扁度小于管外径的 1/10，弯度大于 90°，弯曲半径大于管外径的 6 倍。管子切断采用钢锯，管子断口处齐整，管口刮铣光滑、无毛刺，管内铁屑清除干净。管子套丝使用套丝机对管子外径进行加工，选择好相应板牙。首先将被加工件与机器找平，拧牢，入扣要正，均匀用力不得过猛，边套丝边浇冷却液。管端套丝长度大于管接头长度的 1/2，外露丝扣为 2～3 丝，丝扣干净清晰、不乱丝，明配管外露丝扣用樟丹漆做防腐处理。线管配好后，管口及其各连接处均做密封处理；当线路暗配时，电线保护管沿最近的路线敷设，尽可能减少弯曲。埋入建筑物、构筑物内的电线保护管，与建筑物、构筑物表面的距离大于 15mm；进入落地式配电箱的电线保护管，排列整齐，管口高出配电箱基础面 50～80mm；电线管的弯曲半径满足以下要求：当线路明配时，弯曲半径大于管外径的 6 倍；当两个接线盒之间只有一个弯曲时，其弯曲半径大于管外径的 4 倍；当线路暗配时，弯曲半径大于管外径的 6 倍；当埋设于地下或混凝土内时，其弯曲半径大于管外径的 10 倍。电线管长度每超过 30m，无弯曲；管长度每超过 20m，有一个弯曲；管长度每超过 15m，有两个弯曲；管长度每超过 8m，有三个弯曲的情况时，中间增设接线盒，且接线盒的位置便于穿线。保护管不宜穿过设备或建筑物、构筑物的基础；当必须穿过时，采取保护措施；电线保护管的弯曲处，不存在折皱、凹陷和裂缝，且弯扁程度小于管外径的10%。垂直敷设的电线管在遇到：管内导线截面为50mm^{2}及以下，长度每超过30m；管内导线截面为70～95mm^2，长度每超过20m；管内导线截面为120～240mm^2，长度每超过18m等情况时增设固定导线用的拉线盒。水平和垂直敷设的明配电线保护管，水平和垂直安装的允许偏差为1.5%，全长偏差不应大于管内径的1/2。金属电线保护管和金属盒（箱）必须与保护地线（PE线）有可靠的电气连接。配管采用螺纹连接，管与管接头和管与箱间用黄绿双色软线（不小于4mm^2）做跨接，两头采用接地卡压紧固定。

钢管与盒（箱）或设备的连接符合下列要求：暗配管与箱（盒）连接，采用锁紧螺母固定，管端螺纹外露锁紧螺母2～3扣；当钢管与设备直接连接时，将钢管敷设到设备的接线盒内；当钢管与设备间连接时，对室内干燥场所，钢管端部宜增设镀塑金属软管后引入设备的接线盒内，且钢管管口包扎紧密（图8-3）；对室外或室内潮湿场所，钢管端部增设防水弯头，导线加套保护软管，经弯成滴水弧状后再引入设备的接线盒。线管穿过变形缝时应有补偿装置，套丝连接管接头两端应跨接接地线，成排管路的跨接地线圆钢截面应按大的管径规格选择，管与箱（盒）间跨接地线应按接入盒（箱）中大的管径规格选择；为防止杂物进入管内，管口用管堵堵好，并用胶布包牢。

图8-3　预埋线管管口封堵

8.4.2　基础型钢及支吊架预制安装

1. 基础型钢制作安装

施工时按图纸要求预制加工型钢架，型钢下料采用专业切割机切割。下好料后要先点焊找平，把型钢按设计及设备尺寸，调整好长度，同时用台钻钻好固定孔，刷好防锈漆，放在预留铁件上，用水平尺找平、找正，找平过程中，需用垫片的地方最多不能超过三片，然后与预埋件焊接牢固。基础槽钢安装允许偏差，垂直度每米1mm、全长5mm，水平度每米1mm、全长5mm。基础槽钢安装完毕后，将两端与预埋的接地扁钢进行焊接，焊接面为扁钢宽度的二倍，三面满焊，然后刷防锈漆。

2. 支吊架制作、安装

合理计算材料用量成批制作，综合考虑各种支架长度以尽量利用定尺型材，做到物尽其用。下料尺寸由班组长按技术要求严格把关，最大限度降低废品率。用专用切割机下料，不得用气焊吹割，除去毛刺，做好搭角组对，点焊调直、调平，搭面、三面满焊，焊后立即清除焊渣。所有支吊架均刷防锈漆两道、面漆两道。支吊架安装采用适配的膨胀螺栓固定，打膨胀螺栓严格按照规程操作，保证打孔正确，安装时做到牢固、可靠，支吊架横担水平度保证在0.1mm以内，高度偏差不超过1mm。

8.4.3 电缆桥架、线槽安装

电缆桥架安装施工工序为：弹线→预留孔洞，预埋支吊架→桥架安装→保护地线安装→桥架内放电缆、电线→桥架盖盖板。安装前根据设计图确定电源及配电箱等电气设备的安装位置，从始端至终端找好水平或垂直线，沿墙、顶棚、吊顶内弹出线路的中心线，并均匀标出桥架、线槽支吊架的固定位置，一般在直线段支吊架间距不应大于1.8m，在桥架、线槽的首段，终端，分支、转角、接头及进接线盒处支吊架间距不应大于0.5m。电缆桥架、线槽沿剪力墙敷设时可使用托臂支承，托臂在剪力墙上安装可采用膨胀螺栓固定。桥架、线槽用吊架在楼板下或吊顶内安装时可用不小于$\phi 8$圆钢或角钢做吊杆，用角钢或槽钢做横担，吊杆用膨胀螺栓固定在楼板或梁上，圆钢吊杆与横担采用丝杆与螺帽连接，角钢吊杆与横担采用焊接。桥架、线槽的直线段连接应采用连接板，用螺栓紧固，连接处间隙应严密平齐，在桥架、线槽两个固定点之间直线段连接点只允许有一个；桥架、线槽转角、分支连接应采用弯通、二通、三通、四通或平面二通、平面三通等进行变通连接。转弯部分采用立上弯头或立下弯头进行连接，安装角度要适宜；桥架、线槽与盒、箱连接时，进出线口处应采用抱脚连接，并用螺栓紧固；桥架、线槽末端应加装封堵。

桥架、线槽安装时应先装干线后装支线，桥架与桥架、线槽与线槽应用内连接头或外连接头配上平垫和弹簧垫圈用螺母紧固，螺母应位于桥架、线槽外侧；桥架、线槽在通过墙体或楼板时应在土建主体施工时配合预留孔洞，桥架、线槽不得在穿墙或楼板处进行连接，也不应将桥架、线槽与孔洞一同抹死；在穿过建筑物变形缝处桥架、线槽本身应断开，用内连接板搭接，不需固定死；桥架、线槽敷设应平直、整齐，水平和垂直允许偏差应在其长度的2%以内，且全长允许偏差为20mm，并列安装时盖板应便于开启。桥架、线槽的所有非导电部分铁件均应相互连接，使桥架、线槽本身有良好电气连续性，桥架、线槽应做好整体接地。与接地干线可靠连接，接驳处须加跨接接地线。线槽及电缆托盘上的所有紧固螺栓都必须是镀锌产品。桥架、线槽内电缆敷设、导线布放应在桥架、线槽安装后经清扫并用抹布擦净桥架、线槽内残存的杂物后方可开始。

图8-4 桥架穿墙封堵

8.4.4 防火封堵

本工程防火材料主要用于电缆桥架、穿墙电缆的阻火封堵（图8-4）。首先对所使用的防火产品材料在进场时进行材料报验，即所用的防火材料要具备出厂合格证明书并附有相关管理部门的认证及有关检测单位的证明。所使用的防火材料符合消防防火规范要求。在安装前，首先对电缆桥架或电缆贯穿的楼板洞、墙洞周围进行修整，便于桥架安装，桥架安装好以后，再放好电缆，并经过检验其施工质量应符合要求。电缆在竖井或墙洞内附设完毕后，先做电气交接试验，合格后再安装防火材料。对于竖井楼板洞，在安装前先在洞的周围铺设钢丝网或钢板，强度必须能承受防火材料的重量，然后将防火材料整齐排列叠放至贯穿孔洞的桥架或电缆周围，压实后依次码放。防火材料的使用码放厚度不得小于24cm。同时，防火材料还必须高出地面20～50mm，防火材料与桥架或电缆之间间隙，不得大于0.5cm。防火材料应在阴凉、干燥处保存，贮存环境温度小于50℃。

8.4.5 配电箱（柜）安装

1. 施工准备

配电箱（柜）安装所需机具应满足施工需要，材料、人员应配备齐全，同时完成配电箱（柜）安装技术交底。

2. 配电箱（柜）检查验收

配电箱（柜）安装前，要按设计图纸检查其箱（柜）号、箱（柜）内回路号，并对照安装设计说明进行检查，满足设计规范要求。

3. 弹线定位

根据设计要求现场找出配电箱（柜）位置，并按照箱（柜）的外形尺寸进行弹线定位。通过弹线定位，可以更准确地找出预埋件或者金属膨胀管螺栓的位置。

4. 配电箱（柜）安装

配电箱（柜）应安装在安全、干燥、易操作的场所。配电箱、控制箱本体在强电间内均为明装，配电柜为落地式安装，下设基础槽钢。在同一建筑物内，同类箱的高度应一致，允许偏差为10mm。安装配电箱所需铁构件等应预埋。挂式配电箱应采用金属膨胀螺栓固定。配电箱（柜）带有器具的铁制盘面和装有器具的门及电器的金属外壳均应有明显可靠的PE线接地。PE线不允许利用盒、箱体串接。配电箱（柜）上配线需排列整齐，并绑扎成束，在活动部位应该两端固定。盘面引出及引进的导线应留有适当余量，以便于检修。导线剥削处不应伤及线芯，导线压头应牢固可靠，多股导线不应盘圈压接，应加装压线端子（有压线孔者除外）。如必须穿孔用顶丝压接时，多股线应搪锡后再压接，不得减少导线股数。配电箱（柜）上的电源指示灯，其电源应接至总开关的外侧，并应装设单独熔断器（电源侧）。接零系统中的零线应在箱（柜）体引入线处或末端做好重复接地。零母线在配电箱（柜）上应用端子板分路，零线端子板分支路排列位置，应与熔断器相对应。配电箱（柜）上的母线应套上有红（A相）、黄（B相）、绿（C相）、黑（中性线）等颜色色带，双色线为保护地线（黄绿，也称PE线）。配电箱（柜）上电具、仪表应牢固、平正、整洁，间距均匀，铜端子无松动，启闭灵活，零部件齐全。暗装配电箱的安装，先将箱体放在预留洞内，找好标高及水平尺寸，并将箱体固定好，然后用水泥砂浆填实周边并抹平齐，待水泥砂浆凝固后再安装盘面。如箱底与外墙平齐时，应在外墙固定金属网后再做墙面抹灰，不得在箱底板上抹灰。安装盘面要求平整，周边间隙均匀对称，门平正，螺丝垂直受力均匀。配电箱内部清理干净，钢管穿线结束后将管口密封、盘柜门密封。

5. 绝缘摇测

配电箱（柜）全部电器安装完毕后，用500V兆欧表对线路进行绝缘摇测。摇测项目包括相线与相线之间、相线与地线之间、相线与零线之间。两人进行摇测同时做好记录，作为技术数据存盘。安装完毕后进行质量检查，检查器具的接地保护措施和其他安全要求必须符合施工规范规定。其规定如下：位置正确，部件齐全，箱（柜）体开孔合适，切口整齐。暗式配电箱箱盖紧贴墙面；中性线经总线（零线端子）连接，无绞接现象；油漆完整，盘内外清洁，箱盖、开关灵活，回路编号齐全，接线整齐，PE 线安装明显、牢固。导线连接牢固紧密，不伤线芯。导线压板连接时压紧无松动；螺栓连接时，在同一端子上导线不超过两根，防松垫圈等配件齐全。电气设备、器具和金属部件的接地导线敷设应符合以下规定：连接紧密、牢固，接地线截面选择正确，需防腐的部分涂漆均匀无遗漏，不污染设备和建筑物，线路走向合理，色标准确。

8.4.6 低压成套配电柜安装

1. 低压成套配电柜操作工艺流程

设备开箱检查→设备搬运→盘柜稳装→盘柜上方铜母排配制→盘柜二次回路接线→盘柜试验调整→送电运行验收。

2. 设备开箱检查

检查人员应由业主、监理单位、施工单位、供货单位组成，共同进行核验并做好记录。根据设计图及设备技术文件和清单，检查低压配电柜及附件设备的规格、型号、数量是否符合设计图要求，部件是否齐全，有无损坏丢失。低压配电柜出厂资料齐全。设备图纸安装使用说明书、出厂试验报告、出厂合格证书、装箱清单等产品的技术文件均应齐全。所采用的设备及器材均应符合国家现行施工及验收规范的规定，并在设备上设置铭牌；低压配电柜本体检查，主要检查其是否有损坏处。

3. 低压配电柜安装

低压配电柜一般利用人力、手动液压拖车和撬棍将柜体平移装配到位；多台低压配电柜应按顺序排列安装，先从始端或终端柜开始，在沟槽上垫好脚手架板，按顺序号逐台就位；用拉线将排列的低压配电柜找平直，出现高低差时，可用钢垫片垫于螺栓处找平，并将各柜的固定螺栓紧固牢固。同时将柜与柜之间调整好后用螺栓连接牢固。各柜连接应紧密，无明显缝隙，其安装的允许偏差应符合现行国家施工验收规范的规定。

8.4.7 电缆敷设

施工前应对电缆进行详细检查，规格、型号、截面、电压等级均应符合设计要求。检查桥架、配管标高走向，测量每根电缆实际需用长度，然后进行配盘。电缆敷设前进行绝缘摇测或耐压试验，电缆测试完毕，电缆端部应用橡皮包布密封后再用黑胶布包好。1kV 以下电缆，用 1kV 摇表测线间及对地绝缘电阻应不低于 10MΩ。控制电缆用 500V 摇表测量，其电阻不小于 0.5MΩ。放电缆机具的安装采用机械放电缆时，应将机械安装在适当位置，并将钢丝绳和滑轮安装好；人力放电缆时将滚轮提前安置好。

线路较短或在室外进行电缆敷设时，可用无线电对讲机或简易电话作为全线联络，手持扩音喇叭指挥。在桥架上多根电缆敷设时，应根据现场实际情况，事先将电缆的排列用表或图的方式画出来，以防电缆交叉和混乱。电缆短距离搬运，一般采用滚动电缆轴的方法，滚动时应按电缆轴上箭头指示方向滚动，如无箭头时，可按电缆缠绕方向滚动，切不可反缠绕方向滚动。电缆头紧固好，以免电缆松弛。电缆支架的架设地点的选择以敷设方便为原则，一般应在电缆起止点附近为宜。架设时，应注意电缆轴的转动方向，电缆引出端应在电缆轴的上方。

电缆沿桥架或线槽敷设时应单层敷设，排列整齐，不得有交叉。拐弯处应以最大截面电缆允许弯曲半径为准。电缆严禁绞拧、护层断裂和表面严重划伤。不同等级电压的电缆应分层敷设，截面积大的电缆放在下层，电缆跨越建筑物变形缝处，应留有伸缩余量。电缆转弯和分支应不紊乱、走向整齐清楚。垂直敷设最好自上而下敷设。使用汽车式起重机或土建单位塔式起重机，将电缆吊至楼层顶部。敷设时，同截面电缆应先敷设底层，后敷设高层，应特别注意，在电缆轴附近和部分楼层应采取防滑措施，自下而上敷设时，低层小截面电缆可用滑轮麻绳人力牵引敷设。高层大截面电缆宜用机械牵引敷设。沿桥架或线槽敷设时，每层至少加装两道卡箍支架。敷设时，应放一根立即卡固一根，电缆穿过楼板时应装套管，敷设完后应将套管与楼板之间缝隙用防火材料堵死。

标志牌规格应一致，并有防腐功能，挂装应牢固。标志牌上应注明回路编号、电缆编号、规格、型号及电压等级。沿桥架敷设时电缆在其两端、拐弯处、交叉处应挂标志牌，直线段应适当增设标志牌，每 2m 挂一标志牌，施工完毕做好成品保护。

摇测电缆绝缘及电缆头制作流程如下：摇测绝缘电阻→剥开电缆头→制作电缆头→压电缆芯线接线鼻子→与设备器具连接。

选用 1kV 摇表对电缆进行摇测，绝缘电阻应不小于 10MΩ。电缆摇测完毕后，应将芯线分别对地放电。电缆头制作采用热缩电缆头工艺制作，加热收缩温度为 110～120℃，电缆头封闭严密，填料饱满，无气泡、无裂纹；芯线连接紧密。高压电缆头须做直流耐压试验。从芯线端头量出长度为接线鼻子的深度，另加 5mm，剥去电缆芯线绝缘，并在芯线涂上凡士林。将线芯插入接线鼻子内，用压线钳子压紧接线鼻子，压接应在两道以上。根据不同的相位，使用红、黄、绿、黑四色塑料带分别包缠电缆各芯线至接线鼻子的压接部位。将做好终端头的电缆固定在预先做好的电缆头支架上，并将芯线分开。

根据接线端子的型号，选用螺栓将电缆接线端子连接至设备上，注意应使螺栓由上向下或从内到外穿，平垫和弹簧应安装齐全。主开关及其设备的动力电缆在系统上必须保持正确的相序及相色，三相或三相四线电缆利用相色鉴别。对于旋转电机，为了得到所要求的旋转方向，采用特殊的线芯套圈来鉴别连接的端子。

8.4.8　封闭母线敷设

1. 工艺流程

施工前准备→设备开箱检查验收→母线支架安装→安装前绝缘测试→母线安装→母线支架接地→安装后绝缘电阻测试及交流工频耐压试验→母线通电试运行。

2. 设备进场检查

设备开箱点件检查，由安装单位、供货单位、建设单位或监理单位共同进行，并做好记录。根据装箱单检查设备及附件，其规格、数量、品种应符合设计要求。检查设备及附件，分段标志应清晰齐全，外观无损伤变形，母线绝缘电阻符合设计要求。检查发现设备及附件不符合设计和质量要求时，必须进行妥善处理，经过设计认可后再进行安装。

3. 支架制作和安装

（1）支架制作

根据施工现场结构类型，支架采用角钢或槽钢制作。采用“一”字形、“L”字形、“U”字形三种形式。支架的加工制作按选好的型号、测量好的尺寸断料制作，断料严禁气焊切割，加工尺寸最大误差5mm。型钢架的煨弯宜使用台钳，用榔头打制，也可使用油压煨弯器用模具定制。支架上钻孔应用台钻或手电钻钻孔，不得用气焊割孔，孔径不得大于固定螺栓直径2mm。螺杆套扣，应用套丝机或套丝板加工，不许断丝。

（2）支架的安装

封闭插接母线的拐弯处以及与箱（盘）连接处必须加支架。直段插接母线支架的距离不应大于2m。膨胀螺栓固定支架不少于两条。一个吊架应用两根吊杆，固定牢固，螺丝外露2～4扣，膨胀螺栓应加平垫和弹簧垫，吊架应用双螺母夹紧。支架及支架与埋件焊接处刷防腐油漆，应均匀，无漏刷，不污染建筑物。

4. 母线安装

（1）母线安装条件

连接的变压器、高低压配电柜、绝缘子等安装就位，并已检查合格；母线安装位置有关的建筑装修工程施工基本结束，确认剩余的施工不会影响已安装的母线。

（2）封闭母线安装

封闭母线安装之前，仔细研究封闭母线的安装图，按照安装图中封闭母线各部件的编号按回路将现场封闭母线分开摆放，以防止封闭母线各部件错位敷设。安装时，按照安装图中封闭母线编号及部位进行组装。封闭母线连接采用螺栓连接，连接处牢固无缝隙。当母线段与段连接时，两相邻段母线及外壳对准，连接后不使母线及外壳受额外应力。为了保证母线的使用安全，母线支架必须进行可靠的接地。母线安装允许偏差见表8-7。

封闭式母线槽安装工序应紧密配合土建施工，封闭式母线槽安装前必须对每组母线槽进行检查，外壳是否完整、有无损伤变形，每段进行绝缘测试并做好记录。可用500V兆欧表进行测试，每节母线的绝缘电阻不宜小于10MΩ，安装后还应进行绝缘测试和相应检查。严格按施工图的路径安装，做到丈量尺寸准确、弯头合适，施工时采用配套的支架连接及吊钩附件，以确保母线槽的安装精度。母线槽弹性支座必须安装牢固，母线应按分段图、相序、编号、方向和标志正确放置，每相外壳的纵向间隙应分配均匀。母线与外壳间应同心，其误差不得超过5mm，段与段连接时，两相邻母线及外壳应对准，连接后不应使母线及外壳受到机械压力。两段母线槽插接紧固后，垂直度不大于5°；水平安装时，支架距离不超过2000mm。封闭母线不得用裸钢丝绳起吊和绑扎，母线不得任意堆放和在地面上拖拉，外壳上不得进行其他作业，外壳内和绝缘子必须擦拭干净，外壳内不得有遗留物。橡胶伸缩套的连接头、穿墙处的连接方法、外壳与底座之间、外壳各连接部位的螺栓应采用力矩扳手紧固（M12用8kg·m，M16用12kg·m）；各接合面应密封良好。外壳的相间短路板位置应正确，连接良好，相间支撑应安装牢固，分段绝缘的外壳应做好绝缘措施。母线槽垂直安装，楼面预留孔的四周需做一个比楼面高出80mm的水泥围沿，以防止水溅入母线酿成短路。装设完一段母线槽后，应进行绝缘电阻测试，保证密封母线槽的完整性。

水平封闭母线安装：支架采用ϕ12圆钢吊杆，50mm×50mm×5mm角钢横担，支架与楼板采用膨胀螺栓连接，封闭母线用压板与横担固定。垂直封闭母线安装：采用10号槽钢作支架，母线穿楼板时，考虑防震的要求，采用弹簧支架安装固定。母线穿防火分区防火封堵处理，母线在穿楼板时，必须对母线与建筑物之间的缝隙做防火处理，具体的做法如图 8-5 所示。

封闭插接母线安装允许偏差 表 8-7

	项目	允许偏差	检验方法
1	2m 段垂直度	4mm	实测，查看记录
2	全长垂直(按楼层)	5mm	
3	成排间距(每段内)	5mm	

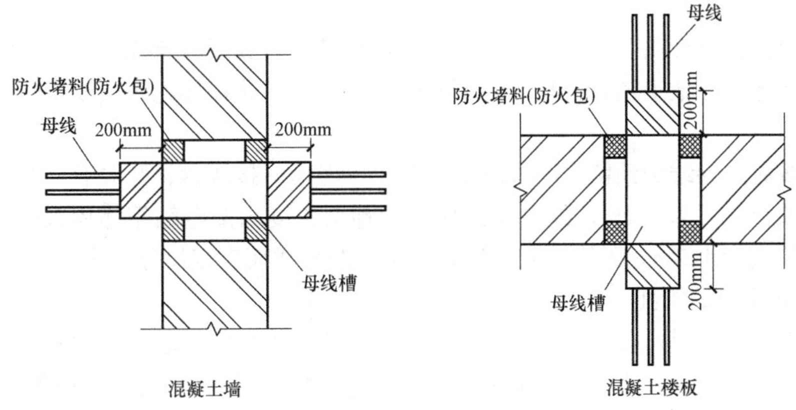

图 8-5 水平封闭母线

(3) 绝缘摇测及交流工频耐压试验

母线安装完之后，需对母线进行绝缘摇测及交流工频耐压试验。进行绝缘摇测之前，将母线与其两端连接电气设备断开，用绝缘摇表对母线相与相、相与地、相与零、零与地之间进行绝缘摇测，绝缘电阻值应符合规范要求。母线的交流耐压试验应符合规范要求，低压母线的交流耐压试验电压为 1kV，当绝缘电阻值大于 10MΩ 时，可采用 2500V 兆欧表摇测代替，试验持续时间 1min，无击穿现象。

5. 母线通电试验

母线支架和母线外壳接地完成，母线绝缘电阻测试和工频交流耐压试验合格，进行通电试运行。

8.4.9 管内穿线

1. 管内穿线施工程序

施工准备→选择导线→穿带线→清扫管路→放线及断线→导线与带线的绑扎→套护口→导线连接→导线焊接→导线包扎→线路检查绝缘摇测。

2. 选择导线

各回路的导线应严格按照设计图纸选择型号规格，相线、中性线及保护地线应加以区分，用红、黄、绿导线分别作 A、B、C 相线，黄绿双色线作接地线，黑色线作中性线；控制线中相线为白色，中性线为黑色。

3. 穿带线

穿带线的目的是检查管路是否畅通，管路的走向及盒、箱质量是否符合设计及施工图要求。带线采用 ϕ2mm 的钢丝，先将钢丝的一端弯成不封口的圆圈，再利用穿线器将带线穿入管路内，在管路的两端应留有 10～15cm 的余量（在管路较长或转弯多时，可以在敷设管路的同时将带线一并穿好）。当穿带线受阻时，可用两根钢丝分别穿入管路的两端，同时搅动，使两根钢丝的端头互相钩绞在一起，然后将带线拉出。

4. 清扫管路

配管完毕后，在穿线之前，必须对所有的管路进行清扫。清扫管路的目的是清除管路中的灰尘、泥水等杂物。具体方法为：将布条的两端牢固地绑扎在带线上，两人来回拉动带线，将管内杂物清净。

5. 放线

放线前应根据设计图对导线的规格、型号进行核对，放线时导线应置于放线架或放线车上，不能将导线在地上随意拖拉，更不能野蛮用力，以防损坏绝缘层或拉断线芯。

6. 断线

剪断导线时，导线的预留长度按以下情况予以考虑：接线盒、开关盒、插座盒及灯头盒内导线的预留长度为 15cm；配电箱内导线的预留长度为配电箱箱体周长的 1/2；出户导线的预留长度为 1.5m，干线在分支处，可不剪断导线而直接作分支接头。

7. 导线与带线的绑扎

当导线根数较少时，可将导线前端的绝缘层削去，然后将线芯直接插入带线的盘圈内并折回压实，绑扎牢固；当导线根数较多或导线截面较大时，可将导线前端的绝缘层削去，然后将线芯斜错排列在带线上，用绑线缠绕绑扎牢固。

8. 管内穿线

在穿线前，应检查钢管（电线管）各个管口的护口是否齐全，如有遗漏和破损，均应补齐和更换。同一交流回路的导线必须穿在同一管内。不同回路、不同电压和交流与直流的导线，不得穿入同一管内。导线在变形缝处，补偿装置应活动自如，导线应留有一定的余量。穿管的绝缘导线，总截面面积不可超过管内截面积的 40%。

9. 导线连接

导线连接应满足以下要求：导线接头不能增加电阻值；导线不能降低原机械强度；不能降低原绝缘强度。为了满足上述要求，在导线做电气连接时，必须先削掉绝缘再进行连接，而后加焊，包缠绝缘。使用电烙铁焊导线，适用于线径较小的导线的连接及用其他工具焊接较困难的场所（如吊顶内）。导线连接处加焊剂，用电烙铁进行锡焊。使用喷灯加热法（或用电炉加热）焊导线：将焊锡放在锡勺内，然后用喷灯加热，焊锡熔化后即可进行焊接。加热时必须要掌握好温度，以防出现温度过高涮锡不饱满或温度过低涮锡不均匀的现象。焊接完毕后，必须用布将焊接处的焊剂及其他污物擦净。

10. 导线包扎

首先用橡胶绝缘带从导线接头处始端的完好绝缘层开始，缠绕 1～2 个绝缘带宽度，再以半幅宽度重叠进行缠绕。在包扎过程中应尽可能地收紧绝缘带（一般将橡胶绝缘带拉长 2 倍后再进行缠绕）。而后在绝缘层上缠绕 1～2 圈后进行回缠，最后用黑胶布包扎，包扎时要衔接好，以半幅宽度边压边进行缠绕。

11. 线路检查及绝缘摇测

线路检查：接、焊、包全部完成后，应进行自检和互检；检查导线接、焊、包是否符合设计要求及有关施工验收规范及质量验收标准的规定，不符合规定的应立即纠正，检查无误后方可进行绝缘摇测。导线线路的绝缘摇测一般选用500V，量程为0～500MΩ的兆欧表。测试时，一人摇表，一人应及时读数并如实填写“绝缘电阻测试记录”。摇动速度应保持在120r/min左右，读数应采用一分钟后的读数为宜。

8.4.10　开关安装

开关的通断位置应一致，且操作灵活，接触可靠。开关安装的位置应便于操作，开关边沿距门框的距离宜为0.15～0.20m，空调风机盘管温控开关、照明及排风扇开关底边离地1.3m。并列安装的开关距地面高度应一致，高度差不应大于1mm，同一室内安装的开关高度差不应大于3mm。导线颜色要严格控制，相线为红色，开关应断相线；导线压接处，独股线应打回头后入位到接线柱中，然后压接螺丝顶牢。多股线要先进行搪锡处理，再压接牢固。接线完毕后整理导线并连同面板一块推入就位，面板应紧贴建筑物表面，调整开关板面并紧固。

8.4.11　插座安装

插座安装位置应符合设计要求，盒子内外应清洁，无杂物污染，盖板紧贴建筑物墙面。同一室内插座安装的高度应基本一致，其高度差不宜大于5mm，并列安装的插座高度差不宜大于1mm。交流、直流或不同电压等级的插座安装在同一场所时，应具有明显的区别，且必须选择不同的结构、不同规格和不能互换的插座，其配套的插头应按交流、直流或不同电压等级区别使用。单相三孔、三相四孔及三相五孔插座的接地端子不得与零线端子直接连接，同一场所的三相插座，其接线的相位必须一致，单相插座接线必须是“左零右火”。

8.4.12　灯具安装

成套灯具安装前应先测试绝缘电阻，其绝缘电阻应不小于2MΩ。大型灯具的固定装置及其吊杆，应按灯具总重量的2倍做过载试验，合格后方可安装灯具。灯具重量大于3kg时，应固定在预埋吊钩或螺栓上。灯具安装的固定螺丝应齐全，不得采用木楔固定。安装在吊顶上的灯具位置和吊顶分格及其形状协调配合，嵌入吊顶的灯具应固定在专设的构架上。成排灯具的偏差不大于5mm。吸顶式灯具和嵌入式灯具的贴脸应与顶棚平贴，无明显缝隙，无污染。原预埋线盒到灯段的电线用包塑金属软管保护，软管与线盒盖板用塑料锁母锁紧，并用粘胶带包扎3圈以上。距软管两端0.3m处均应固定，防止电源线拖放在灯具上。

普通灯具安装，将接灯线从塑料底座的出线孔中穿出，将塑料底座紧贴建筑物表面，对准灯头盒螺孔，用机制螺栓固定牢固，然后从塑料底座甩出的导线留出适当的维修长度，削出线芯推入灯头盒内，用软线一端在灯线芯上缠绕5～7圈后将灯线芯折回压紧，用塑料胶带分层包扎紧密，套上灯头盖固定在塑料底座上；另一端套入吊盒盖挽好保险扣，再将软线压在吊盒和灯口螺柱上，如为螺钉口，找出相线，做好标记，将吊线灯安装好。

吸顶日光灯安装，根据设计图确定出日光灯位置，将日光灯紧贴建筑物表面，日光灯的灯箱应完全遮盖住灯头盒，对着灯头盒的位置打好进线孔，将电源线甩入灯箱，在进线孔处套上塑料管以保护导线，找好灯头盒螺孔位置，在灯箱的底板上用电钻打好孔，用机制螺栓固定，灯箱另一端用胀管螺栓固定，如日光灯安装在吊顶上，则应把灯箱直接固定在龙骨上。灯箱固定好后，将电源线压入灯箱内的端子板上，再把灯具的反光板固定在灯箱上，并将灯箱调整顺直，最后把日光灯管安装好。

吊杆日光灯安装，根据灯具安装高度，预制好吊杆高度，将合适长度的导线从灯头盒内沿吊杆引下后把吊杆固定在吸盘上，灯箱安装到吊杆上，待导线接入灯箱的端子板后，将灯具的反光罩用机制螺栓固定在灯箱上，调整好灯脚，最后将灯管装好。

防爆灯具安装时安装位置应离开释放源，且不在各种管道的泄压口及排放口的上下方。灯具内的防爆垫圈不得丢减，防爆接线盒与导管连接处的密封件应与导线的根数与线径相匹配，导线敷设完毕后应将密封件全数安装紧密。导线在防爆接线盒和灯具里只能压接连接，不得绞接。嵌入式三管荧光灯用不小于 6mm 的通丝杆或套丝螺纹吊杆吊装，不应使用钢丝绑扎固定，吊杆与灯具应垂直。

8.4.13 电机检查接线

接线前应对电机进行绝缘测试，拆除电机接线盒内连接片。用兆欧表测量各相绕组间以及对外壳的绝缘电阻。常温下绝缘电阻不应低于 0.5MΩ，如不符合要求应进行干燥处理。引入电机接线盒的导线应有金属挠性管的保护，配以同规格的挠性管接头，并应用专用接地夹头与配管接地螺栓用铜芯导线可靠连接。引入导线色标应符合 A 相—黄色、B 相—绿色、C 相—红色、PE 线—黄/绿、N 相—蓝色的要求。

电机试运转应具备的条件：建筑工程结束，现场清扫整理完毕；现场照明、消防设施齐全，异地控制的电机试运转应配备通信工具；电机和设备安装完毕，已到灌浆养护期；与电机有关的动力柜、控制柜、线路安装完毕；质检合格，且具备受电条件；电机的保护、控制、测量、回路调试完毕，且经模拟动作正确无误；电机的绝缘电阻测试符合规范要求。电机试运转步骤与要求：拆除联轴器的螺栓使电机与机械分离（不可拆除的或不需拆除的例外）；盘车应灵活，无阻卡现象；有固定转向要求的电机或拖动有固定转向要求机械的电机必须采用测定手段，使电机与电源相序一致；实际旋转方向符合要求；动力柜受电，合上电机回路电源，启动电机，测量电源电压不应低于额定电压的 90%；启动和空负荷运转时的三相电流应基本平衡。试运转过程中应监视电机的温升不得超过电机绝缘等级所规定的限值。电机空负荷试运转时间为 2h，应记录电机的空负荷电流值。空负荷试运转结束，应恢复联轴器的连接。

8.4.14 电气系统调试

1. 调试程序

低压开关柜送电→检查各仪表是否指示正常→各配电箱柜依次送电→电源箱联锁调试→终端回路送电→用电设备试运行→测试通电运行参数及电阻→故障排除整改。

2. 调试准备

对调试时间做出妥帖安排，并通知各施工单位做好施工人员的安全指导工作及相关设备供应厂商技术人员到场协助调试。保证成套配电箱、柜及各调试区域照度充分。将安全警告标志牌，如“有电，请勿触摸”“调试中、请勿合闸”等悬挂或置于醒目位置。检查成套配电箱、柜及各配电设备内是否清扫干净，有无线头、灰尘等粘附于开关、线排、仪表等元器件上。检查各终端回路设备（如灯具、开关、插座、电机等）是否接线完好，若有未接线之回路须将电源线分相、零线并采用绝缘胶带做好绝缘处理，以避免造成短路及损坏设备。

3. 调试记录

对各终端回路的通电电压、电流做好数字记录，并对检查结果做出分析，若有异常须分析出原因，并做出整改措施。对各机组进行空载试验，对其启动电流、空载运行电压、电流做好详细的数字记录，检查是否有过载、过热、短路等现象。若有异常通知相应供应厂家会同相关技术人员排除故障。对低压配电设备相关运行情况及防雷接地电阻通过仪表做好数字记录（如电压、电流），检查分析是否有超负荷以及电压不稳定等现象。

4. 照明系统调试

照明线路绝缘电阻测试：相线与相线之间、相线与地线之间、相线与零线之间、零线与地线之间的绝缘电阻值大于 0.5MΩ。照明器具检查：主要检查照明器具的接线是否正确，接线是否牢固，灯具的内部线路的绝缘电阻值等符合设计要求及规范要求。照明送电按照配电箱的顺序对照明器具进行送电，送电后，检查灯具开关是否灵活，开关与灯具控制顺序是否对应，插座的相位是否正确。照明全负荷试验要求全负荷通电试验时间为 24h，所有照明灯具均应开启，每小时记录运行状态 1 次，连续试运行时间内无故障。同时测试室内照度是否与设计一致，检查各灯具发热、发光有无异常。封闭式母线槽测试：封闭式母线槽安装好之后，在通电之前，必须再次测相与相、相与中性排及与外壳之间的绝缘电阻。其阻值不得小于 0.5MΩ。若产品的技术文件有耐压试验的要求，按要求做耐压试验。

5. 低压配电柜调试运行

调试运行前的检查包括柜内清理，电器元件、刀开关、空气开关、电气仪表与母线的连接，互感器、熔断器熔芯规格的检查以及绝缘电阻摇测等。低压配电柜试送电要求经过上述检查确认无误后，根据试送电操作安全程序组织施工人员进行送电操作并请无关人员远离操作室。低压配电柜空载试运行：由电工按程序逐一送电，并观察指示仪表电压、电流空载指示情况，如发现异常声响或局部发热等现象应及时停电进行处理解决，并将实际情况如实记录在空载运行记录上。低压配电柜带负荷试运行：经过空载运行后，可加至全负载进行试运行，经观察电压、电流随负荷变化无异常现象，经 24h 试运行无故障，即可投入正常运行，并做好调试记录。正常运行时应注意观察各台断路器经过多次合、分后主触头局部是否有烧伤和产生碳类物质，如出现上述现象应进行处理或更换断路器。

8.5　通风与空调工程

8.5.1　风管制作安装

1. 风管制作

不同规格的风管按规范要求采用不同厚度的板材。在熟悉图纸和布局的基础上，由熟练的技工师傅放线开料，保证风管的外观尺寸规范化。风管及配件的材质及壁厚按设计要求选用，根据不同规格选用厚度0.75～1.5mm的镀锌钢板制作，具体应符合设计要求和《通风与空调工程施工质量验收规范》GB 50243—2016的规定。为保证风管及配件加工制作尺寸的正确性，在预制加工前，根据施工图纸和BIM绘制的立体模型计算，绘出加工草图，确定风管、配件的具体尺寸，供加工车间按尺寸要求进行制作。本工程风管及配件的加工使用机械化生产线，在场外搭设的通风加工厂内进行生产，施工现场进行少量地修改，采用手工操作。严格保证风管和配件表面平整、圆滑、均匀、咬缝严密、尺寸准确。镀锌钢板在制作过程中，采取措施使镀锌层不受破坏，尽量用咬口和铆接形式，为保证拼接严密，个别地方用密封胶进行密封处理。展开下料时要求方法要正确、尺寸要规范。咬口拼接时要根据板厚、咬口方式和加工方法不同，留出规定的咬口余量。风管接缝交错设置，矩形风管的纵向闭合缝设在边角，以增加强度。钢板开料后，由熟练铆工通过压加强筋、咬口、折弯等工序进行风管的制作，咬口处应严密。风管法兰翻边应平整、宽度应一致，并不得有开裂和孔洞。风管与法兰的共同制作关键点是材料开料的准确和制作场地的平整，制作好的风管不得有扭曲或倾斜。风管制作好后根据系统进行编号。边长大于1250mm，采取加固措施，角钢、加固筋排列整齐，均匀对称，高度小于或等于风管的法兰高度。角钢、加固筋与风管应铆接牢固、间隔均匀（小于220mm），两相交处连成一体。

2. 风管安装

（1）支吊架制作安装

根据规范的要求，对不同规格的风管采用不同大小的支吊架。吊杆采用镀锌通丝，长度要根据风管的尺寸和安装高度，以及楼层梁的高度来下料加工。吊杆的吊码用角钢加工，吊杆的末端螺纹丝牙要满足调节风管标高的要求，吊杆的顶部与角钢码焊接固定，角钢部位刷防锈漆和面漆各两遍。吊杆制作好后，就可以根据风管的布置方位进行安装，间距符合设计及规范的要求。支吊位置要错开系统风口、风阀、检视门和测定孔等部位，保温风管其管壁不能直接与支架接触，中间应垫上坚固的隔热材料，厚度与保温层相同。

（2）风管组对

按加工草图编号进行排列，经各方面核对无误后，即开始组对。风管各管段法兰之间的接口处要求严密，法兰之间的垫料应按设计或规范选用。一次组装长度应视建筑物吊装方法和风管的壁厚等条件确定。对组对好的风管应进行平直度检查，偏差大时要进行调整。风管组对质量直接影响到安装质量。共板法兰风管应在法兰角处、支管与主管连接处的内外都进行密封。低压风管应在风管结合部折叠处向管内40～50mm处进行密封。法兰密封条宜安装在靠近法兰外侧或法兰的中间。法兰密封条在法兰端面重合时，重合约30～40mm。

（3）风管吊装

组合好风管之后，核对风管尺寸，所在轴线位置符合图纸后，方可吊装。吊装用手动葫芦，可以由起重班组配合，注意吊装时风管的平衡升降，以防侧滑或倾倒。风管用角钢横担固定于支吊架上。交叉作业时一定要与水、电施工协调配合好，同时要注意安全。风管安装好后，检查风管的安装高度是否满足设计要求，风管的水平、垂直度是否符合规范要求。

3. 风管检验

风管制作与安装的质量验收应符合设计要求，并应符合国家标准《通风与空调工程施工质量验收规范》GB 50243—2016 的规定。矩形风管两端口长（短）边长各测量两次，取其测量数值的算术平均值分别作为该风管的长（短）边边长。矩形风管表面不平度测量时，在风管外表面的对角线处放置 2m 长板尺，用塞尺测量管外表面与尺之间间隙的最大值，作为该风管表面不平度。进行矩形风管端口对角线之差的测量时，用钢卷尺分别测量矩形风管端口对角线，其两对角线尺寸之差为该风管端口对角线之差。金属风管的管壁变形量（变形量与风管边长之百分比）允许值应符合表 8-8 的规定。

金属风管的管壁变形量允许值及偏差　　表 8-8

风管类型	管壁变形量允许值(%)		
	低压风管	中压风管	高压风管
金属矩形风管	≤1.5	≤2.0	≤2.5

系统风管与设备的漏风量测试，一般采用正压条件下的测试来检验，系统漏风量测试应整体或分段进行。测试时，被测系统的所有开口均应封闭，不应漏风。被测系统的漏风量超过设计和规范的规定时，应查出漏风部位（可用听、摸、观察、水或烟检漏），做好标记；修补完工后，重新测试，直至合格。漏风量测定值一般应为规定测试压力下的实测数值。特殊条件下，也可用相近或大于规定压力下的测试代替，其漏风量可按下式换算：

$$Q_0=Q(P_0/P)^{0.65} \tag{8-1}$$

式中：P_0——规定试验压力，500Pa；

Q_0——规定试验压力下的漏风量 [$m^3/(h\cdot m^2)$]；

P——风管工作压力（Pa）；

Q——工作压力下的漏风量 [$m^3/(h\cdot m^2)$]。

8.5.2 风管保温

空调风管和排烟风管安装好后，经监理单位检查验收合格后，由有经验的保温班组进行保温工作。本工程空调风管保温材料为闭孔橡塑保温棉，厚度为 30mm；排烟风管保温材料为铝箔夹筋离心玻璃棉，厚度为 40mm。在风管保温过程中如有防火阀、调节阀等附件，要做出标志。

保温层施工时，必须满足以下要求：保温板需用粘结材料紧贴于风管及设备外壁；铝箔玻璃棉毡保温，保温钉固定：底面每平方米不应少于 16 个，侧面每平方米不应少于 10 个，顶面每平方米不应少于 8 个；首行保温钉距玻璃棉板边沿应小于 120mm。离心玻璃棉下料要准确，切割面要平齐，在裁料时要使水平垂直面搭接处以短面两头顶在大面上。保温钉布置要合理，保温棉敷设平整、密实，板材拼接处用铝箔自粘胶带粘接，粘胶带的宽度不得小于 50mm，粘接时必须注意板材表面是否干净，如有灰尘、油污，必须用干净纱布擦干净，确保粘胶带粘接牢固，注意粘胶保温棉敷设平整、密实，板材拼接处用铝箔自粘胶带粘接，粘胶带的宽度不得小于 50mm，不得出现脱落和胀裂的现象。橡塑保温材料在下料和粘接过程中不准拉伸材料，材料在切割过程中截面要平直、尺寸正确。胶水必须用橡塑专用胶水，涂刷胶水时要均匀，风管表面的灰尘、杂物、油污要清理干净。胶水的干化时间以手触摸为不沾手为宜，粘接时要从一侧开始逐步向另一侧用力挤压，保证材料的切割面都能受力粘接牢固，不得存在粘接不牢或松散现象。保温施工时，保温材料不能拉得过紧，以防保温层收缩开裂。

保温材料下料要准确，切割面要平齐，在裁料时要使水平垂直面搭接处以短面两头顶在大面上。保温棉敷设平整、密实，板材拼接处用铝箔自粘胶带粘接，粘胶带的宽度不得小于50mm，粘接时必须注意板材表面是否干净，如有灰尘、油污，必须用干净纱布擦干净，确保粘胶带粘接牢固，注意粘胶带不得出现脱落和胀裂的现象。保温材料纵向接缝不要设在风管和设备底面。

8.5.3 风阀安装

各类阀门应安装在便于操作的部位。防火阀安装，方向位置应正确，易熔件应迎气流方向，安装后应做动作试验，其阀板的启闭应灵活，动作应可靠，并单设支吊架。排烟（口）及手控装置（包括预埋导管）的位置应符合设计要求，预埋管不应有死弯及瘪陷。排烟阀安装后应做动作试验，手动、电动操作应灵活、可靠，阀板关闭时应严密。风管穿越不同防火分区的隔墙、楼板处均安装防火阀。挂片式防火阀直接安装在隔墙或楼板处，防火阀顺气流方向前部安装检查门。过隔墙、楼板的挂片式防火阀或2mm厚钢板风管与墙体或楼板间用水泥砂浆密封。止回阀开启方向必须与气流方向一致。调节阀的拉杆或手柄的转轴与风管结合处应严密；拉杆可在任意位置上固定；手柄开关应标明调节的角度；阀板应调节方便，并不得与风管碰擦。

8.5.4 消声器安装

消声器用于通风进出口两端，直接与风机前后渐扩管/渐缩管相连接以降低轴流风机运转时发出的中频、低频噪声。管式消声器和消声弯头安装：应单独设置支吊架，其重量不得由风管承受；安装前应对消声器质量进行抽验，抽检率10%，安装的位置、方向应正确，与风管的连接应严密，不得有损坏与受潮。金属外壳片式消声器安装：安装前应检查金属壳体壁板平整度，如有变形需校正。制定工艺卡，确定其组装顺序为先连接四面壁板，后装入消声片，消声片安装顺序为先安装两侧壁，后由一端开始逐片装入。消声片与金属壳体上下壁板连接处铺设耐热橡胶板，并画线定位保证消声片片距符合要求。吸声体用定位型钢挤牢，并将型钢与上下壁面和吸声体底部或顶部分别固定牢固。

8.5.5 风口安装

风口与风管的连接应严密、牢固，与装饰面相紧贴，风口表面应平整、不变形，风口调节阀应灵活、可靠。同一厅室、房间内的相同风口高度应一致，排列应整齐。明装无吊顶风口，水平度偏差不大于10mm；风口水平安装水平度偏差不大于3/1000；风口垂直安装垂直度偏差不大于2/1000。风口到货后，对照图纸核对风口规格尺寸，按系统分开堆放，做好标识，以免安装时弄错。安装风口前要仔细对风口进行检查，看风口有无损坏、表面有无划痕等缺陷。凡是有调节、旋转部分的风口要检查活动件是否灵活，叶片是否平直，与边框有无摩擦。对有过滤网的可开启式风口，要检查过滤网有无损坏，开启百叶是否能开关自如。风口安装后应对风口活动件再次进行检查。在安装风口时，注意风口与所在房间内线条一致。尤其当风管暗装时，风口要服从房间线条。吸顶安装的散流器与吊顶平齐，风口安装要确保牢固可靠。为增强整体装饰效果，风口及散流器的安装采用内固定法，从风口侧面用自攻螺钉将其固定在龙骨架或木框上，必要时加设角钢支框。成排风口安装时要用水平尺、卷尺等保证其水平度及位置，并用拉线法保证同一排风口/散流器的直线度。

8.5.6　设备安装

1. 风机安装

安装前对风机进行开箱检查，核对叶轮、机壳和其他部位的主要尺寸、叶轮旋转方向、进风口、出风口位置及其质量情况。轴承、传动部位及调节机构应进行拆卸清洗，装配后使其转动调节灵活。轴流风机安装过程中，随时复核机轴和与电动机轴的不同轴度、机组的纵、横向水平度、叶轮与机壳间的间隙。风机、风柜进出口与风管的连接处，应采用帆布或人造革柔性接头，接缝要牢固严密。

2. 空调机安装

空调机搬运和吊装时，绳索不得捆缚在转子和机壳或轴承盖的吊环上，不得损坏机件表面，不得直接在地上滚动或移动。落地空调机的座地安装应平整、牢固。就位尺寸正确，连接严密，四角垫弹簧减振器，各组减振器承受荷载应均匀，运行时不得移位。吊顶式空调中与机组连接的风管的重量不得由机组承受。空调水管与机组的连接宜采用法兰式橡胶软接头，以便拆修，机组外水管应装有阀门和压力表、温度计，用以调节流量和机修时切断水源。凝结水管应有足够的坡度接至下水道排走。机组内热交换器的最低点应设放水阀门，最高点设排气阀。空调机试运转，经过全面检查后手动盘车，对电源接线进行检查方可送电试车，试运转持续时间一般不应少于两小时。运转后再检查风机减振基础有无移位和损坏现象，并做好记录（图 8-6）。

图 8-6　空调机组安装就位

8.5.7　空调水无缝钢管安装

本工程空调冷热水及冷却水系统管道采用无缝钢管，采用焊接连接方式。无缝钢管接口焊接采用电弧焊，一遍打底，二遍成活，每道焊缝均一次焊完，每层施焊的引熄弧点须错开。管节焊接前应先修口、清渣，管端端面的坡口角度、钝边、间隙应符合规范规定。不得在对口间隙夹焊帮条或用加热法缩小间隙施焊。对口纵、环向焊缝的位置应符合下列规定：纵向焊缝应在管道中心垂线上半圆的45°左右处；有加固的钢管，加固环的对焊焊缝应与管节纵向焊缝错开，其间距不应小于100mm；管道任何位置不得有十字形焊缝。定位焊时，定位焊缝所有焊条号与正式焊接相同，但焊条直径可选细一些。定位焊缝的焊接电流要选得比正式焊接时大一些，通常大10%～15%，以保证焊透。管道的焊接：焊缝质量必须符合《给水排水管道工程施工及验收规范》GB 50268—2008 中 4.2 节的有关规定，焊缝应平滑、宽窄一致，根部焊透，无明显的凹凸缺陷及咬边现象，焊缝加强面应高出管面约 2mm，焊出坡口边缘 2～3mm。管道与法兰焊接时，管道应插入法兰 2/3，法兰与管道应垂直，两者的轴线应重合。管道转弯、穿墙及支吊架处，不应有接口和焊缝，管道穿越墙壁应预埋套管，套管直径应比管道保温外径大 50mm。管道最高点设放气阀，最低点设放水阀。

8.5.8 空调水支吊架安装

支吊架的安装平整牢固，与管道接触紧密，管道与设备连接处应设独立支吊架；机房内总、干管的支吊架，应采用承重防晃管架；与设备连接的管道管架应有减振措施。当水平支管的管架采用单杆吊架时，应在管道起始点、阀门、三通、弯头及长度每隔 15m 设置承重防晃支吊架；无热位移的管道吊架，其吊杆应垂直安装；有热位移的管道吊架，其吊杆应向热膨胀的反方向偏移安装，偏移量按计算确定；滑动支架的滑动面应清洁、平整，其安装位置应从支承面中心向位移反方向偏移 1/2 位移值或符合设计文件规定；冷媒管道与支吊架衬有经防腐处理的木哈夫，厚度 50mm。

8.5.9 阀门及法兰安装

螺纹或法兰连接的阀门，必须在关闭情况下进行安装，同时根据介质流向确定阀门安装方向。水平管段上的阀门，手轮应朝上安装，特殊情况下，也可水平安装。阀门与法兰一起安装时，如属水平管道，其螺栓孔应分布在垂直中心的左右，如属垂直管道，其螺栓孔应分布于最方便操作的地方。阀门与法兰组对时，严禁用槌或其他工具敲击其密封面或阀件，焊接时应防止引弧损坏法兰密封面。阀门的操作机构和传动装置应动作灵活，指示准确，无卡涩现象。阀门的安装高度和位置应便于检修，高度一般为 1.2m，当阀门中心与地面距离达 1.8m 时，宜集中布置。管道上阀门手轮的净间距不应小于 100mm。调节阀应垂直安装在水平管道上，两侧设置隔断阀，并设旁通管。在管道压力试验前宜先设置相同长度的临时短管，压力试验合格后正式安装。阀门安装完毕后应妥善保护，不得任意开闭阀门，如交叉作业时，应加防护罩。法兰连接应保持同轴性，其螺栓孔中心偏差不得超过孔径的 5%，并保证螺栓自由牵引。法兰连接应使用同一规格的螺栓，安装方向一致，螺栓应对称，用力均匀，松紧适度。阀门安装前，应做强度和严密性试验。试验应在每批（同牌号、同型号、同规格）数量中抽查 10%，且不少于一个。对于安装在主干管上起切断作用的闭路阀门，应逐个做强度和严密性试验。

8.5.10 凝结水管道安装与检验

冷凝水管道采用镀锌钢管，丝扣连接。安装时，管道坡度、坡向、支架的间距和位置应符合设计要求。有条件时应尽量加大空调器滴水盘与冷凝水管的高差，减少管道变向转弯敷设，确保冷凝水管道畅通。管道安装结束后，应做好管道通水试验。在试验前要清除空调器滴水盘内的垃圾异物，在通水试验时必须逐只检查空调器的滴水盘，不得有倒坡现象，灌水量宜为滴水盘高度的 2/3，一次排放，畅通为合格。加强吊顶内与管道井内的管道检验，管道及支吊架安装良好，冷凝水管无被碰移位现象，管道与空调器滴水盘的连接软管无弯曲折瘪、无脱落现象，管道保温完好。安装质量完全符合设计与施工验收规范。

8.5.11 空调水试压冲洗

管道安装完毕后，可进行水压试验。试验过程中，关闭进出设备的水管阀门，冷冻水管的试验压力为工作压力的 1.5 倍。冷却水管的试验压力为工作压力的 1.25 倍。试压合格后，管网放水冲洗，经若干次冲洗后出水洁净无杂质，方可并入主泵进行管路循环冲洗，主机入水口做好隔杂质的铜丝网后，可开动水泵冲洗管道。管道冲洗干净之后，清洁 Y 型过滤器的杂质及拆除主机入口的铜丝网。

8.5.12 空调水管保温

该工程空调水管保温材料为难燃橡塑保温材料，导热系数≤0.034W/(m·K)。橡塑保温材料的材质、规格符合设计要求，管壳的粘贴应牢固、铺设应平整；绑扎应紧密，无滑动、松弛与断裂现象。管壳的拼接缝隙不应大于 5mm，并用粘结材料勾缝填满；缝隙应错开，外层的水平接缝应设在侧下方。管道与管托和阀门的保温密封性比较关键，质量的好坏影响到日后运行维护的难度，管道与管托要求用沥青膏进行掐缝处理，故要求用经验丰富的保温班组担当此项工作。保温后，管道外观圆滑、美观，保温层牢固。

8.5.13 空调系统的测定与调整

空调系统安装完毕，系统投入使用前必须进行系统的测定和调整，空调系统的测定和调整应包括下列项目：设备单机试运转、系统联动试运转、无生产负荷系统联合试运转的测定和调整、带无生产负荷系统的综合效能试验的测定和调整。通风与系统的无生产负荷联合试运转的测定和调整由施工单位负责，设计单位、建设单位参与配合；带生产负荷的综合效能试验的测定和调整，由建设单位负责，设计、施工及监理单位配合。

（1）单机试运转

制冷机组、水泵、冷却塔、组合空调机、吊顶空调机、风机盘管等设备的试运转，严格遵照设计要求及空调设备调试有关技术进行。各项调试须请有关人员检查验收办好记录。

（2）系统试运转及调试

系统联动试运转应对通风与空调设备单机试运转和风管系统漏风量测定合格后进行。系统联动试运转时，设备及主要部件的联动必须协调，动作正确，无异常现象。

（3）无生产负荷的测定与调试内容

空调设备的风量、余压与风机转速的测定；系统与风口的风量测定与调整。实测量设计的偏差不应大于 10%；制冷机、空调机等设备噪声的测定，按现行国家标准《采暖通风与空气调节设备噪声声功率级的测定 工程法》GB/T 9068—1988 执行；制冷系统运行的压力、温度、流量的测定调整；室内空气温度、相对温度的测定与调整；空气含尘度、室内气流组织的测定。

（4）综合效能的测定与调整

空调工程应在生产负荷条件下做系统综合效能试验的测定与调整，根据工程性质、工艺设计的要求确定具体试验项目。空调工程的验收分为竣工验收与综合效能试验两个阶段。竣工验收主要是对工程施工质量的检验及评定；综合效能试验是对工程施工质量的检验及评定；综合效能试验是对工程使用功能的检测及评估。

8.5.14 制冷机房施工

1. 设备基础检查与处理

基础验收工作主要是在业主方与土建之间进行。但往往在设备安装前的基础放线之后才发现基础的几何尺寸存在着较大的误差。或在进行基础修凿时，又发现基础结构的强度不足，这些问题将会对设备安装工作造成极大的延误。现场的安装施工技术人员将针对这些问题，知会业主方及时地做好土建基础的检查验收工作。基础中心线允许偏差：±20mm；基础上平面水平度每米偏差：±5mm；全长允许偏差：±10mm。

2. 设备基础放线、主要管道定位

设备基础放线是设备准确定位的重要依据，严格按照图纸的相关尺寸进行，在基础上用墨线画出纵横十字线，同时参照有关技术文件把设备进出口位置尺寸精确地标识在基础上，作为管道定位的依据。

3. 支吊架制作安装

泵房内主管的布置多沿楼板底及柱边悬空敷设，多条平行排列。因此可以综合考虑制作联合支架。联合支架的制作安装，必须充分考虑承受自重（管重加上介质重量），而且管道支架所承受负荷必须经过受力计算复核。对于设置伸缩节的水平管道，由于管道所受径向推力较大，通常在两个伸缩节之间设置一个固定支架。

4. 水泵安装

该工程空调机房及消防水泵房内设备较多，管路复杂，管道纵横交错，因此必须从整体考虑泵房的施工，如设备就位、管道走向、标高的排列、联合支架的安装等都必须统筹考虑，保证泵房布局合理，层次分明，使用操作维修方便。

（1）水泵单台安装前，应统一考虑前后定位，上下标高，做到整体划一，协调美观。

（2）水泵多为整体式水泵，安装时先调整其与进出水管的位置后，再安装水泵。

（3）先在基础面上画出水泵中心线，确定各方距离，并认真对照施工图纸，检查无误后设备方可就位。套上地脚螺栓和螺母，用水平仪检查水泵水平度。不水平时，可在底座下承垫垫铁找平。垫铁一般放置在底座的四个角下面，每处叠加数量不宜多于三块。垫铁找平后，拧紧设备地脚螺栓上的螺母，并对底座水平度再进行一次复核。

图 8-7　制冷机房水泵安装

（4）泵安装允许偏差与建筑轴线距离为±20mm，与设备平面位置为±10mm；标高：+20mm，−10mm（图 8-7）。

5. 水管安装

水泵出水口在装设异径管之后，为缓解振动可安装可曲挠接头，然后装止回阀、闸阀。管道及阀件的重量不能由水泵承受，单设承重支座或吊架；阀门安装牢固、严密，与管道中心线垂直，操作机构灵活；同类型的管道附件，除有特殊要求外，应分别安装在同一高度；明装管道成排安装时，直线部分互相平行。曲线部分：当管道水平或垂直并行时，应与直线部分保持等距；管道水平上下平行时，曲率半径应相等。支架采用机械切割并倒边，安装孔用钻头钻孔，禁止使用气割设备进行切割。水泵的总出水管上安装一闸阀作为泄压用，因给水系统在日常维护管理中，水泵启停和系统试验较频繁，经常发生非正常承压，没有泄压阀门很容易造成管网超压现象。

8.5.15 VRV空调系统

1. 施工方法

（1）工艺流程：室内吊杆→室内机安装→室外机安装→冷媒管的铺设→冷媒管的试压试验→冷媒管与室内机的连接→冷媒管与室外机的连接→室内机的面板安装。

（2）室内机与室外机的检查：

设备进场后，施工方会同建设方、监理方、供货方共同对设备的规格、型号、数量、相关资料及设备部件完好情况进行检查，并做好记录。

（3）冷媒管的检查

材料进场后，施工方会同建设方、监理方、供货方共同进行检查，并做好记录，检查内容如下：材料的规格、型号、数量、使用场所及相关资料是否符合现场要求。材料的内外壁是否光滑，是否损坏，厚度是否符合施工要求。

（4）定位、放线

定位：按施工图及技术交底来确定室内机位置及标高，并与其他专业施工图纸核对位置是否矛盾。放线：根据单独室内机及成排室内机的位置，采用十字交叉法放线、画线。

8.6 消防工程

8.6.1 自动喷淋及消火栓系统工程工艺

1. 材料设备要求

自动喷水灭火系统施工前对所采用系统组件及其他设备、材料进行现场检查，并应符合下列要求：系统组件、管件及其他设备、材料要符合设计要求和国家现行有关标准规定，并具有出厂合格证。喷头、报警阀、压力开关、水流指示器等主要系统组件应经国家消防产品质量监督检验中心检测合格。

管材、管件应进行现场外观检查，符合下列要求：表面无裂纹、缩孔、夹渣、折叠和重皮；螺纹密封面应完整、无损伤、无毛刺；热镀锌钢管内外表面的镀锌层不得有脱落、锈蚀等现象；非金属密封垫片质地柔韧、无老化变质或分层现象，表面无折损、皱纹等缺陷；法兰密封面完整光洁，不得有毛制及径向沟槽，螺纹法兰的螺纹完整无损伤。

喷头的现场检验应符合下列要求：喷头的型号、规格应符合设计要求；喷头的商标、型号、公称动作温度、制造厂及生产年月等标志要齐全；喷头外观无加工缺陷的机械损伤；喷头螺纹密封面无伤痕、毛刺、缺丝或断丝的现象。闭式喷头进行密封性能试验并以无渗漏、无损伤为合格。试验数量从每批中抽查1%，且不得于5只，试验压力应为3.0MPa，试验时间为3min。当有两只及以上不合格时，不得使用该批喷头，当仅有一只不合格时，应再抽查2%，但不得少于10只，重新进行密封性能试验，当仍不合格时亦不得使用该批喷头。

阀门及其附件的现场检验符合下列要求：阀门的型号、规格符合设计要求；阀门及其附件配备齐全，不得有加工缺陷和机械损伤；报警阀标明商标、型号、规格、水流方向等永久性标志；报警阀和控制阀及操作机构动作灵活，无卡涩现象，阀体内清洁、无异物堵塞；水力警铃的铃锤转动灵活，无阻塞现象；报警阀逐个进行渗漏试验，试验压力为额定工作压力的2倍，试验时间为5min，阀瓣处无渗漏；压力开关、水流指示器及水位、气压、阀门限位等自动监测装置铭牌清晰，安全操作指示标志和产品说明书齐全；水流指示器水流方向永久性标志正确，安装前逐个进行主要功能检查，不合格者不得使用。

2. 管网及系统组件安装

管网安装前校直管子，并及时清除管子内部的杂物。管网安装，当管子公称直径小于或等于80mm时，采用螺纹连接；当管子公称直径大于80mm时，采用卡箍连接。连接后均不得减少管道的通水横断面面积。管子接螺纹套丝时断丝或缺丝数不大于螺纹数全扣的10%。当管道变径时，采用异径接头，在管道弯头处不得采用补芯，当需要补芯时，三通上可用1个，四通上不应超过2个。公称直径大于50mm的管道不采用活接头。管段采用法兰盘连接或管道与法兰阀门连接者，必须按照设计要求和工作压力选用标准法兰盘。且法兰盘的连接螺栓直径、长度符合规范要求，紧固法兰盘螺栓时要对称拧紧．紧固好的螺栓外露丝扣为2～3扣，不大于螺栓的1/2。管道的安装位置符合设计要求，当设计无要求时，管道的中心线与梁柱楼板等的最小距离应符合表8-9的规定。

管道的中心线与梁柱楼板的最小间距　　表8-9

公称直径(mm)	25	32	40	50	70	80	100	150	200
距离(mm)	40	40	50	60	70	80	100	150	200

管道穿过建筑物的变形缝时，设置柔性短管；穿过墙体或楼板时加设刚性套管，套管长度不得小于墙体厚度或高出楼面或地面50mm；管道的焊接环缝不得在套管内．套管与管道的间隙采用不燃烧材料填充密实。管道横向安装要有2‰～5‰的坡度，坡向排水管。当局部区域难以利用排水管将水排净时，应采取相应的排水措施。当喷头数量小于或等于5个时，可在管道低凹处加设堵头；当喷头数量大于5个时，宜设装阀门的排水管。配水干管、配水管做红色标志。管网安装中断时，将管道的敞口封闭。

3. 喷头安装

喷头安装在系统试压、冲洗合格后进行。喷头安装时采用专用的弯头、三通。喷头安装时，严禁对喷头进行拆装、改动，严禁给喷头附加任何装饰涂层。喷头安装使用专用扳手，严禁利用喷头的框架施拧；喷头的框架、溅水盘产生变形或释放原件损伤时，应采用规格、型号相同的喷头更换。当喷头的公称直径小于10mm时，在配水干管或配水管上安装过滤器。安装在易受机械损伤的喷头，加设喷头防护罩。喷头安装时，测水盘与吊顶门窗洞口或墙面的距离符合设计要求。当通风管道宽度大于1.2m时，安装在其腹面以下部位。当喷头测水盘附近梁底或高于宽度小于1.2m的腹面时，喷头高于梁底通风管道腹面的最大垂直距离应符合表 8-10 的规定。

喷头与周边建筑构件的距离　　表 8-10

喷头与梁、通风管道的水平距离(mm)	喷头测水盘高于梁底通风管道腹面的最大距离(mm)
300～600	25
600～750	50
750～900	75
900～1050	100
1050～1200	150
1200～1350	180
1350～1500	230
1500～1680	280
1680～1830	360

当喷头安装于不到顶的隔断附近时，喷头与隔断的水平距离和最小垂直距离应符合表 8-11 的规定。

喷头与隔断的水平距离和最小垂直距离　　表 8-11

水平距离(mm)	150	225	300	375	450	600	750	≥800
最小垂直距离(mm)	75	100	150	200	236	318	386	450

自动喷水喷头安装后，逐个检查测水盘无歪斜，玻璃球有无裂纹和液体渗漏，如有则必须更换喷头。施工时严防喷头粘上水泥、砂浆等杂物，并严禁喷涂涂料、油漆等物质，以免妨碍感温作用。

4. 报警阀安装

报警阀组的安装先安装水源控制阀，然后再进行报警阀辅助管道的连接。水源控制阀、报警阀与配水干管的连接，使水流方向一致，报警阀组安装的位置符合设计要求；当设计无要求时，报警阀组安装在便于操作的明显位置，距室内地面高度宜为 1.2m，两侧与墙的距离不小于 0.5m，正面与墙的距离不小于 1.2m。安装报警阀组的室内地面有排水设施。

报警阀组附件的安装符合下列要求：压力表安装于报警阀上便于观测的位置；排水管和试验阀安装在便于操作的位置；水源控制阀安装便于操作，做好开闭标志和可靠的锁定设施。报警阀组警铃的安装符合下列要求：使报警阀前后的管道中能顺利充满水；压力波动时，水力警铃不发生误报警。报警水流通路上的过滤器安装在延迟器前便于排渣操作的位置。

5. 其他组件安装

水力警铃安装在公共通道或值班室附近的墙上，且安装检修、测试用的阀门。警铃和报警阀的连接采用镀锌钢管，当管径为 $DN15$ 时，其长度不大于 6m；当管径为 $DN20$ 时，其长度不大于 20m。警铃连接畅通、无锈蚀，水轮转动灵活，安装后的水力警铃启动压力不小于 0.05MPa。水流指示器在系统管道试压冲洗合格后方可安装，水流指示器与其所安设部位的管道相匹配；水流指示器的浆片、膜片一般垂直于管道，其动作方向和水流方向一致，不得反向。安装后的水流指示器，其浆片、膜片灵活，不允许与管道有任何摩擦接触。自动排气阀的安装在系统管网试压和冲洗合格后进行；排气阀安装在配水干管顶部、配水管的末端，且确保无渗漏。控制阀的规格、型号和安装位置均符合设计要求；安装方向正确，控制阀内应清洁、无渗漏；主要控制阀加设启闭标志，隐蔽处的控制阀在明显处设有指示其位置的标志。压力开关竖直安装在通往水力警铃的管道上，且不在安装中拆装改动。末端试水装置安装在系统管网末端或分区管网末端。末端试水装置中的压力表应安装在便于观察的位置方位，末端试水装置中的出水方式采取孔口出流的方式排入排水管道。系统中的安全信号阀靠近水流指示器安装，且与水流指示器安装间距不小于 300mm。

6. 消防水泵接合器安装

消防水泵接合器的组装按接口、本体、联接管、止回阀、安全阀、放空阀、控制阀的顺序进行，止回阀的安装方向能使消防用水能从消防水泵接合器进入系统。

消防水泵接合器的安装应符合下列规定：安装在便于消防车接近的人行道或非机动车行驶地段，距室外消火栓或消防水池的距离宜为 15～40m。地下消防水泵接合器采用铸有“消防水泵接合器”标志的铸铁井盖，并在附近设置指示其位置的固定标志。地下消防水泵接合器的安装，进水口与井盖底面的距离不大于 0.4m，且不小于井盖的半径。

地下消防水泵接合器井的砌筑应符合下列要求：在最高地下水位以上的地方设置地下消防水泵接合器井，其井壁采用 MU10 砖、M5.0 级水泥砂浆砌筑，井壁内外表面应采用 1∶3 水泥砂浆抹面，并应掺有防水剂，其抹面的厚度不应小于 20mm，抹面高度高出最高地下水位 250mm。当管道穿过井壁时，管道与井壁间的间隙采用黏土填塞密实，并应采用 M7.5 级水泥砂浆抹面，抹面高度不应小于 50mm。消防水泵接合器应外部涂 C04-42 大红醇酸漆，作为防腐的色标。涂刷的漆膜应均匀、无龟裂、无明显的划痕和碰伤。

7. 室内消火栓箱安装

消火栓出水方向与设置消火栓的墙面相垂直，栓口朝外，并不能安装在门轴侧，栓口中心距地面高度 1.1m，允许偏差±20mm。消火栓箱底部距地面 0.95m。消火栓箱用四颗 M10 的膨胀螺栓固定牢固，并检查水带接扣、水带、水枪的连接是否牢固可靠。水带与水带接扣连接采用 8 号铁丝捆扎（水带、水枪应在验收前安装以免丢失）。按钮安装牢固，保证启动按钮时应启动消防泵，并在消防控制室有报警信号和地址编码显示。检查试验消火栓安装在房顶层，静水压力不低于 0.07MPa。

8. 系统试压和冲洗

（1）一般规定

管网安装完毕后，对其进行强度试验、严密性试验和冲洗。强度试验和严密性试验用自来水进行。系统试压过程中，当出现泄漏时，停止试压，并放空管网中的试验介质，消除缺陷后，重新再试。系统试压完成后，及时拆除所有临时盲板及试验用的管道，并与记录核对无误，且填写记录。管网冲洗在试压合格后分段进行。冲洗顺序为先室外、后室内，先地下、后地上；室内部分的冲洗按配水干管、配水管、配水支管的顺序进行。管网冲洗用水进行，冲洗前对系统的仪表采取保护措施。止回阀和报警阀等应拆除，冲洗工作结束后及时复位。冲洗前对管道支架、吊架进行检查，必要时采取加固措施。对不能经受冲洗的设备和冲洗后可能存留脏物、杂物的管段进行清理。冲洗直径大于 100mm 的管道时对其焊缝、死角和底部进行敲打，但不得损伤管道。水压试验和水冲洗采用生活用水进行，不得使用有腐蚀性化学物质的水。

（2）水压试验

水压试验时环境温度不低于5℃，当低于5℃时，水压试验采取防冻措施。当系统设计工作压力等于或小于1.0MPa水压强度试验压力时为设计工作压力的1.5倍，并不应低于1.4MPa。对管道注水时，应打开管道高处的排气阀或排气孔，将空气排尽，待水灌满后关闭排气阀或堵塞排气孔，并关闭进水阀，用试压泵加压，压力应缓慢加高，加压到工作压力时，应停下来对管网进行全面检查，未发现管道移位、变形、泄漏时，方可继续加压到试验压力，一般应2～3次加至试验压力，达到试验压力后，稳压一定时间（30min），目测管道应无泄漏、变形和移位，且压力降在稳压时间内不应大于0.05MPa。在强度试验达到要求后将试验压力放至严密试验压力，稳压24h压力无明显变化，即通过压力试验。水压严密性试验在水压强度试验和管网冲洗合格后进行，试验压力为设计工作压力，稳压24h，无泄漏。自动喷水灭火系统的水源干管、进户管和室内埋地管道在回填前单独地或与系统一起进行水压强度试验和水压严密性试验（图8-8）。

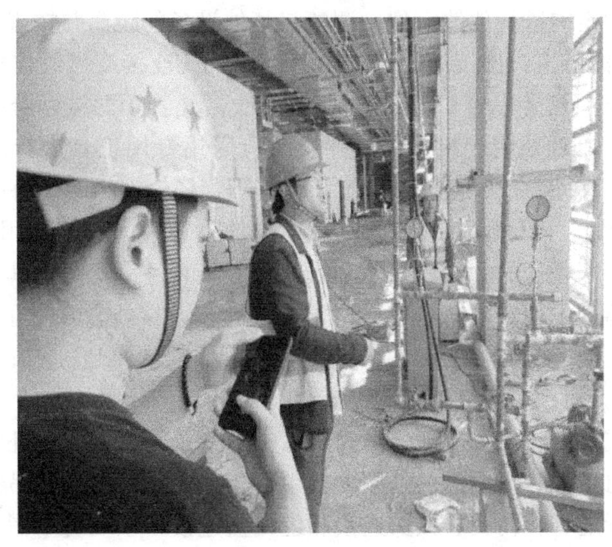

图8-8　水压试验

（3）冲洗

管网冲洗所采用的排水管道，与排水系统可靠连接，其排放畅通和安全。排水管道的截面面积不小于被冲洗管道截面面积的60%。管网冲洗的水流速度不小于3m/s，当施工现场冲洗流量不能满足要求时，应按系统的设计流量进行冲洗，或采用水压气动冲洗法进行冲洗。管网的地上管道与地下管道连接前，在配水干管底部加设堵头后，对地下管道进行冲洗。管网冲洗连续进行，当出口处水的颜色、透明度与入口处水的颜色基本一致时，冲洗方可结束。管网冲洗的水流方向应与灭火时的管网的水流方向一致。管网冲洗结束后，将管网内的水排除干净，必要时采用压缩空气吹干。

9. 管道防腐

有堆放施工管材及进行防腐操作的场地。施工环境温度在5℃以上，且通风良好，无煤烟、灰尘及水汽等，气温在5℃以下施工要采取措施。用刮刀、锉刀将管道表面的氧化皮除掉，再用钢丝刷将管道的浮锈除去，然后用砂纸磨光，最后用棉丝将其擦净。第二道漆必须待第一道漆干透后再刷，油漆稠度要适宜。涂刷应分层涂刷，每层应往复进行，纵横交错，并保持涂层均匀，不得漏涂或流坠。

8.6.2　火灾自动报警及联动控制系统安装工程施工工艺

本系统施工前要求认真熟悉施工图纸和有关设备的技术说明书、规范、规程和标准，以及施工的特殊要求。火灾自动报警及消防联动控制系统内容包括管线敷设、线路敷设、探测器底座的固定、接线、探测器安装、模块（板）和报警控制设备的固定、安装、接线、调试及联动功能试验试运行交工验收。

1. 管线配置

本工程电线管采用镀锌钢管，配管时应注意不要出现折扁和裂缝，管内应无铁屑及毛刺，切断口应平整，管口光滑，管内要清除干净，不得有异物。丝口应均匀，管子进入接线盒内外均用锁母锁紧，配管时按照设计图和施工验收规范的要求，找准设备、设施的坐标和标高，对管道的走向进行放线定位，调整与其他设备的距离并按规定对所有的预埋箱（盒）及管口采取保护措施。连接方式：采用套接扣压式连接或螺纹连接，对螺纹连接的管端螺纹长度不应小于管接头的1/2，并且须在接线盒处管子两端做跨接线，以确保整个系统的电气连接性。而对采用套接扣压式连接时应采用专用工具进行，不应敲打形成压点，当管径$\leqslant\phi25$时，每端扣压点不应少于2处；当管径$\geqslant\phi32$时，每端扣压点不应少于3处；且扣压点宜均匀，确保整个系统的电气连接的可靠性。弯管采用手扳煨弯器弯管，弯管的弯曲半径不小于管径的6倍，当两个线盒之间只有一个弯曲时其弯曲半径不小于管径的4倍。当管路超过下列长度时，应在便于接线处装设接线盒：管子长度每超过30m，无弯曲时；管子长度每超过20m，有两个弯曲时；管子长度每超过10m，有两个弯曲时；管子长度每超过8m，有三个弯曲时。穿线造成困难的地方，采用加大一级管径或增设拉线盒的措施。地下室的配管要采取加强防腐的措施。管子入盒时，盒外侧应套锁母，内侧应装护口，在吊顶内敷设时，盒的内外侧均套锁母，采用单独的卡具吊装或支撑固定。按照工艺操作规程进行配管、转变、接头连接和进箱盒连接，采取管堵帽、泡沫塑料堵口等措施，分别对不同的管口、盒口进行保护性堵塞以防止杂物掉入线管。管线经过建筑物的变形缝处时，在缝的两端增加橡胶接头或金属软管装置。凡需要剔槽配合处理的地方，应先画线定位，再剔槽，剔槽必须在土建外抹前进行。在穿线钢管敷设完确认无误后，钢管全长均应有良好的接地。工长、班长、质监员应对照设计施工图做一次全面检查并填写隐蔽验收资料交现场有关人员核对签字。

2. 线路敷设

敷设前对照图纸及设计要求，对不同系统所对应的线的种类、规格、电压等级做详细交底，为了便于维护保养及故障排除，同种规格型号的导线，按不同系统以颜色区分。穿线应在建筑抹灰及土建工作结束后进行，穿线前应对管路做清理，保证管路无积水、无残查、管路畅通，有吊顶的地方要在吊顶支架打完后穿线，以免线路被打断。穿线时管口应安装塑料护圈，避免破坏线的保护层且线路不应有扭结。管内导线的总截面积，应不大于管子内截面的40％。不同系统、不同电压等级、不同电流类别的线路，禁止穿在同一管内或线槽的同一槽孔内。在报警系统中，探测器回路信号线、控制器间的通信线、电源线也应分管敷设。火灾探测器的传输线路应选择不同颜色的绝缘导线，同一系统线路、颜色应一致，接线端子应有标号。导线在管内不应有接头或扭线，导线的接头在接线盒内焊接或用端子连接。在管线敷设过程中，如因现场实际情况，需要对原设计管线走向或对接方式进行改动，必须事先征得同意。改动后还应在管线平面图上做详细记录和说明。导线的端头应有标示，导线的接线两端均应留足部分余线以便接线操作，进出箱体线预留周长的二分之一为宜，接线盒、转线盒预留 100～200mm 为宜，线的接头处要采用搪锡焊接。从接线盒、线槽等处引到探测器座盒、控制设备盒、扬声器的线路，当采用金属软管保护时，其长度不应大于 1m。敷设在多尘或潮湿场所管路的管口和管子连接处，均应在接头上涂树脂性密封做密封处理。线槽内布线应排列整齐平整，每 1.5～2m 处用塑料扎带绑扎成束，传输绝缘导线严格按设计施工图要求。线穿完后，按不同回路，不同系统连接成通路，在监理工程师能确认的情况下，对所穿的线进行线间和对地绝缘测试并做好绝缘测试记录，以通过监理工程师验收为准。

3. 火灾探测器的安装

探测器至墙壁、梁边的水平距离不应小于 0.5m。探测器安装位置距喷头、空调送风口边的水平距离不应小于 1m。探测器宜水平安装，如必须倾斜安装时，倾斜角不应大于 45°。探测器周围 0.5m 内，不应有遮拦物。在宽度小于 3m 的内走道棚顶上设置探测器时，宜居中布置。感温探测器的安装间距不应超过 10m；感烟探测器的安装间距不应超过 15m。探测器距离墙的距离不应大于探测器安装间距的一半。探测器的底座安装牢靠，外露式底座必须固定在预埋好的接线盒上；嵌入式底座必须用安装条辅助固定。导线剥头长度适当，导线剥头通过焊片接于探测器底座接线端子上，焊接时不能使用带腐蚀性的助焊剂。如直接将导线剥头接于底座接线端子上，导线剥头应烫锡后接线，接线应牢固。当采用焊接时，不能使用带腐蚀性的助焊剂。探测器的“+”线应为红色线，“−”线应为蓝色线，其他线也应用不同颜色区分，同一工程中相同用途的导线颜色应一致。探测器或底座的外接导线，应留有不小于 15cm 的余量以便维修。探测器或底座的报警确认灯应面向便于人员观察的主要入口方向。底座及探测器安装完毕后应外加塑料罩封闭，确保在建筑内装饰过程中不遭到损坏和污染。每安装完一只底座就应立即在施工平面图上正确登记编码号，并确认与同一探测回路中的其他探测点不重号。安装探测器前先用火灾单点探测设备探测器进行抽测检查，若抽测时发现有不合格产品时应全部测试。

4. 手动火灾报警按钮和模块的安装

手动火灾报警按钮，应安装牢固，不能倾斜。手动火灾报警按钮，应安装在墙上距楼地面高度 1.5m。在安装过程中不能将报警按钮上的玻璃损坏，手动火灾报警按钮的安装位置应醒目并便于操作。手动火灾报警按钮的外接导线，应留有不小于 15cm 的余量。每安装完一只手动火灾报警开关就应立即在施工平面图上正确登记编码号，并确认与同一总线回路中其他探测点不重号。火灾自动报警及消防联动控制系统中使用的输入、输出、总线隔离等模块，在管道井内安装时，可明设在墙上。安装于吊顶内时应有明显的部位指示和检修孔，且不得安装在管道及其支、吊架上。模块应安装牢固，模块的外接导线，应留有不小于 15cm 的余量以便于维修。每安装完一只模块就立即在施工平面图上正确登记编码号。

5. 火灾报警控制器的安装

控制器应安装牢固，不能倾斜。引入控制器的导线应整齐，避免交叉，并应用线扎或其他方式固定牢靠。电缆芯线和所配导线的端部，均应标明编号。火灾报警控制器内应将电源线、探测回路线、通信线分别加套管并编号，楼层显示器内应将电源线、通信线分别加套管并编号，联动驱动器内应将电源线、通信线、音频信号线、联动信号线、反馈信号线分别加套管并编号。所有都必须与图纸上的编号一致，字迹要清晰，有改动处应在图纸上作明确标注。控制器的交流 220V 主电源引入线，应直接与消防电源连接，严禁使用电源插头，主电源应有明显标志。控制器接地应牢靠并有明显标志。在安装过程中，严禁随意操作电源开关以免损坏机器。盘后开门的控制器应有 1m 的检修距离。落地式控制器安装时，其底宜高出地坪 0.1～0.2m。

6. 消防联动控制设备安装

消防控制中心在安装前应对各附件及功能进行检查，合格后才能安装。联动的接线，必须在确认线路无故障、设备所提供的联动节点正确的前提下进行。消防控制中心内的不同电压等级、不同电流类别的端子，应分开并有明显标志。联动驱动器内应将电源线、通信线、音频信号线、联动信号线、反馈信号线分别加套管并编号。所有编号必须与图纸上编号一致，字迹要清晰，有改动处在图纸上作明确标志。消防控制中心内外接导线的端部都应加套管并标明编号。此编号应和施工图上的编号及联动设备导线的编号完全一致。消防控制中心接线端子上的接线必须用焊片压接，接线完毕后应用线扎将每组线捆扎成束，使得线路美观并便于开通及维修。安装过程中，严禁随意操作消防中心内的电源开关，以免损坏机器或导致外部联动设备误操作。设备安装完后，调试前应将电源开关置于断开位置，各设备采取单独试运转后，然后整个系统进行统一调试完毕后经过有关人员进行验收后交付使用。

7. 火灾广播系统安装

广播系统配管、配线注意屏蔽，使用屏蔽电缆中间严禁接头。使用屏蔽电缆与设备接头连接时注意屏蔽的连接，连接时应采用焊接，严禁采用钮接和绕接，焊接应牢固、可靠、美观。系统接线时，应对每个端子进行编号，编号可用编号笔写在塑料套管上，每一输出线末端上应挂标志牌，说明导线去向、线路编号。明装壁挂式音箱，根据设计要求的高度和角度位置预先设置胀管螺栓或埋吊挂件。设置在吊顶内嵌入式广播，将引线用端子与盒内导线连接好，用手托着广播使其与顶棚贴紧，用螺丝将喇叭固定在支架上，当采用弹簧固定广播时，将广播托入吊顶内再拉伸弹簧，将喇叭罩勾住并使其紧贴在顶棚上，并找正位置。

8. 消防专用电话安装

消防专用电话、电话插孔、带电话插孔的手动报警按钮在墙面上安装时，其底边距地（楼）面高度宜为 1.5m。消防专用电话和电话插孔安装处应有明显标志。

9. 接地系统安装

本工程防雷接地、工作接地和保护接地采用基础钢筋作共同接地体，接地电阻应不大于 1Ω，若实测电阻值不满足要求，则需外加人工接地体，做增设方案时必须经设计单位批准。由消防控制室引至接地体的工作接地线，通过墙壁时，应穿入钢管或其他坚固的保护管。工作接地线与保护接地线必须分开，保护接地导体不得利用金属软管。

8.6.3　气体灭火系统安装

1. 施工前检查

检查报警控制系统和灭火系统的三证是否齐全。检查贮存容器、容器阀、单向阀、安全膜片、喷嘴和电磁阀驱动装置，有无明显的机械损伤，规格、品种、型号是否符合设计要求和齐全，铭牌是否清晰，其内容应符合相应的规范。用称重法检查贮存容器内灭火剂充装量不得小于设计充装量，且不得超过设计充装量的1.5%，对启动瓶容器内的气体压力不应低于设计压力，且不得超过设计压力的5%。对阀驱动装置进行检查，通电检查电磁阀芯，其电磁阀和单向阀的行程应满足系统启动要求且动作灵活无卡阻现象。对系统的单向阀、高压软管、集流管和阀驱动装置，逐个进行水压强度试验和气压严密性试验。

2. 设备安装

气体灭火系统的施工应按设计施工图和相应的技术文件进行，不得随意更改。药剂钢瓶安装：钢瓶运输时应采取保护措施，防止碰撞、擦伤。安装时力表观察面及产品标牌应朝外。按照选定的位置将柜体安放平稳，将灭火剂瓶组放入柜内，并用固定抱卡和螺母固定在柜体上，启动瓶固定在柜体的内侧面。安装贮存容器时，应将标有灭火剂名称、容器编号、充装压力及压力表面朝向操作面。瓶头阀应有连接电动、气动、手动的功能，应具有安全反弹设施，其结构为正压可调活塞式，可实现间隙充装，充装流量可调，复位方便，动作后无须更换零件，瓶头阀应有手动操作及保险结构和操作指示标识，容器的支、框架采用螺栓牢靠地固定在柜体上并刷好防锈红色面漆。集流管安装前清洗内腔并封闭进出口，安装于瓶组架顶部，与其他管道连接采用螺纹连接，再固定在支、框架上，安全阀泄压装置安装在集流管上，采用螺纹连接，连接牢固、紧密，其泄压方向应为背朝操作面。电磁阀安装在启动气体容器阀上，螺纹连接，连接牢固、紧密，认真检查电磁阀的启动行程不小于6mm、额定电压为24V、额定电流为1.5A，导线采用金属软管沿支架和墙面敷设，在现场安装完毕、投入使用前必须将电磁阀上装的挡片抽出再用螺丝紧固。

单向阀应按灭火剂管路安装于压力软管与集流管之间，驱动气体控制管路单向阀装于启动管路上。单向阀的进、出口方向应正确，连接牢固、紧密，启闭灵活、朝向合理，阀门表面应洁净。各类单向阀门安装应对接平行、紧密，与管道中心垂直，连接部位采用O型密封圈密封，要求密封良好，且应符合设计要求和施工规范规定。

高压软管的安装要求压力软管为多层不锈钢波纹管，安装在容器阀与灭火剂管路单向阀之间，安装前，应认真检查该组件两端的螺纹、金属球面R线密封面应完整、无损伤、毛刺等缺陷，核对出厂检验报告和合格证书，核对无误后方可使用，连接方式采用螺纹连接，拧紧牢固。

压力讯号器安装在三通或相应的管道上，采用螺纹连接，要求连接牢固、紧密，同时应用万用表打触点检查压力讯号器的微动开关触点容量应为24V、1A，其传输信号保证灵敏可靠。全淹没喷嘴安装前应逐个核对其型号、规格和喷孔的方向，应符合设计要求。全淹没喷嘴采用螺纹连接，安装在伸出柜体管道上，其连接管下端螺纹不应露出柜体，喷嘴罩应用固定螺母固定。

3. 系统调试

气体灭火系统调试应在系统安装完毕，以及有关火灾自动报警系统和开口自动关闭装置、通风机械和防火阀等联动调试完成后进行。调试人员由专业技术人员担任，并明确其职责，调试前应先检查系统各组件完好无误后方能进行。采用自动控制对每个防护区进行模拟喷气试验，试验介质为氮气。试验采用的贮存容器数应为防护区实际使用的容器总数的10%，且不得少于一瓶。试验结果需达到：试验气体能喷入被试防护区内，且能从被试防护区的每个喷嘴喷出；有关控制阀工作正常；有关声光报警信号正常；柜式气体灭火装置无明显晃动和机械损坏。

第9章 室内大空间精装修施工技术

9.1 分部分项工程概况

9.1.1 基本概况

南通国际会展中心工程，会议中心总建筑面积 8.1 万 m^2，展览中心总建筑面积约 4.2 万 m^2。其中会议中心装修面积约 5 万 m^2，展览中心装修面积约 1 万 m^2。会议中心设计有登录大厅、精品展厅、会议厅、宴会厅、接待室、走道、卫生间等精装用房，另外还有办公室、厨房、库房、机房、强弱电间等普装用房。展览中心设计有登录大厅、序厅、接待室、走道、卫生间等精装用房，另外还有办公室、客房、机房、展厅、强弱电间等普装用房。

9.1.2 吊顶工程

本工程吊顶分为：整体面层吊顶、板块面层吊顶、格栅吊顶三大类。整体面层吊顶主要为服务间、办公室的双层纸面石膏板吊顶；板块面层吊顶主要为登录大厅、精品展厅、会议厅、宴会厅的、办公室的铝板吊顶、不锈钢吊顶、穿孔石膏板吊顶、矿棉板吊顶；格栅吊顶主要为过道、咖啡厅的铝格栅吊顶。由于登录大厅、精品展厅、会议厅、宴会厅、一二层过道的建筑层高高，这些空间均采用了钢结构转换层。做法为 50mm×50mm×5mm 镀锌角钢转换层，50mm×50mm×5mm 镀锌角钢及 50mm×100mm×5mm 热镀锌方钢二次钢结构转换层。轻钢龙骨纸面石膏板吊顶工程设计要求：使用超细玻璃棉（丝布包裹）；纸面石膏板错缝安装；防锈漆封钉眼，自粘胶带，满刮腻子三遍，涂料一底二面。铝板吊顶工程要求：铝板纵横向缝口对齐，高度误差 2mm 内。格栅吊顶工程要求：定制 300mm 长铝合金成品挂件（外皮颜色同铝方通）。

9.1.3 门窗工程

本工程门窗工程分为：不锈钢装饰套装门、不锈钢装饰防火门、普通木制门等。所有门、门套均实行厂家加工，现场组装、安装的施工方式。要求门的安装精度做到：左右上门缝、下门缝均匀，门扇开关灵活、轻巧、严密。

9.1.4 轻质隔墙工程

本工程轻质隔墙使用的是竖向 150mm×200mm 的热镀锌方钢、横向 150mm×

150mm 的热镀锌方钢，轻钢龙骨分为：双层 75 号轻钢龙骨、单层 150 号轻钢龙骨、单层 100 号轻钢龙骨，面层有：双面双层普通石膏板、双面双层防火石膏板、双面双层防水石膏板、双面双层硅酸钙板和纤维增强硅酸盐板，内填双层防火岩棉（150kg/m^3）。

9.1.5 墙面饰面板工程

墙面饰面板有：铝板、不锈钢、硬包、干挂石材、岩板、瓦楞复合板、玻璃板等。墙面铝板、不锈钢板安装平整度偏差不得大于 1.5mm。石材干挂后置预埋件固定采用 M12×100mm 膨胀螺栓将 250mm×200mm×10mm 镀锌钢板预制埋件与混凝土结构（或圈梁）连接牢固。墙面干挂石材竖向主龙骨采用 12 号镀锌槽钢，次龙骨采用∟50mm×50mm×5mm 镀锌角钢横梁、4mm 厚不锈钢扣件。竖向主龙骨间距不大于 1000mm。焊缝等级为三级，焊缝高度不小于 4mm。

9.1.6 墙面饰面砖工程

主要部位为卫生间、茶水间等。要求对瓷砖进行排版，保证墙地瓷砖通缝，尽量保证全部为整砖。并保证瓷砖接缝宽度为 1.5mm 宽。接缝直线度允许偏差 2mm，接缝高低允许偏差 0.5mm。

9.1.7 涂饰工程

该工程会议中心的二、三层会议室墙、顶面为乳胶漆，卫生间顶面为防水乳胶漆，展览中心的接待室顶面等石膏板面和抹灰面清除干净，用腻子将墙面麻面、蜂窝、洞眼、残缺处填补好。腻子干透后，先用铲刀将多余腻子铲平，再用 1 号砂纸打磨平整。三底三面，第三遍涂料采用喷涂，喷枪采用 1 号喷枪，喷枪压力调节 0.3～0.5N/mm^2，喷嘴与饰面成 90°角，距离为 40～50cm，喷涂时应喷点均匀，移动距离全部适中。喷涂时一般从不显眼的一头开始，逐渐向另一头循序移动，至不显眼处收刷为止，不得出现接槎，结束后，整个表面光洁一致、圆滑细腻，无流坠泛色现象。

9.1.8 建筑地面工程

本工程地面有石材地面、地砖地面、自流平地面、地毯等。会议中心登录大厅、一二层过道、部分卫生间地面及展览中心登录大厅和序厅地面为石材。普通卫生间地面为地砖。会议中心的精品展厅、会议厅、宴会厅、接待室和展览中心的接待室地面均为自流平。浇注的条状自流平材料应达到设计厚度。如果自流平施工厚度设计小于等于 4mm，则需要使用自流平专用刮板进行批刮，辅助流平。

9.2 施工前的准备

9.2.1 劳动力计划

为确保施工参与人员的素质，所有专业技术工人必须经过预审程序，经审查合格者方可进场施工，所涉及的主要工种包括：木工、泥水工匠、涂料工、电工、测量放线员等。

9.2.2 主要施工机械计划

为满足本工程施工要求，机具、设备必须大量投入，公司现有的各类施工机械及设备完全能满足本工程全方位展开施工的要求。各类材料按施工图纸要求的数量和施工进度的要求保证供应，主要施工机械配置见表 9-1。

主要施工设备表　　表 9-1

序号	设备名称	型号规格	数量	国别产地	制造年份	额定功率	生产能力
1	三级电箱	—	100	广东	2018.2	—	良好
2	开关箱	—	200	广东	2018.3	—	良好
3	角磨机	FB222	40	上海	2017.8	0.54kW	良好
4	电锤	TE-15	20	广州	2016.10	0.65kW	良好
5	电动自动螺丝钻	FD-788HV	60	德国	2017.8	0.5kW	良好
6	气钉枪	SDT-A301	20	日本	2016.2		良好
7	手提石材切割机	410	40	日本	2017.8	1.2kW	良好
8	电动抛光机	SSD-93	6	广州	2017.3	0.4kW	良好
9	油漆搅拌机	JIZ-SD05	10	美国	2017.12	13A	良好
10	电动喷枪	AS-1040	20	德国	2017.5		良好
11	空气压缩机	PH-10-88	6	日本	2016.12	0.75kW	良好
12	电焊机	BX6-120	20	日本	2017.8	32kvA	良好
13	电动砂轮切割机	J3GY-LD-400A	10	美国	2017.8	1.25kW	良好
14	手电钻	FDV	60	广东	2016.3	0.43kW	良好
15	冲击钻	PSB420	6	广东	2017.7	0.42kW	良好
16	打胶枪	—	10	浙江	2017.1		良好
17	金属切割机	KT-971	2	意大利	2018.3	1.4kW	良好
18	电动砂轮机	P523MB	2	上海	2017.3	0.8	良好
19	氩弧焊机	NSA1-300	8	上海	2017.5	500A	良好
20	钻孔机	ZQ4116/I	6	上海	2016.8	1kW	良好
21	吸尘器	—	12	浙江	2017.4	—	良好

9.2.3 主要试验和检测仪器设备投入计划

本工程拟配备的试验和检测仪器设备见表 9-2。

主要试验和检测仪器设备表　　表 9-2

序号	仪器设备名称	型号规格	数量	国别产地	制造年份	已使用台时数	用途
1	高精度水准仪	J2-JDB	2	苏州	2017.2	150h	测量
2	激光经纬仪	DSZ3	2	上海	2016.3	200h	测量
3	红外线水准仪	—	26	上海	2017.5	100h	测量
4	塔尺	5m	2	杭州	2018.3	300h	测量

续表

序号	仪器设备名称	型号规格	数量	国别产地	制造年份	已使用台时数	用途
5	钢卷尺	7.5m	50	杭州	2018.5	100h	测量
6	钢卷尺	5m	70	杭州	2017.6	100h	测量
7	测距仪	50m	20	杭州	2014.5	50h	测量
8	线锤	—	20	自制	2018.3	100h	测量
9	墨斗	—	40	杭州	2018.3	10h	测量
10	对讲机	—	20	杭州	2018.4	0h	测量
11	直角尺	—	20	杭州	2018.5	0h	检测
12	靠尺	3m及5m	20	杭州	2018.5	0h	检测
13	塞尺	—	20	杭州	2017.5	100h	检测
14	游标卡尺	—	10	杭州	2018.5	0h	检测
15	水平尺	—	10	上海	2018.3	50h	检测
16	钢板尺	—	10	上海	2018.3	90h	检测
17	焊缝检验尺	—	10	上海	2017.3	200h	检测
18	台秤	TJT100	4	上海	2017.8	150h	检测

机械设备管理措施包括：对进入现场的施工机械设备进行统一管理；及时批复各专业施工单位施工机械设备进场申报（必须在2天内办理批复），批复后报监理审批；对于没有办理进场登记、审批的施工机械设备一律拒绝进场；定期进行检查，杜绝出现施工机械设备未做登记和审批现象；有义务确保现场使用的施工机械设备（包括各专业施工单位的施工机械设备）符合有关施工机具安全操作规程及安全用电要求，施工机械设备不得带病作业；严格按照有关规定进行施工机械用电的管理，施工总承包管理单位有义务对专业施工单位进行安全用电的交底，并对现场的用电情况进行检查和管理；对大型施工机械调配进行跟踪管理监督。

9.3 施工测量

测量放线工作作为一个重要施工工序在以往多年的建筑精装修施工中常常没有引起一些施工单位足够的重视，具体表现在两个方面：一是没有进行综合、统一的测量放线；二是测量放线的精确度不高。这两种情况的存在主要是由于施工人员对整体协调作用的认识不够和装修设计的非标准化，如何确保门框定位准确和避免标高偏差，就必然涉及综合、统一测量放线的问题。为了避免因满足自身施工的需要分项工程各自测量放线，出现参差不齐、无法收口，从而影响装饰效果的现象，综合、统一的测量放线是本次装修的首要条件。

外墙施工是按外立面布局和土建尺寸进行测量放线的，而内装修是按室内基准轴线进行测量放线的，由于多数工程土建单位未能提供建筑物的基准轴线，内外装饰施工单位分别测量放线也会存在测量误差。这样就会导致内装和外装在门窗洞口处交接不上。特别是地面中心线与外墙大门的中心线对不齐，这使人看起来极不协调。因此，进场后首要解决的问题是统一测量放线，做到测量放线中精度和基准线的综合性和统一性，并定期或不定期相互校对相关的轴线和水平基准线。

9.4 轻钢龙骨纸面石膏板吊顶工程

9.4.1 设计要求

(1) 超细玻璃棉用丝布包裹；(2) 纸面石膏板错缝安装；(3) 防锈漆封钉眼，自粘胶带，满刮腻子三遍，涂料一底二面；(4) 具体材料及做法详见节点图。

9.4.2 材料准备

石膏板：有出厂合格证及检测报告，品种规格及物理性能符合国家标准及设计要求，外观颜色一致。吊筋、基层龙骨：强度、规格、防腐处理等符合国家标准及设计要求。

9.4.3 机具设备

机具：电锯、电刨、无齿锯、手枪钻、冲击电锤、电焊机、角磨机等；工具：射钉枪、手锯、手刨、钳子、扳手、螺丝刀、搅拌机、砂纸、钢片刮板、胶皮刮板、排笔等；测量检测用具：水准仪、靠尺、钢尺、水平尺、塞尺、线坠、红外线测距仪等；安全防护用品：安全帽、安全带、电焊面罩、电焊手套等。

9.4.4 作业条件

脚手架搭设应满足施工需要及符合国家相关规定；如使用移动脚手架，移动脚手架下面转轮必须有防抱死装置或者是没有转轮的移动脚手架方可使用；如施工现场涉及交叉作业，必须用防护网隔离作业；临时用电须严格遵守相关用电安全制度，服从总承包单位现场安排，不得私拉私接。

9.4.5 技术准备

根据设计要求，结合现场尺寸，进行深化设计，绘制施工大样图，并经设计、监理、业主确认；办理材料确认，并将设计或业主选定的样品封样保存；施工前应向操作人员进行安全技术交底；施工前应向操作人员进行施工技术交底，结合常见质量通病交底，包括材料使用部位、造型、标高、标准等；吊筋、龙骨的安装应按设计要求施工并隐蔽验收合格；大面积施工前宜先做出样板间或样板块，经设计、监理、业主认定后，方可大面积施工。

9.4.6 操作工艺

测量放线→吊筋安装→轻钢龙骨安装→隐蔽验收→纸面石膏板安装→石膏板缝处理。

9.4.7 操作方法

测量放线要求根据施工图先在墙、柱上弹出顶棚标高水平墨线，在顶棚上画出吊杆位置，弹线时，既要保证螺栓的间距保持在1000mm以内，又不能与灯具发生冲突。吊杆安装要求；钻眼安装化学专用膨胀螺栓，悬挂全牙镀锌丝杆吊杆；吊杆与结构连接应牢固，凡在灯具、风口等处用附加龙骨加固，龙骨吊杆不得与水管、灯具、通风等设备吊杆共享；吊杆应垂直吊挂，旋紧双面丝扣，外露铁件必须刷二度防锈漆，吊杆的间距保持在1000mm以内，又不能与灯具发生冲突，墙边的吊杆距主龙骨端部的距离不超过300mm，排列最后距离超过300mm应增加一根。钢筋龙骨安装要求：安装主龙骨，画出次龙骨位置，将次龙骨用卡子连于主龙骨上；主龙骨与主挂件、次龙骨与主龙骨应紧贴密实且间距不大于1mm，安装横撑龙骨，水平调正固定后，进行中间质量验收检查，待设备及电气配管的全部安装隐蔽工程完成并由甲方验收后方可封板。顶棚骨架施工，先高后低，主龙骨间距和吊杆间距控制在1000mm以内，吊顶副龙骨间距为300mm以内，横撑龙骨的间距为600mm。

纸面石膏板安装要求：用35mm×25mm自攻螺丝与龙骨固定，纸面石膏板的长边沿主龙骨方向铺设，即先将板材就位，然后用电钻将板与龙骨钻通，再上自攻螺丝拧紧，自攻螺丝中距应在150～170mm，螺钉嵌入板内深度应在0.5～0.7mm，螺钉应与板面垂直且略埋入板面，并不得使纸面破损，钉眼应做除锈处理并用石膏板腻子抹铺，如顶棚需要开孔，先在开孔的部分划出开孔的位置，将龙骨加固好，再用钢锯切断龙骨和石膏板并保持稳固牢靠。石膏板缝处理要求：用纸面石膏配套的嵌逢腻子满填刮平，宽度为340mm，用玻璃纤维网格胶带封住接缝并用底层腻子薄覆，同时用底层腻子盖住所有的螺钉，在常温下，底层腻子凝固时间至少1h。第一道腻子凝固后，抹第二道专用嵌缝底层腻子轻抹板面并修边，抹灰宽度约440mm，同时，再次用相同的底层腻子将螺钉部位覆盖，第二道腻子在常温下干燥时间也不应小于1h。第三道腻子（表面腻子）为抹一层与纸面石膏板配套的嵌缝表面腻子，抹灰宽度约440mm，用潮湿刷子湿润腻子边缘后用抹子修边，同时再涂抹螺钉部位，宽度约为25mm，第三道腻子（表面腻子）凝固后，用150号砂纸打磨其表面，打磨时用力要轻，以免将接缝处划伤。

9.5 螺栓连接式吊顶铝格栅施工工艺

9.5.1 施工区域

公共走廊采用200mm×80mm×2mm仿铜铝格栅。

9.5.2 与普通铝格栅吊顶对比

普通吊顶采用子母扣进行连接，主、副龙骨合并为一层。普通铝格栅吊顶隐蔽性差，内部各种管线及混凝土楼板均清晰可见，对管线机顶板混凝土施工质量要求较高。与普通铝格栅吊顶不同的是，该材料主、副龙骨采用螺栓连接，将普通吊顶铝格栅的一层分为上下两层，增加了吊顶的厚度，使吊顶内的管道线路隐蔽性更强，增强了吊顶的立体感，从而达到更好的装饰效果。

9.5.3 具体施工方法

定制副龙骨带凹槽，使螺栓卡入副龙骨上侧固定槽内；螺栓穿过主龙骨下侧连接孔；

使用固定工具将螺母固定，使主龙骨与副龙骨连接完成；对拉螺栓固定在主龙骨上，使吊件与对拉螺栓连接。吊件通过丝杆和膨胀螺栓固定在顶面墙上，如图 9-1 所示。

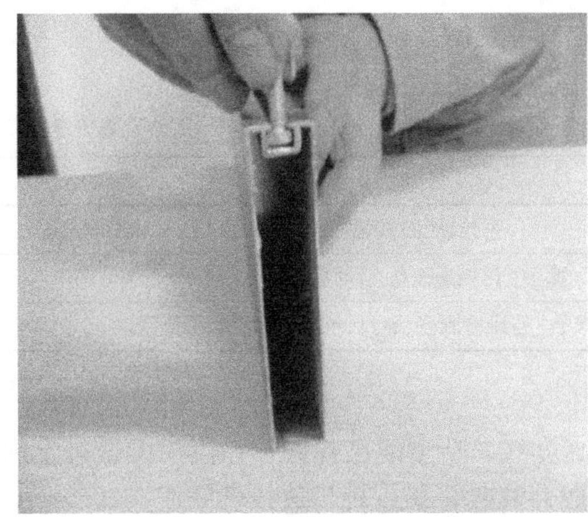
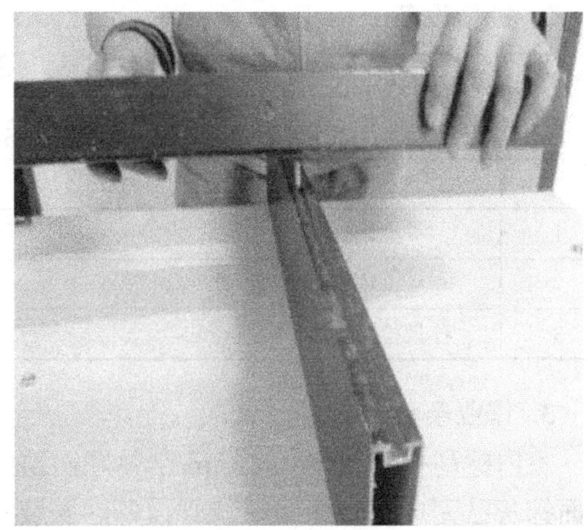
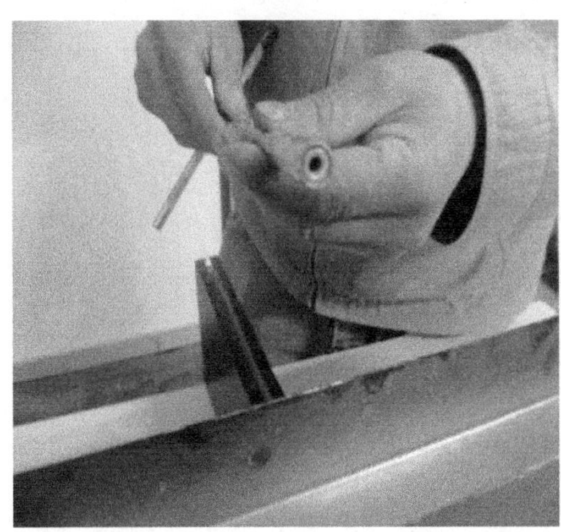
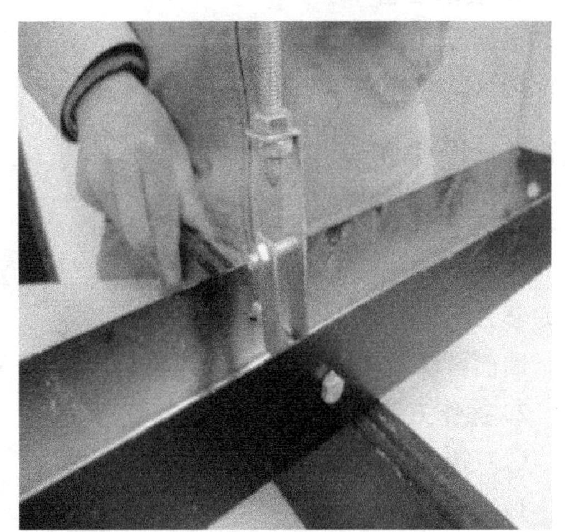

图 9-1　吊件固定

9.6　顶面蜂窝铝板安装工程

9.6.1　适用范围

本工艺适用于建筑工程中顶面施工、墙面施工，具体施工根据图纸要求。

9.6.2　施工准备

1. 材料要求

铝板：有出厂合格证及检测报告，品牌规定符合设计要求，外观颜色一致，表面平整，边角整齐，无划痕、缺陷。

丝杆：丝杆有出厂合格证明及检测报告，必须符合设计要求。

龙骨：主龙骨及副龙骨符合设计要求及国家规范，有出厂合格证及检测报告。

膨胀螺丝：符合设计要求及国家规范，有出厂合格证及检测报告。

2. 机具设备

顶面蜂窝铝板安装所用机械设备见表 9-3。

顶面蜂窝铝板安装所用机械设备　　表 9-3

序号	分类	名称
1	机械	手枪钻、拉铆抢
2	机具	锤子、十字螺丝刀、活动扳手
3	计量检测用具	水平尺、红外线检测仪、靠尺、钢尺、尼龙线

3. 作业条件

室内标高控制线＋1000mm 已弹好，顶面高度线、造型线已弹好，并检校无误；室内墙面抹灰已完成；顶面隐藏线管设备已安装完成并验收合格；现场放线已完成。

4. 技术准备

根据设计要求，结合现场尺寸对整体效果把控并深化。制作施工大样及小样，由业主设计确认。对作业班组进行安全技术交底。

9.6.3　操作工艺

1. 工艺流程

顶面：深化设计→施工放线→钢架转换层→丝杆下单→丝杆安装→主副龙骨安装→铝板安装。

墙面：深化设计→施工放线→钢架焊接→铝板安装。

2. 操作方法

（1）顶面

1）深化设计

深化设计考虑铝板原材料宽度是否满足图纸尺寸，顶面是否达到装饰效果，是否调整后经业主、设计确认。

2）放线施工

根据施工图纸在地面上进行放线，铝板分割线打入地面设备位置就位，并移交其他配合单位。

3）钢架转换层制作安装

梁板面到铝板面之间的高度超过 1500mm，按照规范要求要进行转换层施工，转换层水平网架由 50mm×5mm 角钢组成，间距为 1000mm，网架边缘部分距墙 200mm 设置 50mm×5mm 角钢边框，走廊等狭窄空间装换层必须形成“井”字框架体系以增加整体刚度，做防腐处理和防火漆三度。

4）打眼、丝杆下单

使用电锤对吊筋进行打眼，根据施工现场，当长度超过 1.5m 时，增加反支撑或转换层。

5）丝杆安装

使用套筒扳安装丝杆并上紧螺母，确保丝杆成横向纵向直线，膨胀螺丝必须紧靠模板底部与顶面混凝土连接。

6）丝杆安装

丝杆与主龙骨采用国标大挂连接，并用直径为6mm的螺丝拧紧，采用铝板专用副龙骨与主龙骨连接。

7）铝板安装

铝板与专用龙骨卡紧，注意横向、纵向缝口应对齐，高度调整误差在2mm内。

（2）墙面

1）深化设计

根据图纸要求铝板板块分缝尽量与两侧相邻材料缝口对齐，注意开关、插座、设备不在铝板缝口，尽量集中。

2）放线施工

根据图纸采用墨斗拉出墨线进行铝板分缝，误差不大于3mm。

3）钢架焊接

对轻质墙体打眼，进行穿墙螺栓固定和角码焊接，然后依次将角码与竖向龙骨焊接、竖向龙骨与横向龙骨连接焊接，焊接完成后去除焊皮，进行防锈处理。

4）铝板安装

铝板与钢龙骨采用拉铆钉固定，注意水平缝及纵向缝及高低误差。

3. 质量标准（见表9-4）

允许偏差和检验方法 **表9-4**

序号	项目	允许偏差(mm)	检验方法
1	表面平整度	1.5	用2m靠尺和塞尺检查
2	接缝平整度	1	用钢直尺检查

9.7 硬包施工流程及工艺

9.7.1 施工准备

1. 技术准备

熟悉施工图纸，依据技术交底和安全交底做好施工准备。

2. 材料要求

软硬包墙面木框、龙骨、底板等木材的树种、规格、等级、含水率和防腐处理必须符合设计图纸要求。软硬包面料及内衬材料及边框的材质、颜色、图案、燃烧性能的等级符合设计要求及国家现行标准的有关规定，具有防火检测报告。普通布料需进行两次防火处理，并检测合格。龙骨用白松烘干料，含水率不大于12%，厚度应根据设计要求，不得有腐朽、节疤、劈裂、扭曲的弊病，并预先经防腐处理。龙骨、衬板、边框应安装牢固，无翘曲，拼缝应平直。外饰面用的压条分格框料和木贴脸等面料，一般应采用工厂烘干加工的半成品料，含水率不大于12%。选用优质五夹板，如基层情况特殊或有特殊要求者，亦可选用九夹板。胶粘剂一般采用立时得粘贴，不同部位采用不同胶粘剂。

3. 主要施工工具

电焊机、电动机、手枪钻、冲击钻、专用夹具、刮刀、钢板尺、裁刀、刮板、毛刷、排笔、长卷尺、锤子等。

4. 作业条件

混凝土和墙面抹灰已完成，基层已按设计要求埋入木砖或木筋，水泥砂浆找平层已抹完刷冷底子油。顶墙上预留预埋件已完成。房间的吊顶分项工程基本完成，并符合设计要求。房间里的地面分项工程基本完成，并符合设计要求。调整基层并进行检查，要求基层平整、牢固，垂直度、平整度均符合细木制作验收规范。

9.7.2 施工工艺

1. 工艺流程

基层处理→吊直、套方、找规矩、弹线→计算用料、截面料→粘贴面料→安装贴脸或装饰边线、刷镶边油漆→修整软硬包墙面。

2. 操作工艺

（1）基层处理：在结构墙上预埋木砖，抹水泥砂浆找平层。如果是直接铺贴，应先将底板、拼缝用油腻子嵌平密实，满刮腻子 1～2 遍，待腻子干燥后，用砂纸磨平，粘贴前基层表面满刷清油一道。

（2）吊直、套方、找规矩、弹线：根据设计图纸要求，把该房间需要软包墙面的装饰尺寸、造型等通过吊直、套方、找规矩、弹线等工序，把实际尺寸与造型落实到墙面上。

（3）计算用料、截面料：首先根据设计图纸的要求，确定软包墙面的具体分割方法。

（4）粘贴面料：如采取直接铺贴法施工时，应待墙面细木装修基本完成时，边框油漆达到交活条件，方可粘贴面料。

（5）安装贴脸或装饰边线：根据设计选定加工好的贴脸或装饰边线，按设计要求把油漆刷好，便可进行装饰板安装工作。首先经过试拼，达到设计要求的效果后便可与基层固定并安装贴脸或装饰边线，最后涂刷镶边油漆成活。

（6）修整软硬包墙面：除尘清理，粘贴保护膜和处理胶痕。

3. 施工工序

基层处理→分割排版→背板制作→固定安装→面料包饰→海绵填充→自检验收→成品保护。

（1）基层处理

本工程采用基层卡式龙骨、阻燃板基层、结构胶粘贴硬包。

（2）分割排版

按设计图纸和与相邻饰面的关系进行排版分割，尽量做到横向通缝、板块均等。在菱形拼花时注意尖角角度不宜太小（图 9-2），同时需考虑面料幅宽降低损耗（一般面料幅宽 1400mm 左右）；检查机电线盒及设备位置与软、硬包板块的关系，并取居中位置（图 9-3）。软包墙面上尽量避免安装任何面板，如不能避免安装开关、插座，必须加接线盒（防火材料）。安装时要垫出，防止软包凹入。

（3）背板制作

1）软包背板一般选用多层板、中纤板（封油），硬包一般选用多层板、中纤板（封

图 9-2　菱形拼花

图 9-3　机电线盒及设备位置与软、硬包板块关系

油）、玻镁板、离心玻璃棉。按设计要求软包拼口处钉实木线条，用修边机拉斜边或圆角。软、硬包建议采用中纤板（封油），特别是硬包棱角能做到非常挺直（表 9-5、图 9-4）。

2）软包上如有插座或设备的需按固定基座尺寸在背板上预留木板基层，板厚需与填充棉厚度一致，保持安装时不会出现下凹现象。

软包所用材料及特点　　　　**表 9-5**

序号	材料名称	适用于	优点	缺点
1	多层板	软包	适用性广、强度高，可用于大块板面	含甲醛
2	中纤板（封油）	软、硬包	适用性广、平整度好、周边棱角挺直、成本低、不易变形	含甲醛
3	玻镁板	硬包	不易变形、成本低、符合消防和环保要求	周边棱角不挺、平整度不佳
4	离心玻璃棉	软、硬包	吸音、符合消防和环保要求	周边棱角不挺、平整度不佳

图 9-4　软硬包背板

(4) 海绵填充

1) 软包填充物有海绵、离心玻璃棉、阻燃橡塑棉等，建议采用阻燃橡塑棉，其具有阻燃、回弹力好、饱满度好、观感佳、价格适中的优点，且成本略低于高密度海绵。

2) 填充棉厚度需略高于实木收边线条 1～2mm，防止线条露边。填放时用万能胶粘贴于底板上，保持平整无松动（图 9-5）。

图 9-5　海绵填充

(5) 面料包饰

1) 按面料纹理排版裁剪时注意调整方向，如遇异形软硬包，要注意面料损耗，可错位裁剪。

2) 包饰由马钉固定或万能胶粘接，按面料的柔韧性及花纹方向，应先固定长边两头，再固定两侧。固定拉紧时受力要均匀（可采用电线管包裹整边拉紧），根据花纹模数对纹，保持花纹的整体性。

(6) 固定安装

1) 固定方法有气枪钉、万能胶、玻璃胶、魔术贴，如是移门隔断，木板基层上建议使用魔术贴，可不破坏面料，且安装、拆卸方便（表 9-6）。

安装方式及特点　　**表 9-6**

序号	安装方式	适用范围	优点	缺点
1	气枪钉	软包(布料)	适用性广	有钉眼
2	玻璃胶	软、硬包	无钉施工	成本高
3	万能胶	硬包	无钉施工	易脱胶、翘曲
4	魔术贴	软、硬包	无钉施工、易拆卸	无

2) 硬包面板制作（图 9-6）

3) 硬包面板安装（图 9-7）

(7) 自检验收

1) 主控项目

图 9-6　硬包面板制作

图 9-7　硬包面板安装

软硬包的面料、内衬材料及边框的材质、颜色、图案、燃烧性能等级和木材的含水率应符合设计要求及国家现行标准的有关规定。软硬包工程的安装位置及构造做法应符合设计要求。软硬包工程的龙骨、衬板、边框应安装牢固、无翘曲，拼缝应平直。单块软硬包面料不应有接缝，四周应绷压严密。

2）一般项目

软包工程表面应平整、洁净，无凸凹不平及褶皱；图案应清晰、拼接对应、无色差、无钉眼；对缝拼角要均匀对称；整体应协调美观。软包边框应平整、顺直，接缝应吻合。其表面涂饰质量应符合规范涂饰的相关规定（表 9-7）。软包工程安装的允许偏差和检验方法应符合表 9-8 的规定。

软包工程安装的允许偏差和检验方法　　表 9-7

项次	项目	涂饰	检验方法
1	颜色	均匀一致	观察
2	木纹	棕眼刮平，木纹清楚	观察
3	光泽光滑	光泽均匀、一致、光滑	观察、手摸检查
4	刷纹	无刷纹	观察
5	裹棱、流坠、皱皮	不允许	观察

软包工程安装的允许偏差和检验的方法　　表 9-8

项次	项目	允许偏差(mm)	检验方法
1	垂直度	3	用 1m 垂直检测尺检查
2	边框宽度、高度	0，−2	用钢尺检查
3	对角线长度	3	用钢尺检查
4	截口、线条接缝高低差	1	用直尺和塞尺检查

（8）成品保护

施工过程中对已完成的其他成品注意保护，避免损坏。施工结束后将面层清理干净、现场垃圾清理完毕，洒水清扫或用吸尘器清理干净，避免灰尘扬起造成软包二次污染。软包相邻部位需做油漆或其他喷涂时，应用纸胶带或废报纸进行遮盖，避免污染。自检合格后需立即用自粘保护膜密封保护，防止粉尘污染（图 9-8）。

图 9-8　自粘保护膜密封保护

9.8 墙面石材干挂工程

9.8.1 材料准备

镀锌钢骨架：所用的型钢骨架、连接件（板）、销钉、胶粘剂等的材质、品种、型号、规格及连接方式必须符合设计要求和国家有关标准规定。焊接钢架用的槽钢、角钢、钢板全部须热浸镀锌处理，铸造型不锈钢连接件、封缝用5mm厚白色有机胶片做垫片，型钢骨架的挠度、连接件的拉拔力等测试数据必须满足设计及规范要求。

石材：石材的品种、规格、颜色、图案、花纹、加工几何尺寸偏差、表面缺陷及物理性能必须符合设计和国家有关现行标准规定。

石材验收主要内容：(1) 进行数量清点核对。(2) 板材的规格尺寸应该符合图纸和编码要求，公差符合有关标准，验收标准同出厂时的验收标准。(3) 检查板材的质量、平整度、表面有无破损、污染变色、缺棱掉角等不符合规定的现象。检查二次加工工序质量，如磨斜边是否完成、防污剂油漆是否干透、四边美纹纸是否完成和有无缺边。(4) 对符合标准的板材进行安装编号，用编号纸将编好号的板材贴在石材正面右上角，按施工时间要求，由搬运组送到安装位置。(5) 板材四周框边贴上宽30mm美纹纸（侧边紧贴5mm宽，转入面板25mm），以确保打胶封缝时符合标准。

辅助材料：电焊条、胶、锚固剂、纸胶带、聚丙乙烯泡沫条等满足规范要求。

9.8.2 机具设备

电焊机、钢材切割机、石材切割机、冲击电钻、台式砂轮机、角磨机。

9.8.3 作业条件

项目部会同建设单位、设计单位、质检部门，对主体结构进行中间检查，检查主体梁、柱面的平整度和垂直度是否符合设计要求，并达到具备干挂饰面作业的条件。检查墙上有关专业预埋管道是否完成。

9.8.4 干挂安装的基本处理

由于干挂安装是将石材用不锈钢挂件与钢骨架连接挂在梁、柱结构基面上，所以必须要有牢固的基面。清理基面，将土建施工留在墙上的灰垢、浮浆清除干净。按照图纸间距及放线，放置规格为200mm×300mm×10mm镀锌钢板。按照镀锌钢板位置焊接竖向槽钢，按照石材排版焊接横向角钢。焊接完成后进行焊渣及防锈处理（涂刷防锈漆三次）。

9.8.5 技术准备

根据设计要求，结合现场尺寸，进行深化设计，并绘制施工大样图，经设计、监理、业主确认。办理材料确认，并将设计或业主选定的样品封样保存。施工前应向操作人员进行安全技术交底，向操作人员进行施工技术交底，结合常见质量通病交底，包括材料使用部位、造型、标高、标准等。主体结构及其预埋件的垂直度、平整度与预留洞均应符合规范或设计要求，其误差应在连接件可调范围内。大面积施工前宜先做出样板间或样板块，经设计、监理、业主认定后，方可大面积施工。连接件与基层、骨架与基层、骨架与连接板的连接、石板与连接板的连接安装必须牢固、可靠、无松动。预埋件尺寸、焊缝的长度和高度、焊条型号必须符合设计要求。采用螺栓、胀管连接处必须加弹簧垫圈并拧紧。石材干挂施工除满足本施工方案要求外，还需符合图纸及相关国家规范及技术规程要求。

9.8.6 操作工艺

1. 工艺流程

施工前准备→测量放线→后置埋件安装→龙骨转接件安装→龙骨加工→竖向龙骨安装→横向龙骨安装→龙骨隐蔽验收→石材板干挂安装。

2. 操作方法

干挂安装主要工艺及施工方法见表 9-9。

干挂安装主要工艺及施工方法 **表 9-9**

序号	关键工序	施工方法
1	测量放线	(1)由于土建施工允许误差较大，而墙体装修施工精度很高，所以石材墙面的施工基准不能依靠土建基准线，必须由其基准轴线和水准点重新测量复核与定位。 (2)首先使用水准仪和经纬仪放出墙面水平控制线、竖向控制线；根据墙面石材分格弹出膨胀螺栓位置线、龙骨位置线及石材分格布置线。主龙骨竖向布置间距不大于 1000mm，主龙骨固定点(膨胀螺栓位置)竖向间距不大于 2500mm，次龙骨水平布置，随石材分格高度，间距不大于 700mm。 (3)放线定位后要对标志控制线定时校核，以确保垂直度和龙骨位置的正确
2	后置预埋件安装	后置预埋件固定采用 M12×100mm 膨胀螺栓将 250mm×200mm×10mm 镀锌钢板预埋件与混凝土结构(或圈梁)连接牢固
3	龙骨加工	墙面干挂石材竖向主龙骨采用 12 号镀锌角钢，次龙骨采用∟50mm×50mm×5mm 镀锌角钢横梁，4mm 厚不锈钢扣件。根据墙面高度将主龙骨加工切割成段。龙骨加工切割应采用电动砂轮切割机，严禁使用氧气焊、电焊进行切割作业
4	竖向主龙骨安装	将加工好的镀锌槽钢转接件满焊(三面围焊)固定于预埋钢板上，竖向主龙骨与槽钢转接件满焊(三面围焊)连接，竖向主龙骨间距不大于 1000mm。焊缝等级为三级，焊缝高度不小于 4mm
5	水平次龙骨安装	水平次龙骨间距随石材分格高度安装，主龙骨与次龙骨连接为现场施焊，焊缝等级为三级，焊缝高度为 4mm，应满焊(上下满焊)。主、次龙骨安装完工后应通过监理公司进行隐蔽工程验收。焊点补刷两道防锈漆，方可进行下道工序施工
6	石材加工	石材加工采用石材厂家直接加工的方式，根据现场石材排版尺寸，编制石材加工单，石材厂家根据加工单加工石材
7	干挂大理石板材	面板安装采用短槽干挂方式。石材每边的干挂件应对称布置(板块上下各设置两个挂件)，石材板块背面加设 150mm×50mm×25mm 背板，采用 1∶1 AB 胶进行粘接。短槽距离石材板块边缘不得小于 85mm，也不能大于 180mm。墙面石材正式镶挂前需进行预排版，挑选石材时应减少整体色差
8	石材墙面清理、验收	墙面石材干挂完毕后，首先进行自检，对墙面及时进行清理，然后采用保护专用膜进行成品保护，最后报监理单位验收

3. 特殊部位的干挂安装难点解决

梁底处卧板安装（包括顶棚吊顶），这些部位用膨胀螺丝、角码、不锈钢挂件安装。先安装卧板，再安装立面竖板。

4. 阳角与阴角做法

为防止阳角经碰撞崩角，阳角采用直交角做法。

5. 石材干挂安装质量要求和施工操作标准

（1）材料质量要求

石材板应表面平整、边缘整齐，棱角应没有损坏。石材面板材表面不应有污染点。板材表面平整，几何尺寸准确，颜色协调一致，且应达到设计所要求的厚度。安装石材板的钢锚固件与连接件及配件应先进行设计、结构计算与试验，并按设计要求选用。不锈钢锚固件、连接件材质宜选用SUS304型或316、321型及其他能满足耐久性要求的材质，同一套配件应选用同一种材质不锈钢钢材。型钢龙骨外表面除锈后热浸镀锌处理防腐。密封胶的选用应参照石材的性能和颜色，并经设计定版后使用。

（2）石材干挂安装质量标准

墙面干挂石材，先弹好线，并按弹线尺寸试拼定位。固定石材的挂件应与锚固件或型钢龙骨连接牢固，焊缝高4mm，且符合设计要求，并做防锈处理。钢龙骨的角钢、槽钢与锚固件焊接牢固可靠，焊缝高4mm，且符合设计要求，并做防锈处理。石材挂装前，应按编号进行分类选配，并将其侧面清扫干净，修边开槽，每块板的各边开槽数量及尺寸应遵设计要求。上下挂的每块石材，固定点不得少于四个，侧挂的每块石材，除侧面不得小于四个固定点外，背面应开槽，结构胶粘干挂。吊顶挂的石材，侧面不得少于四个固定点。锚固件可在结构施工后在基体钻眼，要求钻孔直径不宜过大，且孔径均匀垂直，孔深度满足设计要求，并应清除孔内的碎粒和灰粉。

不锈钢膨胀螺栓、穿墙螺栓安装应牢固，为防螺栓松动，须采用点焊焊牢，或采用双螺帽及弹性垫片等措施。板材安装，接缝宽度可垫有机胶垫片调整，应确保外表面的平整、垂直及板的上沿平顺后，再固定牢固。阴、阳角板材安装及做法应严格按设计要求施工，突出墙面、顶棚的板材在上部安装工程完工后进行。上、下两块石材荷载不得传递、叠加。板的接缝尺寸误差用薄的垫片进行细微调整，使其达到质量验收要求。对各点进行隐蔽检查合格之后再进行接缝打胶施工。板面安装完毕后，石材表面应清洗干净。

9.8.7　石材干挂工程质量允许偏差

石材干挂工程质量允许偏差应符合表9-10的规定。

石材干挂工程质量允许偏差　　**表9-10**

序号	项目	允许偏差(mm)		检查方法
		石材		
		光面	烧面	
1	立体垂直	3	3	用2m托线板
2	表面平整	1	3	用2m靠尺和楔形塞尺
3	阳角方正	2	4	用方尺和楔形塞尺

续表

序号	项目	允许偏差(mm)		检查方法
		石材		
		光面	烧面	
4	接缝平直	2	3	用5m拉线和尺量
5	饰线平直	1	2	用5m拉线和尺量
6	饰面平直	4	4	用水准仪和尺量

9.9 防静电架空地板施工

9.9.1 范围

本工艺标准适用于有防尘和导静电要求的民用、公共建筑等专业用房地面，本工程在机房及控制室地面。

9.9.2 施工准备

1. 材料及主要机具

防静电架空地板面层应包括标准地板、异形地板和地板附件（即支架和横梁组件），其规格、型号应由设计人员确定，采购配套系列合格产品。

防静电架空地板应以特制的平压刨花板为基材，表面饰以装饰板，底层用镀锌钢板经胶粘剂组成的板块，应平整、坚实，并具有耐磨、防潮、阻燃、耐污染、耐老化和导静电特点，其技术性能与技术指标应符合现行有关产品标准的规定。

环氧树脂胶、滑石粉、泡沫塑料条、木条、橡胶条、铝型材和角铁、铝型角铁等材质，要符合要求。

主要机具有水平仪、铁制水平尺、铁制方尺、2～3m靠尺板、墨斗、小线、线坠、笤帚、盒尺、钢尺、钉子、铁丝、红铅笔、油刷、开刀、吸盘、手推车、铁簸箕、小铁锤、合金钢扁錾子、裁改板面用的圆盘锯、无齿锯、木工用截料锯、刀锯、手刨、斧子、磅秤、钢丝钳子、小水桶、棉丝、小方锹、螺丝扳手。

2. 作业条件

在铺设防静电架空地板面层时，应待室内各项工程完工和超过地板承载力的设备进入房间预定位置以及相邻房间内部也全部完工后，方可进行，不得交叉施工。铺设防静电架空地板面层的基层（一般是水泥地面或现制水磨石地面等）已做完。墙面+50cm水平标高线已弹好，门框已安装完成，并在四周墙面上弹出了面层标高水平控制线。大面积施工前，应先放出施工大样，并做样板间，经各有关部门鉴定合格后，再继续以此为样板进行操作。

9.9.3 操作工艺

1. 工艺流程

基层处理→找中、套方、分格、弹线→安装支座和横梁组件→铺设防静电架空地板面层→清擦和打蜡。

2. 基层处理

防静电架空地板面层的金属支架应支承在现浇混凝土基层上或规制小磨石地面上，基层表面应平整、光洁、不起灰，含水率不大于8%。安装前应认真清擦干净，必要时根据设计要求在基层表面上涂刷清漆。

3. 找中、套方、分格、弹线

首先量测房间的长、宽尺寸，找出纵横线中心交点。当房间是矩形时，用方尺量测相邻的墙体是否垂直，如互相不垂直，应预先对墙面进行处理，避免在安装防静电架空地板时，在靠墙处出现棋形板块。

根据已量测好的平面长、宽尺寸进行计算，如果不符合防静电架空地板板块模数时，依据已找好的纵横中线交点，进行对称分格，考虑将非整块板放在室内靠墙处，在基层表面上按板块尺寸弹线并形成方格网，标出地板块安装位置和高度（标在四周墙上），并标明设备预留部位。此项工作必须认真细致，做到方格控制线尺寸准确（此时应插入铺设活动地板下的管线，操作时要注意避开已弹好支架底座的位置）。

4. 安装支座和横梁组件

检查复核已弹在四周墙上的标高控制线，确定安装基准点，然后在基层面上已弹好的方格网交点处安放支座和横梁，并应转动支座螺杆，先用小线和水平尺调整支座面高度至全室等高，待所有支座柱和横梁构成一体后，应用水平仪抄平。支座与基层面之间的空隙应灌注环氧树脂并连接牢固，也可根据设计要求用膨胀螺栓或射钉连接。

5. 铺设防静电架空地板面层

根据房间平面尺寸和设备等情况，应按防静电架空地板模数选择板块的铺设方向。当平面尺寸符合防静电架空地板板块模数，而室内无控制柜设备时，宜由里向外铺设；当平面尺寸不符合防静电架空地板板块模数时，宜由外向里铺设。当室内有控制柜设备且需要预留洞口时，铺设方向和先后顺序应综合考虑选定。铺设前防静电架空地板面层下铺设的电缆、管线须经过检查验收，并办完隐检手续。先在横梁上铺设缓冲胶条，并用乳胶液与横梁粘合。铺设防静电架空地板块时，应调整水平度，保证四角接触处平整、严密，不得采用加垫的方法。铺设防静电架空地板块不符合模数时，不足部分可根据实际尺寸将板面切割后镶补，并配装相应的可调支撑和横梁。切割的边应采用清漆或环氧树脂胶加滑石粉按比例调成腻子封边，或用防潮腻子封边，也可采用铝型材镶嵌。在与墙边的接缝处，应根据接缝宽窄分别采用防静电架空地板或木条刷高强胶镶嵌，窄缝宜用泡沫塑料镶嵌，随后应立即检查并调整板块水平度及缝隙。防静电架空地板面层铺好后，面层承载力不应小于7.5MPa，其体积电阻率值为105～109Ω。

6. 清擦和打蜡

当防静电架空地板面层全部施工完成，经检查平整度及缝隙均符合质量要求后，即可进行清擦。当局部沾污时，可用清洁剂或皂水用布擦净晾干后，用棉丝抹蜡，满擦一遍，然后将门封闭。如果还有其他专业工序操作时，在打蜡前先用塑料布满铺后，再用3mm以上的橡胶板盖上，等其全部工序完成后，再清擦打蜡交活。

9.9.4 质量标准

1. 保证项目

（1）防静电架空地板的品种、规格和技术性能必须符合设计要求、施工规范和现行国家标准的规定。

（2）防静电架空地板安装完后，行走必须无声响、无摆动，牢固性好。

2. 基本项目

（1）表面洁净，图案清晰，色泽一致，接缝均匀，周边顺直，板块无裂纹、掉角和缺楞等现象。

（2）各种面层邻接处的镶边用料及尺寸符合设计要求和施工规范的规定，边角整齐、光滑。

3. 防静电架空地板允许偏差项目

防静电架空地板允许偏差见表 9-11。

防静电架空地板允许偏差表 **表 9-11**

项次	项目	允许偏差(mm)	检验方法
1	表面平整	2	用 2m 托线板和楔形塞尺检查
2	缝格平直	3	拉 5m 小线检查(不足 5m 拉通线)
3	接缝高低差	0.4	用钢板短尺和楔形塞尺检查
4	板块间隙宽度不大于	0.3	用楔形塞尺检查

9.9.5 成品保护

操作过程中注意保护好已完成的各分部分项工程成品的质量。在运输和施工操作中，要保护好门窗框扇，特别是铝合金门窗框扇和玻璃、墙纸、踢脚板等。防静电架空地板等配套系列材料进场后，应设专人负责检查验收其规格、数量，并做好保管工作，尤其在运输、装卸、堆放过程中，要注意保护好面板，不要碰坏面层和边角。在安装过程中要注意对面层的保护，坚持随污染随清擦，特别是环氧树脂和乳胶液体，应及时擦干净。在已铺好的面板上行走或作业，应穿泡沫塑料拖鞋或软底鞋，不能穿带有金属钉的鞋。更不能用锐器、硬物在面板上拖拉、划擦及敲击。面板安装后，在安装设备时，应注意采取保护面板的临时性保护措施，一般在铺设 3mm 厚以上的橡胶板上垫胶合板。安装设备时应根据设备的支承和荷重情况，确定地板支承系统的加固措施。

第10章　混合幕墙及高大复杂空间吊顶施工技术

10.1　分部分项工程概况

10.1.1　玻璃幕墙

1. 钢铝结合横明竖隐框玻璃幕墙

主要位于北立面一至二层、南立面一至三层，幕墙玻璃大面采用 HS8＋1.52PVB＋HS8（Low-E)＋12A＋TP8mm 超白半钢化中空夹胶玻璃，特殊部位如登录大厅底部大分格位置幕墙玻璃采用 HS8＋1.52PVB＋HS8Low-E＋12A＋TP12mm 超白半钢化中空夹胶玻璃，开启位置及地弹门位置（登录大厅除外）玻璃采用 TP8（Low-E)＋12A＋TP8mm 超白钢化中空玻璃，消防救援位置及登录大厅地弹门玻璃采用 TP12（Low-E)＋12A＋TP12mm 超白钢化中空玻璃，部分位置玻璃采用防火色钾玻璃。立柱截面主要有：250mm×100mm×8mm 钢管（表面氟碳喷涂)、150mm×100mm×10mm 钢管（表面氟碳喷涂)、400mm×150mm×10mm 钢管（表面氟碳喷涂)，横框截面采用 80mm×80mm×4mm 钢管（表面氟碳喷涂)，外饰盖板及横竖向铝合金垫框截面采用 80mm×24mm 系列。

2. 竖明横隐框玻璃幕墙

主要位于东西北立面一层竖向装饰格栅内侧。幕墙玻璃采用 HS8＋1.52PVB＋HS8（Low-E)＋12A＋TP8mm 超白半钢化中空夹胶玻璃、TP8（Low-E)＋12A＋TP8mm 超白钢化中空玻璃。幕墙立柱截面采用 160mm×80mm×5mm 钢管（表面氟碳喷涂)，横框截面采用 80mm×80mm×4mm 钢管（表面氟碳喷涂)，外装饰盖板及横竖向铝合金垫框截面采用 80mm×24mm 系列。其中，与大面铝板交接位置的竖明横隐框玻璃幕墙，幕墙玻璃采用 HS8＋1.52PVB＋HS8（Low-E)＋12A＋TP8mm 超白半钢化中空夹胶玻璃，幕墙立柱截面采用 160mm×80mm×5mm 钢管（表面氟碳喷涂)，横框截面采用 80mm×80mm×4mm 钢管（表面氟碳喷涂)，外装饰盖板及横竖向铝合金垫框截面采用 60mm×144mm 系列。

10.1.2　铝板幕墙

(1) 本工程大面铝板幕墙位于东西南北各立面，面板为 3mm 厚铝单板，表面进行氟碳喷涂处理。幕墙竖龙骨依据不同的跨度，主要采用 160mm×80mm×5mm 镀锌钢方管（龙骨跨度＜5400mm）以及 200mm×100mm×8mm 镀锌钢方管（龙骨跨度≥5400mm)，横龙骨为∟56mm×5mm 镀锌角钢。

（2）本工程屋顶铝板为开放式双曲面折线造型，内置防水板、排水沟系统；铝板面板为 3mm 厚铝单板，表面进行氟碳喷涂处理。屋顶铝板龙骨采用 40mm×40mm×3mm 铝管，次龙骨采用 40mm×40mm×3mm 角铝，主龙骨通过 M6×55mm 不锈钢螺栓组与 50mm×50mm×3.5mm 开模铝型材进行有效连接。

（3）本工程吊顶为开放式双曲面折线造型，内置防水氧化铝板系统；外饰面铝板为 3mm 厚铝单板，表面进行氟碳喷涂处理。吊顶铝板主龙骨采用 100mm×100mm×4mm 镀锌钢管，次龙骨采用 60mm×60mm×4mm 镀锌钢管。铝单板幕墙背衬保温岩棉重度为 110kg/m^3。

10.1.3 开放式石材幕墙

位于东西南北各立面，面板为 30mm 厚毛面花岗岩，六面防水处理。会议中心各立面石材纹理清晰、色质基本一致，汽车坡道立面石材无纹理要求；幕墙系统为不锈钢背栓形式；幕墙竖龙骨依据不同的跨度，主要采用 250mm×150mm×8mm 镀锌钢方管（主要用于一层）、200mm×100mm×5mm 镀锌钢方管（主要用于二层）以及 160mm×80mm×4mm 镀锌钢方管（主要用于三层），横龙骨为∟70mm×5mm 镀锌角钢，石材面板与铝合金挂件通过 M8mm×35mm 不锈钢螺栓与 5mm 厚角铝固定，角铝通过 M6mm×35mm 不锈钢螺栓与横龙骨固定。石材幕墙背衬保温岩面重度为 110kg/m^3。

10.1.4 高大复杂空间吊顶施工技术

本工程屋面属于异形屋面，顶板与底板带有双曲弧度，对骨架、饰面安装精度要求极高，且高度在 25m 左右，通常搭设脚手架方案不能满足工期要求且难度较大，项目经理组织项目部技术人员进行研究和决定，会议中心采用索网操作平台与整体提升式施工平台相结合的方式进行安装，解决了上述难题；展览中心则采用常规脚手架的方式进行安装，如图 10-1、图 10-2 所示。

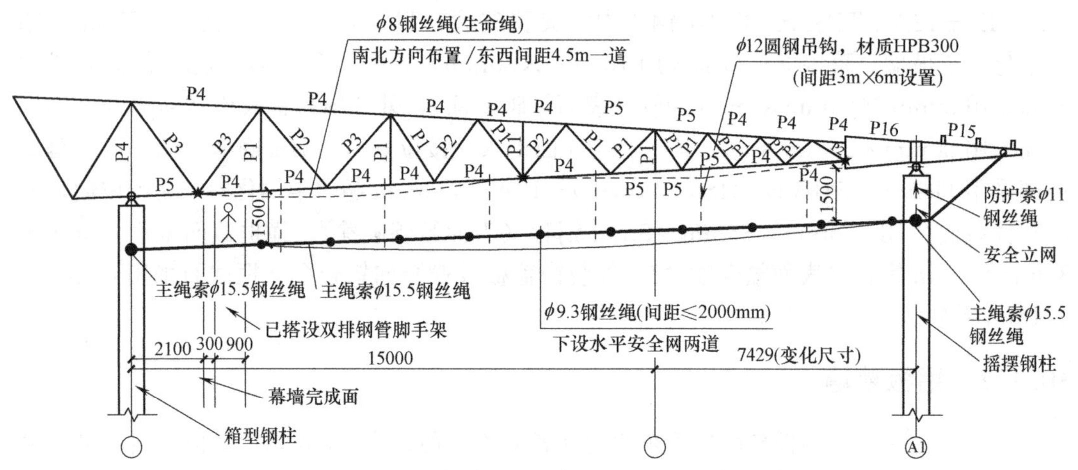

图 10-1　索网操作平台示意图（单位：mm）

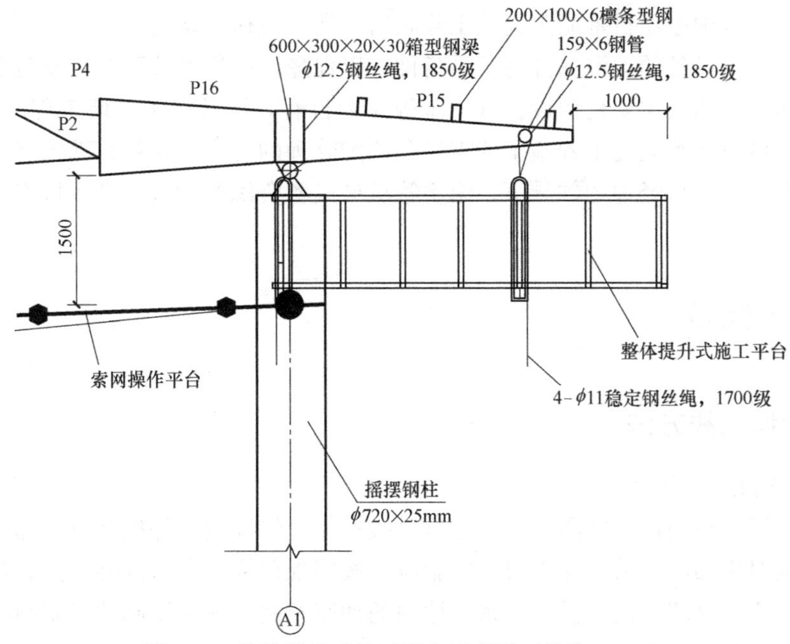

图 10-2　整体提升式施工平台示意图（单位：mm）

10.2　施工前的准备

10.2.1　劳动力准备

根据本项目的工程特点及工期要求，为材料加工及现场安装分别配备足够的劳动力以保障施工进度。组建一套具有丰富的理论知识和实践经验、敢打硬仗、善打硬仗的项目管理班子，对施工各阶段进行严格管理。施工段及劳务班组划分可根据钢结构作业顺序由东向西顺序施工，由中心轴线向两边分为屋面及吊顶两个大施工段、外立面墙体两个大施工段，中间登陆厅单独作为一个施工段，每个施工段配备一个班组，各班组根据施工段大小需配备相应的施工作业人数。

10.2.2　材料准备

（1）本项目幕墙材料部分在加工厂内进行加工，钢架在现场加工制作安装。

（2）钢材要比铝材的进货周期短，大约需要 15d。钢材进厂后，马上组织人员对钢材进行加工，转接件和钢构件制造出一定数量后，即可分批运往现场。

（3）铝材、石材和铝板的订货周期大约为 35d。待铝材、石材和铝板进厂后，将进入大规模加工生产阶段，主要内容有铝型材的加工和铝板的加工及部分钢结构的加工。

（4）根据材料加工计划，满足现场施工进度。加工计划不满足时可根据现场需要进行调整。

10.2.3　施工机械准备

（1）现场施工机械设备须施工前一周进场，做好施工机械的现场调试和施工准备工作，南通国际会展中心项目幕墙工程竣工验收后，所有机械设备退场。

（2）保证主要设备的关键部件有备品备件，以保障设备发生故障时能及时更换损坏的零部件。现场使用到的主要机械设备（叉车等）为自有，可满足本幕墙工程的施工要求。为保证所有机械设备等满足工程施工的需要和调配管理的力度，在项目部内将成立设备资源与调配体系，在项目经理的领导下，由主管机械设备资源的物资经理主持本体系的运行与管理考核。

10.3 施工测量

10.3.1 测量放线方法

1. 室外控制网的布设

外部控制网，与内控点联测，统一进行导线平差，保证内、外控制点坐标系统的一致性。采用强制对中归心，减少对中误差的影响。按照规范要求浇筑混凝土强制观测墩。本工程施工范围广，幕墙控制点需要加密，地面的加密控制点采用钢制的强制归心架。屋面的控制点用钢制的强制对中基座焊接在钢结构上。

2. 室内施工平面控制网的布设

（1）复核总承包控制网：进入工地放线之前，对总承包方提供控制网布置图应用全站仪采用闭合导线测量法进行复核，直到满足规范要求。经检查确认合格后，填写轴线、控制线实测角度、尺寸、记录表。根据总承包方提供的控制网，在此基础上布置幕墙施工控制网，使之满足幕墙施工要求，幕墙控制网应定期与总承包和钢结构施工控制网联测。

（2）控制网的布设：由于该工程占地面积较大，根据总平面图利用全站仪（测角0.5″，测距0.6+1ppm），从高级起算点在场区布测一条闭合或附合导线，然后采用极坐标法，定出幕墙施工内外控制网基准点，作为幕墙施工首级平面控制网，内控制网与外控制网布设应同时进行。根据《工程测量规范》GB 50026—2007的要求，控制网的技术指标必须符合表10-1的规定。

控制网的技术指标　　表10-1

等级	测角中误差(″)	边长相对中误差
一级	±5	1/30000

（3）内控点的投测：投测之前安排施工人员把测量孔部位的混凝土清理干净，然后在一层的基准点上架设激光铅垂仪，为了保证轴线竖向传递的准确性，把基准点一次性分别准确地投到各标准控制楼层，重新布设内控点（轴线控制点）在楼面上。测量时尽量选在早晨、傍晚、阴天、无风的气候条件下进行，以减少外界不利因素影响。架设垂准仪时，必须反复地进行整平及对中调节，以便提高投测精度。确认无误后，分别在各楼层楼面上测量孔位置处把激光接收靶放在楼面上定点，再用墨斗线准确地弹一个十字架。十字架的交点为基准点，在楼面上放线，应根据实际情况采取切实可行的方法进行，同时经过校对和复核，以确保无误。内控点（轴线控制点）竖向投测操作方法：将激光经纬仪架设在首层楼面基准点，调平后，接通电源射出激光束。通过调焦，使激光束打在作业层激光靶上

的激光点最小、最清晰。激光接收靶由尺寸为 300mm×300mm×5mm 的有机玻璃制作而成，接收靶上由不同半径的同心圆及正交坐标线组成。

（4）通过顺时针转动望远镜 360°，检查激光束的误差轨迹。如轨迹在允许限差内，则轨迹圆心为所投轴线点。

（5）通过移动激光靶使激光靶的圆心与轨迹圆心同心，后固定激光靶。在进行控制点传递时，用对讲机通信联络。

（6）所有轴线控制点投测到楼层后，用全站仪及钢尺对控制轴线进行角度、距离校核，进行闭合导线测量，结果达到规范和设计要求后，进行下道工序。

10.3.2　高程控制测量

（1）为保证建筑幕墙施工的精度要求，在场区内建立高程控制网。高程控制的建立是根据总承包提供的场区水准基点（至少应提供三个）或者基准线，采用徕卡 DNA03 电子水准仪（精度 0.3mm/km 往返测）对所提供的水准基点进行复测检查，校测合格后，测设一条附合水准路线，或者沿用总承包单位提供的高程控制网并联测场区平面控制点，以此作为保证施工竖向精度控制的首要条件，高程控制网的精度不低于三等水准的精度。幕墙施工是在结构施工之后，所以幕墙高程的控制必须与土建单位、钢结构施工单位联测，统一调整误差，保证幕墙与土建结构单位标高的统一，避免出现误差。

（2）高程竖向传递，高程传递宜采用悬挂钢尺法（钢尺必须经过检验）进行测量，并对钢尺读数进行温度、尺长和拉力的改正，50m 钢尺的标准拉力为 50N，用弹簧拉力器测量拉力，用电子温度计（精度±1℃）测量现场温度，然后对测量值进行温度与拉力修正，计算公式因钢尺型号而异。标高应分别从三处向上传递，每次传递的初始标高应为同一处，传递的标高较差小于 3mm 时，可取平均值作为施工层的标高基准，否则应重新传递。根据结构图，计算出结构标高 1m 的数据，在各层高度立柱或剪力墙的同一位置弹出结构标高 1m 线，分别用红油漆记录。在幕墙施工安装完成之前，所有的高度标记及水平标记必须清晰完好，不能被破坏。精度要求：层与层之间≤±3mm，总标高≤±30mm，且必须对标高测量中产生的误差合理分配，直到满足规范要求。

（3）幕墙标高竖向传递的允许偏差

幕墙标高竖向传递的允许偏差应符合表 10-2 的规定。

幕墙标高竖向传递的允许偏差值　　**表 10-2**

项目	内容		允许偏差(mm)
标高竖向传递	每层		±3
	总高 H(m)	$H \leqslant 30$	±5
		$30 < H \leqslant 60$	±10
		$60 < H \leqslant 90$	±15
		$90 < H \leqslant 120$	±15
		$120 < H \leqslant 150$	±25
		$150 < H$	±30

10.4 玻璃幕墙

10.4.1 工艺流程

玻璃幕墙施工工艺流程如图 10-3 所示。

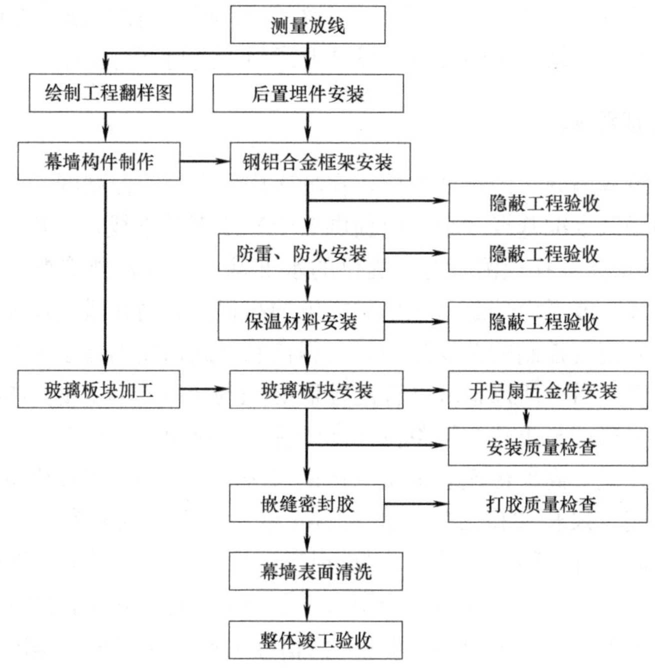

图 10-3 玻璃幕墙施工工艺流程图

10.4.2 转接件安装

（1）材料准备：材料因规格多、使用量大，故在进场前要避免来回转运，要做到有序备料。

（2）材料就位：对规格不同的材料，应按先后顺次进到工作面，避免造成材料的三次或多次倒运。

（3）质量检查：此道工艺是对铁角码等材料质量的最后把关，把恰当的铁角码安放在相应的位置上。首先要考虑土建结构的误差，根据立柱定位线确定用何种规格的角码。其次是确保不返工，如铁角码尺寸不对，对下道工序将会造成较大麻烦，因此要严格控制。

（4）安装镀锌铁角码：上道工序完成后，要进行铁角码的安装。

（5）对不符合位置要求的镀锌铁角码要及时更换，不能忽略任何可能存在的隐患。

（6）检查：安装后，对装上的铁角码要进行全面检查，内容包括防腐是否完好、规格是否正确、调整是否到位等。

10.4.3 立柱（竖梁）安装

（1）在全部幕墙安装过程中由于立柱的安装工程量大、施工精度要求高而占有极其重要的地位。立柱安装的快慢决定着整个工程的进度，故无论从技术上还是管理上都要分外重视。立柱的垂直度可由吊锤控制，位置调整准确后，才能将转接件正式焊在后置埋件上。

（2）立柱一般为竖向构件，是幕墙安装施工的关键之一，它的质量直接影响整个幕墙安装质量。通过连接件幕墙的平面轴线距离允许偏差应控制在 2mm 以内，特别是建筑平面呈弧形、圆形和四周封闭的幕墙，其内外轴线距离影响到幕墙的周长，应认真对待。

（3）采用套筒连接法，这样可适应和消除建筑挠度变形及温度变形。

1）检查立柱型号规格。安装前先要熟悉图纸，准确了解各部位使用的不同立柱，避免张冠李戴。检查主要有：颜色是否正确，氧化膜是否符合要求；截面是否与设计相符（包括截面、高度、角度、壁厚等）；长度是否符合要求（是否扣除 15mm 变形缝）。

2）对号就位。按照作业计划将要安装的立柱运送到指定位置，同时注意对其表面进行保护。

3）立柱安装一般由下而上进行，带芯套的一端朝上。每根立柱按悬垂构件先固定上端，调整后再固定下端；第二根立柱将下端对准第一根立柱上端的芯套再用力将第二根立柱套上，并保留 20mm 伸缩缝，接着吊线或对位安装梁上端，依此往上安装。

4）三维调整。立柱安装后，对照上工序测量定位线，对三维方向进行初调，保持误差小于 1mm，待基本安装完成后，在下道工序中再进行全面调整。

5）立柱安装误差控制。相邻两根标高：≤1mm；进出：≤1mm；左右：≤1mm。

（4）立柱放基准线：

1）放基准线。在立柱校正时首先要放基准线。所有基准线放置要求准确无误。先吊垂直基准线，每隔 3～4 根立柱要吊一根垂直基准线，并用经纬仪测定基线的准确度。为了防止基准线受风力的影响，测定时要将基准线端点固定好，基准线垂线应位于立柱的外侧面。

2）水平线。垂直基准线放好后，每隔 2～3 层打一次闭合水平线。水平线用水准仪测量固定，并位于立柱的外侧面。

3）建立基准平面。基准垂线和水平线确定后，在立柱外侧面形成一个垂直面，这就是基准面。所有立柱的外侧面都应位于这个基准面上，同时立柱应与基准垂线平齐，否则要进行调整。

4）校尺。基准面建立后要进行测量，测量前要对量具进行校尺，量具必须准确无误，方能在测量中使用。

5）误差。基准面确定后，要检查每一根立柱的外侧面，测量出误差并记录，同时对水平线垂直误差进行测量，一般在角码处测量水平分格误差，具体方法是：从基准线到甲立柱中心线距离为 A，至乙立柱距离为 B，列表可测出若干组数，然后用 $B+A=C$，C 则是甲、乙两立柱间的准确距离。每 2～3 层再如此测量，如所得 C 值相等并等于设计值，则该立柱安装准确。如 A、B、C 值不同，则甲乙两立柱都不垂直且间距有误差。

6）调整平面外误差。测量平面误差后，对有平面外误差的立柱进行调整，调整时用木块轻击立柱，注意不能损伤铝材表面氧化膜，必要时将螺栓松开调整，如仍调整不好就必须将立柱拆下重新安装。

7）调整平面内垂直误差。调整三维误差，事实上不能单独分开调整，要综合考虑兼顾调整。调整时要注意新的误差的发生。

8）用经纬仪检验误差调整结果。在立柱调整后要用经纬仪进一步测量误差调整情况，严格的检验和复验是质量的保证，经纬仪检验可以抽样也可以全部复验。经纬仪测试都符合要求后，立柱的定位随之完成。在组织验收时，立柱的误差如在允许范围内就不必调整，如超出允许范围时必须调整。

9）组织验收。组织验收分两步：第一步由工程项目负责人组织，由班组长、施工员、质检员，组成验收小组，对立柱安装情况进行验收，并填写质量验收表，同时做好隐蔽工程记录，第二步是由公司组织工地负责人、甲方代表、监理方等人员进行验收，验收通过后，才能进行下一道工序。

（5）立柱加固及二次防腐处理：

1）施工准备。立柱调整定位后要马上安排加固，电焊机、电焊条要准备充分并满足需求。

2）制定方案。一般情况下，焊接时受热件因高温后的冷却产生残余变形。要控制加固变形就必须制定详细的施工方案。方案包括点焊开始、结束位置，控制变形的措施等。一般可采用临时加横梁的办法进行加固，特别是圆弧折线的加固一定要先安装部分横梁才可加焊。

3）技术交底。在电焊操作前要对所有工人进行技术交底。焊接时要控制变形，将施工方案向施工人员交代清楚，以确保质量。

4）安装要求：

① 首先将待安装的竖向龙骨放在指定位置上，在楼层内将竖龙骨用不锈钢螺栓连接起来，然后用保险绳捆扎好，吊出楼层进行安装。

② 立柱龙骨在安装过程中，要注意垂直度，垂直度的检查依据定位钢线进行，标高的定位依据横向鱼丝线或墙上所弹水平墨线进行，基本定位后用水平仪进行跟踪检查，标高差应不大于1mm。

③ 立柱龙骨在安装过程中，要注意立柱的相对轴线的偏差不得大于2mm。底层立柱安装好后，在安装上一层立柱时，两立柱之间应安装套筒，立柱安装调节完毕后，两立柱之间应打胶密封，防止雨水入侵。上下连接套筒插入长度不得小于200mm。

5）安装临时横梁。在加固前安装临时横梁应派专人进行，并按正规方法安装，位置要绝对准确。

6）加固。加焊时必须按操作规程施工，要随时检查焊缝是否符合要求，焊完后要将焊渣及时处理，还要做好防护和防火工作。

7）安装误差。标高±3mm，前后±2mm，左右±3mm。相邻两根立柱安装误差要求：标高偏差不大于3mm，同层立柱的最大标高偏差不大于5mm，相邻两根立柱的距离偏差不大于2mm。

8）验收。立柱加固后要对焊缝进行检查，观察是否有变形现象，变形严重时要重新处理。

9）二次防腐处理。因电焊施工时会对原有的镀锌层或涂层有所破坏，必须进行二次防腐处理。防腐处理时不能单独考虑焊缝的位置，要考虑整个结构，检查每一个铁件的位置，进行全面防腐处理，处理时要刷2～3道防锈漆，有防火要求的还要刷防火漆。

（6）立柱保护：

1）选择合适规格的塑料膜。不同的立柱要选择不同规格的塑料膜，既要达到保护目的，更要方便以后施工。

2）清理立柱面。在包装立柱前要先清洁铝型材表面的杂物，用白布将铝型材表面抹净。

3）包装立柱。包装要两人同时施工，由内向外包装，注意美观。包装段接头要接好，不能重叠。

4）贴胶粘带。胶粘带将塑料布粘贴在立柱上，既不能太紧又不能脱落。

5）检查是否遗漏。立柱包好后要检查，不能有遗漏，如有遗漏必须补包。

10.4.4　玻璃幕墙横梁定位与放线

（1）水准仪抄平。用水准仪在每层抄平，抄平时要先选择每根立柱的水平线。抄平时在立柱的外侧上标上水平线位置。

（2）测量楼层误差。水平线抄平后要测定楼层误差，误差测定后可协助确定土建楼面位置，以便按楼层确定垂直分割线。具体方法是测量每根立柱的水平线位置到楼面的距离，记录下每一个数据，然后记录每层的平均值、最大值、最小值备用。

（3）测量层高误差。取楼层误差的平均值，在一根立柱上取楼面点，然后测量每一个楼面点间的距离即是实际施工层高，层高有少量的误差不需要调整。对误差较大的层高要反复测量、一一记录。

（4）分析误差。寻找解决方法，将记录下的数据进行整理，然后按设计图纸一层一层对照并进行分析，如误差较小，可自行调整；如误差较大时，必须要调整玻璃分格尺寸。

（5）调整误差方案。调整误差是在分析误差的基础上进行，误差调整方案的制定要遵循：不能破坏原有建筑风格；调整是局部的小范围、小幅度的调整；考虑材料的利用及经济性。方案判定好后，要对照现场实际情况进行复核，同时要保持方案的完整性。将制定的方案上报主管部门及公司设计部，对方案中调幅不大的地方，现场即可调整，但要报设计部备案，如调幅较明显，则必须通过设计部修改设计图。

（6）调整。根据方案对图纸中有改动的地方进行调整，并附有详细的文字调整说明和具体尺寸的位置要求，最后绘制一份调整后的施工图。

（7）绘制横梁安装垂直剖面图。为了进一步明确横梁安装分格的要求，在施工技术交底时要求现场管理人员绘制横梁安装垂直剖面图，在立柱上绘制横梁具体的安装位置及尺寸等，同时要注明调整后的楼层标高以便复查。总之，横梁垂直剖面图的尺寸尽可能详细，以利于施工。

（8）放线。横梁放线是在立柱上准确无误地标出横梁位置。放线应遵循从中间向上下分线的步骤进行。以每层水平线为标准，随时复查分格是否水平。

（9）横梁放线完成后，为保证万无一失，对其水平度进行抽样检查，防止出现误差，发现误差应马上调整。

10.4.5　横梁安装

（1）横梁安装是一种有连续性作业，要一气呵成，还要考虑美观性。

(2) 立柱龙骨安装完毕后，进行角码的安装，安装铝角码时要注意，在铝角码未紧之前，让铝角码的上部受一点力，使每个铝角码相对处在受力状态，实际上是消除配合上的间隙。铝角码安装的高差应小于 1mm。

(3) 横梁的安装应由上往下装，横料就位后用螺钉锁住，水平仪跟踪检查高低差不得大于 1mm。

(4) 安排技术水平高、操作熟练的技术工人进行安装。

(5) 将横梁两端的连接件及弹性橡胶垫安装在立柱的预定位置，应安装牢固、接缝严密。

(6) 相邻两根横梁的水平标高偏差不大于 1mm。同层标高偏差：当一幅幕墙宽度≤35m 时，不大于 5mm；一幅幕墙宽度＞35m 时，不大于 7mm。

(7) 安装完一层高度时，应检查、校正、调整、固定，使其符合技术要求。

(8) 施工准备。在横梁安装前要做好的施工准备有：要熟读图纸，注意分清开启扇位置；按图准备好各种所需材料，清查各材料的规格数量是否符合技术要求；横梁安装位置确定；人员准备；施工段现场清理；对横梁进行包装，以防脏物污染横梁。

(9) 检查各种材质。安装前要对所用材料进行质量检查。检查横梁是否损伤、冲口是否按要求加工、冲口边是否有变形、是否有毛边等，如发现类似情况要将其清理后再安装。

(10) 就位安装。横梁安装要先找好位置，将横梁角码预置于横梁两端，再将横梁垫圈预置于横梁两端，用不锈钢螺栓穿过横梁角码，垫圈及立柱逐渐收紧不锈钢螺栓，同时要注意横梁角码的就位情况，调整好各配件的位置以保证横梁的安装质量。

(11) 检查。横梁安装完成后要进行检查，主要检查以下几个内容：各种横梁的就位是否有错，横梁与立柱接口是否吻合，横梁垫圈是否规范整齐，横梁是否水平，横梁外侧面是否与立柱外侧面在同一水平面上。

10.4.6 层间防火隔断板安装

(1) 准备工作。准备包括两个方面：一是加工单准备，即测量尺寸，填写下料单，左右分开测量并记录原始数据，然后计算出下料尺寸并附上加工简图，经复核后交车间加工；二是车间加工的半成品送到工地后要清理好，并检查是否按要求加工，有特殊要求的还要涂防火漆。

(2) 整理防火板并对位。将车间加工好的防火板对照下料单一一分开，并在各层上将防火板按顺序放好，以便安装，如发现有错应马上通知车间及有关部门处理。

(3) 试装。将就位的防火板安装在最终定位处，检查尺寸是否合适。

(4) 检查工器具。安装前要先检查工器具是否完好正常，主要有电钻、拉钉钳、射钉枪等。

(5) 打孔。就位后的防火板一侧固定在防火隔断横梁上，用拉钉固定，一侧与主体连接，用射钉固定，在安装中先在横梁上钻孔，用拉钉连接钻孔时要注意对照防火板的孔位钻孔。

(6) 拉钉。选择适当的拉钉在钻好的孔处将防火板与横梁拉锚固定。

(7) 就位打射钉。将拉好拉钉的防火板从下向上紧靠结构定位，然后用射钉枪将防火板的另一侧钉在主体结构上。

（8）检查安装质量。防火板固定后，要检查是否牢固，是否有孔洞要补，并做好检查记录，按规定签字，整理成册。

10.4.7　防火棉安装

（1）为满足幕墙防火性能的要求，必须考虑幕墙的防火措施。防火除了安装防火隔断板外，还要在板内填塞防火岩棉。

（2）幕墙内表面与建筑物的梁柱间，四周均有间隙，这些间隙要用防水材料充塞严实。操作时，操作人员身穿保护服、戴好口罩和眼镜。

（3）防火棉需根据设计图纸要求的厚度及现场实测的宽度尺寸进行截切后安于防火钢板内。安装必须在晴天进行，并可即时封闭，以免被雨水淋湿。

10.4.8　防雷系统安装

幕墙的金属框架应与主体结构的防雷体系可靠连接，连接部位应清除非导电保护层，对应导通立柱的后置埋件或固定件应采用圆钢与水平均压环焊接连通，形成防雷通路，焊缝和连线应涂防锈漆。每 10m×20m 的范围内宜有一根立柱采用柔性导线上、下连通，并设置防雷引出点与建筑主体防雷体系可靠连接。

10.4.9　玻璃板块安装

玻璃板块是由车间加工，然后在工地安装的，由于工地不宜长期贮存玻璃，安装前要制订详细的安装计划，列出详细的玻璃供应计划，这样才能保证安装顺利进行及方便车间安排生产。在安装前，要清洁玻璃，四边的铝框也要清除污物，以保证嵌缝耐候胶可靠粘结。玻璃面积过大、重量很大时，应采用真空吸盘等机械安装。玻璃不能与其他构件直接接触，四周必须留有空隙；下部应有定位垫块，垫块宽度与槽口相同，长度不小于 100mm。

由于板块安装在整个幕墙安装中是最后的成品环节，在施工前要做好充分的准备工作。准备工作包括人员准备、材料准备和施工现场准备。在安排计划时，首先根据实际情况及工程进度计划要求安排好人员，一般情况下每组安排 4～5 人，中空夹胶等玻璃板块安装时，可安排 6 人。安排时要注意新老搭配，保证正常施工。材料工具准备是检查施工工作面的玻璃板块是否到场，有没有已到场被损坏的玻璃；施工现场要在施工段留有足够的场地满足安装需要。玻璃板块按层次规格堆放，在安装玻璃板块前，要将玻璃清理并按层次堆放好，同时要按安装顺序进行堆放，堆放时要适当倾斜，以免玻璃倾覆。初安装，每组 4～5 人，安装按以下步骤进行：检查玻璃→运玻璃→调整方向→将玻璃抬至安装位置→对槽、进槽→对胶缝→调整。玻璃板块初装完成后就对板块进行调整，调整的标准即横平、竖直、面平。横平即横梁水平、胶封水平；竖直即立柱垂直、胶封垂直；面平即各玻璃在同一平面内或弧面上。室外调整完后还要检查室内该平的地方要平，各处尺寸是否达到设计要求。玻璃板块调整完成后马上要进行固定，垫块要上正压紧，杜绝玻璃板块有松动现象。

10.4.10 注耐候密封胶

玻璃板块安装调整后即开始注密封胶，该工序是防雨淋渗漏和空气渗透的关键工序。玻璃板材安装后，板材之间的间隙必须用耐候密封胶嵌缝，予以密封，防止气体渗透和雨水渗漏。

（1）注胶程序

1）清洁注胶缝：选用干净不脱毛的清洁布和二甲苯，用“二块抹布法”将拟注胶缝在注胶前半小时内清洁干净。

2）注胶：胶缝在清洁后半小时内应尽快注胶，超过时间后应重新清洁。

3）刮胶：刮胶应沿同一方向将胶缝刮平（或凹面），同时应注意密封胶的固化时间。

（2）注胶应注意的事项

1）充分清洁板间缝隙，不应有水、油渍、涂料、铁锈、水泥砂浆、灰尘等杂质。应充分清洁粘结面，加以干燥。可采用甲苯或甲基二乙酮作清洁剂。

2）为避免三边粘胶，缝内应充填聚氯乙烯发泡材料（小圆棒）。

3）为避免密封胶污染玻璃、铝板，应在缝两侧贴保护胶纸。

4）注胶后应将胶缝表面抹平，去掉多余的胶。

5）注胶完毕后，将保护胶纸撕掉，必要时可用溶剂擦拭。

6）注意注胶后养护，胶在未完全硬化前，不要沾染灰尘和划伤；嵌缝胶的深度（厚度）应小于缝宽度，因为当板材发生相对位移时，胶被拉伸，胶缝越厚，边缘的拉伸变形越大，越容易开裂。

7）耐候硅酮密封胶在接缝内要形成两面粘结，不要三面粘结，否则胶在受拉时容易被撕裂，将失去密封胶防渗漏作用。

10.5 铝板幕墙

10.5.1 施工工艺

施工前准备→板材试生产→放线→锚固件安装→主龙骨安装→次龙骨安装→骨架防腐→隐蔽验收→铝板安装→注胶密封→幕墙清洗→检查验收。

（1）施工准备

按照设计要求提出所需材料的规格及各种配件的数量，以便于加工制作。

复测主体结构尺寸，检查墙面垂直度、平整度偏差。详细核查施工图纸和现场实测尺寸，以确保设计加工的完善，同时认真与结构图纸及其他专业图纸进行核对，及时发现问题并采取有效措施修正。

（2）作业条件

现场单独设置库房，防止进场材料受到损伤。检查外墙脚手架是否符合幕墙施工要求和高空作业安全规程的要求。将铝板及安装配件用垂直运输设备运至各施工面层上。

（3）测量放线

测量出50基准线及轴线控制点。将所有预埋件打出，并复测其位置尺寸。根据基准线在底层确定出墙的水平宽度和出入尺寸。使用经纬仪向上引出垂线，确定幕墙转角位置和立面尺寸。根据轴线和中线确定各立面的中心线。测量放线时应控制分配误差，不使误差累积。测量放线时应在风力不大于4级的情况下进行。放线后应及时校核，以保证幕墙垂直度及在立柱位置的正确性。

（4）龙骨连接件的加工及安装

龙骨连接件按照设计要求进行加工，表面应镀锌或采取其他有效的方式进行防腐处理。龙骨转接件与结构预埋件进行焊接，焊接采用三面围焊形式。龙骨转接件与预埋件的焊接要牢固，焊缝应符合规范要求 $3mm \leqslant \delta \leqslant 5mm$。龙骨转接件焊缝质量应按手工电弧焊规范、规程施工，焊缝厚度，角焊为5mm，对焊余高为0.5～3mm。焊缝应饱满，不允许出现焊瘤、未焊透、未焊合、咬边及凹坑等现象，对烧穿部位应采取措施，保证焊缝质量。焊接后，应及时清理焊渣，雨天不得露天施焊。焊缝处应进行二次防腐防锈处理。

（5）防火、保温、防雷安装

根据设计图纸，在进行龙骨安装的同时焊接幕墙的防雷体系，确保幕墙有一个整体、封闭的防雷体系，并与主体防雷体系可靠连接。幕墙龙骨横向每隔10m左右在立柱上设置避雷环，通过Φ10钢筋与结构防雷系统相连。外测电阻不能大于10Ω。防雷体系的焊接要符合相应的规范要求，焊缝要进行二次防腐处理。为防止火苗和烟气上窜，在每层楼板与幕墙之间不能有空隙，需用镀锌钢板和防火岩棉制作防火隔断进行阻隔。镀锌钢板的厚度以及防火岩棉的材质应满足设计防火等级的要求。按照节能设计图纸要求，对实体外墙需要做保温的部位按照施工规范要求进行施工，施工完毕后组织各方进行隐蔽验收，验收合格后进入下道工序。

10.5.2 铝板板块安装

（1）铝板的标准板块在工厂内加工成型，覆盖塑料薄膜后运输到现场进行安装。

（2）铝板进场拆包后，整齐另行堆放。对外观要求进行边角垂直测量、平整度检验、变形和棱角缺陷检查。

（3）根据铝板分格线及连接点的位置，将铝板通过不锈钢螺栓与横梁及立柱连接起来。

（4）板材转角处应用角码连接固定并在接缝处用密封胶密封，防止渗水。

（5）固定角铝按照板块分格尺寸进行排部，通过拉铆钉与铝板折边固定。其间距保持在300mm以内。

（6）板块可根据设计要求设置中肋（加强肋）。肋与板的连接可采用螺栓连接。采用电弧焊固定螺栓时，应确保铝板表面不变形、不褪色，连接牢固。

（7）用螺钉和铝合金压块将半成品标准板块固定在与龙骨骨架连接的铝合金连接料上。

10.5.3 收口构造处理

（1）铝板在结构边角收口部位，诸如水平部位的压顶、端部的收口、伸缩缝及沉降缝等处需重点考虑防水功能。

（2）幕墙转角部位。幕墙转角部位的处理通常是用一条直角铝合金（型钢、不锈钢）板，与外墙板直接用螺栓连接，或与角位立梃固定。

（3）幕墙交接部位。不同材料的交接通常处于横梁、竖框的部位，否则应先固定其骨架，再将定型收口板用螺栓与其连接，且在收口板与上下（或左右）板材交接处加橡胶垫或注密封胶。

（4）幕墙女儿墙上部及窗台。幕墙女儿墙上部及窗台等部位均属于水平部位的压顶处理，即用金属板封盖，使之能阻挡风雨浸透。水平盖板的固定，一般先将骨架固定于基层上，然后再用螺栓将盖板与骨架牢固连接，并适当留缝，打密封胶。

（5）幕墙墙面边缘。幕墙墙面边缘部位收口，是用金属板或形板将幕墙端部及龙骨部位封盖。

（6）幕墙墙面下端。幕墙墙面下端收口处理，通常用一条特制挡水板，将下端封住，同时将板与墙缝隙盖住，防止雨水渗入室内。

（7）幕墙变形缝处理。幕墙变形缝的处理，其原则应首先满足建筑物伸缩、沉降的需要，同时亦应达到装饰效果。另外，该部位又是防水的薄弱环节，其构造点应周密考虑。现在有专业厂商生产该种产品，既保证其使用功能，又能满足装饰要求，其通常采用异形金属板与氯丁橡胶带体系。

10.5.4 注密封胶

（1）注胶前，一定要用清洁剂将金属板及铝合金（型钢）框架表面清洁干净，清洁后的材料须在1h内密封，否则需重新清洗。

（2）注胶时应用胶带纸保护胶缝两侧板材，避免污染板面。

（3）密封胶须注满，不能有间隙或气泡。

（4）铝板安装完成后，在易受污染部位用塑料薄膜覆盖保护。易被划碰的部位应设安全护栏保护。

10.6 石材幕墙

10.6.1 工艺流程

施工前准备→现场测量→数据确认→放线→锚固件安装→主龙骨安装→次龙骨安装→隐蔽工程验收→石材试拼→放样编号→石材安装→打胶密封→幕墙清洗→检查验收。

10.6.2 现场测量、放线

按照设计图纸，进行现场测量，做好数据记录。如实际测量所得的数据记录与设计图纸不符之处，会同业主代表、监理代表进行调整、修正方案，经设计院确认后方可实施。

从所安装立面的两端，由上至下吊出垂直线，投点在地面上。找垂直时，一般按板背与基层面的空隙（即架空）为150～170mm为宜。按吊出的垂直线，作为起始层挂板材的基准线，在层立面上按板材的大小和缝隙的宽度，弹出横平竖直的分格墨线。控制要点：在施线定位结束时，要会同质检人员、业主和监理代表进行每项检查，做好相关记录表。

10.6.3 连接件安装

连接件做热镀锌处理，其长度、规格、尺寸需符合设计要求。连接件与预埋件三边围焊，焊缝均匀饱满，焊脚不小于 6mm。埋件和焊缝必须刷两道防锈漆，两道银粉漆；同一楼层的连接件标高须一致。

具体做法：以一个平整立面为单元，从单元顶层和底层两侧主龙骨锚固点附近，定出主体结构与主龙骨的适当间距（空隙），上下用重磅线垂吊垂线，经调整合格后，栓横竖各两根铁丝绷紧，确定出这一立面的主龙骨完成面。

10.6.4　主、次龙骨安装

两侧主龙骨固定好后，根据这两侧主龙骨外口的平线，逐一确定中间龙骨的位置，每根主龙骨的固定方式为上端固定、下端自由伸缩，即拉弯式，主龙骨通过连接件与预埋件焊接。上下主龙骨间留 20mm 伸缩缝，主龙骨的接头长度不小于 420mm。根据放线时的次龙骨分格墨线，将分格墨线用水准仪转移到主龙骨上，并做好标记。次龙骨通过两个钢角码与主龙骨连接。角码侧边与主龙骨螺栓连接，上边留两个腰子眼，通过不锈钢螺栓与次龙骨连接，次龙骨长比主龙骨净距小 4mm，使龙骨因温度等因素变形时不互相挤压。

10.6.5　石材的干挂

（1）石材进场拆包后，挑出破碎、变色、局部有缺棱掉角者另行堆放。对符合外观要求的进行边角垂直测量、平整度检验、裂缝和棱角缺陷检查。

（2）根据幕墙分格线及石材背栓连接点的位置，将铝合金挂件通过不锈钢螺栓与角钢连接起来。

（3）石材连同背栓、铝合金连接件形成一个安装单元，可以直接安装在幕墙骨架上。先按幕墙面基准线仔细安装底层第一排石材板块。安装石材时根据轴线和洞口尺寸分片安装。

（4）安装时，先完成窗洞口四周的石材板镶边，以免安装发生困难。安装到每一楼层标高时，要注意调整垂直误差及水平误差，不要产生累积误差。在搬运石材板时，要有安全防护措施，摆放时下面要垫木方。

（5）对于有坡度要求的板面安装，要注意坡水方向。本工程石材幕墙缝隙采用开缝式的设计及施工方法，这对石材的安装和板材的质量控制提出了更高的要求，只有保证及高于国家及行业规范的要求参数，才能确保石材安装的施工质量。

10.7　高大复杂空间吊顶施工技术

10.7.1　索网操作平台

1. 材料选用概述（表 10-3）

材料选用情况　　　　表 10-3

索的规格（1700 级）	主索 1	ϕ15.5mm	主索 2	ϕ15.5mm
	次主绳	ϕ11mm	次绳	ϕ9.3mm
安全网型号规格	锦纶 P-3×6 阻燃，自重≤15kg，续燃、阴燃时间不超过 4s 锦纶 L-3×6 阻燃，自重≤15kg，续燃、阴燃时间不超过 4s			

续表

密目式安全网规格型号	ML 1.8×10 A级 阻燃				
索网安装标高	22～28m	最大分格(m)	24×9	搭设面积(m^2)	5000
使用时间	2019.5—2019.9	用途		幕墙安装操作	

2. 索网操作平台布置位置

东区：北立面㉗～⑮轴/Ⓖ～Ⓐ₁轴、南立面⑮～㉖轴/Ⓐ₁～Ⓑ轴；

西区：北立面⑭～②轴/Ⓖ～Ⓐ₁轴、南立面③～⑭轴/Ⓐ₁～Ⓑ轴；

登陆厅：南立面⑭～⑮轴/Ⓐ₁～Ⓑ轴。

3. 主要系统构造

索网操作平台主要由主索、次主索、次索、安全平网、安全立网、密目式安全网、吊钩、胶合板等组成。

4. 安装流程

安装流程如下：运转材料→测量放线→安装防坠落装置→编织安全平网→平铺主索→次主索连接→次索连接→安全平网与索连接固定→布置生命绳→索网起吊→对索网进行预拉、固定→铺设胶合板/设置挂钩→荷载试验→验收合格，交付使用。

5. 安装步骤

测量放线，根据主体结构桁架下弦杆向下 1.2m 设置防坠落固定点，防坠落装置采用两根型钢与主体钢结构进行焊接（型钢应祛除毛刺等，确保无锐角，做好防护，避免对钢丝绳划伤），焊缝长度 100mm，焊缝高度 d＝6mm。主体钢结构位于Ⓑ轴、Ⓖ轴的箱形钢柱尺寸为 800mm×800mm×20mm×20mm，位于Ⓐ₁轴摇摆钢柱尺寸为圆管 ϕ720mm×25mm，材质均为 Q345B（图 10-4）。

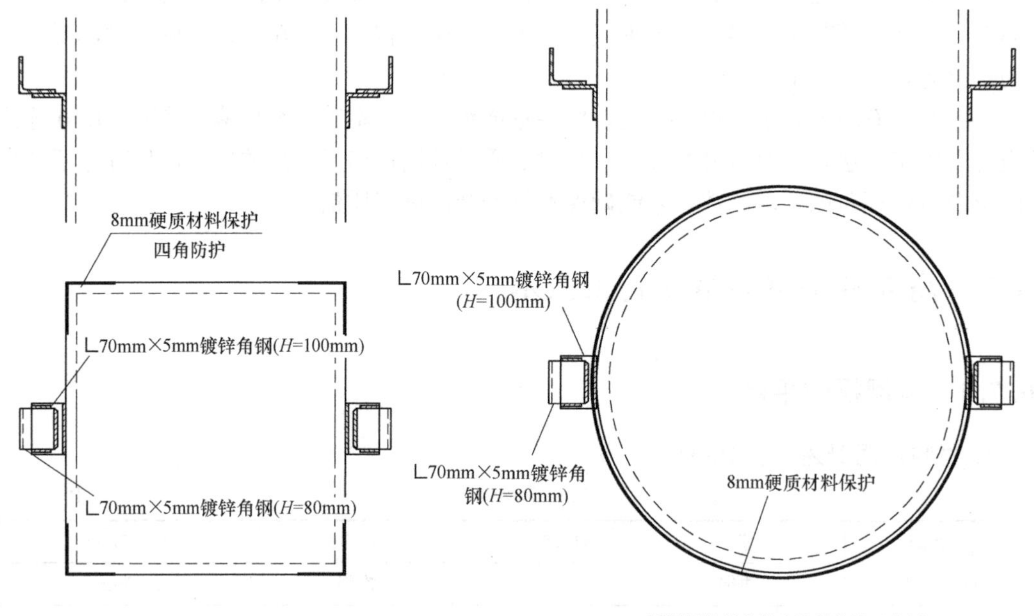

图 10-4　索网安装示意图

（1）施工人员在楼面或屋面对安全网进行编织，并根据构造要求铺设主索、次主索、次索，间距应符合图纸要求，次主索、次索与主索采用回型螺丝扣（安全带专用）连接，交叉点设置一个。

（2）系绳（将安全网与索网连接固定所用阻燃织物绳）与主索、次主索、次索分别依序进行连接，系绳与网体应牢固连接，系绳沿网边均匀分布，相邻两系绳间距不应大于750mm，系绳长度不应小于800mm。

（3）在钢结构桁架下部南北方向（短边方向）设置通长生命绳，东西方向间距（长边方向）4.5m，生命绳选用 ϕ8 钢丝绳（生命绳），生命绳最大跨度约 24m，中间设置一个固定点，固定点的连接方式为：两端采用专用卡扣与主体钢结构桁架下弦杆连接固定，中间点与下弦杆进行缠绕连接。

（4）对索网进行吊装，选用汽车式起重机或电动葫芦或卷扬机固定摇摆柱这侧的主索进行吊装，待吊至预设高度后分别进行可靠连接固定。

（5）通过手动葫芦、紧线器的使用，将主索进行预拉，使主索达到受力要求，主索松紧适宜时，采用卡扣进行固定，卡扣设置不低于 3 个，卡扣压板应固定在主索上，间距应满足 6～8d（钢丝绳直径），且露出钢丝绳长度应≥140mm；U 形卡环放在返回的短绳一边，严禁正反排列。

（6）钢丝绳夹头在使用时应注意以下几点：

1）选用夹头时，应使其 U 形环的内侧净距比钢丝绳直径大 1～3mm，太大了卡扣连接卡不紧，容易发生事故。

2）上夹头时一定要将螺栓拧紧，直到绳被压扁 1/3～1/4 直径时为止，并在绳受力后，再将夹头螺栓拧紧一次，以保证接头牢固可靠。

（7）铺设胶合板，根据 3m×6m 的范围设置吊钩，吊钩选用 ϕ12 圆钢，材质为 HPB300，上部与桁架或屋面钢檩条相连接，下部与主索、次主索、次索采用回型螺丝扣（安全带专用）连接（图 10-5）。

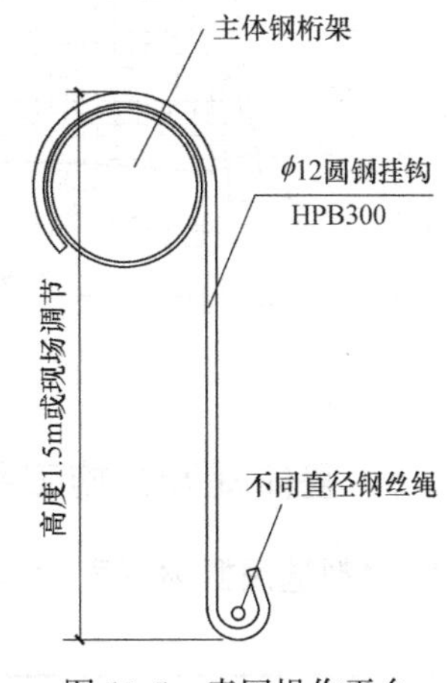

图 10-5　索网操作平台挂钩连接示意图

（8）索网操作平台在四周设置 ϕ11 钢丝绳与主体钢柱、摇摆柱进行连接，并采用安全立网进行张拉形成有效的临边防护措施，以确保安全施工。

（9）所有施工工序完成后，进行荷载试验，采用现场型钢进行加载，多根型钢进行捆扎固定利用塔式起重机或汽车式起重机进行吊装试载，检查主索等下挠距离，并检查安全网的受力情况，满足要求后进行卸载。

（10）办理验收手续，投入使用。

（11）索网操作平台布置示意图如图 10-6 所示。索网操作平台由主索 1、主索 2、次主索、次索、吊杆、平面安全网组成。其布置顺序为：布置主索 1，布置主索 2 与次主索，布置次索及吊杆，铺装安全网，验收后使用。

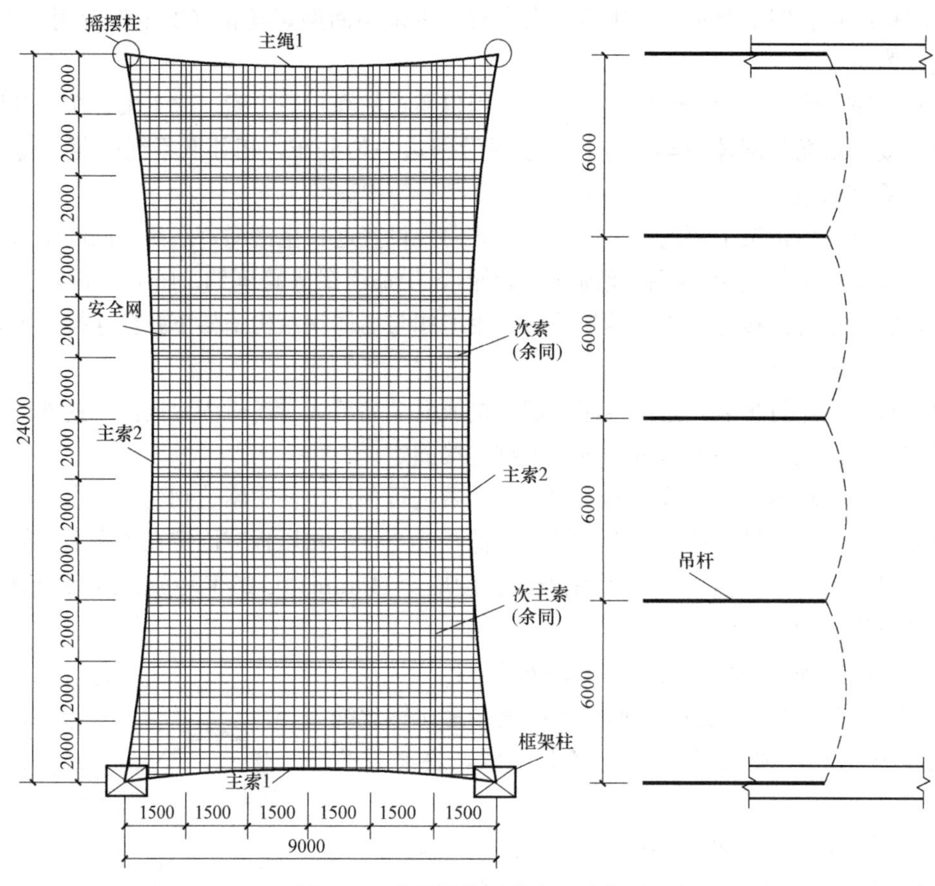

图 10-6　索网操作平台布置示意图

10.7.2　整体提升式施工平台

1. 材料选用概述（表 10-4）

整体提升式施工平台所选用材料　　表 10-4

<table>
<tr><td rowspan="3">平台的规格
(4m×8m)</td><td>主梁型钢规格</td><td colspan="2">120mm×60mm×4mm</td><td>次梁型钢规格</td><td>60mm×60mm×4mm</td></tr>
<tr><td>防护栏杆</td><td colspan="4">立杆、水平杆：60mm×60mm×4mm</td></tr>
<tr><td>吊环</td><td>ϕ18HPB300</td><td colspan="2">钢丝绳</td><td>吊索ϕ12.5 1850 级、
稳定索ϕ11，1700 级</td></tr>
<tr><td>提升设备</td><td>3t 电动葫芦</td><td>安装标高</td><td>22～28m</td><td>暂定数量(台)</td><td>10</td></tr>
<tr><td>使用时间</td><td colspan="2">2019.5—2019.9</td><td colspan="2">用途</td><td>幕墙安装操作</td></tr>
</table>

2. 整体提升式施工平台布置位置

东区：北立面(1/27)～(1/15)轴/(A1)轴摇摆柱外侧、南立面㉘～⑮轴/(A1)轴摇摆柱外侧；

西区：北立面(1/14)～①轴/Ⓐ轴摇摆柱外侧；南立面(1/14)轴/(A1)轴摇摆柱外侧。

3. 主要系统构造

整体提升式施工平台主要由操作平台、立面安全网、平台吊环系统、吊索系统、反压杆系统、安全钢丝绳和提升系统（电动葫芦）等主要部分组成。

4. 安装流程

安装流程为：运转材料→根据设计图纸制作操作平台→张拉立面安全网→根据平衡点焊接吊环系统→安装安全钢丝绳→安装提升系统（电动葫芦）→安装起吊索系统→平台验收、进行试吊→正式起吊→验收合格，交付使用。

5. 安装步骤

（1）整体提升施工平台简述

利用摇摆柱之间的主体钢结构钢梁（内侧 600mm×300mm×20mm×30mm 箱形钢梁，外侧 ϕ159×6mm 钢管以及屋面 200mm×100mm×6mm 钢檩条）作为整体提升施工平台的固定点（后端 2 个固定点，前段 2 个固定点），先在主体钢结构上设置安全绳，同时在地面完成平台的制作、施工、验收后，在地面固定提升设备进行荷载试验，合格后，进行正式提升。

（2）整体提升施工平台制作组装

依据平台设计图纸，采购合格的材料，所有型钢应采用热镀锌型材，材质应符合要求，所有构件之间均应进行满焊和防腐处理（涂刷防锈漆两度、银粉漆一度），并将立网张拉到位。

（3）整体提升施工平台平衡点设置

依据平台设置的平衡点进行复核、调整、固定，对焊接部位进行防腐处理（涂刷防锈漆两度，银粉漆一度）。

（4）吊点、吊装设备设置

根据提升平台的使用部位，通过 25t 汽车式起重机将平台吊装至预吊装部位，在主体钢结构上面设置选用 1850 级直径为 12.5mm 的钢丝绳，在地面设置并固定两台 3t 电动葫芦，进行空载运转试验，确保性能安全可靠。

（5）整体提升施工平台荷载试验、正式提升

所有工序准确充分后，在吊装部位画出安全区域，并设置安全警戒线，专人进行看护。根据设计荷载要求，在平台内装入型钢并达到设计最大荷载，型钢固定牢固，防止松动。准备就绪后，进行预提升，提升高度≤5m，反复升降三次，并检查每次提升后施工平台、吊钩、吊索、起吊设备等情况，确保平台无弯曲、变形、焊缝开裂，吊索无滑移，起吊设备固定点无松动等现象后，方可正式提升。

（6）整体提升施工平台验收及使用

施工平台提升至指定高度后，将 4 根稳定绳进行固定，已防止施工平台在受风荷载状态下产生晃动。经各方单位验收合格后，进入施工阶段，施工人员通过索网操作平台进入整体提升施工平台，佩戴好安全带并与安全绳进行连接，确保安全。

6. 整体提升式施工平台基本构造与材料构成

7m×4m 的施工平台如图 10-7～图 10-9 所示。

施工平台用材基本组成：底端四周主龙骨 120mm×60mm×4mm 方钢：7m 长 2 根，4m 长 2 根；底端中间次龙骨 50mm×50mm×4mm 方钢：4m 长 10 根，不大于@700 布置，与主梁接触面通长角焊缝连接固定；护栏用上端水平杆 50mm×25mm×3mm 方钢：7m 长 2 根，4m 长 2 根，周边角焊缝围焊连接；栏杆用立杆 50mm×25mm×3mm 方钢：

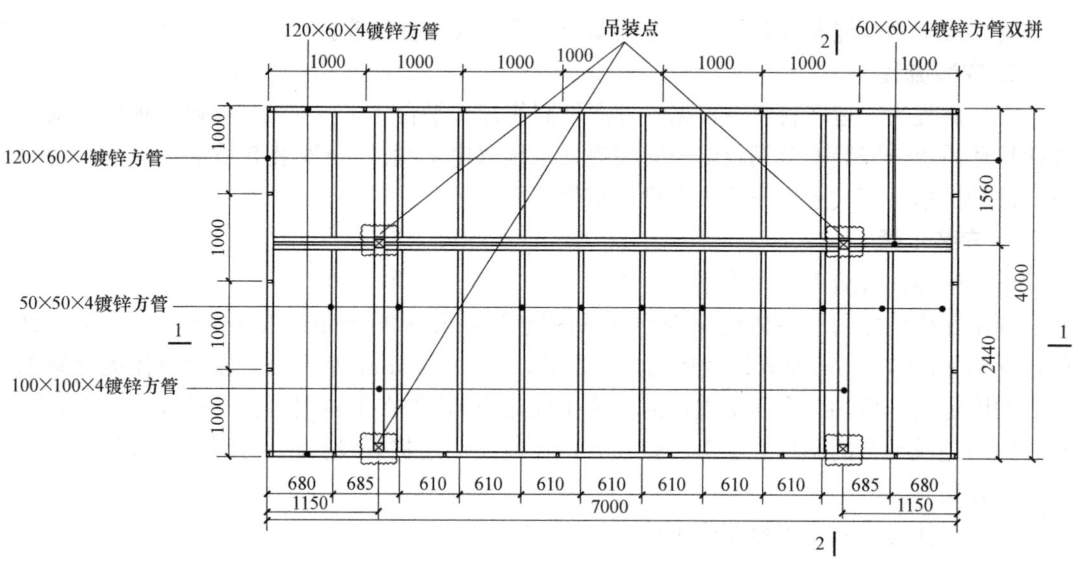

图 10-7　7m×4m 施工平台平面布置示意图（单位：mm）

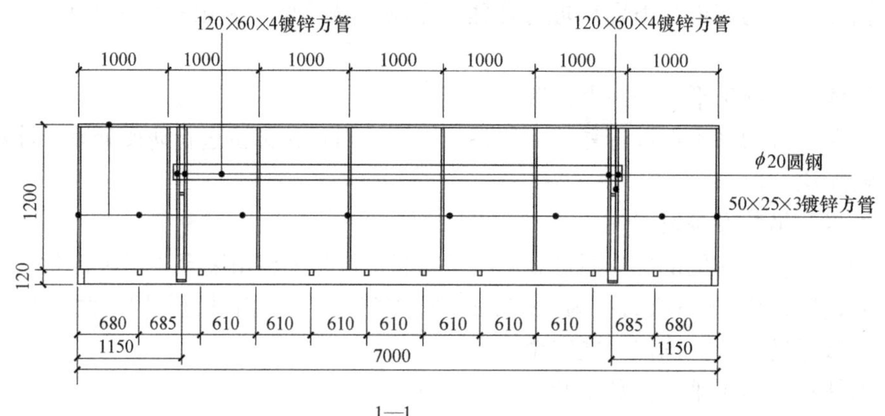

图 10-8　7m×4m 施工平台长向侧面示意图（单位：mm）

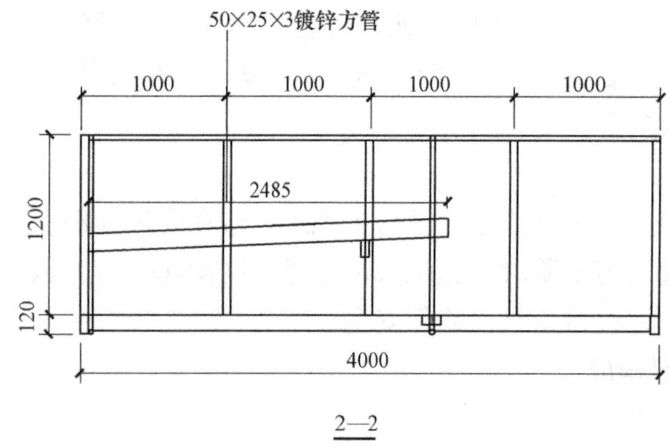

图 10-9　7m×4m 施工平台短向侧面示意图（单位：mm）

22 根，周边角焊缝围焊连接；吊杆龙骨 100mm×100mm×4mm 方钢：4m 长 2 根，周边角焊缝围焊连接；前端吊点处长向双拼次龙骨 60mm×60mm×4mm 方钢：7m 长 2 根，周边角焊缝围焊连接；栏杆上口吊装杆 120mm × 60mm × 4mm 方钢：2.48m 长 2 根，与吊环角焊缝围焊连接；平台铺板：15mm 厚多层板，面积 4m×7m，与方钢龙骨两侧通过角码螺栓连接固定，固定点沿龙骨方向位置间距控制不大于 700mm，角码与龙骨周边围焊固定；栏杆四周踢脚板：15mm 厚多层板，200mm 高，用追尾钉与栏杆立杆固定；吊环钢筋：直径 20mm，HPB300 钢筋，约 12m 长；主梁吊环节点用加强角铁：∟50mm×5mm 角铁，共计约

1.6m长；栏杆侧防火安全网：计算约为22m长、1m高；施工平台用材料自重约为1050kg，折算4m×7m平面平台，其单位面积自重荷载为0.375kN/m^2。

8m×4m的施工平台如图10-10～图10-12所示。

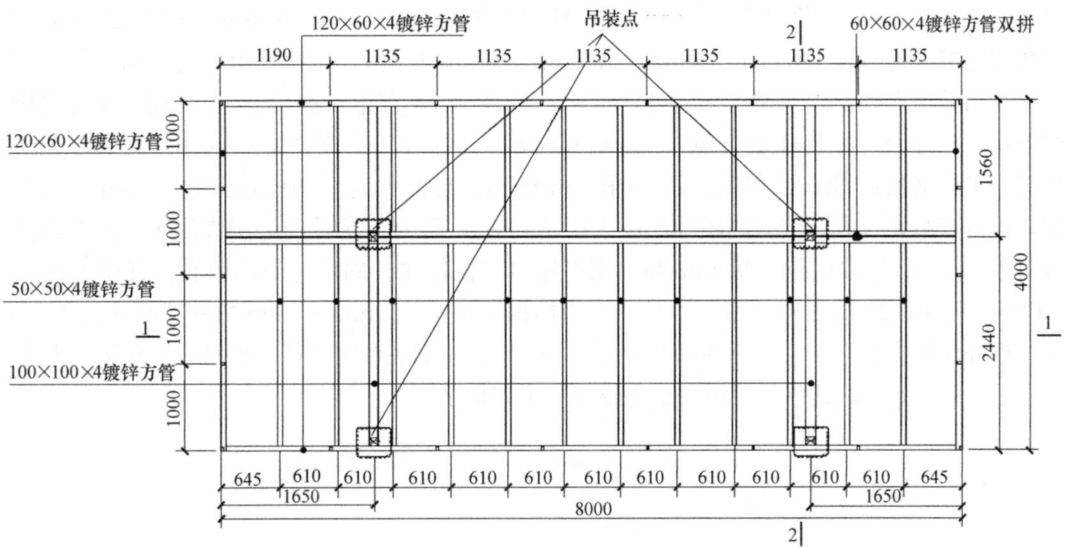

图10-10 8m×4m施工平台平面布置示意图（单位：mm）

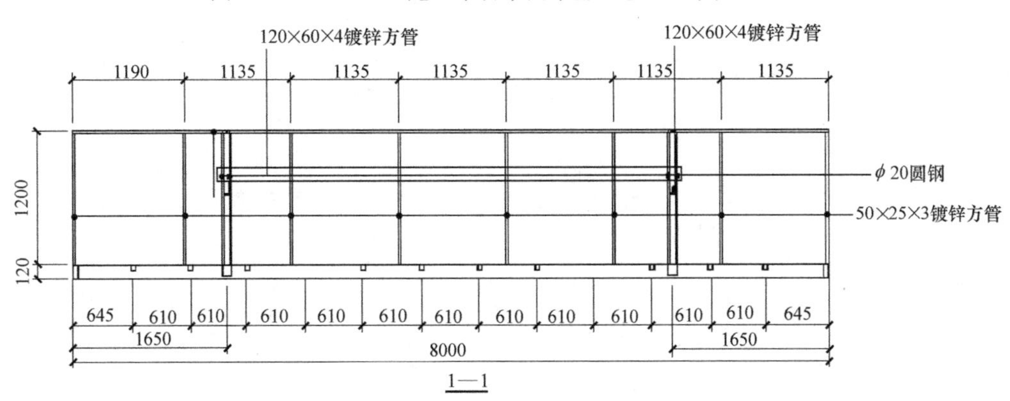

图10-11 8m×4m施工平台平面长向侧面示意图（单位：mm）

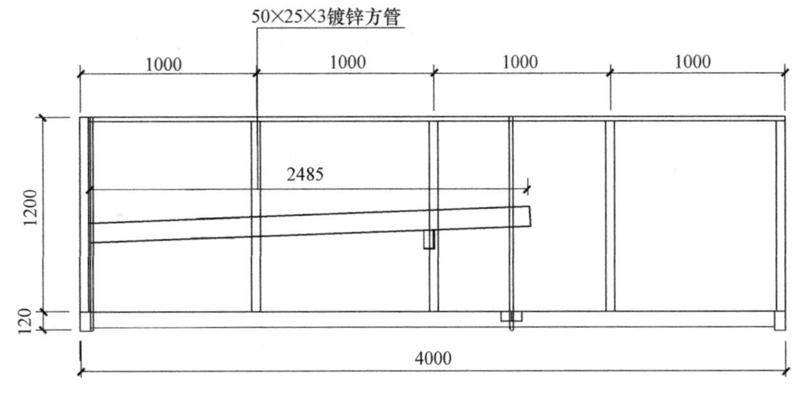

图10-12 8m×4m施工平台短向侧面示意图（单位：mm）

施工平台用材基本组成：底端四周主龙骨120mm×60mm×4mm方钢：8m长2根，4m长2根；底端中间次龙骨50mm×50mm×4mm方钢：4m长12根，不大于@700布置，与主梁接触面通长角焊缝连接固定；护栏用上端水平杆50mm×25mm×3mm方钢：8m长2根，4m长2根，周边角焊缝围焊连接；栏杆用立杆50mm×25mm×3mm方钢：22根，周边角焊缝围焊连接；吊杆龙骨100mm×100mm×4mm方钢：4m长2根，周边角焊缝围焊连接；前端吊点处长向双拼次龙骨60mm×60mm×4mm方钢：8m长2根，周边角焊缝围焊连接；栏杆上口吊装杆120mm×60mm×4mm方钢：2.48m长2根，与吊环角焊缝围焊连接；平台铺板：15mm厚多层板，面积4m×8m，与方钢龙骨两侧通过角码螺栓连接固定，固定点沿龙骨方向位置间距控制不大于700mm，角码与龙骨周边围焊固定；栏杆四周踢脚板：15mm厚多层板，200mm高，用追尾钉与栏杆立杆固定；吊环钢筋：直径20mm，HPB300钢筋，约12m长；主梁吊环节点用加强角铁：∟50mm×5mm角铁，共计约1.6m长；栏杆侧防火安全网：计算约为24m长、1m高；施工平台用材料自重约为1400kg，折算4m×8m平面平台，其单位面积自重荷载为0.4375kN/m^2。

第11章　BIM技术在会展场馆建筑中的落地式应用

11.1　项目BIM应用概况

南通国际会展中心项目规模大、工期紧（330d），该工程钢结构总用钢量达23000t，施工体量大，构造复杂，施工精度高，屋面包含复杂的空间曲线和曲面，涉及多种大跨度钢结构的施工方法。土建、幕墙、内装等多专业交叉施工，机电管线排布复杂，施工协调难度大。

11.1.1　BIM应用纲要

（1）承包人应组建BIM团队，并按要求与发包人或BIM总协调方配合，按BIM总协调方规定的时间和数据格式提供必要的BIM模型数据和文件，共享资源，协同应用，提供工程决策依据。

（2）接受并协助BIM团队（总协调方）创建BIM模型，BIM模型包括土建模型、机电模型、钢结构模型、幕墙模型，并建立设备BIM族库，根据创建的BIM模型进行专项BIM应用工作，向发包人按阶段要求提交BIM模型应用结果数据，包括图表和视频成果文件。

（3）碰撞检查：承包人根据创建的施工BIM模型，完成碰撞检查BIM专项应用，检查建筑、结构不一致问题，建筑净空高度不一致问题；完成给水排水、电气（含强弱电）、通风空调、消防等专业管线与结构专业的碰撞检查，并形成碰撞检查报告，同时提交总协调方。

（4）设计深化：承包人根据BIM模型，依据专业要求，对模型进行深化设计，消除各专业碰撞，形成深化后的BIM模型，该深化结果经发包人确认后，按深化后的BIM模型进行施工。

（5）沟通协调：承包人应用BIM模型与工程师、发包人、设计人、分包人、专业工程承包人进行沟通，应用该BIM模型进行施工班组的施工交底。

（6）进度控制：承包人根据BIM模型和工程进度安排以及实际施工情况，在项目周例会、月例会上，通过模型汇报工程计划进度、实际进度、进度偏差，在BIM协作平台上填报工程实际完工进度，并附相应实物图片或验收资料文件。

（7）施工方案模拟：承包人应分析本项目特点和技术难点，对重要节点采用BIM模型展示其施工工艺流程，优化施工方案，保障施工顺利进行。

（8）施工指导：承包人利用BIM模型，指导结构施工的预留预埋工作，指导机电施工的管线安装工作，绘制预留预埋图纸和管线安装节点详图以指导施工。

（9）材料过程控制：获取准确实物量，制订采购计划，明确主材和材料垂直运输控制程序和措施。

（10）下料优化：利用BIM模型，对重要材料进行下料计算和优化。

（11）工程档案管理：建立BIM信息电子工程档案资料库，将构建（设备）、资料一一对应，统一存档。

（12）运维模型：承包人在工程竣工后，完成创建包括各专业设备材料的生产商、型号、尺寸、参数等全面信息的BIM竣工模型，为业主的运维服务提供数据支撑。

（13）施工记录：承包人应根据实际施工情况及时录入施工过程中的相关信息。

（14）BIM信息数据保密要求：承包人应根据发包人及总协调人的要求，对BIM信息数据的保密要求予以严格执行，未得允许，不得擅自将信息数据提交给第三方，不得擅自更改授权范围以外的信息数据。保证所提交的信息数据的真实性和完整性。

（15）系统分析阶段模型精度应达到LOD200，施工图深化及碰撞检测阶段模型精度应达到LOD300，模块单元加工阶段模型精度应达到LOD400，竣工交付及建筑运维阶段BIM精度应达到LOD400。

11.1.2 人才培养计划

本工程作为集团公司多项重点科研课题的实施项目，对BIM技术的进一步普及应用与BIM技术人才的培养提供了很好地平台。基于上述原因，项目提前规划，将BIM技术应用于建设全周期。

11.1.3 BIM应用的软硬件配置

1. 软件配置

根据招标文件要求、公司BIM团队要求以及项目实际情况，项目部配备表11-1所示软件以满足日常工作需要。

BIM应用软硬件的配置 **表11-1**

软件名称	功能及用途	版本
Revit	BIM模型数据读取、深化设计建模、数据导出等	2018
Navisworks manage	BIM模型查看及施工过程模拟、方案实施模拟、施工进度管理、质量安全管理、资源配置管理等	2018
AutoCAD	平面图形查看与设计、绘制	2016
Tekla	钢结构深化设计	19.0
Rhino	幕墙深化	6
PKPM施工系列软件	专项施工方案文本的编制	2012
Microsoft office Project	编制施工进度计划，配合Navisworks manage实现施工4D模拟	2007
Word	文本文档的编辑与整理	2007
Excel	表格的编辑与整理	2007
PowerPoint	幻灯片制作与运用	2007
Photoshop	图片的处理与编辑	Cs5

2. 硬件配置

由于BIM系列软件对电脑的配置要求特别高，项目经理部配备高配置专用电脑，其主要配置如下：i7第四代处理器；32G内存条；高性能图形显卡；华硕专业主板；配备

500GB 固态硬盘+2Tb 机械硬盘以方便数据的快速读取和大数据的存储；配备 27 寸双显示器以便操作人员工作时多窗口显示，方便同时多维度观察和操作。

3. BIM 系统管理平台

将 BIM 工作小组所有电脑连接，建立局域网，方便小组内数据传输及共享，加快数据交流，提高工作效率。

11.1.4 BIM 技术工作实施主要事项

项目在设计阶段即采用 BIM 模型出图。在建设阶段，在总承包管理团队的统筹协调下，各参建单位明确分工，各司其职，根据工程进展，在管理协作平台上对 BIM 模型进行实时更新，直至竣工交付，最终实现数字化建造与交付的目标。

（1）建筑结构主要事项

主要事项包括：主要构件模型搭建；施工界面划分、现场协调；质量检查；安全检查；预留洞口；建筑内部安全材料堆放等临时设施；尺寸复核。

（2）机电模型深化设计主要事项

主要事项包括：碰撞检查；净高优化；支吊架节点优化；施工界面划分、现场协调；主材下单；质量检测；管线排布优化、出具施工图；预留洞口及漫游虚拟施工；场地临时设施布置；其他。机电模型深化设计根据“建立模型—各专业碰撞检查—机电各专业深化施工平面图—机电各专业综合预留预埋图—机电各专业施工详图与大样图—综合管线剖面图—机电末端器具综合布置图”来进行（图 11-1），以现场需求为导向，以最大方便现场机电及装饰施工为目的。

机电安装中的重难点：高空工程量大，与土建、钢结构施工配合面多且复杂；施工单位多，施工协调管理工作量巨大，协调难度大；工期紧，总工期 10 个月，安装的主要工期不超过 4 个月；专业多，管线综合优化困难。统一的系统颜色分类，是工程协调的基础，通过分系统配色，使得多专业之间协调通畅（图 11-2）。

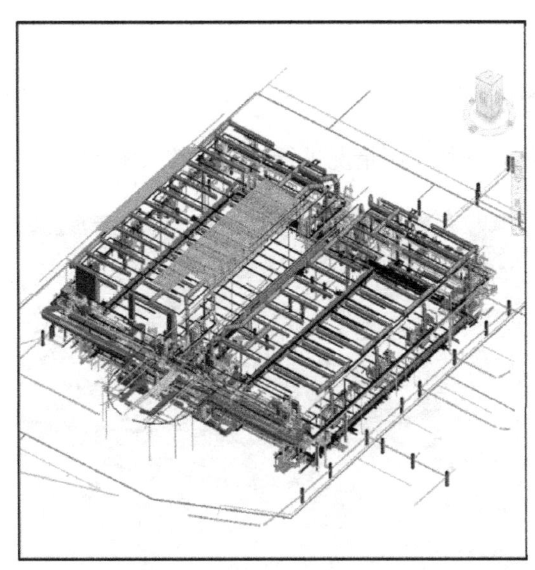

图 11-1 机电管线综合模型

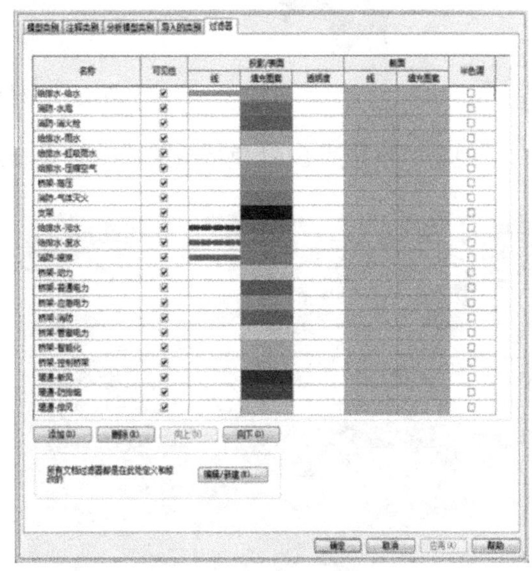

图 11-2 分系统色卡

由于管线过道区域密度大，采用 MagiCAD 支吊架设计软件，进行综合支吊架的型式设计、平面设计、大样设计、荷载计算、材料统计，融合多专业的技术要求，实现了质量好、工期快、材料节约、整体美观的多重要求（图 11-3、图 11-4）。

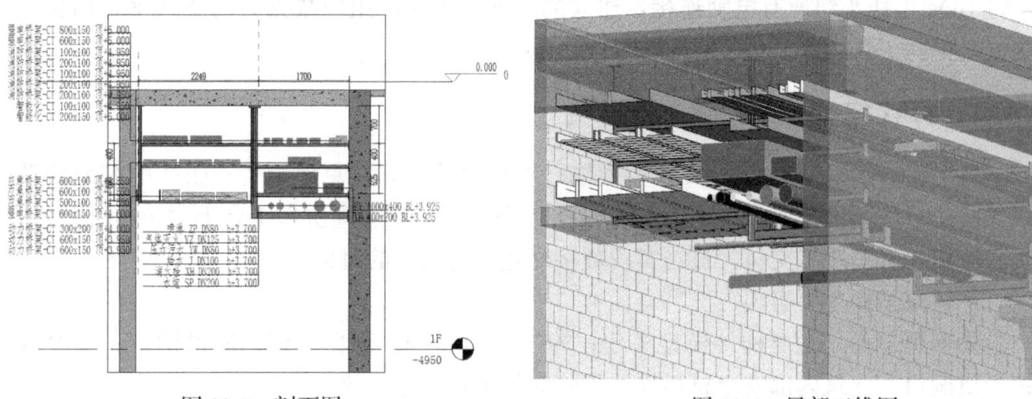

图 11-3　剖面图　　　　图 11-4　局部三维图

MagiCAD 支吊架软件可以校核支吊架的荷载是否满足要求并支持分专业、楼层等导出 3 种类型的支架材料清单，并出具 CAD 加工图（图 11-5）。

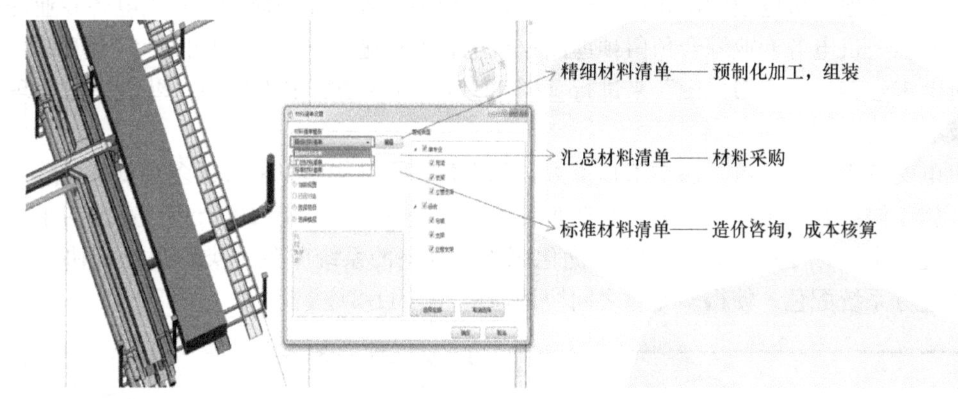

图 11-5　材料清单设置

现场严格按照 BIM 模型施工，BIM 模型结合现场实际情况进行动态调整（图 11-6）。

图 11-6　BIM 模型与现场实际情况（一）

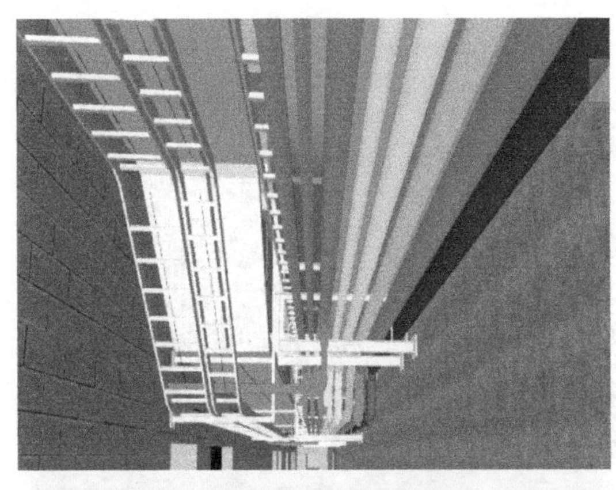

图 11-6 BIM 模型与现场实际情况（二）

（3）幕墙模型深化设计主要事项

主要事项包括：深化设计（包括节点及龙骨、埋件 BIM 模型）；工程量统计及加工制作；碰撞检查、现场协调；施工进度模拟；方案策划及方案优化；其他（图 11-7）。

解决的问题如下：

1）根据节点图，模型上方预留表皮安装空间为 200mm，但设计院实际模型中空间约为 100mm，与施工节点图不符，且下方空间垂直距离过小。解决措施：将所提供的模型

图 11-7 幕墙模型深化设计（一）

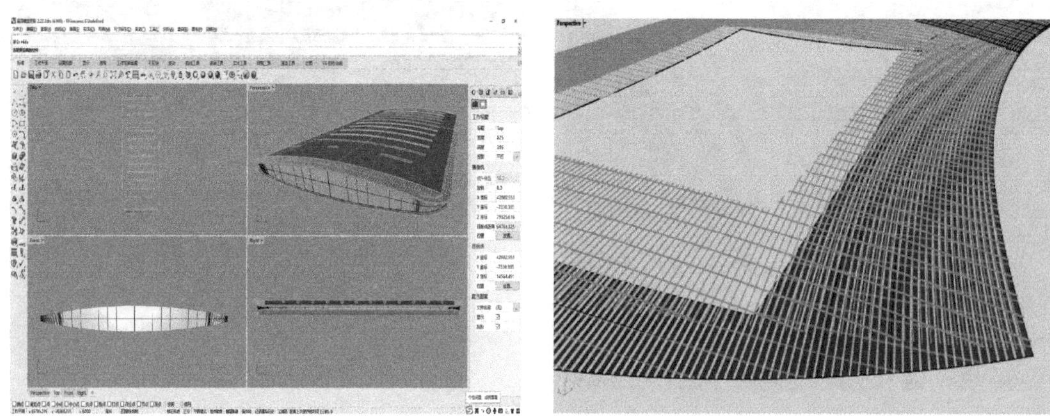

图 11-7　幕墙模型深化设计（二）

进行调整（造型不变），上方表皮到钢结构的最小距离调整为 283mm，下方表皮到钢结构的最小距离调整为 180mm，满足局部空间不足问题，同时也不改变设计院的设计方案（图 11-8）。

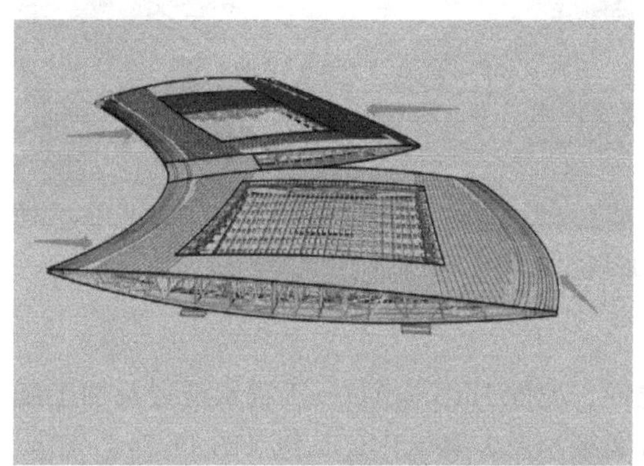

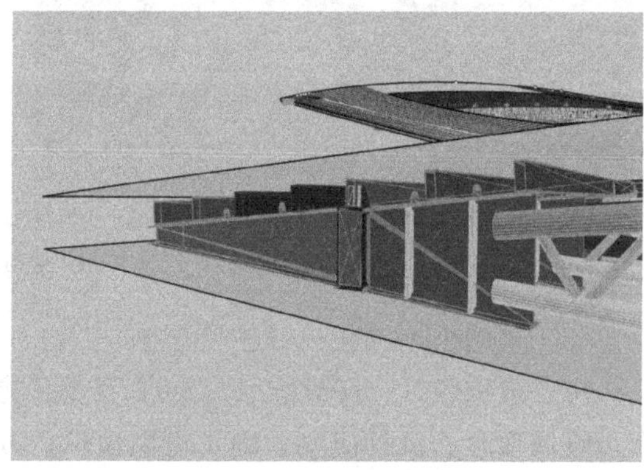

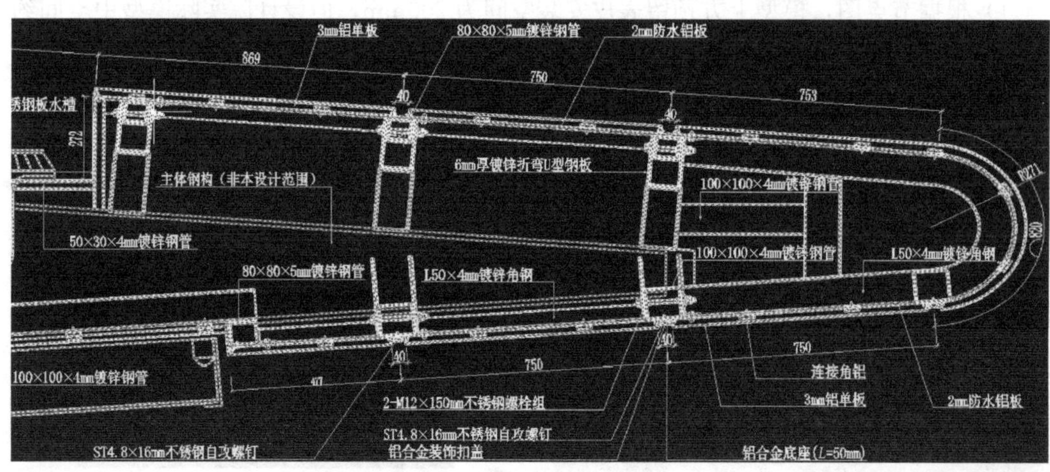

图 11-8　空间不足调整方案（一）

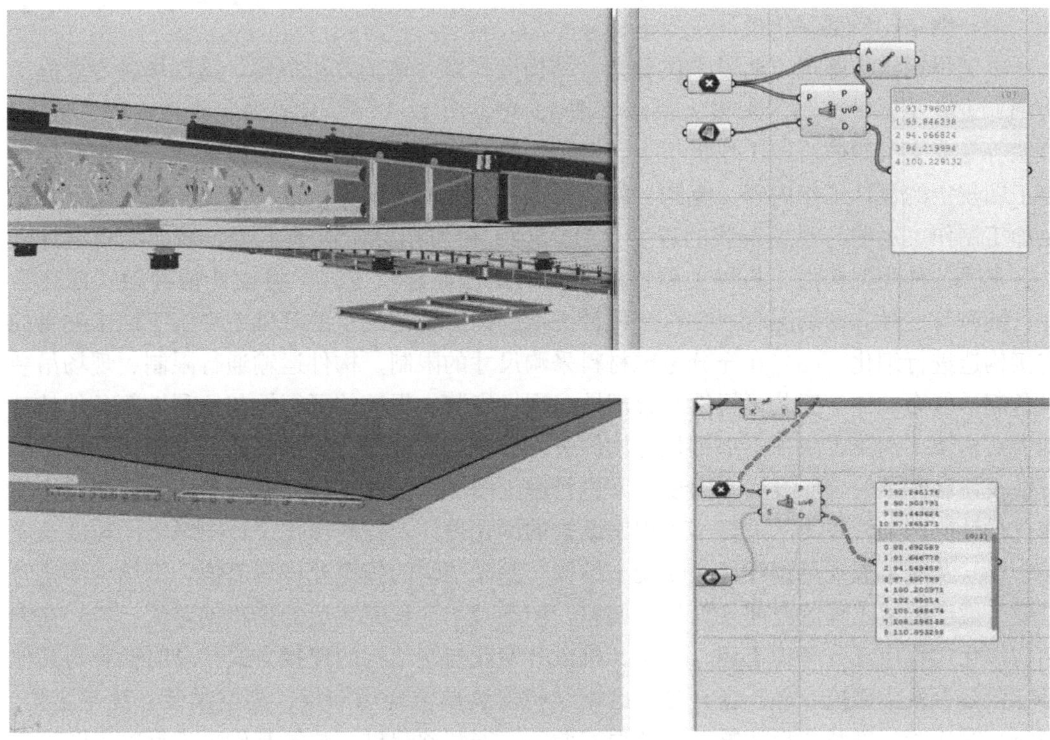

图 11-8　空间不足调整方案（二）

2）展览中心幕墙铝板、直立锁边屋面连接问题。龙骨间的连接不全部是垂直连接，几乎大部分都存在角度问题，固定难度较大。解决措施：考虑到不影响龙骨与直立锁边屋面连接，在主次龙骨的下方再增加一层龙骨（图 11-9）。

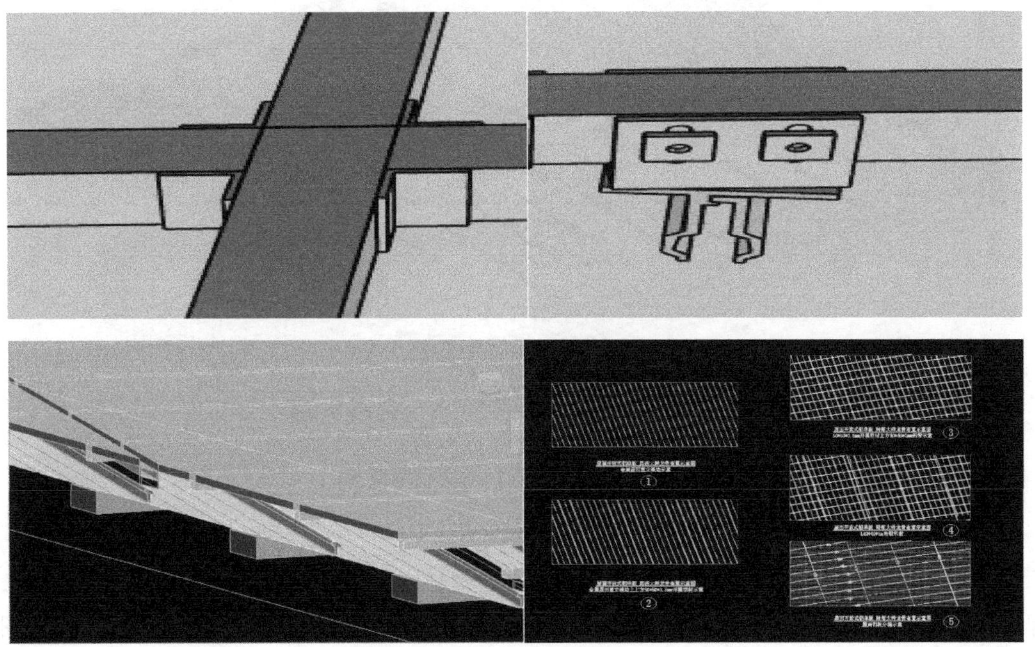

图 11-9　屋面连接问题调整方案

(4) 钢结构模型深化设计主要事项

本工程钢结构施工工期紧、体量大、结构形式多、施工方法多样，给现场各专业施工协调、进度及质量控制带来很大挑战（图 11-10、图 11-11）。钢结构专业与土建、机电、幕墙等专业交叉碰撞协调工作量很大。钢结构模型深化设计主要事项如下：(1) 按合同及施工图规定的设计工作内容、范围、质量标准、服务等全部要求进行施工图深化设计，满足加工制作、运输与现场安装的进度要求。(2) 研习招标阶段施工图，领会结构设计理念，熟悉各种类型构件、各种类型连接节点的工作原理及方式，将设计精神融入深化设计；同时与设计方密切配合，在符合设计图纸、国家规范规定的基础上对施工图未完善的连接构造进行细化。(3) 在充分考虑材料采购尺寸的限制、构件运输通行限制、现场吊装设备起吊能力、加工工艺可行性与合理性、现场安装、焊接的可行性与便利性等条件的基础上对桁架、钢梁、屋顶下部钢柱等构件进行分段方案设计。(4) 在充分考虑加工工艺可行性及便利性及符合原设计受力要求下进行施工图深化设计。(5) 充分利用专业钢结构的深化设计协调与管理团队进行本工程钢结构的深化设计，提高深化设计图纸出图速度及质量；(6) 及时掌握现场预埋件、混凝土结构、基础结构的施工允许偏差值，钢结构深化时需要考虑已完成工程的空间几何尺寸偏差，便于减小工程完工后的累积偏差值。(7) 在钢结构深化过程应充分考虑土建、幕墙、机电等专业与钢结构的连接方式，及时检查与其他各专业是否发生碰撞。(8) 在充分考虑钢结构安装单位现场卸货、高空吊装、高空定位、高空临时连接、安装变形调整、安装误差调整、安装预起拱调整等基础上进行施工图深化设计。

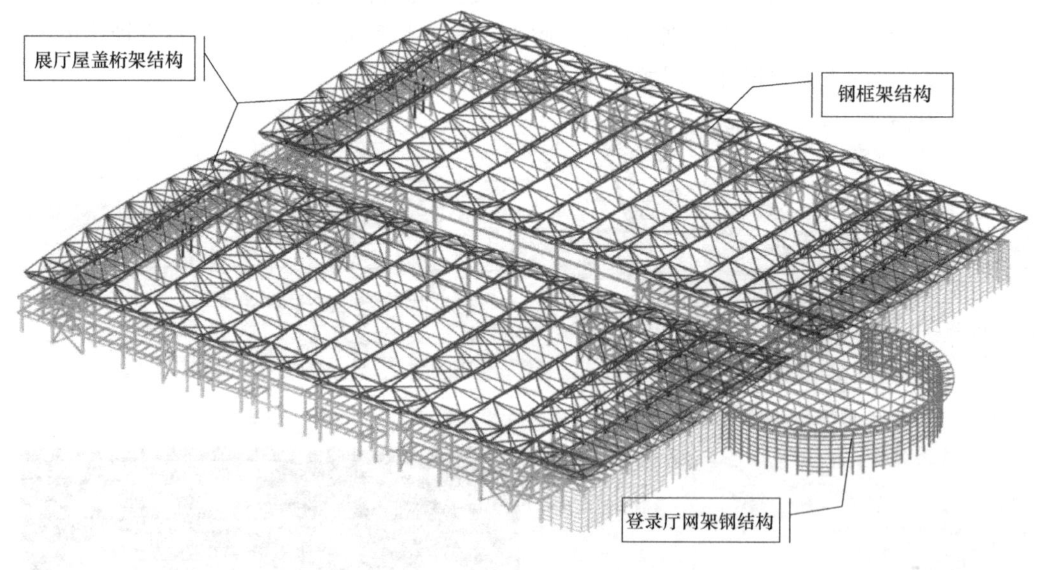

图 11-10　展览中心钢结构总体概况

1) 三维模型深化设计——准确把握安装精度

该工程利用 BIM 技术深化了各钢结构节点，对比较复杂的登录厅曲形屋面进行放样，保证了钢构件的安装精度。主要采用了 Tekla、AutoCad 等软件进行了深化设计和出图（图 11-12）。

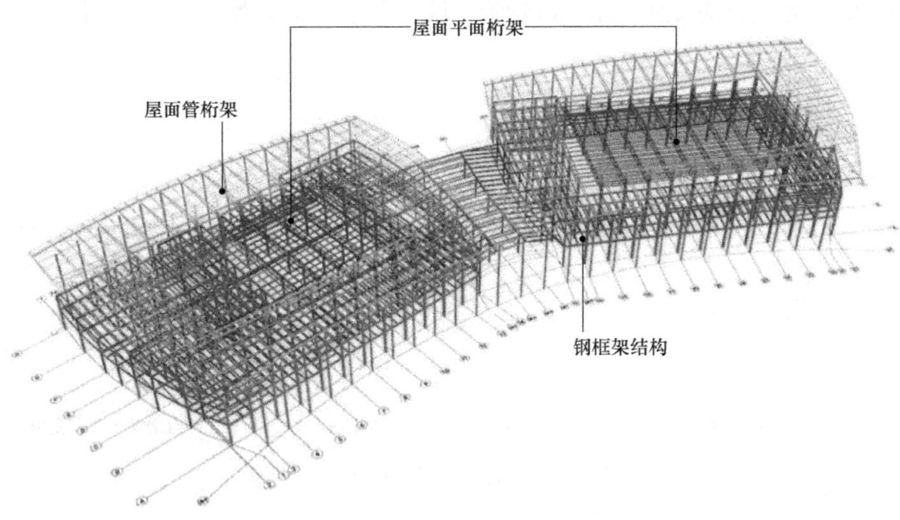

图 11-11　会议中心钢结构总体概况

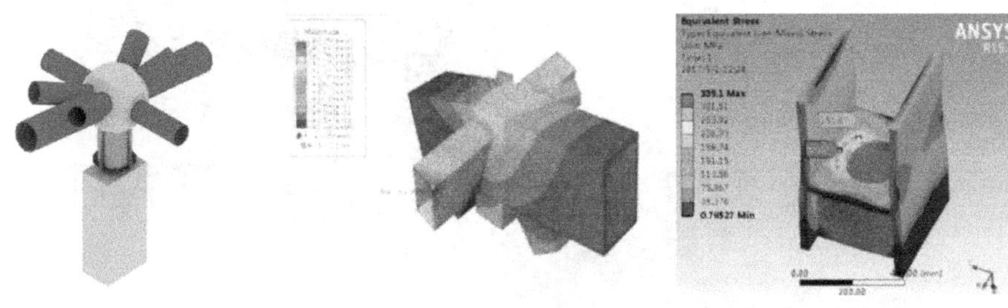

图 11-12　桁架节点二次深化设计及有限元分析

2）施工过程力学仿真分析——确保施工安全

通常设计单位对结构的分析是在建立整体结构模型并施加荷载之后进行的。但实际上建筑物是分区分部进行施工的，且即使是相同的部分也会存在施工顺序和加载条件不同的情况。这种施工状态下的结构体系和原设计状态结构体系的不同，会导致原设计分析结果与实际结构效应存在差异。当结构体系随工程进度变化时，构件的内力处于动态调整阶段，其最大变形和应力有可能发生在施工阶段，因此为了预测施工阶段的变形和应力变化，进行施工阶段分析是十分必要的。根据施工方案，采用有限元软件对钢结构的施工全过程进行模拟分析。

展览中心共设置 28 个滑移支座，两侧各 14 个，分 7 块进行累积滑移。采用 SAP2000 对结构进行模拟分析。通过建模计算，钢架累积滑移过程中杆件应力比和最大变形值均在规范范围内，确保了滑移的安全性（图 11-13）。

会议中心钢结构主要为钢框架和空间桁架结构体系。根据总体施工方案和安装顺序，钢结构采用分段吊装再辅以临时支撑高空安装及局部提升的方式，施工计算模型如图 11-14 所示。计算荷载为结构自重（考虑檩条等重量放大 1.15 系数），支座等边界条件按实际施工情况考虑。

竖向支撑采用格构式支撑形式，格构式支撑截面尺寸为 1.5m×1.5m，主杆件为 ϕ180×8mm，腹杆为 ϕ102×6mm，支撑上下平台为 H300mm×300mm×10mm×15mm，横向支撑采用的截面规格为 ϕ245×10mm 钢管，材质均为 Q345，如图 11-15 所示。

第一次累积滑移变形图　第二次累积滑移变形图　第三次累积滑移变形图　第四次累积滑移变形图

第五次累积滑移变形图　第六次累积滑移变形图　第七次累积滑移变形图

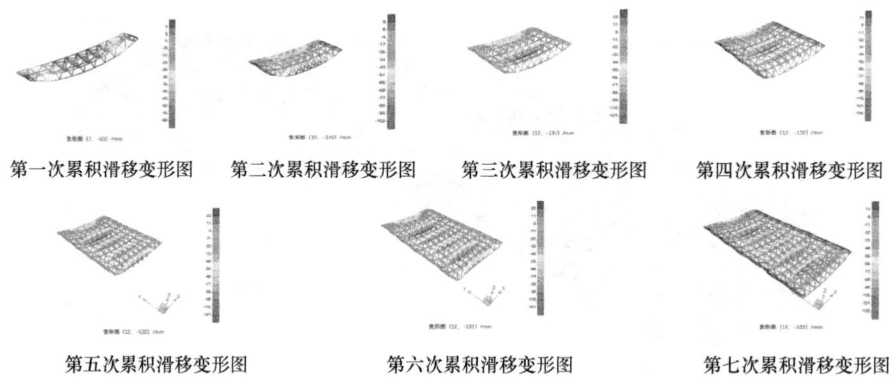

图 11-13　七次累积滑移变形图

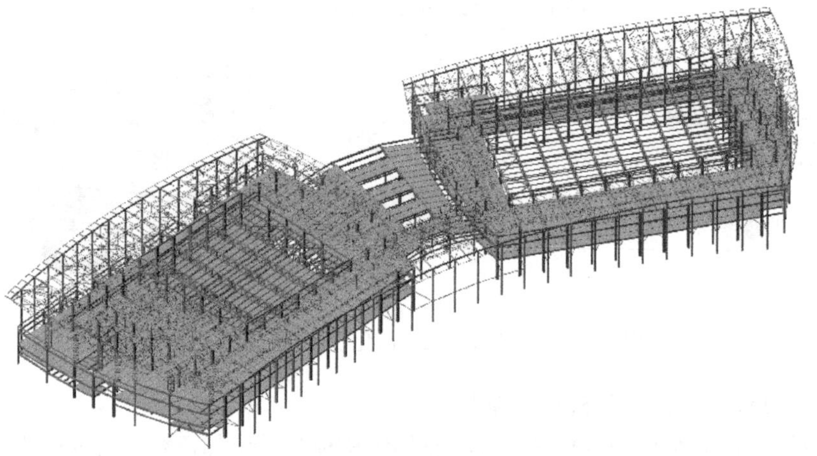

图 11-14　南通会议中心施工计算模型

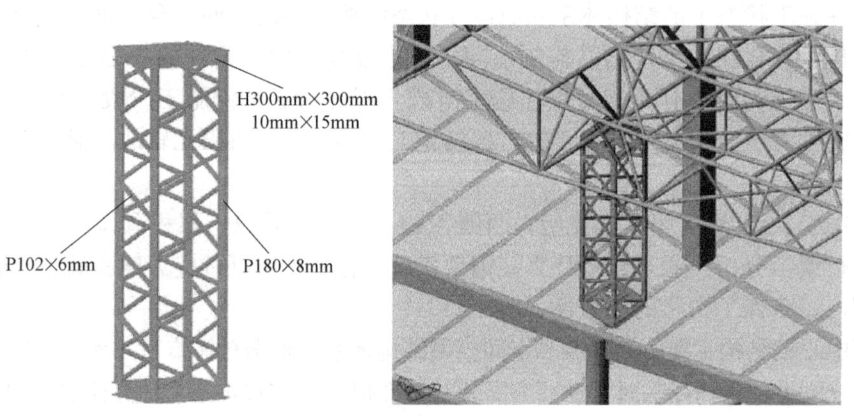

图 11-15　格构式支撑模型

该桁架分块提升时，桁架最大变形为 46mm<L/400=130mm，杆件最大应力比为 0.411（图 11-16）。综上所述，该工况下结构强度和刚度均满足要求。

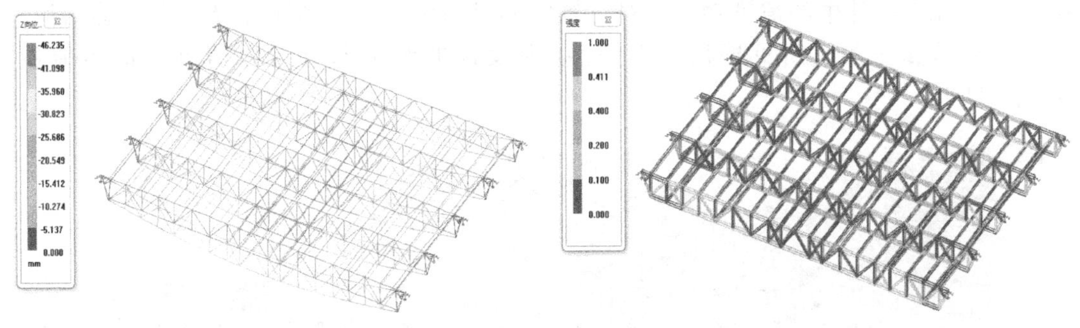

图 11-16　液压提升结构变形及应力比

3）三维模型施工动画——重要工序提前模拟

通过电脑模拟屋面桁架预拼装与滑移过程，通过精确控制每榀桁架的滑移，实现桁架在高空的准确安装（图 11-17、图 11-18）。

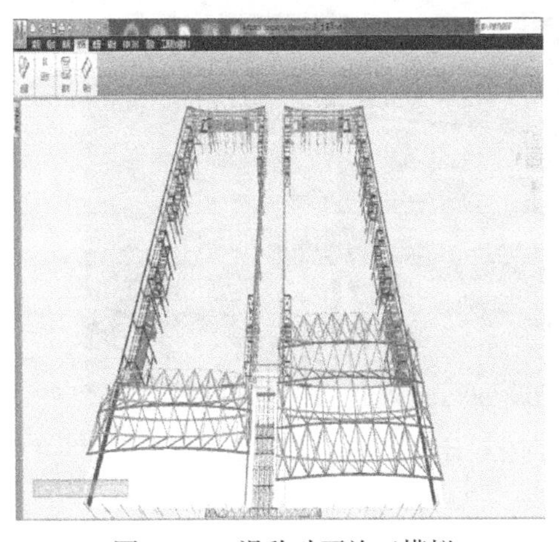

图 11-17　滑移动画施工模拟

图 11-18　现场实际滑移施工

4）竣工模型

采用 LOD400 的等级标准，模型中应包含混凝土、钢柱、钢梁、栓钉、钢筋连接器、连接板、加劲板、吊耳等构件及构件连接螺栓、螺栓孔等构造示意。

（5）装饰模型深化设计主要事项

深化设计；工程量统计；碰撞检测、现场协调；施工进度模拟；方案策划及方案模拟和优化；其他。

1）本项目基于 BIM 模型，动态模拟项目建设过程，指导、管理和优化施工步骤，拟定最佳施工方案，在施工过程中，实时跟踪、检查工程实际进度状况，并与当前时间下计划模型形态进行可视化比对，对偏差进行分析，及时发现施工问题、掌控项目进度。

2）在装修施工现场中，为了解决装修构件与各种管道、设备之间的冲突碰撞，采用专业间的模型链接，检查并扫描三维模型以识别重叠或相互冲突的图元，并生成碰撞报告，在施工前解决专业间的碰撞问题。

3）室内设计应十分关注细节，灯光、材质、饰面、家具等细节影响着设计的最终效果。在概念设计阶段和深化设计阶段，我们采用 BIM 技术生动而方便地表现了这些细节。

我们运用 BIM 软件中的渲染功能，对三维空间进行渲染，达到照片级的真实感图像。BIM 实现了真正的“所见即所得”，对室内设计的细节部分可以清晰、真实地显现（图 11-19）。

图 11-19 装饰模型深化设计

11.1.5 BIM 技术拓展创新应用

1. 高精度测量设备

本工程的测量放线采用徕卡智能全站仪和其他常规测量设备相结合进行，提高了效率和准确率（图 11-20）。

图 11-20 徕卡智能全站仪

2. 三维扫描仪

为了复核施工精度，每阶段施工完成后，利用三维扫描仪对施工现场进行三维扫描，将其生成的点云数据模型与BIM模型进行对比核查（图11-21）。

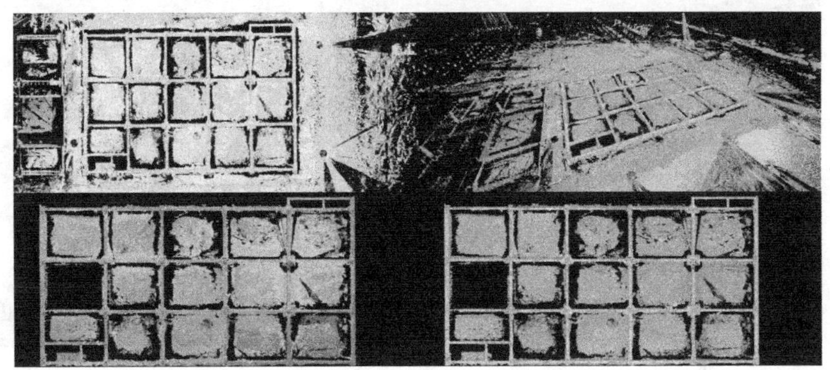

图11-21　三维扫描仪及三维扫描模型

3. 无人机倾斜摄影

采用无人机倾斜摄影技术生成三维模型，协助现场整体部署及平面布置的日常监控，监测高空安全隐患。通过每日无人机航拍来进行进度管控及施工协调（图11-22）。

图11-22　无人机航拍图

11.1.6 BIM技术在施工中的创新应用

1. 北斗高精度测量定位设备的应用

综合考虑北斗及UWB两系统功能特点，为了更好地进行设备定位，本工程室外采用北斗GNSS高精度定位，室内采用UWB定位。

基于劳务工人实名制，使用“人脸识别系统”，将工人的单位、工种、考勤、安全教育、个人信息、信用评价等录入系统；将人员定位与建筑工人实名制管理平台中的信息绑定，可实时查看现场工人轨迹热图和每个工人具体的位置信息（图11-23、图11-24）。

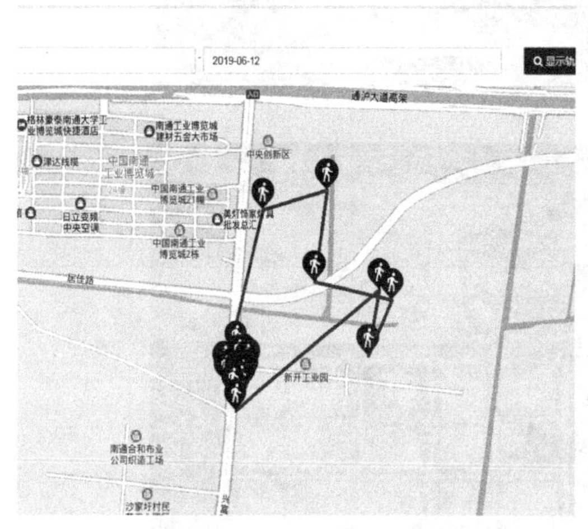

图11-23 人员行动轨迹热图

图11-24 定位安全帽图

2. 进度管理

将各专业BIM模型按照施工区域分解形成区域模型，统计各区域模型的工程量并上传至BIM智慧工地管理平台，结合劳务实名制数据，通过编程计算工人工作效率；将航拍倾斜摄影三维模型与BIM模型对比，评估施工进度。

3. 安全管理

图11-25 靠近临边防护自动预警

将劳务实名制、机械设备人员定位与BIM电子围栏相结合进行人员工作安全管理。

本项目采用北斗GNSS进行机械设备以及人员定位，统计机械工作热图判断设备运行状态，分析其工作效率、工作调度，综合进行安全管理。同时赋予设备及人员三维空间相对位置，测定两者距离，超出限制时定位安全帽即会进行预警（图11-25）。

本项目通过每日例行航拍观察当日临边防护布置情况（图11-26），根据现场情况调整BIM模型，生成BIM电子围栏（图11-27），通过UWB进行工人室内定位，佩戴定位安全帽的工人一旦靠近设定的BIM电子围栏，佩戴的定位安全帽将自动预警。

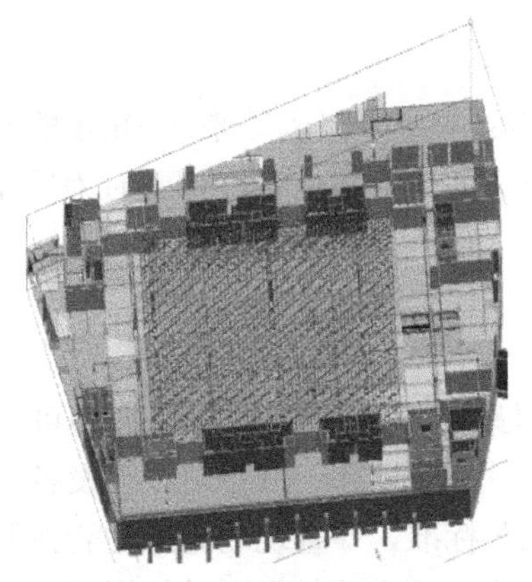

图 11-26　现场拍摄临边防护

图 11-27　BIM 电子围栏

11.2　基于 BIM 的质量管理体系

在本工程质量管理体系的总领下，利用 BIM 技术，将质量管理从组织架构到具体工作分配，从单位工程到检验批逐层分解，层层落实。

11.2.1　施工图会审

项目施工的主要依据是施工设计图纸，施工图会审则是解决施工图纸设计本身存在问题的有效方法，在传统的施工图会审的基础上，结合 BIM 总承包所建立的本工程 BIM 模型，对照施工设计图，相互排查，若发现施工图纸所表述的设计意图与 BIM 模型不相符合，则重点检查 BIM 模型的搭建是否正确；在确保 BIM 模型是完全按照施工设计图纸搭建的基础上，运用 Revit 运行碰撞检查，找出各个专业之间以及专业内部之间设计上发生冲突的构件，同样采用 3D 模型配以文字说明的方式提出设计修改意见和建议。

11.2.2　技术交底

利用 BIM 模型庞大的信息数据库，不仅可以快速地提取每一个构件的详细属性，让参与施工的所有人员从根本上了解每一个构件的性质、功能和所发挥的作用，还可以结合施工方案和进度计划，生成 4D 施工模拟，组织参与施工的所有管理人员和作业人员，采用多媒体可视化交底的方式，对施工过程的每一个环节和细节进行详细的讲解，确保参与施工的每一个人都要在施工前对施工过程有清晰的认识。

11.2.3　材料质量管理

材料的质量直接关系到建筑的质量，把好材料质量关是保证施工质量的必要措施和有效措施，利用 BIM 模型快速提取构件基本属性的优点，将进场材料的各项参数整理汇总，并与进场材料进行一一比对，保证进场的材料与设计相吻合，检查材料的产品合格证、出厂报告、质量检测报告等相关材料是否符合要求并将其扫描成图片附给 BIM 模型中与材料使用部位相对应的构件。

11.2.4 设计变更管理

在施工过程中，若发生设计变更，应立即做出相关响应，修改原来的BIM模型并进行检查，针对修改后的内容重新制定相关施工实施方案并执行报批程序，同时为后面的工程量变更以及运营维护等相关工作打下基础。

11.2.5 施工过程跟踪

在施工过程中，施工员应当对各道工序进行实时跟踪检查，基于BIM模型可在移动设备终端上快速读取的优点，利用电话（如iphone）、平板电脑（如ipad）等设备，随时读取施工作业部位的详细信息和相关施工规范以及工艺标准，检查现场施工是否按照技术交底和相关要求予以实施、所采用的材料是否是经过检查验收的材料以及使用部位是否正确等。若发现有不符合要求的，应立即查找原因，制定整改措施和整改要求，签发整改通知单并跟踪落实，将整个跟踪检查、问题整改的过程采用拍摄照片的方式予以记录并将照片等资料反馈给项目BIM工作小组，由BIM工作小组将问题出现的原因、责任主体/责任人、整改要求、整改情况、检查验收人员等信息整理并附给BIM模型中相应的构件或部位。

11.2.6 检查验收

在施工过程中，实行检查验收制度，从检验批到分项工程，从分项工程到分部工程，从分部工程到单位工程，再从单位工程到单项工程，直至整个项目的每一个施工过程都必须严格按照相关要求和标准进行检查验收，利用BIM庞大的信息数据库，将这一看似纷繁复杂、任务众多的工作具体分解，层层落实，将BIM模型和其相对应的规范及技术标准相关联，简化了传统检查验收中需要带上施工图纸、规范及技术标准等诸多资料的烦琐，仅仅带上移动设备即可进行精准的检查验收工作，轻松地将检查验收过程及结果予以记录存档，大大地提高了工作质量和效率，减轻了工作负担。

11.2.7 成品保护

成品保护对施工质量控制同样起着至关重要的作用，每一道工序结束后，都应该采取有效的成品保护措施，对已经完成的部分进行保护，确保其不会被下一道工序或其他施工活动所破坏或污染。利用BIM模型，分析可能受到下一道工序或其他施工活动破坏或污染的部位，对其制定切实有效的保护措施并实施，保证成品的完好，从而保证施工的质量。

11.3 基于BIM的空间与时间管理

11.3.1 土建与钢结构协调工作

钢结构工程施工阶段的施工现场总平面布置时，根据现场施工场地变化的实际情况，及时与土建施工专业、总承包方共同协商，对整个项目进行统筹安排。对同时进行施工的班组所需场地按照就近施工原则分片、分块划分施工用场地，对于需要公共使用的场地，提前与相关单位做好协调工作。在钢结构安装施工前，在BIM模型中复核预埋节点的位置，并联合土建施工单位对结构标高、定位进行复核，确保满足设计要求。

11.3.2 土建与机电协调工作

通过综合深化设计，首先进行项目主体结构的预留预埋孔、洞的预留，如部分现场已施工则应复核孔洞的位置，及时调整深化设计管线走向；随项目施工进度，配合确定二次结构和预留预埋孔洞位置；对现场预留预埋工作中产生的误差要及时调整管线，并反映在施工图与BIM模型中。

11.3.3 机电与钢结构协调工作

该工程机电与钢结构之间主要存在屋面钢结构网架和机电管线之间的协调，以及机电管线支吊架在屋面钢结构网架上的固定协调。

11.3.4 幕墙与钢结构协调工作

该工程屋面铝板为非规则造型，须和钢结构专业协调支撑、吊点、预设埋件等节点，如果协调出了问题会导致铝板无法安装，或者安装不准确，甚至出现修改实施方案等情况。屋面铝板深化需要用到钢结构深化模型，这里的模型必须是统一的，需要保证数据及信息的准确性。在屋面钢格栅的设计中体现尤为明显，钢结构在设计过程中高度超出了范围，屋面在深化过程中就须调整格栅的安装位置。通过BIM技术在金属屋面工程中的应用，从设计阶段开始，通过多专业多个参与方的协作，制造出精细化的建筑表皮，在建造过程确认每个构件的精确尺寸及位置，包括檐口铝板、龙骨、钢格栅、钢结构之间的关系，将施工和设计初期就结合在一起，在实施BIM的过程中精确控制，最大限度地提高建筑的可能性并使其价值最大化。

11.3.5 装饰与机电协调工作

该工程装饰与机电专业的协调工作，主要是满足装修对吊顶高度、形式及吊顶上的器具点位综合布置的要求。

11.4 BIM技术在人、材、机资源优化中的应用

11.4.1 基于BIM技术的加工管理

1. BIM技术辅助机电管线场外加工

BIM技术辅助机电管线场外加工具体步骤：

(1) BIM深化设计：依据深化设计好的机电管线模型，进行预制组合准备。通过MagiCAD for Revit支吊架插件，设定普通支吊架、综合支吊架、抗震支吊架，进行支吊架承载力分析（图11-28）。计算承载力符合要求后，进行预制组合分段及编号，出具材料清单（图11-29）。出具预制管件大样图、支吊架大样图等细部详图。

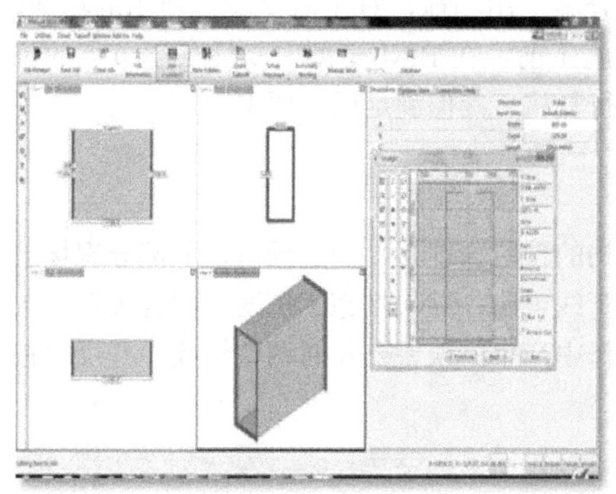
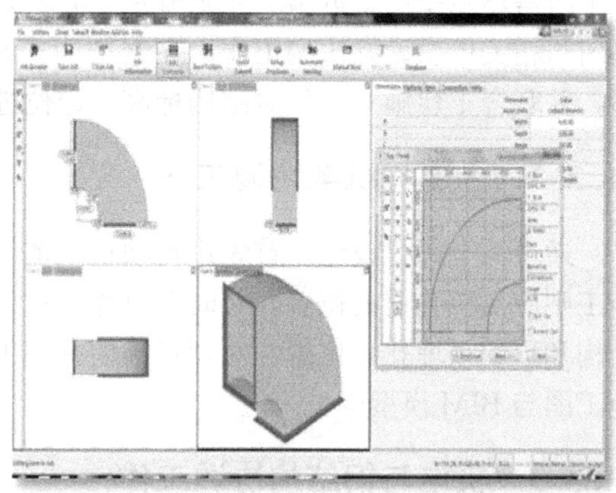

图 11-28　支吊架承载力分析

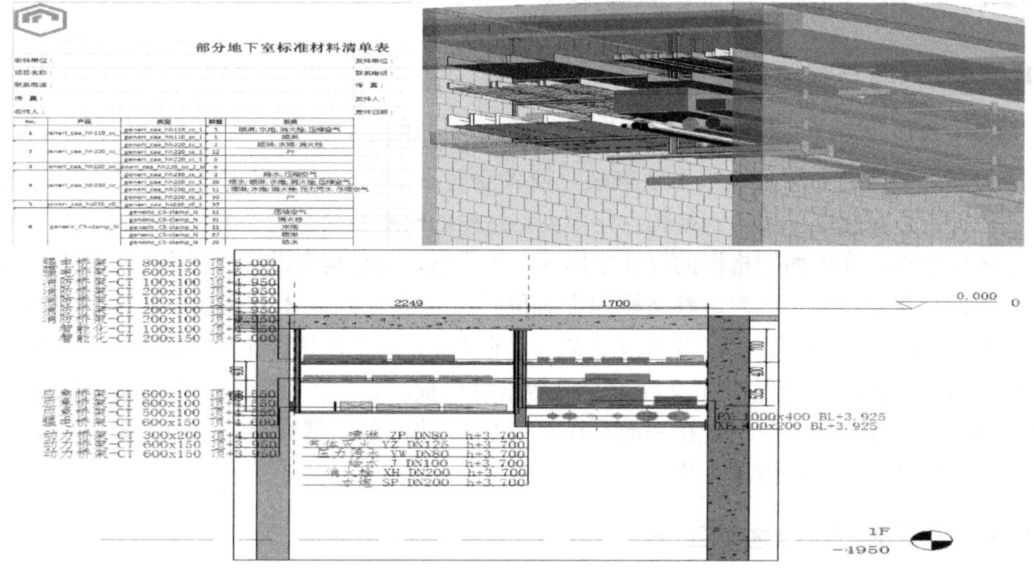

部分地下室标准材料清单表

收件单位：　　发件单位：
项目名称：　　联系电话：
联系电话：　　传　真：
传　真：　　发件人：
收件人：　　发件日期：

No.	产品	类型	数量	系统
1	eneri_caa_hh110_cc_	generi_caa_hh110_cc_1	5	喷淋; 水炮; 消火栓; 压缩空气
		generi_caa_hh110_cc_1	5	喷淋
2	eneri_caa_hh220_cc_	generi_caa_hh220_cc_1	2	喷淋; 水炮; 消火栓
		generi_caa_hh220_cc_1	12	PY
		generi_caa_hh220_cc_1	6	
3	eneri_caa_hh220_cc_	eneri_caa_hh220_cc_2_M	6	
4	eneri_caa_hh230_cc_	generi_caa_hh230_cc_1	2	给水; 压缩空气
		generi_caa_hh230_cc_1	26	给水; 喷淋; 水炮; 消火栓; 压缩空气
		generi_caa_hh230_cc_1	11	喷淋; 水炮; 消火栓; 压力污水; 压缩空气
		generi_caa_hh220_cc_1	30	PY
5	eneri_caa_hs010_c0_	generi_caa_hs010_c0_1	37	
6	generic_C5-clamp_N	generic_C5-clamp_N	31	压缩空气
		generic_C5-clamp_N	31	消火栓
		generic_C5-clamp_N	31	水炮
		generic_C5-clamp_N	87	喷淋
		generic_C5-clamp_N	26	给水

图 11-29　综合支吊架材料清单及现场安装图

（2）预制构件信息管理：管线分区、预制构件编号重组、二维码信息关联、进度信息关联。

（3）预制构件加工：通过加工图设计软件进行排版，风管在数控等离子切割机和自动化风管生产线进行生产（图 11-30、图 11-31），支吊架在自动化切割机生产线及焊接流水线进行加工，桥架在自动化桥架生产线进行生产。

（4）预制构件物流管理：根据构件进度需求及构件分区，进行优化组合，根据系统或安装区域进行构件打包，进场后可将打包件整体运至安装区域，减少现场材料查找分配时间，提高二次搬运效率。

（5）现场装配组装：在 IPAD 上进行安装图纸查询，结合构件上二维码辅助现场装配。

2. BIM 技术辅助屋面铝板场外加工

因本项目屋面铝板为多维几何变化的异型表面，为能精确地将幕墙铝板尺寸及造型展

图 11-30　数控等离子切割机

图 11-31　全自动风管生产线

现出来，在深化设计阶段采用 BIM 技术。在深化初期，由现场实际放线得出外立面各竖向主龙骨的相对位置尺寸，根据事先确认好的铝板节点，结合墙面造型，以及墙面的推拉窗、救援窗、伸缩缝的位置，建立三维实体模型的信息数据。在得到各项数据之后，利用 Rhino 三维建模，将胶缝、窗口、伸缩缝等直接表现在实体模型中，利用 BIM 技术的便捷性及准确性，将此工程的铝板外幕墙完完全全地展现出来。

（1）幕墙的屋面采用 Rhino 软件进行深化（图 11-32），其他部分采用 Revit 进行深化。按照屋顶 Rhino 模型分割线对屋顶模型进行拆分，生成铝板加工图及编号（图 11-33）。

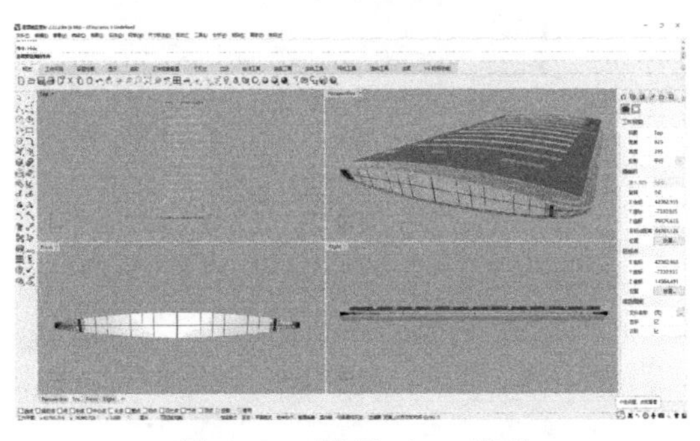

图 11-32　屋顶 Rhino 模型

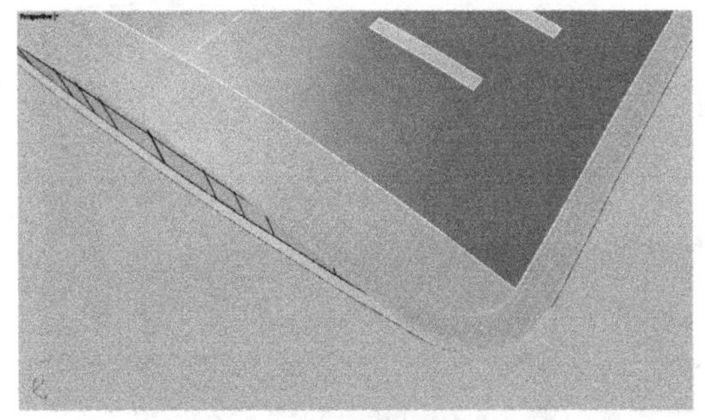

图 11-33　生成铝板加工图及编号

（2）本项目屋面为弧形不规则的曲面，传统方法很难确定每块屋面板的空间位置，深化设计时利用 BIM 技术可以得到每块铝板的坐标（x，y，z）值与面板的尺寸，精确控制每块板的安装（图 11-34）。

3. BIM 技术钢结构场外加工

通过 Tekla 三维模型直接转化成数控加工数据，精度高，速度快，质量好（图 11-35）。所有构件应按照细化设计图纸及制造工艺的要求，进行计算机软件（ACT）放样，核定所有构件的几何尺寸（图 11-36）。

施工成本管理是基于动态纠偏理论，属于主动控制范畴，具体可分为施工前控制、过程控制和事后控制。施工前期阶段的主要工作包括标书编制、施工组织设计及施工成本预算等，通过 BIM 技术可提高标书表现力，直观展示合同内容，准确计算工程量和快速预

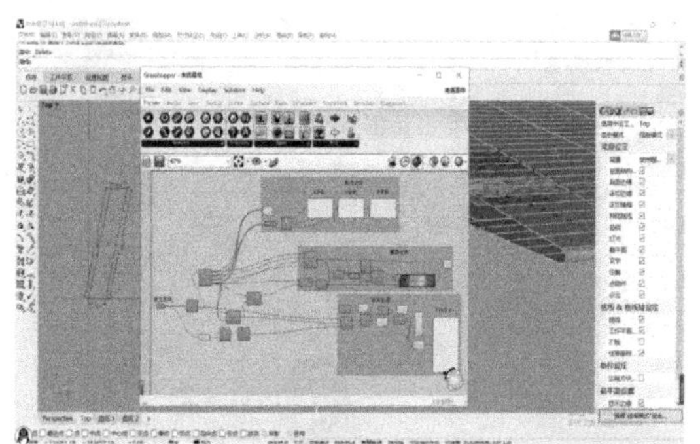

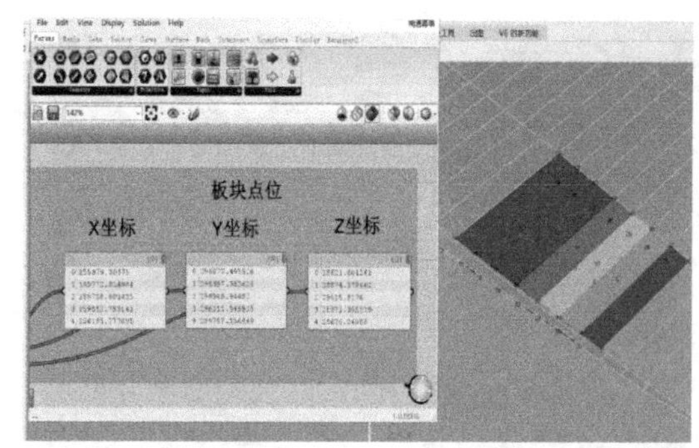

图 11-34　铝板定位

测成本。在施工过程中，通过全套的建筑材料跟踪技术，可明确地掌握整个施工过程中物料的动态。通过预算数据（计划量）和过程数据（实际量）的对比分析，可大幅度减轻项目的工作量，并保证项目数据的准确性、及时性，让项目管理人员能够第一时间发现问题并提出解决方案，实现企业项目的精细化管理。在竣工计算中涉及大量的工程量计算及成本核对，传统的核算方法是基于二维竣工图纸开展计量，工作量巨大且容易出错。引入 BIM 技术，则可在竣工模型的基础上，直接导出材料清单、工程量信息，方便准确且节约了结算成本。

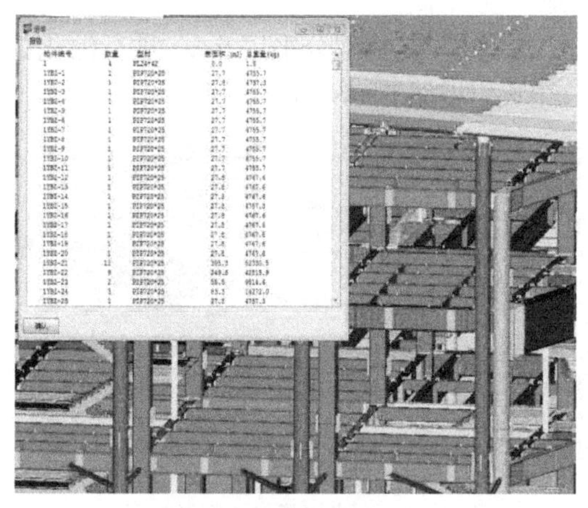

图 11-35　数控加工数据

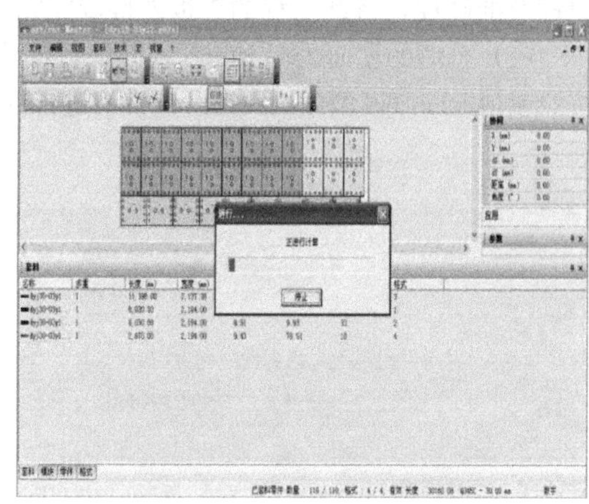

图 11-36　ACT 软件界面图

11.4.2　基于 BIM 技术的人力资源管理

对于施工人员定位技术的选择需要考虑到定位精度、定位范围、抗干扰能力等因素。本项目采用 GPS 定位安全帽技术，因其具有抗干扰能力强、定位精度高（可至 cm 级）等优点，可广泛应用于施工现场工人定位。每个施工人员的安全帽中安装有定位芯片，在定位的同时起到监督工人佩戴安全帽的作用，定位芯片内存储着佩戴者的个人信息。在施工现场布置有信号接收器，接收器的位置在施工现场是固定的。当佩戴了带有芯片安全帽的施工人员进入施工区域后，施工人员可立即被系统识别，BIM 集成的数据存储器通过网络传输模块，以无线网络连接中央处理器及操作终端，通过系统网络的信息交互，将相应信息传输到安全监控中心。在 BIM 模型中信号接收器的位置与施工现场是真实对应的，

BIM 系统在运行时不停地接收信号接收器返回的数据，BIM 系统接收的数据包括人员信息和信号接收器的信息，信号接收器的信息与 BIM 模型中的信号接收器唯一对应，将该数据与模型交互，在 BIM 系统通过模型与数据的展示来模拟现场施工人员的定位。BIM 系统中可以查看施工人员在施工现场的所有记录，通过数据记录也可模拟施工人员在现场的行动路线，同时点击模型的信号接收器也可以查看在该接收器识别范围内所有的人员记录（图 11-37）。

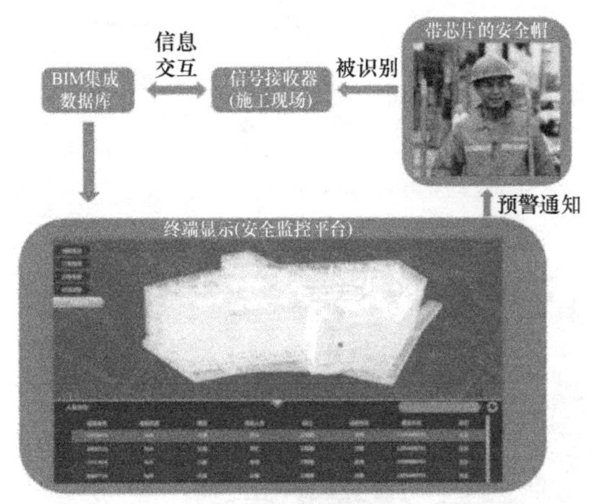

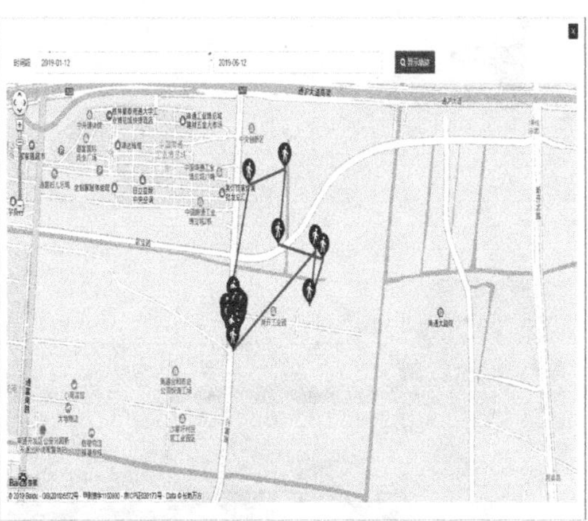

图 11-37　基于 BIM 的施工人员定位

11.4.3　基于 BIM 技术的机械设备管理

机械定位可分为自由移动机械（如混凝土运输车、履带式起重机、土方车等）定位与半固定机械（如塔式起重机、龙门吊等）定位。对于半固定机械，因其在施工区域内长期保持不动或仅在一定区域范围内移动，其定位可采用 RFID 技术确定其位置。对于移动机械，可采用北斗定位技术，确定其位置。

根据不同施工阶段构建相应的 BIM 模型。对于半固定设备，将其直接在 BIM 模型上表示出来，并标示处相应的可移动区域。对于移动设备，可将其定位信息实时传输给控制中心，当移动设备进入施工场地后，可在 BIM 模型上实时显示机械设备的位置（图 11-38）。

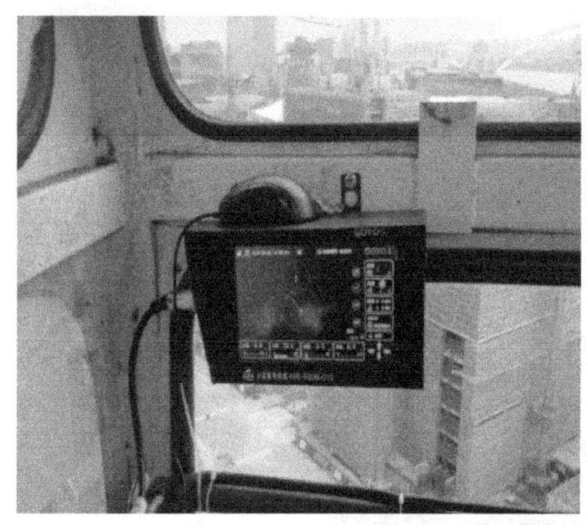

图 11-38 原理组成图和现场实施情况

11.4.4 基于 BIM 技术的建筑材料的资源调配

对建筑材料进行跟踪颇为复杂，因为建筑材料从原材到构件，再到实体，经历的生产链条非常长。需通过关联编码、物联网技术、BIM 与 ERP 系统对接技术等多重技术相互融合，才能对建筑材料做到全生产链条的跟踪。对于建筑材料的跟踪，首先可通过企业的 ERP 系统获取物料生产数据，结合移动端扫码录入，实现建筑材料从生产、运输到入场检验的链条跟踪。构件施工完成后，在构件上喷涂二维码，二维码中包含原材批次、构件施工人员、构件施工时间的信息，可通过扫描二维码，实现对构件的追述。在构件上喷涂二维码的同时，可在 BIM 模型中实时同步构件信息，便于各方追踪工程进度与质量。当建（构）筑物整体施工完毕后，BIM 模型中也同步录入完成了建（构）筑物的全部信息，存档后可随时读取，利于后续的追查。

11.5 BIM 技术在施工安全文明施工管理中的应用

项目以物联网智能设备监管为核心，制定统一的数据交换标准，通过数据交换标准上传实时监控数据，对工地进行实时监控和管理。系统以大数据为基础，以云计算及深度学习为手段，实现施工过程中智慧化管理、智慧化生产、智慧化监控、智慧化服务四化目标。具有系统集成、数据共享、便捷高效的优点。

综合大型机械、基坑、脚手架监控系统、各部门每旬安全检查图（包含安检部门检查文件、企业抽查文件、项目自检文件），通过每日对现场机械、基坑、脚手架进行无人机航拍，并与现场BIM模型进行对比（图11-39），分析存在的安全隐患，开发基于BIM的智慧工地平台，通过BIM模型，结合各种安全传感器，对人、机进行安全管理（图11-40）。

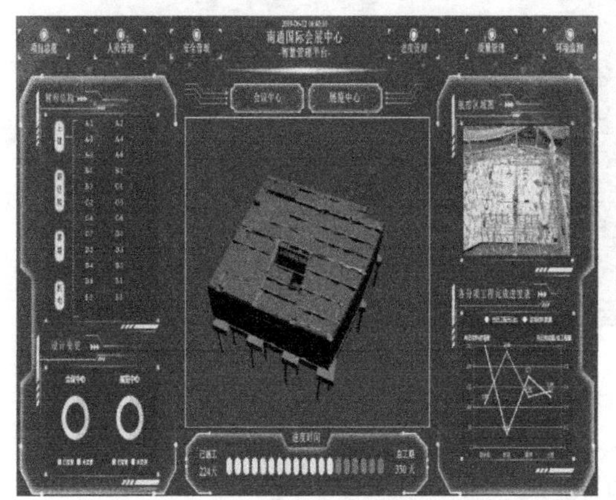

图11-39　远程查看BIM模型数据

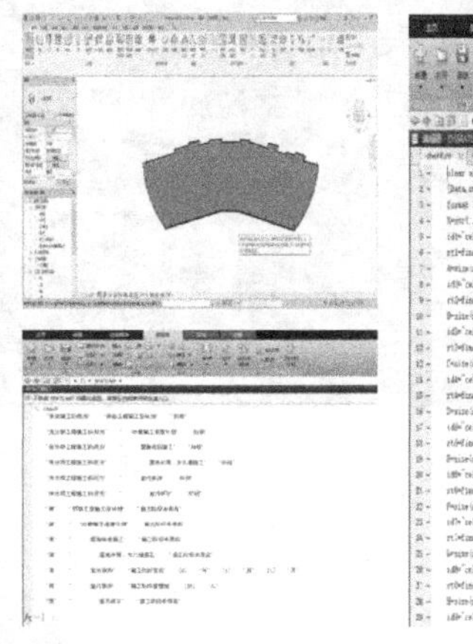

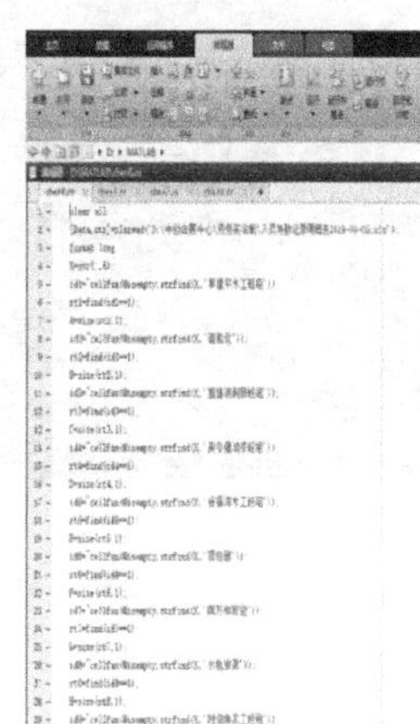

图11-40　结合劳务实名制计算工人效率及工程进度情况

11.5.1　基于BIM的文明施工管理

文明施工管理系统包含监测系统、数据显示系统、环境干预系统三大部分（图11-41）。可以测定周围环境的温度、湿度、PM2.5、PM10、风力、风向、噪声、有害气体等信息，并将测量结果显示在LED屏上。环境超标时，便自动开启喷雾降尘设备。

通过关联现场扬尘监测系统进行喷淋联动，通过监测并记录当日扬尘数据，设定界限值，当超出该限值，喷淋系统自动进行降尘作业。当日若发生雾霾天气，管理人员可通过该平台进行手动关闭。

11.5.2　基于BIM的人员安全管理

项目将BIM模型导入VR程序中，通过模型处理、材质贴图、编译蓝图程序等，对项目进行3D漫游展示（图11-42）。在VR中，通过高空坠落体验，让人感知高空坠落的恐惧，教育作业人员必须系安全带、佩戴安全帽。项目运用BIM5D进行深化设计、施工工艺及施工方案模拟等。全方位覆盖的立体监控系统，用于检查临边防护措施、材料监管等（图11-43）。

（1）可结合BIM模型进行安全交底。以往的安全交底，往往只是安全负责人对现场工作人员谆谆告诫，工人的接受程度并不是很高。一些危险地段施工应该注意的地方往往只是简单地进行口头描述，不能在现场工作人员的脑海中形成较深的印象，效果较差。结合BIM技术，可以将施工现场中容易发生危险的地方进行标识，告知现场人员在此处施工过程中应该注意的问题，将安全施工方式方法进行展示。

（2）可通过 BIM 模型判断设备与设备、设备与工人或设备与既有建（构）筑物的距离，当他们距离过近时，安全监控系统及时预警，告诫管理人员及现场操作人员，避免安全事故的发生。

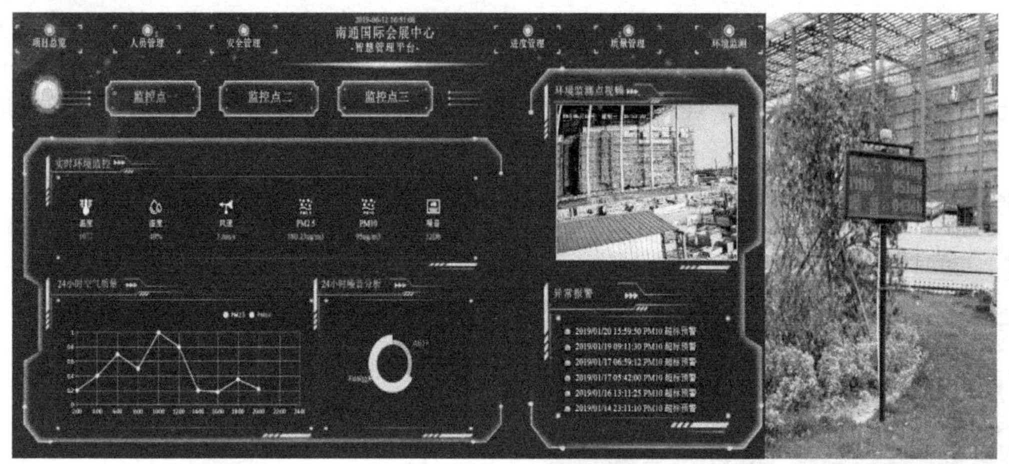

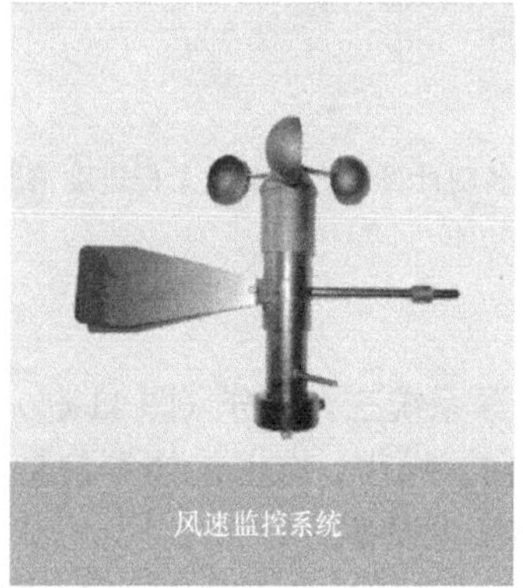

图 11-41　文明施工管理系统

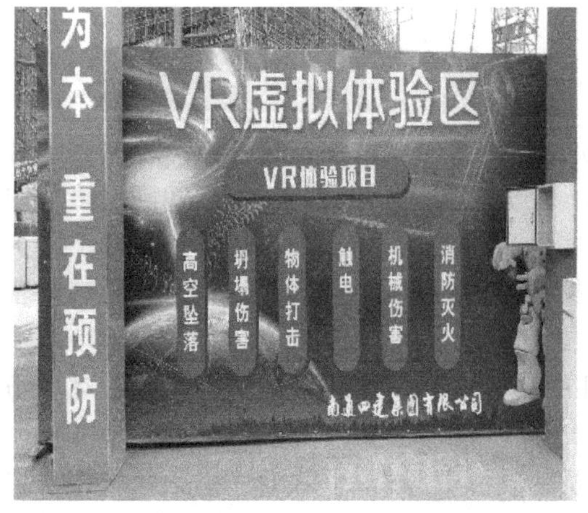

图 11-42　BIM＋VR 漫游展示

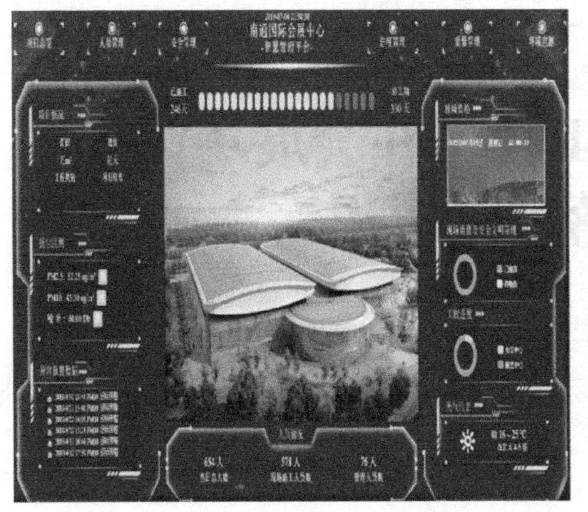
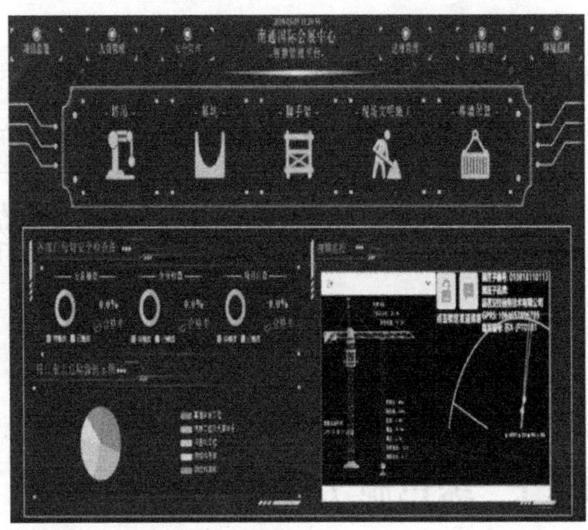

图 11-43　BIM+智慧建造云平台界面

（3）对于易发生事故的洞口等区域，可在 BIM 模型上标示出危险区域，当操作人员靠近危险区域时，安全监控系统及时向操作人员及管理人员发出预警。

11.5.3　基于 BIM 的机械安全管理

塔式起重机防碰撞及吊钩可视化系统包括塔式起重机区域安全防护、塔式起重机防碰撞、塔式起重机超载、塔式起重机防倾翻、吊钩可视化等功能，也能够提供塔式起重机安全状态的实时预警，并进行制动控制。

第12章　绿色施工技术在会展场馆建筑中的落地式应用

12.1　绿色施工特点

12.1.1　基坑开挖

该工程地下室挖土深度6.7m，东侧、南侧紧邻紫琅湖，基坑开挖是本工程重难点之一。支护设计图纸经专家论证、图纸会审，确定采用放坡开挖和止水帷幕相结合的施工工艺。在施工前项目部根据基坑特点和现场环境编制了深基坑专项施工方案，并进行专家论证。会议中心由东向西开挖，展览中心由南向北开挖，遵循分区、分块、分层（开挖一层，喷浆一层）、对称、平衡的原则。

12.1.2　土方开挖量大

本工程土方开挖量大，需合理安排开挖行走路线以降低能耗。会议中心土方量20万m^3，展览中心土方量10万m^3。会议中心东南角及西侧出口设置两个出土坡道，规划车辆行走路线，合理安排各区域的流水施工，使各工序能很好地衔接，缩短了工期。由于自然地坪为−1.5m，部分土方在场内堆置，后期用于回填至正负零。

12.1.3　地下管廊复杂

本工程展览中心地下室为四横两纵综合管廊，管廊结构断面不规则，模板支撑设计是难点。施工前组织编制了地下室模板施工方案，针对管廊特点采用盘扣式脚手架，用量少、组合简单、操作方便，节约了劳动力，提高了工作效率。

12.1.4　大体积混凝土施工

本工程基础及地下室面积大，基础底板厚，局部达到1.6m，对防水施工、大面积混凝土裂缝控制等工艺提出了较高的要求。加强对原材料的检验，选用符合设计、规范要求的材料。施工过程中全程旁站监督，严格按规范要求进行验收。混凝土施工后及时进行覆盖养护。

12.1.5　设置后浇带

由于底板结构的特殊性，设计了25个区域，给成型前、后质量控制提出了较高的要求，同时对后期的成品保护、支撑系统提出了一定要求。为了确保后浇带处不漏浆，不影响后续施工，此处采取钢板网+钢丝网的加固措施，效果显著。为了使后浇带支撑钢管和模板、木方，后浇带处采取预置 $\phi 90$ 镀锌钢管的形式代替模板支撑系统进行支撑。后浇带浇筑前凿除两侧的钢丝网，进行凿毛并清理干净，采用高一强度等级微膨胀混凝土浇筑，并按规范要求进行养护。

12.1.6　机电管线布置复杂

本工程运用BIM进行流程深化设计，在完成模型的同时，进行碰撞试验，避免二次返工，节约成本、缩短工期。碰撞试验通过后统计工程量，与采购部门合作进行材料的下单，非常契合本项目工期紧张的特点。

12.1.7　钢结构体量大、工期紧、施工难度高

本工程主体结构为钢结构，用钢量大，技术复杂，是绿色施工和新技术应用的重点。在钢结构施工时，项目团队集中攻克并成功应用了以下新技术，提高了效率，并节约了材料：高性能钢材应用技术、钢结构深化设计与物联网应用技术、钢结构智能测量技术、钢结构虚拟预拼装技术、钢结构滑移、顶（提）升施工技术、钢结构防腐防火技术、消能减震技术、大型复杂结构施工安全性检测技术。

12.2　绿色施工管理措施

1. 扬尘控制

现场设置环形喷雾装置，配备雾炮机，管井降水抽取的地下水由专人浇水进行土面湿润，西侧西门设置下沉式洗车池两座，土方车辆均为专业车辆，车轮胎高范围过水后出工地，专人在门口冲水及清扫。

2. 废气排放控制

车辆及机械设备废气排放应符合国家年检要求；电焊、烟气的排放应符合现行国家标准；食堂不烧煤炭、木柴等柴火；现场禁止燃烧废弃物。

3. 建筑垃圾处置

建筑垃圾一部分能用于工程作为回填材料等，进行就地消化；另一部分为废弃物，联系环卫部门进行处理。

4. 污水排放控制

厕所设化粪池，食堂泔水放入桶内由专人拉走，现场雨水等经沉淀池过滤后一部分用于工程。

5. 光污染控制

减少夜间作业，在满足照明要求的前提下减少照明数量。

6. 噪声控制

挖土工作主要安排在 9：00～17：00 工作；炮头机尽量用小挖机；支撑支护拆除用进口链条锯等设备。

12.3 节材与材料资源利用技术措施

12.3.1 节材总方案

施工中根据进度、库存情况等合理安排材料的采购、进场时间和批次，材料运输得当，避免和减少二次搬运，施工过程中采取技术和管理措施提高模板、脚手架等的周转次数，通过优化方案取得节材目的。

12.3.2 结构材料控制

使用商品混凝土和预拌砂浆，使用高强钢筋和机械连接接头，优化钢筋配料和下料，钢筋头应充分利用。

12.3.3 围护结构材料控制

门、窗、屋面材料、外墙材料等采用耐候性和耐久性良好的材料，施工确保气密性、水密性、保温性等性能满足要求。

12.3.4 装饰材料控制

卷材类按照图样计算采购；对卫生间贴面、外墙干挂石和有关精装等材料进行总体BIM图样排版，形成合理规格后订货，减少现场过多切割而产生较多边角料。

12.3.5 周转材料控制

办公用房及民工宿舍采用可拆卸的集装箱式组合房；临时围挡采用夹心彩钢板；地下室基础施工段应划分合理，以提高模板和钢管支撑等材料的周转率。

12.3.6 节水与水资源利用技术措施

生活用水采用市政自来水；施工用水，主体施工阶段使用深井降水储存与蓄水池中的雨水等，装饰阶段可尽量利用地下室循环水；洗车用水采用地下循环水，专用洗车台配置蓄水池；蓄水池水来自基坑深井降水蓄水及硬化道路雨水汇流而入的水；基坑四周布置喷淋设备除尘，采用蓄水池水；主体结构施工时根据进度安装 ϕ100 消防管道，架设增压泵抽取蓄水池水用于混凝土养护水及消防用水。

12.3.7 节能与能源利用技术措施

制定合理的施工能耗指标，提高施工能源利用率；建立施工机械设备管理制度，用电、用汽柴油参照投标报价量目标节约10%；塔式起重机吊重在不超载的前提下尽量使吊重增加而减少吊运次数；人货电梯尽量上下均载物，减少空运次数；焊机等大功率设备选择时考虑与负载匹配；空调设备夏季室内温度设置不得低于26℃，冬季室内温度设置不得高于20℃，无人房间空调等电源关闭；临时用电线路布置合理，优先选用节能灯具，人离开必须关闭电源。

12.3.8　节地与土地资源保护技术措施

基坑采用自然放坡，并结合实际保留展览中心地下管廊间的土方，减少土方外运与回填。基坑周边施工区域范围内场地道路全部硬化，办公区、仓库、加工场、作业棚布置合理；四周硬化道路环通，东西北三面道路宽度达 4.0m，可作为消防通道及行车通道；道路硬化行车方便，缩短了运输距离、减少了运输时间。

12.4　绿色施工现场实施

12.4.1　绿色施工培训与前期深化

项目部建立了绿色施工管理体系和管理制度，实施目标管理，同时建立绿色施工培训制度，并有实施记录；项目部组织了图纸会审，重点对钢结构、幕墙、金属屋面和砌筑等进行深化设计，并提交设计单位进行了确认。特别是钢结构经过深化设计后，比原图节约用钢量达 100 多吨；项目施工组织设计即施工方案专门编制了绿色施工章节，明确了绿色施工目标，确定了绿色施工创建的一系列措施，内容涵盖了“四节一环保”要求；针对用水、用电、用材等节约和重复利用方面，项目部以工程技术交底方式分层次进行，技术负责人对项目绿色施工管理团队进行交底，各专业施工管理人员对班组进行绿色施工交底；本项目地下室照明采用 LED 大灯，地上部分采用 LED 灯带，浇筑混凝土采用低噪声振动棒，塔式起重机采用变频电机等节能设备，这些设施符合绿色施工的新材料、新技术、新工艺、新机具等的要求；对于日常绿色施工过程的管理资料，项目部由专人及时收集并保存，相关见证资料如洒水和 pH 测试记录等，已建立台账。每月及时进行绿色施工自检评价，业主和监理单位及时进行监督指导，并进行评定。

12.4.2　执行措施与现场对策

（1）项目部对场地四周原有地下水形态进行了保护，在保证施工的情况下，尽量减少抽取地下水（图 12-1）。

图 12-1　一级沉淀池（收集雨水）

（2）项目部对氧气和乙炔气、油漆和松香水等危险品、化学品的存放处及时采取了隔离措施，控制污染物的排放（图 12-2）。

图 12-2　乙炔瓶、氧气瓶按规范规定距离放置

12.4.3　人员健康保护

（1）本项目的施工作业区和生活办公区分开布置，生活设施远离生产区 50m 以上（图 12-3）。

（2）生活区由专人负责，住人房间安装有空调和隔蚊蝇等设施（图 12-4）。

图 12-3　施工作业区和工人生活区分开布置

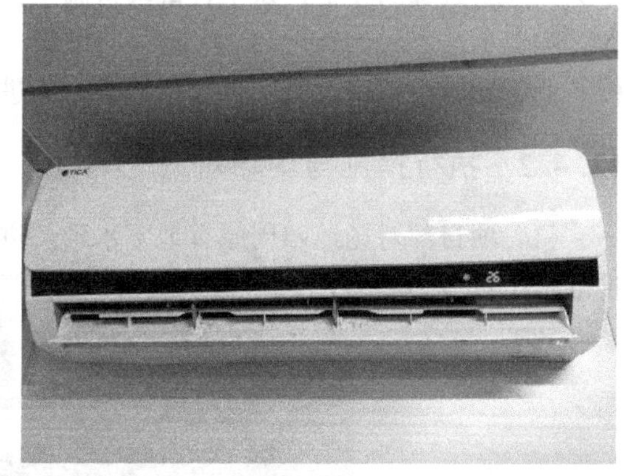

图 12-4　办公区和生活区安装了冷暖空调

（3）现场工人劳动强度和工作时间，根据季节调整，合理安排作息时间和分配劳动量，符合现行国家标准有关规定。如塔式起重机司机等特种作业人员，实行一台塔式起重机三名司机三个司索信号工，每班四小时轮换制，确保其正常劳动强度和休息时间。

（4）从事有刺激性气味和强光、强噪声的人员都发放了劳动保护用品，并监督员工正确佩戴和使用防护器具（图 12-5、图 12-6）。

（5）本项目防水施工主要在室外，室内装修施工是大空间环境，自然通风良好（图 12-7）。

图 12-5　工人进行安全及各事项交底例会

图 12-6　现场切割工人佩戴防尘口罩

（6）施工现场起重机旁、基坑边、有毒物品存放地均设置了醒目安全标志，并重视人员安全健康管理（图 12-8）。

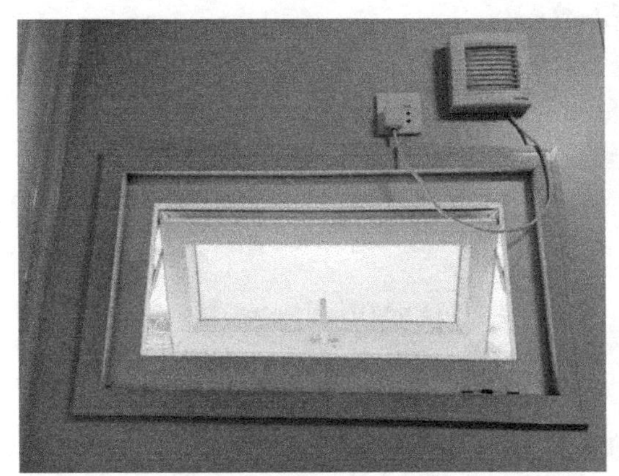

图 12-7　办公区及生活区室内装修搭设的通风设施

图 12-8　危险地段安全标识

（7）项目部对厕所、食堂卫生设施、排水沟及阴暗潮湿地带，配备专人管理、专人打扫，定期消毒（图 12-9）。

（8）卫生许可证和工作人员健康证在食堂公共部位公示，食堂各类器具整洁，个人卫生、操作行为规范。

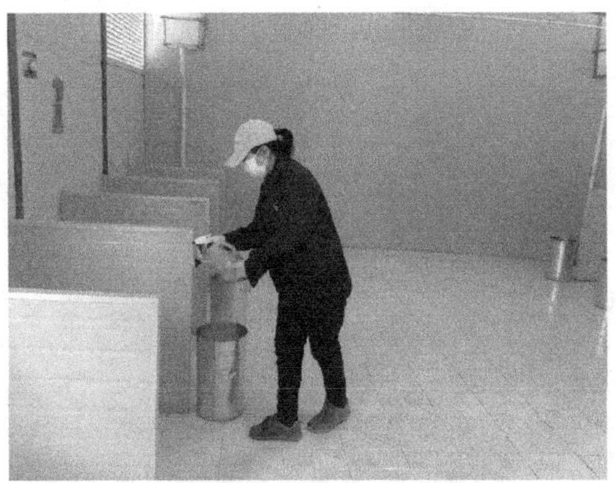

图 12-9　工人生活区厕所定期消毒

12.4.4　扬尘控制

（1）现场建立了洒水清扫制度，配备洒水车，并有专人负责（图 12-10、图 12-11）。

（2）项目部对裸露地面、集中堆放的土方采取了黑网或绿网覆盖措施（图 12-12）。

（3）项目部对运送土方、渣土等易产生扬尘的车辆，采取了封闭的遮盖措施（图 12-13）。

图 12-10　定期洒水清扫

图 12-11　洒水设备

图 12-12　现场裸土覆盖

（4）现场进出口设置了冲洗池和吸水垫，保持进出场车辆的清洁（图 12-14）。

图 12-13　土方车封闭覆盖

图 12-14　现场进出口洗车池及地漏

（5）本项目砌筑不使用袋装或散装水泥，采用干粉砂浆和专用粘结剂，采取密封等措施防止此类细颗粒飞扬，施工做到落手清，少量余料及时回收再利用（图 12-15）。

（6）易产生扬尘的施工作业采取了遮挡、洒水、喷雾等抑尘措施（图 12-16）。

图 12-15　展览中心北侧材料储存棚

图 12-16　PLC 联动喷淋系统

（7）本工程无拆除爆破作业。

（8）本项目地上部分，绝大多数为装配式施工，高处为金属屋面，基本不产生垃圾。少数垃圾用垂直运输机械完成运输，包装后由人工放至地面（图 12-17）。

（9）现场使用干粉预拌砂浆，采取全密闭防尘措施（图 12-18）。

图 12-17　室内汽车式起重机垂直运输垃圾

图 12-18　干粉砂浆罐防护棚

12.4.5　废气排放

（1）本项目进出场车辆及机械设备废气排放符合国家年检要求，并对各车辆的年检标志和行驶证进行核实，保留记录。

（2）生活区使用天然气作为生活现场的燃料，热水从热电厂购进剩余热水供生活区职工洗澡和洗衣服等使用，饮用水集中供应。

（3）本项目钢结构和幕墙龙骨等焊接，均采用新型的药芯焊丝，电焊产生的烟气少，电焊烟气的排放符合现行国家标准《大气污染物综合排放标准》GB 16297—1996 的规定。

（4）本现场不允许燃烧废弃物，废弃物均进行了无害化处理或回收重复利用。

12.4.6 建筑垃圾

（1）项目部的建筑垃圾进行了分类收集、集中堆放（图 12-19）。

（2）废电池、废墨盒等有毒有害的废弃物封闭回收，不混放（图 12-20）。

图 12-19 建筑垃圾分类集中堆放

图 12-20 废弃物收集处

（3）本项目的垃圾桶分为可回收利用与不可回收利用两类，并定期清运（图 12-21）。

（4）回收碎石和剩余混凝土料等，用作路基填料和电缆沟盖板等（图 12-22）。

图 12-21 可回收与不可回收分类垃圾桶

图 12-22 剩余混凝土作电缆沟盖板

12.4.7 污水排放

图 12-23 施工现场围挡旁排水沟

（1）现场道路和材料堆放场地周边都设有排水沟，循环排水沟长度为 2000 多米（图 12-23）。

（2）现场厕所应设置化粪池，化粪池应定期处理（图 12-24）。

（3）生活区厨房设置隔油池，并定期处理厨余废油和泔水等（图 12-25）。

12.4.8 光污染

（1）虽然本项目现场附近无居民小区和办

公楼，夜间焊接作业时，也采取了挡光措施（图 12-26）。

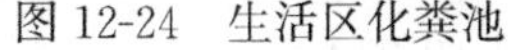
图 12-24　生活区化粪池

图 12-25　生活区厨房隔油池

(2) 工地设置大型照明灯具，有防止强光线外泄的措施（图 12-27、图 12-28）。

图 12-26　夜间焊接作业挡光网

图 12-27　场内照明用灯罩控制光源方向

12.4.9　噪声控制

(1) 本项目附近无居民小区和学校、办公楼等，夜间施工噪声值经检测符合国家有关规定，现场设置了噪声监测点，并实施动态监测（图 12-29）。

图 12-28　现场照明灯罩及室内使用 LED 灯

图 12-29　现场噪声监测点

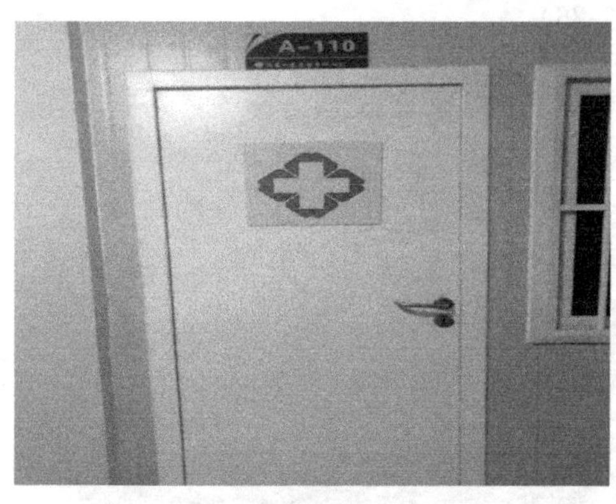

图 12-30　办公区医务室

（2）现场设有医务室，人员健康等有完善的应急预案（图 12-30）。

12.4.10　材料节约及资源再生利用

（1）现场采用满堂盘扣式脚手架，以及可循环利用模板。

（2）钢筋下料单严格进行检查，杜绝浪费。废旧钢筋和下料的钢筋断头及时安排人员进行清理归集，用于马凳筋制作。

（3）东侧及北侧围挡采用原围墙翻新，办公区围挡采用原南侧围墙围挡，西侧围挡采用可重复利用的彩钢板，既美观又提高了材料的周转率（图 12-31）。

（4）现场正负零以上楼面使用预制钢楼承板铺设，节约了木模板的使用。

图 12-31　办公室围挡和工地围挡

图 12-32　预制钢楼承板

（5）施工通道防护棚、场地四周防护栏杆和楼梯扶手等采用装配式，可重复利用，且节约了扣件（图 12-33、图 12-34）。

图 12-33　装配式安全通道防护棚

图 12-34　装配式防护栏杆

（6）本项目模板支撑系统采用承插式钢管（图 12-35），减少了扣件的使用，降低了材料损耗。工程浇筑剩余混凝土用于制作门窗洞口过梁、电缆沟盖板等（图 12-36）。

图 12-35　模板支撑体系采用承插式钢管

图 12-36　剩余混凝土制作洞口过梁

（7）本项目采用样板引路制度，每道工序样板先行，验收合格后再进行大面积施工，避免了返工，节省了材料，降低了损耗（图 12-37、图 12-38）。

图 12-37　独立柱模板支设样板

图 12-38　玻璃幕墙、石材样板

（8）材料运输方法科学合理，工程所用材料的采购，90%以上为 500km 内的供应商，到目前为止，运输损耗率几乎为零（图 12-39）。

（9）现场办公用纸分类摆放，纸张两面使用，废纸进行回收（图 12-40）。

（10）主体钢结构采用整体滑移以及整体提升技术，节约了大量劳动力，加快了施工进度（图 12-41、图 12-42）。

12.4.11　节水及水资源利用

（1）施工现场供水、排水系统合理，办公区、生活区的生活用水均采用节水器具，节水器具配置率达到 100%（图 12-43）。

（2）本基坑降水以及雨水都进行了储存循环利用，应用于现场喷淋、冲洗装置。

（3）施工用水和生活用水分开计量（图 12-44）。

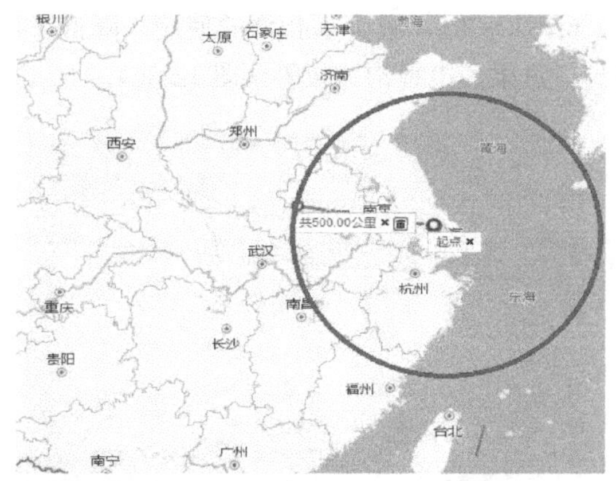

图 12-39　材料运输距离符合 500km 范围内

图 12-40　废纸回收处

图 12-41　钢结构整体提升

图 12-42　钢结构桁架滑移

图 12-43　生活区采用节水龙头

图 12-44　生活区及施工区水表

（4）本项目现场施工用水采用地下水，即管井降水抽上来的水，经由北侧基坑顶集水井抽至消防水池，并引出至四周围墙上布置的供水管道，供各部位施工用水。生活区北侧地面设置排水沟，收集雨水至厕所边的水箱，供冲洗厕所使用，合理利用了水资源，节约了用水（图 12-45～图 12-47）。

图 12-45　消防水池

图 12-46　回收再利用沉淀水池

（5）办公区厕所使用节水型小便池，节约用水（图 12-48）。提前安装消防水管，利用地下水及雨水作为楼层施工用水，既节省了临时管道安装费用，又起到了节水的作用（图 12-49）。

图 12-47　雨水收集井

图 12-48　节水型小便池

12.4.12　节能与能源利用

（1）施工现场塔式起重机、施工升降机等大型机械安装独立电表，计量用电量（图 12-50），便于控制能耗。采用变频型施工升降机，降低能耗。

（2）施工区、办公区设置太阳能路灯（图 12-51、图 12-52），生活区设置时间控制器（图 12-53）。每间宿舍均设有限流器，控制电量使用，达到节能效果。

（3）原投标文件会议中心为 7 台群塔方案，后根据实际情况优化为 5 台塔式起

图 12-49　消防水泵利用地下水、雨水

重机，提高了使用效率，节省了能源（图 12-54）。

图 12-50　塔式起重机等大型机械独立电表计量

图 12-51　办公区太阳能路灯

图 12-52　施工区太阳能路灯

图 12-53　生活区板房采用时间控制器

图 12-54　原塔式起重机方案和实际塔式起重机布置

12.4.13　节地与土地资源保护

（1）施工总平面布置紧凑，尽量减少占地面积，合理设计场内交通道路。项目部根据施工进度情况，适时调整施工平面布置，以最大限度节约用地或减少硬化地面。

（2）现场的机电安装和幕墙单位等，在多处设置了“工厂化预制加工生产基地”，采用伸缩式的厂房，达到节地、防噪声和控制粉尘污染等绿色施工的目的（图 12-55）。

（3）临时办公和生活用房采用结构可靠的多层轻钢活动板房装配式结构（图 12-56），该临时设施可以多次循环使用，为拼装式结构，随时可以拆卸搬迁至目的地。这样的做法不仅节地，而且避免重复投入。

图 12-55　现场工厂化预制加工生产基地

图 12-56　临时办公区

第13章　会展场馆建筑精细化管理和创新实践

13.1　会展场馆建筑精细化进度控制

13.1.1　钢结构进度计划编制说明

南通展览中心钢结构工程编制原则满足以下要求：

（1）响应招标文件中所有节点工期的要求；

（2）施工工艺过程必须符合设计工况的要求；

（3）确保各项工程目标的实现。

13.1.2　进度计划编制要求

（1）合理安排关键工作及各项关键工作之间的搭接，关键线路上工作的持续时间决定了施工过程的工期，合理安排关键工作和合理安排关键工作之间的搭接，是控制工程施工进度、编制施工进度计划的核心内容。

（2）合理安排非关键线路上工作的插入时间。在进度计划安排中，对于非关键线路上的工作要考虑尽早插入，以提供较为富余的作业时间。

（3）充分考虑必要的技术间歇时间。在进度计划编排中充分考虑各工序与上一道工序的技术间歇时间，避免上道工序形象进度完成却不能按计划要求及时转入下一道工序施工的现象，造成进度盲区。

（4）充分考虑供货、制作周期等施工准备工作所需时间。在进度计划安排中，工作持续时间的长短，必须充分考虑到该项工作施工准备所需要的时间。本工程进度计划编制主要采用横道图形式，其中横道图采用微软 Project2010 软件编制。

13.1.3　展览中心钢结构工期控制节点

展览中心钢结构工程工期控制时间节点见表 13-1。

展览中心钢结构工期控制时间节点　　表 13-1

项目	阶段	开始时间	完成时间	工期
钢结构控制节点	钢结构图纸深化设计	2018/11/19	2018/11/30	12d
	地下室钢结构材料采购	2018/11/21	2018/11/22	2d
	地上钢结构材料采购	2018/11/21	2018/12/30	40d

续表

项目	阶段	开始时间	完成时间	工期
钢结构控制节点	地下室钢结构加工制作及运输	2018/11/23	2018/12/31	39d
	展厅地上钢结构加工制作及运输	2018/12/10	2019/2/2	55d
	屋盖管材及檩条加工制作及运输	2018/11/19	2019/1/17	60d
	序厅地上钢结构加工制作及运输	2019/2/3	2019/2/17	15d
	登录厅钢结构加工制作及运输	2019/2/18	2019/3/4	15d
	施工准备	2018/11/19	2019/5/7	170d
	地下室劲性结构安装	2018/11/27	2018/12/14	18d
	展厅地上结构安装	2018/12/25	2019/1/29	36d
	屋盖拼装及滑移	2019/1/18	2019/4/12	84d
	序厅地上结构安装	2019/4/18	2019/4/27	10d
	登录厅结构安装	2019/5/8	2019/5/27	20d
	工程扫尾	2019/4/13	2019/5/29	47d

13.1.4　主要施工项目工期时间节点

会议中心及展览中心主要施工项目工期节点时间见表13-2、表13-3。

会议中心主要施工项目工期节点时间表　　表13-2

序号	项目名称	开始时间	结束时间
1	地下室外墙土方回填		2019.02.28
2	钢结构安装		2019.04.30
3	金属屋面	2019.04.01	2019.05.14
4	幕墙安装	2019.03.20	2019.08.10
5	室内精装修	2019.04.01	2019.08.30
6	机电安装(含智能化、电梯)		2019.09.10
7	机电安装整体联动调试	2019.09.10	2019.09.20
8	室外配套	2019.06.01	2019.09.20
9	竣工验收	2019.09.25	2019.09.30

展览中心主要施工项目工期节点时间表　　表13-3

序号	项目名称	开始时间	结束时间
1	地下室外墙土方回填		2019.02.28
2	展览厅地坪加固结束		2019.03.12
3	展厅钢结构安装(含滑移)		2019.04.09
4	登录厅钢结构安装	2019.04.10	2019.05.15
5	金属屋面	2019.03.10	2019.04.30
6	幕墙安装	2019.03.20	2019.08.03
7	室内精装修	2019.05.01	2019.08.28
8	机电安装		2019.08.25
9	机电安装整体联动调试	2019.08.21	2019.09.20
10	室外配套	2019.06.01	2019.09.20
11	竣工验收	2019.09.21	2019.09.26

13.1.5 工期保障管理机构及职责

实行项目经理责任制，对工程行使组织、指挥、协调、实施、监督五项基本职能，确保指令畅通、令行禁止、重信誉、守合同。项目经理部除项目经理主管项目的总体协调控制以外，建立由项目总指挥领导，项目经理、项目技术负责人、专业工长中间控制，专职质检员检查的三级管理系统，形成高效合理的质量管理网络。制定科学的组织保证体系，并明确各岗位职责。同时认真自觉地接受业主、监理、政府质量监督机构和社会各界对工程质量实施的监督检查。

针对项目的特殊性，集团高层将本项目列为集团公司重点工程，将派出实施过类似大跨网架项目的专业人员，全面调动公司各方面可以利用的资源，确保工程顺利圆满地完成，同时承诺严格遵守现场项目管理制度、现场项目部人员到位率达到要求、项目总指挥直接参加现场的各种协调会议。

1. 工期保障管理机构

工期保障管理机构如图 13-1 所示。

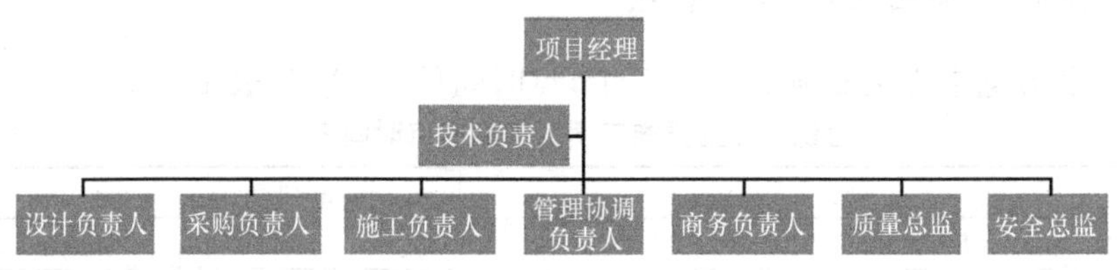

图 13-1　工期保障管理机构

2. 工期保障管理机构职责

工期保障管理机构职责见表 13-4。

工期保障管理机构职责　　表 13-4

职务	主要职责
项目经理	认真履行建设管理职能，对整个项目的工期进度总体负责，做到精心组织，周密计划。建立强有力的指挥系统，实行领导分管，靠前指挥，强化施工管理
技术负责人	主动协调各个工点、节点、环节、各个阶段施工中出现的问题，保证工程的整体推进、工期计划的实施，同时积极组织开展劳动竞赛，发挥整体优势，形成整体合力，营造良好的建设氛围
设计负责人	积极配合施工，认真贯彻“动态设计、信息化施工”的原则，经常深入工地了解、掌握施工中的实际情况，及时处理施工中地质勘察、设计变更的工作。按照“先批准后变更”的原则，做到变更设计合理、程序到位、出图及时
施工负责人	严格履行投标承诺和合同条件，选派强有力的指挥和各专业管理人员，配备足够的施工人员、机械设备，组织业务精、技术装备优良、能打硬仗的施工队伍，制定项目工期目标管理责任制，严格量化考核，确保工期目标的实现
商务负责人	负责项目成本分析、核算、定期分析总结等管理工作，并定期向项目经理和公司合约部汇报，针对项目成本管理中的问题协调解决
质量总监	协助项目经理组织召开质量管理分析评议会，对工程实体存在的质量问题进行分析评议，制定并监督纠正、预防措施的执行和取得的效果，负责推广和向分公司质量主管部门总结上报好的质量保证措施及做法
安全总监	负责组织方案实施后涉及重大安全事项的验收，负责组织特种劳动防护用品的验收，组织大型机械设备及临时用电工程的验收和管理，组织中小型机械的验收。对现场发现的安全隐患立即提出整改意见，视情况有权发布安全停工整改命令

13.1.6 组织管理措施

为保证工期目标的实现，拟实施表 13-5 所示组织管理措施。

组织管理措施 表 13-5

编号	措施类别	措施内容
1	成立管理组织机构	充分发挥人才优势，在本项目配备具有同类型工程施工经验的业务精、技术好、能力强的项目管理班子及满足各工种工艺技能要求的足够数量的技术工人
2	定期召开专题会议	总结经验：总结前一阶段工期管理方面的经验教训，提交并协调解决各类问题； 预测调整：根据前期完成情况和其他预测变化情况，及时调整后期计划并下达部署； 兑现奖罚：兑现工期奖罚
3	开展工期竞赛活动	拿出一定资金作为工期竞赛奖励基金，引入经济奖励机制，结合质量管理情况，奖优罚劣，充分调动全体施工人员的积极性，力保各项工期目标顺利实现
4	重点工程优先制度	将本工程列为集团公司的重点工程，从设备、人员、资金等各方面给予全力投入，确保本工程按质、按量并尽全力提前安全完工
5	分项工期计划编排	依据合同总工期要求编排合理的总进度计划，对生产诸要素（人力、机具、材料和资金等）及各工种进行计划安排，在空间上按照一定的位置、在时间上按照先后的顺序、在数量上按照不同的比例，合理地组织起来，在总体工期统一指挥下，有序地进行，确保达到预定的目的。 总进度控制计划依据与业主签订的施工承包合同，以整个工程为对象，综合考虑各方面的情况，对施工过程做出战略性的部署，确定主要施工阶段的开始时间及关键线路、工序，明确施工的主攻方向。 各专业施工项目组根据总进度计划要求，编制所施工专业的分部、分项工程进度计划，在工序的安排上服从施工总进度计划的要求和规定，时间上既保证进度要求又留有余地，考虑与其他专业的合理交叉和衔接，确保施工总目标的实现
6	工期月报	每月 25 日提供经监理确认的当月分包工程执行情况。 每月 25 日提供经监理确认的下月施工进度计划。 每月 25 日提供经监理确认的各种资源与进度配合调度状况。 对计划实施动态管理：根据各专业分项施工计划的实施现状及现场施工现状，对照本工程施工总计划及时给予调整
7	深化设计及设计变更	(1)投标阶段就做好对钢结构的深化设计基础工作，根据各施工阶段的材料生产周期情况，提前向业主报送订货计划，督促订货、加工和组织进场。 (2)投标阶段就深入研究招标图纸，统计掌握潜在的设计变更项目，进场后立即同业主、设计沟通，督促尽早实施变更。 (3)对于某些工艺复杂、技术不成熟、材料成本高的设计项目或材料，在本着降低造价、缩短工期的原则，建议业主尽早变更为工艺成熟、施工速度快的设计方案
8	资源共享信息管理	采用项目管理信息系统实现资源共享。以项目局域网络为基础，充分发挥 BIM 系统和项目管理系统优势，实现高效、迅速并且条理清晰的信息沟通和传递，为项目管理者提供决策依据

13.1.7 材料保证措施

严格按招标要求的品牌和厂家进行采购，按照招标文件规定流程采购。整个工程钢结构材料采购将严格按照节点工期进行分阶段分批次合理采购。在投标前，与招标文件要求的材料供应商签订《供货意向书》，在中标后能提前供货。

1. 材料采购保证措施

材料采购保证措施内容见表 13-6。

材料采购保证措施　　表 13-6

序号	保证措施内容
1	本工程钢材材质为 Q345B,第一批采购时间紧,所以必须由专人负责本工程的材料采购工作,各类型原材料采购负责人必须有相关材料采购经验
2	我公司与国内的大型钢铁公司、焊接材料供应商存在多年合作关系,在材料采购中,我公司可以获得优先权
3	我公司现已做好钢材采购预案,将快速启动钢材的采购,利用我公司在设计以及各大钢厂的良好合作关系的优势,提前提出钢材的采购计划,便于工厂组织生产,保证工程材料的快速到位
4	由材料设备部协同计划科制定详细的采购和运输方案及到货进度计划,并经指挥部论证后,认真执行
5	在投标阶段我们公司既和各大材料供应商签订《合作意向书》,确保各项材料按合同履约
6	项目经理部每天对各项工作进展情况进行总结并通报,对过程中出现的各种问题及时协调和解决;对未能达到进度要求的各子项,认真调查原因,及时处理
7	对签订供货合同的厂家,我方将派驻工厂监理或检查人员,对材料生产状况、质量标准实时进行监控,确保到场的材料符合各种采购指标
8	及时和设计院、业主、监理方沟通,确保各方面信息顺畅,保证不误购、不欠购等
9	根据材料计划,进行各项物资的国内、国际市场调研。请建设、设计、监理单位共同考察供货厂家,实行采购招标,做到货比三家,确保质量好、服务好、价格合理,有足够的供货能力

2. 钢材进厂保证措施

严格按招标文件规定进行钢材见证取样，充分发挥绿色建筑检测中心的焊接试验室及检测室的便利条件（图 13-2），利用光谱分析仪对原材料进行快速检测，缩短高强钢厚板原材料复查时间（图 13-3）。同时对厚板、超厚板的 S、P 含量进行分析，计算碳当量和焊接抗裂系数是否满足设计要求。

图 13-2　绿色建筑检测中心

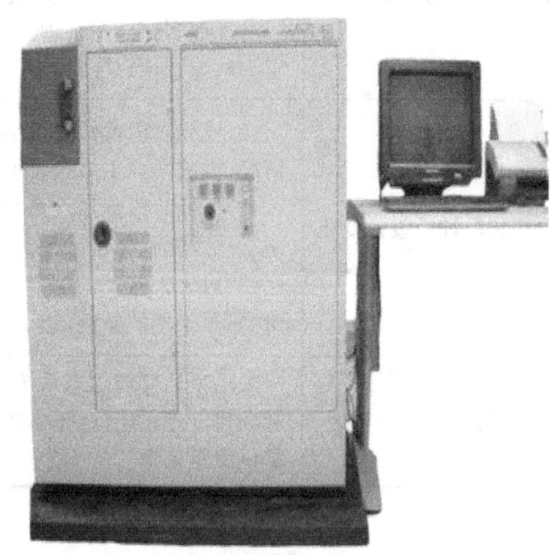

图 13-3　METAL-LAB 75/80 直读光谱仪

入库钢材严格按照流程做好材料标识，避免材质规格混用，材料使用采用专业软件实行全排版管理，统一余料标识，严格按材料采购计划中预排版要求进行排版下料；材料发放人员严禁随意代换材料规格（图 13-4）。

13.1.8　技术保证措施

认真阅读设计图纸和有关规范，增强对工程结构和使用功能的感性认识，从而做好施工技术交底和施工动态监控实施。施工过程中的工序控制是保证和提高工程质量的关键措施，应把“事后把关”转变为“跟踪监控、预防为主”，从“管理结果”扭转到“管理因素”的轨道上，使工序质量处于受控状态。技术保证措施具体内容见表13-7。

图13-4　钢板堆放示意图

技术保证措施内容　　表13-7

序号	具体内容
1	方案先行样板引路：制定详细的、针对性和可操作性强的施工组织设计和专项施工方案，编制针对性强的施工组织设计和施工方案。 采用技术先进、合理可行的施工方法，实行三级技术交底，对重要部位制作施工样板，从而实现项目管理层和操作层对施工工艺、质量标准的熟悉和掌握，使工程有条不紊的按期保质完成
2	严格按照设计要求和国家标准《钢结构工程施工质量验收规范》GB 50205及《钢结构焊接规范》GB 50661逐级进行技术交底，精心组织施工
3	由于工期要求紧，项目制定工期节点控制，并进行动态管理，在此基础上合理、及时插入相关工序，进行流水施工
4	利用计算机技术对计划实施动态管理，通过关键线路节点控制目标的实现来保证各控制点工期目标的实现，从而进一步通过各控制点工期目标的实现来确保总工期控制进度计划的实现
5	根据总工期进度计划的要求，强化节点控制，明确影响工期的材料、设备的考察日期和进场日期，加强对钢构件加工、进场、安装的计划管理。建立以时保日、以日保周、以周保旬、以旬保月、以月保总体的计划管理体系
6	项目深化设计组在项目技术负责人的领导下，对钢结构各专业进行深化设计，使施工作品更好地体现设计师的意图；在保证工期的基础上建成精品工程
7	提前做好各种材料复检试验、工艺评定试验，将试验计划和试验结果报送业主、监理等有关单位，并及时获得审批确认，使钢结构制作与安装顺畅
8	精心规划和部署，优化施工方案，科学组织施工，使项目各项生产活动井然有序、有条不紊，后续工序能提前穿插
9	认真执行质量责任制，明确各级质量责任人、制定完善的各项质量管理制度，坚持“谁施工，谁负责质量”，在施工部位打上操作者的编号，以便明确质量责任
10	认真做好技术交底工作。开工前应逐级进行书面技术交底，技术交底中除说明施工方法、技术操作要领外，必须明确质量标准及质量要求
11	把好原材料质量关，进场材料必须有合格证(材质证明)或检验报告。不合格材料不得进场使用。对进场的材料应妥善保管，防止变质和损坏
12	加强对钢构件加工的质量管理和质量控制。构件验收时，应有专人负责构件质量验收，并认真做好记录，不合格构件禁止进场
13	加强计量管理，统一计量器具。定期对施工中使用的仪器、仪表进行校正和检验。结构安装和钢构件制作应用统一检定的钢尺
14	加强工序质量管理，针对钢结构吊装、焊接及测量校正等编制相应的施工作业要领书，并以此指导施工，各道工序严格执行“自检、互检、专业检查”三检制，上道工序验收合格后，方可进行下道工序施工

13.1.9 人员保证措施

充分发挥公司灵活的经营机制，实现对劳动力的动态管理，本工程钢结构、幕墙和精装等专业单位负责供应、加工及制作、安装，将作为重点专业工程进行管理，统一对重点工程的施工人员提供强有力的保障，工厂人员的使用分配需根据工作情况灵活调动。选择优良的特别是有网架构件加工经验的加工制作班组、高素质的管理人才、精良的技术装备以及实行专款专用等来实现。拿出一定资金作为奖励基金，引入经济奖励机制，结合质量管理情况，奖优罚劣，充分调动各级人员的积极性，认真地投入到工作中，以保证工程的进度与质量。当工程遇到特殊问题时，出现抢工期，需要增加劳动力，一方面组织现场人员调整工作时间，另一方面可以从多种渠道增加各种专业的人员。现场安装时由工厂派出的制作人员及工艺指导人配合完成。在劳动力不够的时候，从其他区域调派专业队伍充实施工现场，确保劳动力资源充足和满足施工进度要求。

13.1.10 机械设备保证措施

机械设备保证措施见表 13-8。

机械设备保证措施　　表 13-8

机械设备资源保障体系	为保证所有机械设备等均满足工程施工的需要和调配管理的力度，在项目部内将成立设备资源保障与调配管理体系，在项目经理的领导下，由主管机械设备资源的项目副经理主持本体系的运行与管理、考核
自有机械设备的保障	针对本工程钢管相贯线切割加工等制作工序，专业单位投入 4 台数控相贯线切割机等，以此确保构件制作工期。开工前，组织人员对加工机具进行一次全面检修与保养，保证设备能正常运行。 专业单位做好本工程的配置预案，本工程工厂制作机械设备均为专业单位自有。而且对自有的机械设备如矫正机、下料机、流水线制作机械、相贯线切割机等准备投入到本工程的设备进行了保养、维修，使设备处于完好状态
租赁设备的保障	目前本项目所使用的机械在投标阶段已经全部落实，所有自有设备均为空置设备，其余设备已与有实力、有资质的大型机械设备租赁公司签订了租赁协议，保证所有设备均能按时投入到该项目使用。 外租机械入场前首先在场外检修保养，确保不带病运转。进场机械设备须经项目经理部逐台进行验收，并填写施工机械设备验收清单
机械设备的维修保养	我公司将成立机械设备的维修保养小组，对进场前的机械设备进行全面的保养维修，保障进入现场的都是完好设备，能够随时投入使用；同时，加强在使用过程中机械设备的及时保养，保障进入现场后的机械设备的连续使用和完好，保障整个工程的有序连续施工，达到保障工期的目的
备品备件的计划制订与采购	保证主要设备的关键零部件都有备品备件，保障设备故障时能及时更换损坏的零部件
机械设备的应急措施	机械在使用时，发生一般故障，可由维修人员第一时间抢修，以保证机械的良好使用。本工程主要施工机械为汽车式起重机，若发生机械关键构配件、机构的重大损坏，维修较难，时间较长，则采取直接更换相应构配件、机构的方法，保证工程进度

13.1.11 资金保障措施

(1) 执行专款专用制度建立专门的工程资金账户，随着工程各阶段控制日期的完成，及时支付专业队伍劳务费用，防止施工中因为资金问题而影响工程的进度，充分保证劳动力、机械、材料的及时进场。

（2）执行严格的预算管理制度。施工准备期间，编制项目全过程现金流量表，预测项目的现金流，对资金做到平衡使用，以丰补缺，避免资金的无计划管理。

（3）资金压力分解在选择分包商、材料供应商时，提出部分支付的条件，向同意部分支付又相对资金雄厚的合格分包商、供应商进行倾斜。为保障工程资金满足工程施工的需要和调配管理的力度，在项目部内成立资金资源保障与调配管理体系，由项目经理和主管资金资源的项目总经济师主持本体系的运行与管理、考核。资金保障是整个项目其他保障的前提，是保障工程顺利施工、保证工期节点的最重要和最关键的因素，必须由项目经理亲自抓，是项目经理管理的重点。

（4）在项目部制定资金使用与流转办法，制定资金流转的工作程序，资金的进入与划出严格按相关的申请与审批程序，保证资金的正确使用，实现“一支笔”审批制度。

（5）本工程资金实现专款专用，无论是前期调拨的资金，还是其余款项的进出，均实现一个账号进出专款专用，属于本工程的工程进度款不作他用，以保证整个工程施工建设的顺利进行和确保工期节点目标的实现。

（6）在工程开工前，公司总部将与项目部一起，共同制定项目的资金使用计划，并在实施过程中及时对项目的资金使用计划进行动态管理与调整，保障资金的使用与施工进展情况相吻合，推动工程施工的快速进行。

（7）公司总部会计核算中心派工作人员驻现场，指导项目资金的专款专用，并对其项目部的资金使用情况进行监督、检查与考核，保证资金的正常流转，从而保障资金的专款专用，为工程施工提供最有力的保证。

（8）拿出一定资金作为工期竞赛奖励基金，引入经济奖励机制，结合质量管理情况，奖优罚劣，充分调动全体施工人员的积极性，力保各项工期目标顺利实现。专款专用，为本工程的顺利施工提供足够资金保障，以充分保证劳动力和施工机具的充足配备、材料及时采购进场。随着工程各阶段关键节点的完成，及时兑现各施工班组的劳务费用，这样既能充分调动作业人员的积极性，也能更好安排各作业班组。

13.1.12 夜间施工安排保障措施

夜间施工安排保障措施具体内容见表13-9。

夜间施工安排保障措施 **表13-9**

序号	措施	具体内容
1	监督管理	现场安排一名项目领导值班，协调处理夜间施工工作；项目经理部设置夜间施工监督员，对夜间施工进行巡视，确保夜间施工的工作效率和作业安全；项目部其他人员保持全天通信畅通
2	扰民安抚	提前做好扰民安抚工作，现场围墙、门口、道口等位置粘贴夜间施工告示
3	施工照明	（1）施工照明与施工机械设备用电各自采用一条施工线路，防止大型施工机械因偶尔过载后跳闸导致施工照明不足。 （2）施工准备期间，分别在场地四周搭设大功率镝灯，用于整个施工现场夜间照明。 （3）同时配备足额LED灯，作为零星照明不足的补充。 （4）现场必须有足够的照明能力，满足夜间安全等对照明的需求。 （5）现场在临边、洞口等事故易发位置，严格按照有关规定设置警戒灯，并由专职安全员负责维护，确保设施的完整性、有效性。 （6）配备足够的电工，及时配合施工对照明的需要，尤其是移动光源

续表

序号	措施	具体内容
4	安全防护	夜间施工时，加强进行安全设施管理，重点检查作业层四周安全围护、临边洞口防护等部位，确保夜间施工安全
5	后勤保障	做好后勤保障工作，尤其是食堂等生活配套设施，必须满足夜间施工的要求；生活区建立严格的管理制度，为夜间施工人员创造良好的休息环境，使人员保持持续的夜间施工能力
6	验收计划	针对夜间施工中出现的中间验收，应提前制订验收计划，上报招标人、监理单位，以便他们做出相应的工作安排

13.1.13 节假日赶工措施

为确保节假日期间的正常施工，拟采取表13-10所示措施。

节假日赶工措施 **表13-10**

序号	措施名称	具体内容
1	合同约束	（1）劳务分包合同：明确约定保证节假日连续施工条款，并从每月工程款中扣5%作为履约保证金，对考核达不到出勤率要求的每次扣除保证金20%，超过三次全部扣除。 （2）材料供货合同：明确约定保证节假日材料正常供应条款，并从每笔材料款中扣10%作为履约保证金，对考核达不到供应率要求的每次扣除保证金30%，超过两次全部扣除
2	超前计划	（1）在节假日前半个月，排定详细的施工进度计划，运用统筹安排的原理，有的放矢，未雨绸缪，为后续工作尽可能提供便利条件。 （2）提前半个月制订详细材料计划并同相关材料供应商沟通，确保落实。 （3）根据进度计划，提前与招标人、监理单位、设计单位、质监单位协调好诸如图纸疑问、分部分项验收等各项事宜，提前报送相关工作联系单位
3	经济补偿	（1）严格按照国家《劳动法》规定对在节假日中加班的项目部人员及工人发放相应报酬、补助，提高参建员工的工作积极性。 （2）农忙季节来临前，做好工人的思想工作，承诺对农忙季节坚守岗位的工人适当给予经济补偿
4	便利措施	对农忙、节假日期间职工娱乐生活提供各项便利，确保工作积极性

13.2 施工质量的过程控制

施工质量过程控制的要求及内容如下：

（1）本项目为大规模工程，主体结构不规则，给施工带来了较大的难度，因此钢结构承包人项目策划工作小组，根据本工程的施工重点和难点，对钢结构工程重点工序制定严格的质量控制措施。

（2）在工程施工过程中严格按照国家施工质量验收规范和项目标准进行验收，由于现行规范的局限性，针对项目现场的特点，钢结构承包人项目部应结合设计要求编制专项内部验收标准；钢结构承包人应严格执行样板现行和方案先行的制度，不同类型的钢结构在其相应的样板段施工完成后经业主、监理、总承包人确认后方可大面积展开施工。

13.3 隐蔽工程验收管理

为规范隐蔽工程过程控制，把质量问题消除在隐蔽之前，从而有效地控制施工质量，以确保工程项目整体质量，隐蔽工程验收管理主要内容如下：

（1）隐蔽工程是指那些在上一道工序结束，被下一道工序所覆盖的，正常情况下无法进行复查的项目。

（2）隐蔽工程验收标准，执行《建筑工程施工质量验收统一标准》和配套的各专业施工质量验收规范及相关行业规定的质量验评标准。

（3）隐蔽工程项目的确定，指按照钢结构工程承包人与总承包人、监理共同商定确认的《施工质量检验项目划分表》中所列隐蔽工程的项目。

参考文献

[1] 中华人民共和国住房和城乡建设部. GB 50017—2017 钢结构设计标准 [S]. 北京：中国建筑工业出版社，2017.

[2] 中华人民共和国住房和城乡建设部. GB 50210—2018 建筑装饰装修工程质量验收标准 [S]. 北京：中国建筑工业出版社，2018.

[3] 中华人民共和国住房和城乡建设部. GB 50300—2013 建筑工程施工质量验收统一标准 [S]. 北京：中国建筑工业出版社，2013.

[4] 中华人民共和国住房和城乡建设部. GB 50209—2010 建筑地面工程施工质量验收规范 [S]. 北京：中国建筑工业出版社，2010.

[5] JGJ/T 29-2015 建筑涂饰工程施工及验收规程 [S]. 北京：中国建筑工业出版社，2015.

[6] 建筑施工手册（第四版）[M]. 北京：中国建筑工业出版社，2003.

[7] 南通四建集团有限公司. 中国医药城会展中心施工创新实践 [M]. 北京：中国建筑工业出版社，2012.

[8] 中华人民共和国住房和城乡建设部. JGJ 99-2015 高层民用建筑钢结构技术规程 [S]. 北京：中国建筑工业出版社，2015.

[9] 多、高层民用建筑钢结构节点构件详图（16G519）[S]. 北京：中国计划出版社，2016.

[10] 吴罗文. 大空间高空网架下复杂造型吊顶安装施工技术概述 [J]. 建筑与装饰，2019，(14)：184-185.

[11] 冯庆敏，魏从高，张意，等. 索网结构悬空操作平台施工技术研究 [J]. 重庆建筑，2018，(1)：32-35.

[12] 高树鹏. 开放式石材幕墙应用技术探讨 [J]. 科技资讯，2014，(11)：53-55.

[13] 傅立. 背栓开放式石材幕墙技术及应用 [J]. 浙江建筑，2005，(4)：61-62.

[14] 俞培德. 紫都·上海晶园别墅开放式石材幕墙的外墙防水措施 [J]. 建筑施工，2007，(9)：727-728，736.

[15] 王家燕. 钢-铝组合立柱在玻璃幕墙工程中的应用研究 [J]. 福建建设科技，2019，(5)：63-64.

[16] 葛海周. 玻璃幕墙工程的施工质量控制 [J]. 重庆建筑，2004，(6)：32-33.

[17] 刘益壮. 论框架玻璃幕墙安装工程施工方法 [J]. 现代商贸工业，2013，(14)：171-172.

[18] 汪洋海. 测量放线技术在建筑工程实例中的应用 [J]. 科技风，2011，(13)：183-184.

[19] 马泉，谢云，陈磊，等. CAD 技术结合全站仪在复杂结构测量放线中的应用 [J]. 施工技术，2015，(6)：123-126.

[20] 陈建华. 开放式铝板幕墙系统的应用 [J]. 上海建材，2002，(3)：32-34.

[21] 施凯峰. 异形铝板幕墙施工技术探讨 [J]. 中国新技术新产品，2020，(11)：91-93.

[22] 周朋发. 玻璃幕墙及铝板幕墙的施工方法分析 [J]. 河南建材，2017，(1)：79-80.

[23] 张瑜，余杰，黄平，等. 基于 BIM5D 的超长结构双曲面铝板幕墙施工工法 [J]. 重庆建筑，2018，(12)：40-42.

[24] 李洪文，刘喜星. 铝板幕墙的应用技术 [J]. 门窗，2009，(10)：53-57.

[25] 压型钢板、夹芯板屋面及墙体建筑构造（三）(08J925-3) [S]. 北京：中国计划出版社，2008.